# 热带云雾林植物多样性

龙文兴 等 / 著

科学出版社

北京

# 内 容 简 介

本书收录了海南热带云雾林的大型真菌、苔藓、蕨类和种子植物347种，隶属226属、119科。其中，大型真菌有12科27属34种，苔藓有23科31属40种，蕨类植物28科43属56种，种子植物有56科125属217种。热带云雾林附生植物特别丰富，包括地衣、苔藓、蕨类和种子植物等类群，有31科51属69种。本书还介绍了热带云雾林分布、环境特征和结构特征，以及热带云雾林大型真菌、苔藓、蕨类、种子植物和附生植物多样性。

本书适合植物区系学、植物地理学、植物分类学、植物生态学等学科的高校师生阅读，也可供从事相关专业研究的科技人员参考。

图书在版编目（CIP）数据

热带云雾林植物多样性/ 龙文兴等著.—北京：科学出版社，2018.6
ISBN 978-7-03-054969-3

Ⅰ.①热⋯ Ⅱ.①龙⋯ Ⅲ.①热带林−森林植物−生物多样性−研究−海南 Ⅳ.①S718.54②S718.3

中国版本图书馆CIP数据核字（2017）第259047号

责任编辑：郭勇斌 邓新平 / 责任校对：彭珍珍
责任印制：张克忠 / 封面设计：蔡美宇

科 学 出 版 社 出版
北京东黄城根北街 16 号
邮政编码：100717
http://www.sciencep.com

北京画中画印刷有限公司 印刷
科学出版社发行 各地新华书店经销
*

2018年6月第 一 版 开本：720×1000 1/16
2018年6月第一次印刷 印张：21 1/2
字数：398 000
定价：148.00元
（如有印装质量问题，我社负责调换）

# 本书研究人员

顾　问　（按姓氏笔画顺序）

　　　　杨小波　杨众养　周亚东　臧润国

主要研究人员　（按姓氏笔画顺序）

　　　　龙文兴　米承能　肖楚楚　张莉娜
　　　　张　辉　罗文启　罗金环　章为平
　　　　曾念开

参与研究人员　（按姓氏笔画顺序）

　　　　王茜茜　韦玉梅　江　焕　李宣儒
　　　　李　超　杨媛媛　林　灯　康　勇
　　　　程毅康　廖灵聪　熊梦辉

# 前　言

　　热带云雾林是一种重要的高海拔热带森林植被类型。1993 年在波多黎各举行的热带山地云雾林国际学术研讨会指出，热带云雾林是指分布在狭窄海拔范围内，有持续性或季节性的云雾覆盖的森林。与低海拔热带湿润森林相比，热带云雾林树木相对矮小、植株密度较大、树冠紧凑、叶子以硬叶为主，叶面积小；草本、灌木、乔木和附生植物多样性较高、特有植物较多。全球热带云雾林总面积约 380 000 km$^2$，约占陆地面积的 0.26%，占热带雨林面积的 2.5%。全球热带云雾林约有 59.7% 分布于亚洲热带地区，约有 25.3% 和 15.0% 分别分布于美洲热带地区和非洲热带地区。热带云雾林被誉为"绿色水库""空气净化器""天然氧吧"和"天然碳库"。

　　海南和云南是中国热带云雾林主要分布地区。2009 年前，施济普对云南金平分水岭国家级自然保护区、黄连山国家级自然保护区和苏典国有林等地的热带云雾林物种组成、群落结构和植物区系特征进行了研究。2009 年起，我们陆续在海南霸王岭、尖峰岭、黎母山、五指山、吊罗山等林区建立森林植物多样性和生态系统功能监测样地，利用物种多样性、功能性状、功能多样性、谱系多样性等研究方法，开展了植物适应性、植物多样性分布规律及植物多样性维持机制等研究。并在 Oecologia、Journal of Vegetation Science、Biotropica 和《植物生态学报》《生态学报》《生物多样性》等刊物上发表了研究成果。通过各种国内外会议平台，向同行和社会宣传热带云雾林，使热带云雾林走进公众视野。2016 年以来，《海南日报》、《南国都市报》、海南省电视台"最美科技人"和"海南故事"栏目陆续关注了热带云雾林。

　　海南热带云雾林分布在海拔 1200 m 以上的山顶或山脊，山高、坡陡、路远，野外工作条件艰苦，在山上居住需要搭帐篷，生活补给靠人力肩挑背扛，经常还要提防山蚂蟥和竹叶青蛇的叮咬。2009 年，我们在霸王岭石峰搭棚居住了 4 个月；2012 年，我们在尖峰岭南崖果园租房子住了 20 天；2013 年，我们在黎母山主峰屋檐石下搭帐篷住了 20 天。有人造访我们的热带云雾林野外工作生活后，留下一首打油诗：

　　三五科考人，群居森林谷。围木以为墙，席地便是铺。

　　手机无信号，信息凭高呼。闻声不见人，云深雾绕处。

　　猛然一抬头，青蛇打招呼。身上痛痒处，蚂蟥胀鼓鼓。

肩挑背扛者，哼哈忙粮储。掘地起灶膛，杂碎一锅煮。

不问咸与淡，吞食比狼虎。晾衣四五日，仍见水珍珠。

夜幕初垂后，沐浴有沟渠。初喘气如兰，酣睡响闷鼓。

清晨露洗脸，冰凉沁心腑。方便密林中，蚂蟥亲屁股。

自 2009 年开始，中国林业科学研究院臧润国老师、海南大学杨小波老师、霸王岭林业局杨秀森高工、海南省林业厅周亚东总工程师、海南省林业厅莫燕妮副局长、海南省林业厅方洪处长、海南省林业厅钟仕进站长、三亚市林业科学院罗金环院长、海南大学热带农林学院张银东书记、海南大学热带农林学院朱国鹏副院长、霸王岭林业局洪小江副局长、五指山国家级自然保护区陈康局长、吊罗山国家级自然保护区邓海燕副局长、黎母山省级自然保护区管理站原站长陆雍泉、海南省黎母山林场方燕山场长、海南省黎母山林场李时兴科长、海南尖峰岭森林生态系统国家野外科学观测研究站林明献高工等领导和专家，对我们的热带云雾林研究给予了大力的支持和帮助。海南师范大学陈玉凯博士、深圳市中国科学院仙湖植物园左勤博士帮助鉴定物种。香港嘉道理农场暨植物园项目"中国海南岛山顶苔藓矮林植物多样性调查及评估"、海南省自然科学基金项目"基于物种多样性和功能性状的热带云雾林群落构建规律研究"、海南省自然科学基金创新研究团队项目"热带云雾林的环境因子和植物多样性对生态系统功能的影响机制"（2016CXTD003）、国家自然科学基金项目"多空间尺度热带山顶矮林植物功能性状分异及其对环境变化响应的研究"（31260109）、国家自然科学基金项目"不同热带云雾林分布区植物群落构建机制：基于系统发育及功能性状研究"（31660163）、国家自然科学基金地区基金项目"海南热带山地云雾林苔藓植物多样性与谱系结构"（31760054）和海南省高等学校科学研究重点项目"海南热带山顶矮林苔藓植物多样性随环境及空间尺度变化的研究"（Hnky2017ZD-6）对热带云雾林研究进行了资助。在此，对各位领导、老师、专家、同学和资助单位表示深深的谢意！

本书共分八章。第一章由龙文兴、康勇、肖楚楚、江焕撰写，第二章由龙文兴、林灯、肖楚楚、李宣儒撰写；第三章由龙文兴、王茜茜、肖楚楚、廖灵聪撰写；第四章由曾念开、林灯、王茜茜、李超、肖楚楚撰写；第五章由张莉娜、章为平、韦玉梅、肖楚楚、李超、林灯撰写；第六章由龙文兴、罗文启、林灯、康勇、杨媛媛撰写；第七章由龙文兴、米承能、肖楚楚、程毅康撰写；第八章由罗文启、肖楚楚、龙文兴、罗金环撰写；附录由肖楚楚、龙文兴编写。全书由龙文兴、肖楚楚负责统稿。

由于水平有限，本书难免存在不足，欢迎读者批评指正！

作　者

2017 年 5 月于海口

# 目　　录

# 第一章  热带云雾林的分布

热带云雾林是指潮湿热带地区经常被云雾掩盖的森林（Stadtmüller，1987）。虽然只占全球热带雨林面积的 2.5%，却是全球多数生物的避难所。它是热带森林植被的一种特殊类型，具有丰富的生物多样性，是淡水的重要来源，但至今为止并没有受到广泛的关注。

## 第一节  热带云雾林的概念

1993 年波多黎各举行的热带山地云雾林国际学术研讨会（Tropical Montane Cloud Forests International State-of knowledge Symposium and Workshop）明确概括了热带云雾林的特征：分布在狭窄的海拔范围内，有持续性或季节性的云雾覆盖，云雾通过减小太阳辐射、水汽蒸发和抑制蒸腾作用等方式影响水汽相互作用；林冠层对雾水有直接截留作用，植被用水量少使林内降水量较大；与低海拔热带湿润森林相比，热带云雾林树木相对矮小、植株密度较大、树冠紧凑、叶子以硬叶为主、叶面积小；草本、灌木、乔木和附生植物多样性较高，特有植物较丰富（Hamilton et al.，1995）。

国内对热带云雾林的概念存在争议：有学者认为热带云雾林指的是山顶苔藓林或山顶苔藓矮曲林（云南植被编写组，1987；吴征镒，1995）；而在《云南植被生态景观》中，热带云雾林被描述为山地苔藓常绿阔叶林（中国科学院昆明生态研究所，1994），《中国植被》（吴征镒，1995）中热带云雾林包括山地苔藓常绿阔叶林和山地常绿阔叶苔藓林。山地苔藓常绿阔叶林又称为热带山地常绿林，对于其分类地位也存在争议：有学者认为热带山地常绿林分布带很窄，在植物区系的组成上是属于由热带山地雨林向热带山顶苔藓矮林过渡的类型，很多植物种类是热带山地雨林的共有种类，因此在植被垂直分布梯度上应归入热带山地雨林类型（陈树培等，1982；黄全等，1986）；但很多学者（陆阳等，1986；胡玉佳等，1992；杨小波等，1994a，1994b；王伯荪等，2002）都把热带山地常绿林从热带山地雨林中分离出来，认为它们比热带山地雨林云雾多、湿度大；余世孝等（2001）则把热带山地常绿林称为热带云雾林。龙文兴等（2011）研究了海南霸王岭热带山地常绿林和热带山顶苔藓矮林的结构和环境特征，发现两者共有 190 个物种，分属于 59 科 109 属，两种类型的森林 Sørensen 物种相似性指数为 0.71，热带山顶矮林可能是热带山地常绿林向高海拔山脊或山顶地带的延伸分布，由于地形和气候环境变化的影响，使其群落结构和外貌与热带山地常绿林出现差别；两种类型的森林云雾出现频率都较高（图 1-1），5～10 月热带山地常绿林和热带山顶苔藓矮林日平均空气相对湿度在 88% 以上，且有 98 天以上的时间空气湿度达到 100%，根据国际惯用方法（Stadtmüller，1987；Bubb et al.，2004），从森林环境角度把热带山地常绿林和热带山顶苔藓矮林划分为热带云雾林。

图 1-1　海南霸王岭热带云雾林环境特征

# 第二节　热带云雾林的生态功能

热带云雾林较低的温度能够使云雾冷凝成水滴。在潮湿的环境下，热带云雾林植物拦截的水分占降水量的 10%～20%，甚至可能达到 50%～60%。在降水量较少或者干旱的季节，植物拦截的水分相当于 700～1000 mm 的降水量（Bruijnzeel et al.，2000），丰富的水分能供给植物生长，也能为下游河流和人们生活提供水源（Zadroga，1981；Hamilton，1983；Stadtmiiller et al.，1990）。例如，厄瓜多尔的首都基多，有 130 万人使用着由云雾林提供的水分；在坦桑尼亚的首都达罗斯萨拉姆，旱季里几乎全部的饮用水源都来自乌卢古鲁的云雾林；危地马拉热带云雾林储蓄着当地 60% 的水资源。

热带云雾林是许多濒危物种的栖息地，特有种非常多。例如，全球 2609 种分布范围狭窄的鸟类有 10% 分布在热带云雾林，另外有 315 种（12%）鸟类在热带云雾林和其他栖息地被发现（Long，1995）。在美洲，327 种濒危的鸟类中有 38 种（11.6%）是热带云雾林的特有种。墨西哥热带云雾林的覆盖面积仅为城市面积的 1%，但是分布的植物种类占了全国 3000 种植物的 12%（Rzedowski，1996），其中超过 30% 是墨西哥特有种。秘鲁安第斯山脉东部的热带云雾林仅占全国 5% 的面积，Young 和 León（CPD，1997）估算这里庇护了秘鲁境内 14% 的植物物种。同样地，安第斯山脉海拔 900 ～ 3000 m 的热带云雾林中，分布有厄瓜多尔一半的物种和 39% 的特有种（Balslev，1988）。安第斯山脉之所以有非常高的物种丰富度，是因为这里有非常多的特有现象：在安第斯山脉每一片独立的热带云雾林中，一些植物已经逐渐进化为当地特有种（Gentry，1992）。同时，在这里发现了木兰科植物的 21 个特有种（Lozano，1983）。Gentry 认为，在安第斯山脉的热带云雾林中，可能有更多的特有种还没有被发现，我们知道的只是当地较常见的特有种，但是独立的山脊和岛屿上还存在着 20% 的特有种。在这里也发现有脊椎动物的特有种。秘鲁热带云雾林中的哺乳动物占全国 272 种的 32%（Leo，1995）。Mares（1992）认为，虽然安第斯山脉东部的热带云雾林只占大陆地区面积的 3.2%，却是 63% 的特有哺乳动物的栖息场所。热带云雾林中的无脊椎动物和其特有种受到关注较少。Anderson 等（2000）调查了洪都拉斯 13 个地方热带云雾林中的甲壳虫，发现了 173 种象鼻虫科昆虫和 126 种隐翅虫科昆虫，分别占总数（293 种和 224 种）的 59.0% 和 56.3%，多数栖息在落叶层，而且仅局限于一个地方的热带云雾林。

热带云雾林丰富的特有种现象有助于新物种形成。例如，20 世纪 90 年代在安第斯山脉发现了鸟类 2 种新的物种；1996 年在秘鲁的热带云雾林山脉上发现了巨嘴鸟，在老挝和越南的热带云雾林中发现了两种叫声像鹿的鸟类。热带云雾林的另一个重要功能，是成为许多作物近缘野生种的自然栖息地，为作物遗传育种提供了潜在的基因资源。例如，Debouck 等（1995）在热带云雾林中鉴定出了热带地区 12 种作物近缘野生种基因。

与其他热带森林一样，热带云雾林经常面临着威胁。气候变化、森林砍伐、毁林开荒、火灾、外来物种入侵、修路、采矿、毁林种植毒品、台风的干扰等都可能导致热带云雾林面积缩小，生物多样性减少。如毁林开荒使大部分地区的热带云雾林正在转为农业用地，用来种植庄稼、咖啡等。据世界保护监测中心（World Conservation Monitoring Center，WCMC）的数据，已经有 8 ～ 11 个拉丁美洲国家将热带云雾林转化为牧场，其中包括安第斯山脉经过的所有国家。不断地放牧导致植被被破坏、水土流失，热带云雾林正逐渐消失。非洲国家的热带云雾林中的捕猎现象较为普遍，猎杀动物常导致食物链被破坏，生态失衡。印度尼西亚、马来西亚及菲律宾对热带云雾林的砍伐较多，热带云雾林面积急剧缩小，生物生存的生境迅速消失；外来入侵物种的繁殖非常快，常没有天敌的限制，能迅速侵占热带云雾林，与本土生物争夺资源，限制或替代热带云雾林中的原有生物。

有证据表明，20世纪后30年气候变暖已经影响了有机体的生物气候学特征、分布范围及群落组成和动态（Walther et al.，2002），植物逐渐向高山地区转移（Lenoir et al.，2008）。高海拔生态系统中热带云雾林对气候变化特别敏感，被认为是典型的对气候变化敏感的生态系统之一（Walther et al.，2002）。气候变化可能会导致云雾的出现频率降低、云雾面积减小，使一些物种生存环境发生改变，进而改变物种的分布区和丰富度，成为物种绝灭的诱因（McLaughlin et al.，2002）；全球气候变化也容易对热带云雾林的动态平衡产生不利影响（Foster，2001），使物种沿海拔分布梯度范围改变、群落改组、物种多样性丧失和森林消失等。

在热带云雾林的保护上，我们不仅要提高公众的认识水平，还要针对所有的威胁因素采取相应的措施，从政府部门入手，积极解决相关利益群体在热带云雾林中所关注的问题，加强热带云雾林生物多样性保护和恢复研究，将生态学、保护生物学等理论成果应用到热带云雾林的保护实践中，给动植物一个安全、稳定的庇护所。

# 第三节　热带云雾林的分布

全球热带云雾林面积可能在380 000 $km^2$左右，仅占地球陆地面积的0.26%，并且实际比例可能低于0.26%。因为某一海拔范围内，除了云雾林之外还可能存在其他森林类型。热带云雾林在热带地区的分布极不均匀，约59.7%分布于亚洲热带地区，印度尼西亚和巴布亚新几内亚是亚洲云雾林分布最集中的地区；约25.3%和15.0%分别分布于美洲和非洲的热带地区。热带云雾林面积占全球热带雨林面积的2.5%，美洲和非洲热带云雾林分别占这些地区热带雨林面积的1.2%和1.4%。海南和云南是中国有热带云雾林分布的主要地区（Aldrich et al.，1997；Bubb et al.，2004；Shi et al.，2009），海南的热带云雾林主要分布在霸王岭、尖峰岭、吊罗山、黎母山及五指山等林区。

在潮湿的热带地区，热带云雾林分布海拔为500～3500 m（LaBastille et al.，1978；Unesco，1981；Sosa，1987；Stadtmuller，1987）。受山体效应的影响（Grubb，1971；Walker，1979），各地热带云雾林分布海拔不一致，主要分布在海拔1200～2500 m。影响它们海拔分布差异的主要因素是降水量及所处的地形。在内陆生态系统中，热带云雾林通常分布在海拔2000～3500 m，这里温度较低，降雨丰富，四季有云雾存在，有丰富的附生植物。在沿海地区，受海洋季风的影响，热带云雾林分布地区海拔降至 1000 m 左右。除此之外，在潮湿的条件下，热带云雾林还可能形成于陡壁、热带岛屿及沿海的山体上，海拔甚至降至 500 m 左右。

# 参 考 文 献

陈树培，1982.海南岛乐东县的植被和植被区划 [J]. 植物生态学与地植物学丛刊，6(1)：37-50.

胡玉佳，李玉杏，1992.海南岛热带雨林 [M]. 广州：广东高等教育出版社 .

黄全，李意德，郑德璋，等，1986.海南岛尖峰岭地区热带植被生态系列的研究 [J]. 植物生态学与地植物学学报，10(2)：90-105.

龙文兴，丁易，臧润国，等，2011.海南岛霸王岭热带云雾林雨季的环境特征 [J]. 植物生态学报，35(2)：137-146.

陆阳，李鸣光，黄雅文，等，1986. 海南岛霸王岭长臂猿自然保护区植被 [J]. 植物生态学与地植物学学报，10(2)：106-114.

王伯荪，张炜银，2002.海南岛热带森林植被的类群及其特征 [J].广西植物，22(2)：107-115.

吴征镒，1995.中国植被 [M]. 北京：科学出版社 .

杨小波，林英，梁淑群，1994a.海南岛五指山的森林植被Ⅰ .五指山的森林植被类型 [J].海南大学学报自然科学 版，12(3)：220-236.

杨小波，林英，梁淑群，1994b.海南岛五指山的森林植被Ⅱ .五指山森林植被的植物种群分析与森林结构分析 [J]. 海南大学学报自然科学版，12(4)：311-323.

余世孝，臧润国，蒋有绪，2001. 海南岛霸王岭垂直带热带植被物种多样性的空间分析 [J]. 生态学报，21(9)：1438-1443.

云南植被编写组，1987.云南植被（第 1 版）[M]. 北京：科学出版社 .

中国科学院昆明生态研究所，1994. 云南植被生态景观 [M]. 北京：中国林业出版社 .

Aldrich M，Billington C，Edwards M，et al.，1997. Tropical montane cloud forests：An urgent prioroty for conservation[J]. WCMC Biodiversity Bulletin，2(2)：1-16.

Anderson R S，Ashe J S，2000. Leaf litter inhabiting beetles as surrogates for establishing priorities for conservation of selected tropical montane cloud forests in Honduras，Central America (Coleoptera；Staphylinidae，Curuclionidae) Biodiversity and Conservation[J]. Biodiversity and Conservation，9(5)：617-653.

Balslev H，1988. Distribution patterns of Ecuadorean plant species[J]. Taxon，37(3)：567-577.

Bruijnzeel L A，Hamilton L S，2000. Decision Time for Cloud Forests[M]. Paris：IHP Humid Tropics Programme Series No. 13.UNESCO Division of Water Sciences.

Bubb P，May I，Miles L，et al.，2004. Cloud Forest Agenda[M]. Cambridge：UNEP-WCMC.

CPD，1997. Centres of Plant Diversity-The Americas[EB/OL]. http ://www.nmnh.si.edu/botany/projects/cpd/.

Debouck D G，Libreros Ferla D，Churchill S P，et al.，1995. Neotropical Montane Forests：A Fragile Home of Genetic Resources of Wild Relatives of New World Crops[M]. New York：Biodiversity & Conservation of Neotropical Montane Forests A Symposium：561-577.

Foster P，2001. The potential negative impacts of global climate change on tropical montane cloud forests[J]. Earth-Science Reviews，55(1-2)：73-106.

Gentry A H，1992. Diversity and floristic composition of Andean forests of Peru and adjacent countries：Implications for their conservation[J]. Memorias Museo de Historia Natural，(21)：11-29.

Grubb P J，1971. Interpretation of the 'Massenerhebung' effect on tropical mountains[J]. Nature，229：44-45.

Hamilton L S，King P N，1983. Tropical forested watersheds：Hydrologic and soils response to major uses or conversions[M]. Boulder：Westview Press.

Hamilton L S，Juvik J O，Scatena F N，1995. The Puerto Rico tropical cloud forest symposium：Introduction and workshop synthesis[C]// Hamilton L S，Juvik J O，Scatena F N. Tropical montane cloud forests. New York：Spring-Verlag Inc：1-23.

LaBastille A，Pool D J，1978. On the need for a system ofcloud-forest parks in Middle America and the Caribbean[J]. Environmental Conservation，5(3)：183-190.

Lenoir J，Gégout J C，Marquet P A，et al.，2008. A significant upward shift in plant species optimum elevation during the 20th century[J]. Science，320(5884)：1768-1771.

Leo M，1995. The importance of tropical montane cloud forest for preserving vertebrate endemism in Peru：The Rio Abiseo National Park as a case study[C]// Hamilton L S，Juvik J O，Scatena F N. Tropical montane Cloud Forests. New York：Spring-Verlag Inc：126-133.

Long A，1995. Restricted-range and threatened bird speciesin tropical montane cloud forests[C]// Hamilton L S，Juvik J O，Scatena F N. Tropical montane Cloud Forests. New York：Spring-Verlag Inc.

Lozano C G，1983. Magnoliaceae[J]. Flora de Colombia，1：1-119.

Mares M A，1992. Neotropical mammals and the myth of Amazonian biodiversity[J]. Science，225(5047)：976-979.

McLaughlin J F，Hellmann J J，Boggs C L，et al.，2002. Climate change hastens population extinctions[J]. Proceedings of the National Academy of Sciences of the United States of America，99(9)：6070-6074.

Rzedowski J，1996. Analisis preliminar de la flora vascular de los bosques mesofilos de montana de Mexico[J]. Acta Botanica Mexicana，35：25-44.

Shi J P，Zhu H，2009. Tree species composition and diversity of tropical mountain cloud forest in the Yunnan，southwestern China[J]. Ecological Research，24(1)：83-92.

Sosa V J，1987. Generalidades de la region de Gomez Farias[J]. Mexico：Instituto de Ecologia. 15-28.

Stadtmiiller T，Agudelo N，1990. Amount and variability of cloud moisture input in a tropical cloud forest[J]. Intemational Association of Hydrological Sciences Publication，193：25-32.

Stadtmüller T，1987. Cloud forests in the humid tropics：A bibliographic review[J]. United Nations University.

Unesco. 1981. Vegetation map of South America. Explanatory notes[M]. Paris：Unesco.

Walker D，Flenley J R，1979. Late Quaternary vegetational history of the Enga province of upland Papua New Guinea[J]. Philosophical Transactions of the Royal Society B Biological Sciences，286(1012)：265-344.

Walther G，Post E，Convey P，et al.，2002. Ecological responses to recent climate change[J]. Nature，416：389-395.

Zadroga F. 1981. The hydrological importance of a montane cloud forest area of Costa Rica[J]. New York. 59-73.

# 第二章  热带云雾林的环境特征

1993 年 6 月波多黎各举行的热带云雾林会议描述了热带云雾林的环境特征（Aldrich et al.，1997）：①常存在于一个相对较窄的海拔梯度范围，经常或季节性地处于云雾弥漫之中，弥漫的云雾通过减少太阳辐射、水汽蒸发和抑制土壤水分挥发等方式，影响云雾林与大气之间的交互作用，通过林冠对雾的作用形成水平降水，使林内降水量明显增加；②土壤潮湿，常处于饱和状态，并富含有机质，物种多样性相对较高；③在全球范围内，各地区云雾林的降水量差别很大，海拔分布也很不一致。

从一位登山者对热带云雾林的体验中，也可以感受到它的环境特征："清晨初入云雾林，映入眼帘的是漫天白雾和婆娑树影，隐隐约约朦朦胧胧，宛若置身于仙境。忽而一阵微风袭面，水珠亲吻脸颊带走一分眉间的温度。丝丝凉意缓缓入心，置身孤峰孑然独立，与世隔绝；待不多时，雾气渐散，几缕暖阳投射下来，另一番景象映入眼帘：低矮的树冠，蜿蜒的枝干，满布绒毛般的苔藓，枝条树梢盛开着各种颜色附生植物的花朵，'须发'尽显妖娆。稍不留心，便陶醉其间，四处寻觅，却突感脚凉。低头下望，松厚的凋落物早已打湿鞋袜。拨开它，露出形形色色湿润土壤滋养的小生命。傍晚时分，风力渐大，雾气借着风势重新爬升，半晌不到，四周又重归迷雾。夜里，浓雾像是没拧紧的水龙头，打湿周围的一切。"

## 第一节  热带云雾林的气候环境特征

### 一、水分

热带云雾林分布在全球热带全年或季节性多雨区，年均降水量可达 10 000 mm（Hamilton et al.，1995）。从内陆到海洋，热带云雾林降水量为：陆地云雾林＜沿海或近陆岛屿云雾林＜热带海洋群岛云雾林。与此同时，海拔也对降水量有影响，但陆地、沿海或近陆岛屿云雾林的降水量受海拔影响较小，海洋岛屿的云雾林降水量随着海拔升高而显著增加。例如，北美大陆的云雾林通常年降水量为1500 ~ 2500 mm（Walter，1973），科斯雷岛（Kosrae）的 Lelu（海拔 10 m）年均降水量 4495 mm，Mwot 岛（海拔 100 m）年均降水量达到 6472 mm，并且海拔越高，降水量越丰富（Hosokawa，1952）；波纳佩（Pohnpei）群岛年均降水量约 3650 mm，该地科洛尼亚（Kolonia）的年均降水量达到 4850 mm（Pounds et al.，1999），相邻的 Nihpit 岛（海拔 450 m）年均降水量达到 6200 mm（Hosokawa，1952）。

热带云雾林的水分并不完全来源于垂直降水，有 2.4%～60.6% 的水分（Cavelier et al.，1996）来源于水汽（云雾）运动到植被表面，经过冷凝形成水滴到达地面，称为水平降水（horizontal precipitation）（Stadtmüller，1987）。一天中云雾所带来的水平降水能达 0.2～4.0 mm，这降水随雨季向旱季或由海洋向陆地的过渡而逐渐降低（Bruijnzeel et al.，1995；Cavelier et al.，1989）。另外，水平降水在陆地随海拔的升高而增加。Bruijnzeel 等（1995）用降水量分数（林内净降水量／垂直降水量×100%）来反映水平降水量，指出热带低地雨林降水量分数为 67%～81%（平均 75%），几乎不受水平降水影响；中海拔云雾林降水量分数为 80%～101%（平均 88%），水平降水对净降水量有一定影响；高海拔云雾林降水量分数为 81%～179%，水平降水对净降水量影响显著。

水平降水离不开树木对云雾的拦截作用，研究人员把这种作用称为"云剥离"（Vogelmann，1973）或"雾捕手"（Kerfoot，1968）。研究发现树木云剥离作用很可能对旱季和雨季的降水量增长有 10% 的贡献（Vogelmann，1973；Bruijnzeel，1990）。通过云剥离作用估算出的水平降水和垂直降水不存在正相关关系。相反，雨季较高的垂直降水量反而让水平降水量趋于减少（Cavelier et al.，1989；Vogelmann，1973；Hamilton et al.，1995）。那么树木的稀疏程度或排列方式是否对云剥离作用有影响？答案是肯定的，无论是丛生还是单株生长，只要树木与云雾的接触面积增大，就可以增强云剥离作用，拦截更多的水平降水（Weathers et al.，1995）。

所有热带云雾林中都有较高的空气湿度，常年可以达到 79% 或更高水平。例如，中国云南的高海拔云雾林年均相对湿度达到 85%～99%（施济普，2007），即使在比较干燥的 1 月和 4 月，一天中也有相当长的时间处于相对湿度较高的状态（刘玉洪等，1996）；中国海南的热带云雾林雨季年均相对湿度在 88% 以上，日变化呈"倒 S 形"曲线变化（龙文兴等，2011）；菲律宾的中海拔云雾林年白天均相对湿度达到 79%，傍晚和夜晚的湿度更高（Hamilton et al.，1995）；萨摩亚（Samoa）群岛的低海拔云雾林年均相对湿度超过 80%（Hamilton et al.，1995）。

蒸散量（evapotranspiration，ET）通常是指土壤蒸发（E-ground layer vaporation，Ee）、植被截留蒸发（E-precipitation intercepted by the vegetation，Ej）和植物蒸腾（transpiration，Et）的总和，是土壤—植物—大气连续体系（SPAC）中水分运动

的重要过程（Jordan et al.，1982；van Steenis，1972）。因为热带云雾林存在持续、频繁或季节性的云雾，降低了太阳辐射和水汽蒸发（Braak，1922；Driscoll et al.，1956；Briscoe，1966）。云雾林每天蒸散量（约 5 mm）主要集中在早晨云雾逸散的那段时间（Hamilton et al.，1995）。目前关于云雾林蒸散量的研究多是套用公式估算，赤道附近云雾出现频率较低的低地森林每年蒸散量为 1155～1380 mm（平均 1265 mm），云雾出现频率居中的中海拔云雾林每年蒸散量为 980 mm，云雾出现频率较高的高海拔云雾林每年蒸散量为 310～390 mm（Bruijnzeel et al.，1995）。

## 二、温度

由于海陆距离、海拔、纬度等因素影响，热带云雾林的气温差异较大。大致可以分为：①热带海洋岛屿的低海拔云雾林年均气温在 22 ℃以上（科斯雷岛年均气温 27 ℃；萨摩亚群岛气温在 23～30 ℃；波纳佩群岛年均气温 23 ℃）（Hamilton et al.，1995；Hosokawa，1952）；②热带沿海及近陆大型岛屿的中海拔云雾林平均气温在 18 ℃ [ 蒙特韦尔德（Monteverde）年均气温 18.5 ℃；海南的日平均气温在 19～23 ℃ ]（Hamilton et al.，1995；Hafkenscheid，2000；龙文兴等，2011）；③热带大陆的高海拔云雾林的年均气温在 15 ℃以上（云南的分水岭年均气温 17.8 ℃、苏典国有林为 22.6 ℃）（施济普，2007）。

热带云雾林对全球气候变化特别敏感（Lugo et al.，1992；Benzing，1998；Cao et al.，1994；Foster，2001）。全球变暖引起气温升高、云雾线海拔抬升、云雾凝结水平下降、云雾出现频率和降水量减少（Scatena，1998；Still et al.，1999；Lawton et al.，2001；Benzing，1998；Pounds et al.，1999；Hafkenscheid，2000；Pounds et al.，1999），将导致物种多样性丧失、物种沿海拔分布梯度范围的改变及群落的改组、森林消失等恶劣现象的发生。受气候变暖的影响，当山地雨林生境沿海拔向上迁移时（Still et al.，1999；Foster，2001；Bubb et al.，2004），高海拔云雾林中生存的一些物种也将向上迁移，但热带云雾林"岛屿"状分布的特征限制了其物种向上迁移的可能。此外，由于物种的自然迁移和适应速率比预期的气候变化速率缓慢，物种的迁移速率往往赶不上气候变化的速率和物种之间的相互作用。海洋岛屿低海拔云雾林受气候变化的影响更为严重，由于山体海拔的限制，它们无法向上迁移，其繁殖体靠风媒或其他飞鸟大规模、远距离的跨海水平迁移更不可能。因此植被带将滞后于气候带的移动，许多物种的种群大小和生存范围将会缩小（Gottfried et al.，1999；Still et al.，1999；张志强等，1999；Walther et al.，2002）。全球变暖也将引起云雾林植物物候期、种子成熟度等改变。

## 三、光照

目前，关于热带云雾林光照的研究还较少。无论是高海拔云雾林还是低海拔云雾林，总体上多雾的环境会吸收大量的太阳辐射（Vogelmann，1973），使到达叶面或地面的太阳辐射十分有限，这制约了热带云雾林中植物的光合作用，同时也成为植物呈现矮小状态的原因之一（施济普，2007）。另外，龙文兴等（2011）在研究海南霸王岭云雾林时，发现林下的光合有效辐射在晴朗无云的白天呈现单峰曲线分布，且上午 10:00 ～ 12:00 光合有效辐射最强。与此同时，山顶的云雾林由于郁闭度更低、地形变化小、冠层重叠少等原因其光合有效辐射程度比山地的云雾林更强（龙文兴等，2011）。

## 四、风

信风是低空由副热带高气压带吹向赤道地区的定向风。在地球自转偏向力的作用下，风向发生偏离，北半球形成东北信风，南半球形成东南信风。终年吹着信风的地带，叫信风带。信风带（南北纬 5° ～ 25° 附近）与热带（南北纬 0° ～ 23° 26′）分布地带基本重叠。由于信风是向纬度低、气温高的地带吹送，其属性为干热风（Bruijnzeel et al.，2011）。热带许多地区的云雾林受到信风不同程度的影响，如夏威夷的冒纳凯阿火山（Mauna Kea），其上坡位常年受到哈得来环流下行干热风影响，年均降水量为 400 ～ 1000 mm。虽然降水量并不丰富，但山上仍然存有云雾林，这有赖于其间歇性云雾和频繁的降雨。在当地午后，海平面受到干热风的持续加热而生成云雾，云雾顺着热气流向山体爬升形成降雨。56% 的云雾拦截和 65% 的净降水量便集中在下午的 4 h 内完成。

在信风带，迎风坡和背风坡主导着降水分配（Bruijnzeel et al.，2011）。一些地区高耸的山脉能阻隔季风，形成雨影效应。这时的迎风坡易出现地形雨因而降水量较多，背风坡却因为焚风影响而降水量较少。因此，坡向的迎风或背风强烈影响着云雾林的净降水量。例如，在哥斯达黎加（Costa Rica）和委内瑞拉（Venezuela）背风坡的低山云雾林的降水量分数明显偏低，仅为 65% 和 55%（Clark et al.，1998；Ataroff，1998；Ataroff et al.，2000）。迎风坡和背风坡影响着云雾林植被的分布和生长（Hamilton et al.，1995）。在海拔梯度不大的小岛，云雾林倾向分布于迎风坡，如拉罗汤加岛（Rarotonga）的云雾林限定在迎风坡海拔 500 m 的山脊到 652 m 的山顶狭小空间内。在降水充足且海拔跨度较大的山脉，相同区系的云雾林植被可能在迎风坡和背风坡都有分布，并且背风坡的植被普遍长势好于迎风坡，如科斯塔（Costa）北部的蒙特韦尔德云雾林保护区，背风坡树木可以长到 20 ～ 25 m，而同一海拔迎风坡的树木仅有 15 ～ 20 m（Lawton et al.，1980）。

热带季风指的是热带地区受行星风带的季节更替影响所导致的盛行风向随季节变化的现象，主要出现在热带大陆东岸。其形成主要是信风带和热带辐合带两个行星风带和气压带交替控制的结果。冬季，该地区处在北半球东北信风带的控制下，盛行东北风；夏季，热带辐合带北移，使该地区处在南半球东南信风跨越赤道而转换成的西南季风的控制之下，盛行西南风。东北风来自信风带和大陆冷高压外侧，气流相对干凉，使所经地区气候干旱；西南风来自湿热的热带和赤道洋面，气流温暖湿润，给沿途地区带来丰沛降水。在热带季风的影响下，季节交替非常明显。热带季风对云雾林影响主要体现在旱季与雨季对降水的调配。例如，在雨季受东北—西南走向的雅加大岭、鹦哥岭和五指山山脉的影响，海南岛受西南季风的影响较强，给热带云雾林带来丰沛的降水；到了旱季，受寒流影响，日平均温度在 20 ℃以下，局部地区有时出现低温（陈焕镛，1964），降低了云雾林的蒸散量，使空气中水汽更加接近露点，从而减少了云雾林水分的损耗。南亚一些地区，雨季西南季风也会出现极为干燥的情况，如斯里兰卡地区在东部降雨相对较少，原因在于此地的西南季风会挟裹干热焚风一同侵袭，如果西面是崎岖暴露的漏斗状地形，那么风力在此汇集会大大减少降水，年均降水量从西到东由 5000 mm 直降至 2000 mm（Mueller-Dombois，1968；Domrös，1977；Schweinfurth，1984；Whitesell et al.，1986）。另外，雨季的季风常伴随着热带气旋的产生。东亚、南亚和太平洋群岛的热带森林也时常受到周期性热带气旋的破坏。云雾林通常分布于"岛屿"状的山脊或山顶，易受热带气旋的影响（Hamilton et al.，1995）。

## 第二节　热带云雾林的地理环境特征

从第一章可以得知，热带云雾林在美洲、亚洲和非洲都有分布。按气候类型划分，分布于热带雨林气候区、热带季风气候区和热带海洋性气候区。按海陆关系来划分，分布于热带大陆、热带沿海、热带岛屿和热带海洋岛群。不同地区的地形与海拔、土壤等地理环境特征影响着热带云雾林的形成和分布。

### 一、地形与海拔

地形与海拔限制了热带云雾林在世界范围的分布。云雾林植被在大的山体中分布于海拔较高的区域，而在小的山体或海洋岛屿中则分布于海拔较低的区域（Bruijnzeel et al.，1993），有人把这种现象称为"伸缩效应"（Van Steenis，1972；Whitmore et al.，1998）。

伸缩效应在全球尺度上受海陆位置、气候带因素的影响。热带云雾林分布海拔范围较宽（通常 500～3900 m），目前分布最低海拔和最高海拔分别为300 m 和 4500 m（Grubb，1971；Stadtmüller，1987）。赤道附近的内陆较大山体地区，云雾林分布的海拔在 1200～1500 m，但如果是远离赤道的热带大陆边缘，热带云雾林分布高度则会攀升至 2000～3900 m（Bruijnzeel et al.，2011）。在近陆的较大岛屿上，热带云雾林分布的海拔范围普遍在 900～2000 m。如菲律宾的马基灵山（Mount Maquiling）在 900～1140 m 海拔有分布（Brown，1919）；中国海南霸王岭、尖峰岭、黎母山、鹦哥岭、吊罗山和五指山 1200 m以上海拔有分布（龙文兴等，2011）。在海洋岛屿，云雾林分布的海拔范围较低，一般小于 1200 m。如马克萨斯群岛（Marquesas Islands）分别在努库西瓦岛（Nuku Hiva；1185 m）、法图伊瓦岛（Fatu Hiva；960 m）、希瓦瓦岛（Hiva Oa；1190 m）、塔瓦塔岛（Tahuata；1000 m）和瓦普岛（Ua Pu；1232 m）5 个岛屿的火山顶峰有分布（Glassman，1952）；波纳佩群岛仅在海拔 600～772 m 的 Nahnalaud 山峰上有分布（Hosokawa，1952；Glassman，1952）；萨摩亚群岛在海拔 600 m 的地区有分布（Whistler，1992）；科斯雷群岛在海拔低至 480～654 m 就有分布（Whitesell et al.，1986）。

伸缩效应在一些小岛屿上非常明显。如巴布亚新几内亚在海拔 900 m 就有云雾林分布（Brass，1941），但是此地最大的山脉威廉山（Mount Wilhelm）则在海拔 3000～3350 m 才有分布（Vogelmann，1973）；无独有偶，斐济群岛（Fiji Islands）的滨海山地一般在海拔 600～800 m 有云雾林分布，但是从海岸到岛屿中部，山体逐渐增大，云雾林分布也逐步转移至海拔 900～1100 m。

在地形与海拔的共同作用下，云雾林在水平方向常呈现破碎的"岛屿"状分布。"岛屿"状分布又分为两种情况：自然地理性岛屿分布和"生境岛屿"分布。①自然地理性岛屿分布是被海洋分隔开的岛屿，岛屿上的云雾林因为海洋阻隔，彼此之间很难进行物种交流。例如，太平洋洋面上的萨摩亚群岛，93% 的陆地面积集中在西萨摩亚的 2 个主岛萨瓦伊岛（Savai'i）（岛屿面积 1820 km²，最高海拔 1860 m）和乌波卢岛（Upolu）（岛屿面积 1110 km²，最高海拔 1100 m），然而它们中间横亘着 21 km 宽的海峡；美洲萨摩亚的 4 个高海拔小岛也有云雾林分布，分别是图图伊拉（Tutuila）（岛屿面积 124 km²，最高海拔 650 m）、汤加岛（Tau）（岛屿面积 39 km²，最高海拔 960 m）、奥富岛（Ofu）（岛屿面积 5 km²，最高海拔 495 m）和奥洛塞加岛（Olosega）（岛屿面积 4 km²，最高海拔

640 m）；②"生境岛屿"分布指目标生物生存所需要的生境同周围环境存在明显差别，导致目标生物生存空间受到孤立与限制的现象。内陆地区的热带云雾林相对集中分布在高海拔山顶或山脊，极容易形成"生境岛屿"分布，并且这种分布形式在世界范围都十分普遍。如斯里兰卡山体彼此相连，但是云雾林的生境彼此分离（de Rosayro，1958）；中国云南、海南的热带云雾林都呈"生境岛屿"分布（施济普，2007；龙文兴等，2011）。

云雾林是否在垂直海拔上连续分布仍有争议，主要源于不同的海拔都存在间歇性云雾，因此对云雾可以决定植物区系存在质疑。不过从目前热带云雾林的定义来看，云雾林在垂直海拔上的确存在带状连续分布，典型的例子是马来西亚在海拔900～3200 m存在沿海拔梯度连续分布的云雾林（Jordan et al.，1982）。

## 二、土壤

不同地区热带云雾林土壤母质不同。如海南岛各个林区热带云雾林土壤主要是由花岗岩和砂岩发育而成（胡玉佳等，2000），斯里兰卡中部山脉热带云雾林土壤是由前寒武纪岩石和片麻岩夹杂一些结晶石灰岩构成（Cooray et al.，1967）。以太平洋群岛为代表的热带海洋群岛多半属于火山岛屿，热带云雾林土壤岩石母质多以火山岩为主。例如，夏威夷毛伊岛（Maui）热带云雾林土壤主要为更新世的火山岩（Hamilton et al.，1995）；波多黎各的卢基约山（Luquillo）热带云雾林土壤主要由火山岩碎片和石英闪长岩构成（Scatena，1995）；萨摩亚群岛热带云雾林土壤母质是由火山作用从太平洋海底盆地抬升起来的玄武岩和火山岩构成。

云南黄连山分布的热带云雾林土壤类型以山地黄棕壤为主，分水岭热带云雾林以山地棕壤为主，老君山热带云雾林以棕褐色砂壤土为主（施济普，2007）；海南各个林区热带云雾林主要是山地黄壤和山地草甸土（胡玉佳等，2000）。沿海地区或近陆岛屿的热带云雾林土壤成分多样。如斯里兰卡地区一般是由暗棕色壤质土掺杂砂质土构成（Cooray et al.，1967）；马来西亚的基纳巴卢山（Mount Kinabalu）以泥炭土壤为主（Burnham，1975）。以太平洋群岛为代表的热带海洋群岛，土壤以泥炭土为主，兼有丰富的矿物土和火山灰土。如夏威夷毛伊岛主要为火山灰土（Hamilton et al.，1995）；波多黎各的卢基约山和所罗门群岛主要由表面的泥炭土和浅层的矿物质土构成（Scatena，1995）。

热带云雾林土壤养分含量差异较大。云南热带云雾林的土壤中，有机质、全氮、全磷、全钾、速效氮、速效磷含量都较高，土壤肥力较好，但是不同森林土壤成分存在差异（施济普，2007）。菲律宾一些云雾林的土壤上有机质堆积达 70 ～ 100 cm，土壤有机质含量高达 47%（Alam，1980）；斯里兰卡云雾林的土壤营养物质含量高于当地的低地雨林（Hamilton et al.，1995）；海南霸王岭地区云雾林的土壤磷较低（龙文兴等，2011）；马来西亚基纳巴卢山上云雾林的泥炭土却因为淋溶和浸泡作用，营养元素损耗较大（Askew，1964；Whitmore，1969）。对海洋群岛云雾林的土壤的研究发现，火山群岛的泥炭土富含的营养元素非常丰富（Norris et al.，1987）。此外，热带云雾林土壤因为频繁的淋溶作用和较多的可溶性 $Fe^{3+}$、$Al^{3+}$ 存在，有土壤酸化现象（施济普，2007；龙文兴等，2011；Burnham，1975；Burnham et al.，1974；Walter，1973；Lugo et al.，1992）。有学者认为土壤酸化的主要原因在于有机物的缓慢分解和酸的形成（Bruijnzeel et al.，1995）。土壤酸化最严重的是火山灰土，其次是泥炭土。土壤酸化和金属离子的毒副作用，会影响植物对营养的吸收，进而影响物种分布和植物生长（Hafkenscheid，2000；Hamilton et al.，1995）。热带云雾林土壤厚度通常较薄，海南热带云雾林土壤厚度通常仅为 40 ～ 80 cm（龙文兴等，2011）。土层薄也是树木矮小的原因之一，高大树木在强大风力作用下容易倒伏。

# 参 考 文 献

陈焕镛，1964. 海南植物志 [M]. 北京：科学出版社 .

胡玉佳，丁小球，2000. 海南岛坝王岭热带天然林植物物种多样性研究 [J]. 生物多样性，8(4)：370-377.

刘玉洪，张克映，马友鑫，等，1996. 哀牢山（西南季风山地）空气湿度资源的分布特征 [J]. 自然资源学报，11(4)：347-354.

龙文兴，丁易，臧润国，等，2011. 海南岛霸王岭热带云雾林雨季的环境特征 [J]. 植物生态学报，35(2)：137-146.

施济普，2007. 云南山顶苔藓矮林群落生态学与生物地理学研究 [D]. 云南：中国科学院研究生院（西双版纳热带植物园）.

张志强，孙成权，1999. 全球变化研究十年新进展 [J]. 科学通报，44(5)：464-477.

Alam M K，1980. Weed flora of Forest Research Institute campus，Chittagong (excluding grasses)[J]. Agris，1980：78-79.

Aldrich M，Billington C，Edwards M，et al.，1997. A global directory of tropical montane cloud forests[J]. Cambridge：UNEP-WCMC.

Askew G P，1964. The mountain soils of the east ridge of Mt Kinabalu[J]. Proceedings of the Royal Society of London，161(982)：65-74.

Ataroff M，Rada F，2000. Deforestation impact on water dynamics in a Venezuelan Andean cloud forest[J]. AMBIO：A Journal of the Human Environment，29(7)：440-444.

Ataroff，M，1998. Importance of cloud water in Venezuelan Andean cloud forest water dynamics[C]//First International Conference on Fog and Fog Collection，Vancover：25-28.

Benzing D H，1998. Vulnerabilities of tropical forests to climate change：The significance of resident epiphytes[J].

Climatic Change，39(2-3)：519-540.

Braak D C，1922. On cloud-formation：nuclei of condensation，haziness，dimensions of cloud-particles[M]. Batavia：Javasche Boekhandel en Drukkeri：40-81.

Brass L J，1941. The 1938-39 expedition to the Snow Mountains，Netherlands New Guinea[J]. Journal of the Arnold Arboretum，22(2)：271-295.

Briscoe C B，1966. Weather in the Luquillo mountains of Puerto Rico[R]. Iinstitute of Tropical Forestry.

Brown W H，1919. Vegetation of Philippine mountains[M]. Manila：Bureau of Science.

Bruijnzeel L A，1990. Hydrology of moist tropical forests and effects of conversion：A state of knowledge review[J]. Journal of Hydrology，1990：397-399.

Bruijnzeel L A，Scatena F N. 2011，Hydrometeorology of tropical montane cloud forests[J]. Hydrological Processes，25(3)：319-326.

Bruijnzeel L A，Proctor J，1995. Hydrology and biogeochemistry of tropical montane cloud forests：What do we really know?[M]. Tropical montane cloud forests：38-78.

Bruijnzeel L A，Waterloo M J，Proctor J，et al，1993. Hydrological observations in montane rain forests on Gunung Silam，Sabah，Malaysia，with special reference to the Massenerhebung' effect[J]. Journal of Ecology，81(1)：145-167.

Bubb P，May I A，Miles L，et al，2004. Cloud Forest Agenda[M]. Cambridge：UNEP World Conservation Monitoring Centre.

Burnham C W，1975. Water and magmas：a mixing model[J]. Geochimica et Cosmochimica Acta，39(8)：1077-1084.

Burnham C W，Davis N F，1974. The role of $H_2O$ in silicate melts：II. Thermodynamic and phase relations in the system $NaAlSi_3O_8$-$H_2O$ to 10 kilobars，700 degrees to 1100 degrees C[J]. American Journal of Science，274(8)：902-940.

Cao H，Bowling S A，Gordon A S，et al，1994. Characterization of an Arabidopsis mutant that is nonresponsive to inducers of systemic acquired resistance[J]. The Plant Cell，6(11)：1583-1592.

Cavelier J，Goldstein G，1989. Mist and fog interception in elfin cloud forests in Colombia and Venezuela[J]. Journal of Tropical Ecology，5(3)：309-322.

Cavelier J，Solis D，Jaramillo M A，1996. Fog interception in montane forests across the Central Cordillera of Panama[J]. Journal of Tropical Ecology，12(3)：357-369.

Clark K L，Nadkarni N M，Schaefer D，et al，1998. Atmospheric deposition and net retention of ions by the canopy in a tropical montane forest，Monteverde，Costa Rica[J]. Journal of Tropical Ecology，14(1)：27-45.

Cooray P G，Cooray P G，1967. An Introduction to the Geology of Ceylon[M]. Colombo：National Museums of Ceylon.

Domrös M，1977. The Agroclimate of Ceylon：A contribution towards the ecology of tropical crops[J]. The Geographical Journal，143(2)：703.

Driscoll K W，Hsia D Y，Knox W E，et al，1956. Detection by phenylalanine tolerance tests of heterozygous carriers of phenylketonuria[J]. Nature，178(4544)：1239-1240.

Foster P，2001. The potential negative impacts of global climate change on tropical montane cloud forests[J]. Earth-Science Reviews，55(1-2)：73-106.

Glassman S F，1952. List of non-vascular plants from Ponape，Caroline Islands[J]. The American Midland Naturalist，

48(3)：735-740.

Gottfried M，Pauli H，Reiter K，et al，1999. A fine-scaled predictive model for changes in species distribution patterns of high mountain plants induced by climate warming[J]. Diversity and Distributions，5(6)：241-251.

Grubb P J，1971. Interpretation of the 'Massenerhebung' effect on tropical mountains[J]. Nature，229：44-45.

Hafkenscheid R L L J，2000. Hydrology and biogeochemistry of tropical montane rain forests of contrasting stature in the Blue Mountains，Jamaica[D]. Amsterdam：Vrije Universiteit.

Hamilton L S，Juvik J O，Scatena F N，1995. Tropical Montane Cloud Forests[M]. New York：Springer Verlag.

Hosokawa T，1952. A plant sociological study in the mossy forests of Micronesian islands[J]. Memoirs of the Faculty of Sciences Kyushu Univer sity，Japan. Series E (Biology)，1：65-82.

Jordan P W，Nobel P S，1982. Height distributions of two species of cacti in relation to rainfall，seedling establishment，and growth[J]. Botanical Gazette，143(4)：511-517.

Kerfoot W C，1968. Geographic variability of the lizard，Sceloporus graciosus Baird and Girard，in the Eastern part of its range[J]. Copeia，1968(1)：139-152.

Lawton R O，Dryer V，1980. The vegetation of the Monteverde Cloud Forest Reserve. La vegetación de la Reserva de Bosque Nuboso Monteverde[J]. Brenesia，1980 (18)：101-116.

Lawton R O，Nair U S，Pielke R A，et al.，2001. Climatic impact of tropical lowland deforestation on nearby montane cloud forests[J]. Science，294(5542)：584-587.

Lugo A E，Brown S，1992. Tropical forests as sinks of atmospheric carbon[J]. Forest Ecology and Management，54(1-4)：239-255.

Mueller-Dombois D，1968. Ecogeographic analysis of a climate map of Ceylon with particular reference to vegetation[J]. The Ceylon Forester，8(3/4)：1-20.

Norris P E，Batie S S，1987. Virginia farmers' soil conservation decisions：An application of Tobit analysis[J]. Journal of Agricultural and Applied Economics，19(1)：79-90.

Pounds J A，Fogden M P L，Campbell J H，1999. Biological response to climate change on a tropical mountain[J]. Nature，398：611-615.

R A de Rosayro，1958. The climate and vegetation of the Knuckles region of Ceylon[J]. Inorganic Chemistry，42(20)：6404-6411.

Scatena F N，1995. The management of Luquillo elfin cloud forest ecosystems：Irreversible decisions in a nonsubstitutable ecosystem[M]. Tropical Montane Cloud Forests：296-308.

Scatena F N，1998. An assessment of climate change in the Luquillo Mountains of Puerto Rico[C]//Segarra-Garcia R I. proceedings，third international symposium on tropical hydrology and fifth Caribbean islands Water resources congress. Washington，DC：American Water Resources Association：193-198.

Schweinfurth U，1984. The Himalaya：Complexity of a mountain system manifested by its vegetation[J]. Mountain Research and Development，4(4)：339-344.

Stadtmüller T，1987. Cloud forests in the humid tropics：a bibliographic review[D]. Tokyo：United Nations University.

Still C J，Foster P N，Schneider S H，1999. Simulating the effects of climate change on tropical montane cloud forests[J]. Nature，398：608-610.

van Steenis C，1972. Northofagus，key Genus to Plant Geography[M]. London & NY：Academic Press.

Vogelmann H W，1973. Fog precipitation in the cloud forests of eastern Mexico[J]. BioScience，23(2)：96-100.

Walter H，1973. Vegetation of the earth in relation to climate and the eco-physiological conditions[M]. London：English Universities Press.

Walther G R，Post E，Convey P，et al.，2002. Ecological responses to recent climate change[J]. Nature，416：389-395.

Weathers K C，Lovett G M，Likens G E，1995. Cloud deposition to a spruce forest edge[J]. Atmospheric Environment，29(6)：665-672.

Whitesell C D，Cole T G，MacLean C D，et al.，1986. Vegetation survey of Kosrae，Federated States of Micronesia[J]. Sensors，15(118)：443-460.

Whitmore T C，1969. First thoughts on species evolution in Malayan Macaranga (Studies in Macaranga III)[J]. Biological Journal of the Linnean Society，1(1-2)：223-231.

Whitmore T C，Burslem D F R P，1998. Major disturbances in tropical rainforests.[M]//Newbery D M，Prins H H T，Brown N D. Dynamics of tropical communties：the 37th symposium of the Brith Ecological Society，1998：549-565.

# 第三章　热带云雾林的结构特征

## 第一节　垂直结构

植物群落在形成过程中，受环境因素和植物间相互作用的影响，各植物配置在不同的空间位置，形成稳定的结构。

热带云雾林群落通常可以划分为乔木层、灌木层、草本层 3 个基本垂直结构层次。乔木层是森林中最主要的层次，依分布地区不同，可分为 1～2 个亚层。各地的云雾林因为分布海拔、植物群落组成的差异，分层情况有所不同。霸王岭热带云雾林群落内乔木层有两个亚层，第一亚层高 13 m 以上，以海南五针松（*Pinus fenzeliana*）为优势种；第二亚层高 3～8 m，优势种为蚊母树（*Distylium racemosum*）、赤楠（*Syzygium buxifolium*）、黄杞（*Engelhardtia roxburghiana*）和毛棉杜鹃花（*Rhododendron moulmainense*）等，树干常弯曲。灌木层高 1～2.5 m，优势种为九节（*Psychotria rubra*）、三桠苦（*Evodia lepta*）、紫毛野牡丹（*Melastoma penicillatum*）等。草本层主要物种为卷柏（*Selaginella tamariscina*）、蜘蛛抱蛋（*Aspidistra elatior*）、云叶兰（*Nephelaphyllum tenuiflorum*）及一些乔灌木幼苗。

五指山地区热带云雾林群落乔木层分两个亚层：第一亚层高 8～16 m，胸径分布范围为 7～43 cm，优势种为硬壳柯（*Lithocarpus hancei*）、厚皮香（*Ternstroemia gymnanthera*），常见的植物有厚皮香八角（*Illicium ternstroemioides*）、美丽新木姜子（*Neolitsea pulchella*）和五列木（*Pentaphylax euryoides*）等；第二亚层高 4～8 m，优势植物不明显，常见的植物有硬壳柯和厚皮香、华润楠（*Machilus chinensis*）、打铁树（*Rapanea nerifolia*）和丛花灰木（*Symplocos poilanei*）等。灌木层也分两个亚层：第一亚层高 1.5～3 m；第二亚层高不足 1.5 m，优势植物是厚皮香和其他一些乔木的幼苗，灌木有大头茶（*Gordonia axillaris*）、海南树参（*Dendropanax hainanensis*）、华南杜鹃（*Rhododendron klossii*）和长柄杜英（*Elaeocarpus petiolatus*）等（杨小波等，1994）。

云南地区热带云雾林群落结构分为乔木层、灌木层和草本层。乔木层高度为 5～10 m，优势种有麻子壳柯（*Lithocarpus variolosus*）、大果木莲（*Manglietia* grandis)、硬叶柯（*Lithocarpus crassifolius*）、露珠杜鹃（*Rhododendron irroratum*）、薄叶马银花（*Rhododendron leptothrium*）、大花八角（*Illicium macranthum*）。仅金平分水岭国家级自然保护区的热带云雾林冠层高度达到了 15 m，乔木层有两层，第一层以短刺锥（*Castanopsis echidnocarpa*）为主，第二层以金屏连蕊茶（*Camellia tsingpienensis*）为主；灌木层主要有竹类及一些乔木幼树，高度在 1 ～ 3 m；草本层高度通常为 15 ～ 30 cm，优势种有霹雳薹草（*Carex perakensis*）、长穗兔儿风（*Ainsliaea henryi*）、沿阶草（*Ophiopogon bodinier*i）及蔓龙胆属（*Crawfurdia*）植物（Shi et al.，2009）。

分布在海拔 2350 ～ 2600 m 的马来西亚基纳巴卢山的热带云雾林树冠高度大约在 20 m，草本植物丰富（盖度几乎达到了 100%），灌木及小乔木稀疏。乔木层优势植物有蛔形兰属（*Ascarina*）、蒲桃属（*Syzygium*）、木犀榄属（*Olea*）、冬青属（*Ilex*）、陆均松属（*Dacrydium*）及樟科（Lauraceae）植物。灌木层有粗叶木属（*Lasianthus*）、紫金牛属（*Ardisia*）、桫椤属（*Alsophila*）、鹅掌柴属（*Schefflera*）、悬钩子属（*Rubus*）、李属（*Prunus*）、杜鹃属（*Rhododendron*）、九节属（*Psychotria*）和耳草属（*Hedyotis*），草本层和亚灌木层主要有总序竹属（*Racemobambos*）植物及一些陆生蕨类植物，如鳞毛蕨属（*Dryopteris*）、红腺蕨属（*Diacalpe*）和瘤足蕨属（*Plagiogyria*）等（Kitayama，1994）。

分布于秘鲁安第斯山脉的热带云雾林优势科为清风藤科，乔木层共分为两个亚层，第一亚层优势属有香茅属（*Citronella*）、猪胶树属（*Clusia*）、*Delostoma*、泡花树属（*Meliosma*）、桑属（*Morus*）、山参属（*Oreopanax*）、鳄梨属（*Persea*）、雷楝属（*Ruagea*）和 *Weinnmania*；第二亚层主要属有夜香树属（*Cestrum*）、番樱桃属（*Eugenia*）、绢木属（*Miconia*）、*Myrcianthes*、*Oreocallis*、*Palicourea*、*Parathesis*、胡椒属（*Piper*）和茄属（*Solanum*）。灌木层主要有酒神菊属（*Baccaris*）、*Fucsia*、胡椒属、茄属、*Vervesina* 和蝶形花科（Papilonaceae）、石蒜科（Amaryllidaceae）、金栗兰科（Chlorantaceae）。草本层为丘竹属（*Chusquea*）（Ledo et al.，2012）。

菲律宾吕宋岛中部卡拉巴略山脉（Caraballo Mountains）的热带山地云雾林乔木层一般分为两个亚层，上层优势植物有柯属（*Lithocarpus* spp.、*Vicinium* spp.）、野牡丹属（*Melastoma* spp.）、细枝柃（*Eurya loquaiana*）及一些裸子植物西藏红豆杉（*Taxus wallichiana*）、叶枝杉属（*Phyllocladus* spp.）、罗汉松属（*Podocarpus* spp.）等；下层主要植物有 *Clethrea canescens*、番桫椤属（*Cyathea* spp.）、菝葜属（*Smilax* spp.）、子楝树属（*Decaspermum* spp.）、*Medenilla* spp.、*Duplocosia spp.*（Penafiel，1980）。波多黎各地区的热带云雾林乔木优势植物为蚁木属（*Tabebuia* spp.）、番樱桃属，灌木主要是绢木属（*Miconia* spp.），草本植物有番桫椤属、

冷水花属（*Pilea* spp.）、柳叶箬属（*Isachne* spp.）（Gould et al.，2006）。

# 第二节　层间植物

当漫步于热带云雾林中，来自视觉、触觉和嗅觉的多重感官体验会让你立即对云雾林产生深刻的印象。地上，松软而潮湿的枯枝落叶层犹如厚厚的地毯，散发着泥土特有的芳香，大树小树长满苔藓、地衣、蕨类和兰科植物等附生植物，在雾水的浸润中显得格外漂亮。在茂密的原始森林中，远远望去，苔藓和地衣仿佛是大树或石头表面的一些"雀斑"，在阳光穿透树叶照耀在上面时，甚至还会闪闪发光。苔藓和地衣对环境变化的敏感程度远高于其他生物，因此经常被用作气候变化的风向标（图 3-1）。

图 3-1　热带云雾林丰富的层间植物

海南霸王岭热带云雾林中藤本植物以省藤（*Calamus platyacanthoides*）、清香藤（*Jasminum lanceolarium*）和寄生藤（*Dendrotrophe frutescens*）为主。乔木树干上附生有石仙桃属（*Pholidota*）、卷瓣兰属（*Bulbophyllum*）和石斛属（*Dendrobium*）等兰科植物和少量苔藓植物。黎母山地区热带云雾林中的藤本植物主要是丁公藤（*Erycibe obtusifolia*）、清香藤（*Jasminum lanceolarium*）。尖峰岭地区热带云雾林中的藤本植物主要以丁公藤（*Erycibe obtusifolia*）、清香藤（*Jasminum lanceolarium*）、买麻藤（*Gnetum montanum*）为主。乔木树干上的附生植物有藓叶卷瓣兰（*Bulbophyllum retusiusculum*）、琼崖石韦（*Pyrrosia eberhardtii*）、流苏贝母兰（*Coelogyne fimbriata*）和石豆毛兰（*Eria thao*）等。

云南地区的热带云雾林分布在海拔为 2400 ～ 3900 m 的地区, 常见的藤本植物有蒙自崖爬藤 (*Tetrastigma henryi*)、游藤卫矛 (*Euonymus vagans*) 及双蝴蝶属 (*Tripterospermum*) 植物。由于该地林内潮湿且阴暗的生境条件, 附生的苔藓植物特别丰富, 许多树干上都有苔藓的踪影。其他常见的附生植物有红苞树萝卜 (*Agapetes rubrobracteata*)、异叶楼梯草 (*Elatostema monandrum*) 及蕨类植物、兰科植物等 (Shi et al., 2009)。

马来西亚基纳巴卢山海拔 2350 ～ 2600 m 地带的热带云雾林中的藤本植物主要是酸藤子属 (*Embelia*), 生长在树冠以下的附生维管植物主要有膜蕨属 (*Hymenophyllum*)、瓶蕨属 (*Vandenboschia*)、禾叶蕨属 (*Grammitis*)、荷包蕨属 (*Calymmodon*)、舌蕨属 (*Elaphoglossum*) 和铁角蕨属 (*Asplenium*); 生长在树冠中的主要是水龙骨科 (Polypodiaceae)、杜鹃花科 (Ericaceae) 和兰科 (Orchidaceae) 植物。该地区附生苔藓植物丰富, 典型的种类有细指叶苔 (*Lepidozia trichodes*)、瓦氏指叶苔 (*Lepidozia wallichiana*)、东亚鞭苔 (*Bazzania praerupta*) 和旋叶鞭苔 (*Bazzania spiralia*) 等 (Kitayama, 1994)。秘鲁安第斯山脉云雾林地区附生植物优势科为兰科, 优势属为树兰属 (*Epidendrum*)、丽斑兰属 (*Lepanthes*)、文心兰属 (*Oncidium*) 和 *Pleurosthallis* (Ledo et al., 2012)。波多黎各地区的热带云雾林内藤本植物有蜜囊花属 (*Marcgravia sintenisii*) 和假泽兰属 (*Mikania*) 植物, 附生植物有卷柏属 (*Selaginella*)、乌毛蕨属 (*Blechnum*) 和松塔凤梨属 (*Hohenbergia*) (Gould et al., 2006)。菲律宾吕宋岛中部卡拉巴略山脉地区的热带山地云雾林树木主干及枝条上布满了各种各样的附生植物, 如苔藓、地衣等 (Penafiel, 1994)。海拔 900 ～ 1140 m 的热带云雾林内的附生植物主要是瓶蕨属 (*Vandenboschia*) 和巢蕨 (*Neottopteris nidus*) (Merlin et al., 1995)。哥斯达黎加海拔 1480 m 的蒙特韦尔德云雾林里生长着至少 878 种附生植物, 包括 400 多种兰花。色彩淡雅的兰花以白色、紫色和黄色点缀着原始森林的一片苍绿, 衬托着高大雄伟的参天大树。树上附生有苔藓、凤梨科植物及蕨类等植物 (Nadkarni, 1986)。

# 第三节 高度特征

热带云雾林中乔木普遍矮小, 并且枝干常弯曲。海南岛霸王岭热带云雾林 1.5 m 以上植株平均高度为 4.56 m, 幼树 (1 cm < 胸径 < 5 cm) 平均高度为 3.36 m, 小树 (5 cm < 胸径 < 10 cm) 平均高度为 5.81 m, 大树 (胸径 > 10 cm) 平均高度为 7.67 m; 尖峰岭热带云雾林中幼树 (1 cm < 胸径 < 5 cm) 平均高度

为 3.20 m，小树（5 cm ＜胸径＜ 10 cm）平均高度为 5.68 m，大树（胸径 ＞ 10 cm）平均高度为 8.69 m；黎母山热带云雾林中幼树（1 cm ＜胸径＜ 5 cm）平均高度为 3.30 m，小树（5 cm ＜胸径＜ 10 cm）平均高度为 6.39 m，大树（胸径 ＞ 10 cm）平均高度为 10.87 m（图 3-2）。

图 3-2　海南热带云雾林结构

云南地区热带云雾林植株高度为 5 ～ 10 m（Shi et al.，2009），秘鲁安第斯山脉云雾林海拔 2600 m 左右地区的主要树木高度为 10 m 以上（Ledo et al.，2012）。哥斯达黎加在海拔 1480 m 地区的热带云雾林树木高度为 15 ～ 30 m（Nadkarni et al.，1995）。波多黎各地区的热带云雾林树冠平均高度为 6.0 m（Gould et al.，2006）。委内瑞拉地区的热带云雾林分布在海拔 2000 m 以上，胸径 10 cm 以上的树木高度都在 20 m 以上（Schwarzkopf et al.，2011）。马来西亚基纳巴卢山分布在海拔 2350 ～ 2600 m 的热带云雾林，乔木层共有两个亚层，第一亚层高 20 m 左右，盖度为 60% ～ 70%，第二亚层高 10 m 左右，盖度为 5% ～ 10%；灌木层高度为 3 ～ 4 m，盖度为 10% ～ 25%；草本层高度为 1 ～ 1.5 m，盖度为 80% ～ 95%（Kitayama，1994）。菲律宾吕宋岛中部卡拉巴略山脉地区的热带山地云雾林乔木层平均高度为 10 m 左右（Penafiel，1994）。

## 第四节　径级和密度特征

海南霸王岭热带云雾林内，幼树平均密度＞小树平均密度＞成年树平均密度，反映了不同径级植株在群落中呈"倒 J 形"分布。胸径在 1 ～ 10 cm 的植

物有 8687 株 47 种，胸径在 10 ～ 20 cm 的有 900 株 41 种，胸径在 20 ～ 30 cm
的有 113 株 19 种，胸径在 30 ～ 60 cm 的有 14 株 6 种。尖峰岭热带云雾林中按
照胸径大小将植株分类，胸径在 1 ～ 10 cm 的有 6184 株 231 种，胸径在 10 ～
20 cm 的有 445 株 85 种，胸径在 20 ～ 30 cm 的有 119 株 40 种，胸径在 30 ～
60 cm 的有 57 株 26 种。黎母山热带云雾林中胸径在 1 ～ 10 cm 的有 3084 株
140 种，胸径在 10 ～ 20 cm 的有 416 株 66 种，胸径在 20 ～ 30 cm 的有 131 株
35 种，胸径在 30 ～ 60 cm 的有 86 株 30 种，胸径在 60 ～ 100 cm 的有 9 株 1 种。
与海南类似，哥斯达黎加海拔 1480 m 区域的热带云雾林不同径级结构的密度分
布曲线也呈 "倒 J 形"（Nadkarni et al.，1995），而菲律宾吕宋岛中部卡拉巴略
山脉地区的热带山地云雾林乔木胸径都在 40 cm 以下（Penafiel，1994）。

　　海南岛霸王岭热带云雾林群落中乔灌木植株密度为 116 株 /100 m$^2$，个体
平均密度为幼树（1 cm ＜胸径＜ 5 cm）＞小树（5 cm ＜胸径＜ 10 cm）＞大树
（胸径＞ 10 cm），平均高度为 4.32 ± 1.98 m，平均胸径为 4.61 ± 4.44 cm；
8400 m$^2$ 的热带云雾林样方中共调查到 9323 个木本植株个体，分属 40 科
70 属 109 种。其中优势种有蚊母树（重要值 12.47）、碎叶蒲桃（*Syzygium
buxifolium*，重要值 8.35）、九节（重要值 5.11）、黄杞（重要值 4.92）、光
叶山矾（*Symplocos lancifolia*，重要值 3.94）和丛花山矾（*Symplocos poilanei*，
重要值 3.62）。海南岛石峰热带云雾林中高度在 0.7 ～ 2.9 m 的植物物种丰
富度为 82，多度为 2576；高度在 3 ～ 5.9 m 的植物物种丰富度为 99，多度
为 4713；高度在 6 ～ 8.9 m 的植物物种丰富度为 72，多度为 1719；高度
在 9 ～ 18.0 m 的植物物种丰富度为 37，多度为 303。尖峰岭 4800 m$^2$ 的热带
云雾林样方中共调查到 6880 个木本植株个体，分属 57 科 120 属 237 种，其
中高度在 1.2 ～ 2.9 m 的植物物种丰富度为 155，多度为 1917；高度在 3 ～
5.9 m 的植物物种丰富度为 188，多度为 3486；高度在 6 ～ 8.9 m 的植物物种丰
富度为 120，多度为 957；高度在 9 ～ 18.0 m 的植物物种丰富度为 62，多度为
297。黎母山 6000 m$^2$ 热带云雾林样方中共调查到 3809 个木本植株个体，分属 44
科 84 属 143 种，其中高度在 1.2 ～ 2.9 m 的植物物种丰富度为 90，多度为 975；
高度在 3 ～ 5.9 m 的植物物种丰富度为 93，多度为 1423；高度在 6 ～ 8.9 m 的植
物物种丰富度为 70，多度为 679；高度在 9 ～ 22.0 m 的植物物种丰富度为 75，
多度为 568。五指山热带云雾林群落组成成分较简单，平均每 100 m$^2$ 有 1.5 m 以
上的立木 25 株 16 种，其中硬壳柯和厚皮香占优势（杨小波等，1994）。云南
地区热带云雾林分布的海拔范围为 2400 ～ 3900 m，群落外貌深绿色，乔灌木
组成成分以常绿植物为主，优势科为壳斗科、杜鹃花科（Ericaceae）、越橘科
（Vacciniaceae）和槭树科（Aceraceae），小叶和中叶物种占优势，以高位芽植

物为主，每 2500 m² 样方内维管植物有 57～110 种（Shi et al.，2009）。

马来西亚基纳巴卢山分布在海拔 2350～2600 m 的热带云雾林中平均每 0.1 ha 分别有胸径大于 10 cm 的植株 25 种和 13 种，平均每 1 ha 分别有胸径大于 10 cm 的植株 778 株和 659 株，海拔 2380 m 的 1600 m² 样方中有维管植物 110 种；海拔 2500 m 的 400～900 m² 样方中有维管植物约 70 种（Kitayama，1994）。菲律宾吕宋岛中部卡拉巴略山脉地区的热带山地云雾林内共有苔藓植物 57 种、蕨类植物 91 种、裸子植物 18 种、被子植物 377 种；特有种类较多，特有苔藓 19 属 44 种，特有蕨类 2 属 34 种，特有被子植物 60 属 173 种（Penafiel，1994）。波多黎各地区的热带云雾林平均每公顷有胸径在 2 cm 以上的植物 6678±950 株，胸径大于 10 cm 的植株 687 株（Gould et al.，2006）。秘鲁安第斯山脉云雾林海拔 2600 m 左右区域平均每公顷有胸径大于 7.5 cm 的植株 1764 株（Ledo et al.，2012）。哥斯达黎加海拔 1480 m 热带云雾林最大优势科为樟科，平均每公顷有胸径大于 2 cm 的植株 2062 株，胸径大于 10 cm 的植株个体 555 株，平均每公顷有物种数 111 种（Nadkarni et al.，1995）。墨西哥海拔 2500 m 的热带云雾林，平均 0.1 公顷有植株 43 种（Vázquez et al.，1998）。委内瑞拉地区的热带云雾林中，海拔 2219 m 左右云雾林分布区每公顷有胸径大于 10 cm 的植株 366 株，海拔 2588 m 左右云雾林分布区每公顷有胸径大于 10 cm 的植株 723 株，2321 m 左右云雾林分布区每公顷有胸径大于 10 cm 的植株 850 株（Schwarzkopf et al.，2011）。

# 参 考 文 献

杨小波，林英，梁淑群，1994. 海南岛五指山的森林植被Ⅰ. 五指山的森林植被类型 [J]. 海南大学学报自然科学版，12(3)：220-236.

Gould W A，González G，Rivera G C. 2006. Structure and composition of vegetation along an elevational gradient in Puerto Rico[J]. Journal of Vegetation Science，17(5)：653-664.

Kitayama K，1994. Biophysical conditions of the montane cloud forests of Mount Kinabalu，Sabah，Malaysia[C]// Hamilton L S，Juvik J O，Scatena F N. Tropical Montane Cloud Forests. New York：Springer-Verlag：183-197.

Ledo A，Condés S，Alberdi I，2012. Forest biodiversity assessment in Peruvian Andean montane cloud forest[J]. Journal of Mountain Science，9(3)：372-384.

Merlin M D，Juvik J O，1995. Montane coud forest in the tropical pacific：Some aspects of their floristics，biogeography，ecology，and conservation[C]//Hamilton L S，Juvik J O，Scatena F N. Tropical Montane Cloud Forests. New York：Spring-Verlag Inc：234-253.

Nadkarni N M，1986. The nutritional effects of epiphytes on host trees with special reference to alteration of precipitation chemistry[J]. Selbyana，9(1)：44-51.

Nadkarni N M，Matelson T J，Haber W A，1995. Structural characteristics and floristic composition of a Neotropical cloud forest，Monteverde，Costa Rica[J]. Journal of Tropical Ecology，11(4)：481-495.

Penafiel S R，1980. The mossy forests of the Central Cordillera ranges in the Philippines[J]. Canopy International，6：6-7.

Penafiel S R，1994. The biological and hydrological values of the mossy forests in the Central Cordillera Mountains，Philippines[C]// Hamilton L S，Juvik J O，Scatena F N，Tropical Montane Cloud Forests. New York：Spring-Verlag Inc：266-273.

Schwarzkopf T，Riha S J，Fahey T J，et al.，2011. Are cloud forest tree structure and environment related in the Venezuelan Andes?[J]. Austral Ecology，36(3)：280-289.

Shi J P，Zhu H，2009. Tree species composition and diversity of tropical mountain cloud forest in the Yunnan，southwestern China[J]. Ecological Research，24，83-92.

Vázquez G A J，Givnish T，1998. Altitudinal gradients in tropical forest composition，structure，and diversity in the Sierra de Manantlán[J]. Journal of Ecology，86(6)：999-1020.

# 第四章 热带云雾林大型真菌多样性

大型真菌通常是指能够产生子实体，并且子实体较大的一类真菌，包括子囊菌门（如冬虫夏草、印度块菌、羊肚菌）和担子菌门（如香菇、灵芝、马勃）的类群（图力古尔，2012）。热带云雾林地处热带地区，雨量充沛、植被丰富，孕育了形态各异、色彩纷呈的大型真菌。这些大型真菌是热带云雾林生物多样性的重要组成部分。

## 第一节 大型真菌在热带云雾林中的生态作用

按照大型真菌获得营养的方式，可以将其分为腐生菌、共生菌和寄生菌三大类群，其中腐生菌、共生菌占大多数，对热带云雾林生态系统的平衡稳定发展起到了至关重要的作用，具体如下。①食物链的重要一环。大型真菌虽然无法进行光合生产，但是它们可从生长基质中获取光合产物并将其转化为自己的生物量。这些生物量成为热带云雾林中动物的重要食物来源，如土壤中的线虫、螨，常以菌丝为食，而一些昆虫、啮齿类动物常常以大型真菌的子实体为食（梁宇等，2002）。②促进生态系统中的物质循环。热带云雾林的许多腐生菌生长在活立木、枯立木、树桩、倒木、落枝、落叶上，它们通过分泌各种生物酶，将生长基质的纤维素、半纤维素和木质素分解成为可被其他生物利用的营养物质，在森林生态系统物质循环中起着关键的降解还原作用（于占湖，2007；戴玉成等，2010）；同时，热带云雾林的许多外生菌根真菌也在有机物的分解、无机元素循环中起到重要作用（梁宇等，2002）。③促进高等植物健康生长。研究表明，在森林中，菌根真菌在保持植物的多样性、生态系统的稳定性及生产率上具有重要的作用（van der Heijden et al.，1998）。热带云雾林中常见的红菇科（Russulaceae）、牛肝菌科（Boletaceae）、鹅膏科（Amanitaceae）等种类大多是外生菌根真菌，与壳斗科（Fagaceae）、松科（Pinaceae）、龙脑香科（Dipterocarpaceae）等高等植物形成共生关系（毕志树等，1997；Roman et al.，2005；Zeng et al.，2013；杨祝良，2015）。这些真菌在森林中能扩大树木根系的吸收面积和吸收范围，增强宿主树木对营养元素的吸收和利用，合成植物激素来调节共生双方，提高宿主树木的抗病性和抗逆性（杨国亭等，1999；朱教君等，2003）。

## 第二节 热带云雾林的大型真菌研究

热带云雾林虽然有丰富的大型真菌物种多样性，但对其研究得还不够充分。早期有学者对热带云雾林中某种植物的菌根真菌进行了研究，如 Bougoure 等（2005）采用分子生物学方法对澳大利亚昆士兰（Queensland）热带云雾林中的杜鹃花科植物 *Rhododendron lochiae* F. Muell. 的菌根真菌进行了研究，除了发现许多小型真菌，还鉴定出能产生较大子实体的炭角菌科（Xylariaceae）真菌；Morris 等（2008）也采用类似的分子生物学方法对墨西哥热带云雾林中的壳斗科植物 *Quercus crassifolia* Bonpl. 进行外生菌根真菌的研究，发现有红菇科（Russulaceae）、丝膜菌科（Cortinariaceae）、丝盖伞科（Inocybaceae）、革菌科（Thelephoraceae）等大型真菌。最近，有学者较为系统地对热带云雾林中的大型真菌进行了调查研究，如 Gómez-Hernández 等（2011）对位于墨西哥韦拉克鲁斯（Veracruz）的热带云雾林中的大型真菌进行了研究，共记录了 509 种大型真菌；Olmo-Ruiz 等（2017）根据现有的研究资料进行统计，发现新热带地区的云雾林中有 2962 种真菌，其中很大一部分是大型真菌。这些研究都显示出热带云雾林具有极丰富的大型真菌物种多样性。

## 第三节 热带云雾林的大型真菌图谱

在我国，目前对热带云雾林的大型真菌只是零星记载于一些书籍中（邓叔群，1963；毕志树等，1997；Zhuang，2001；吴兴亮等，2011），未有学者对其进行专门的研究。笔者对位于海南黎母山、霸王岭及尖峰岭的热带云雾林中的大型真菌进行了初步的野外调查，共采集标本 90 号，分属 75 种，其中光盖金褴伞（*Cyptotrama glabra* Zhu L. Yang & J. Qin）为海南新记录种。它们不仅有与高等植物形成共生关系的鹅膏科（Amanitaceae）、牛肝菌科（Boletaceae）真菌，而且还有大量的腐生真菌如灵芝科（Ganodermataceae）、多孔菌科（Polyporaceae）、锈革孔菌科（Hymenochaetaceae）、膨瑚菌科（Physalacriaceae）、小皮伞科（Marasmiaceae）、小菇科（Mycenaceae）的类群。为了让人们对我国热带云雾林的大型真菌有直观的认识，以便今后对它们进行更深入的研究，本节将对海南热带云雾林常见的 34 种大型真菌进行详细的介绍。在所采标本观察研究的基础上，对这些真菌进行形态描述时，还参考了戴玉成等（2010）、李玉等（2015）、杨祝良（2015）及 Qin 等（2016）的描述，以便更客观地表现出这些物种的特征。

# 一、炭团菌科 Hypoxylaceae

## 炭团菌属 *Hypoxylon*

### （1）山地炭团菌 *Hypoxylon monticulosum* Mont.

【形态特征】子座（0.5～2）cm ×（0.5～1.5）cm，厚（1.5～2.5）mm，通常呈垫状，黑色带锈褐色，常有光泽；成熟时子囊壳外表形成小瘤状突起，小突起宽 0.3～0.5 mm，呈不规则扁半球形至近球形，多个相连；子座表层下及子囊壳间组织近木质至炭质，黑色；子囊壳（0.2～0.3）mm ×（0.2～0.4）mm，球形至倒卵球形，孔口稍突起。子囊孢子（7～11）μm ×（3.5～4）μm，长椭圆形至长肾形，不等边，单胞，光滑，暗褐色至近黑褐色。

真菌（1）山地炭团菌

【分布与生境】华中、华南。生于阔叶树腐树皮上。

# 二、鹅膏科 Amanitaceae

## 鹅膏属 *Amanita*

### （2）绒毡鹅膏 *Amanita vestita* Corner & Bas

【形态特征】担子果小型，各部位无锁状联合。菌盖直径 2～5 cm，扁平至平展，有时中央稍下陷，菌盖表面污白色，被菌幕残余，菌幕残余绒状至毡状，在菌盖中央菌幕残余有时近疣状，黄褐色、淡褐色至暗褐色，菌盖边缘常有絮状物，无沟纹。菌褶白色；短菌褶近菌柄端渐窄；菌柄长3～5 cm，直径 0.4～1.2 cm，污白色，

真菌（2）绒毡鹅膏

被纤丝状至絮状鳞片，在菌柄顶端被粉末状鳞片；菌环易破损消失；菌柄基部腹鼓状至近梭形，直径 0.8～2 cm，有短假根，在其上半部被有粉末状菌幕残余。担孢子（7.5～9.5)μm ×(5.5～6.5) μm，椭圆形，薄壁，光滑，无色透明，淀粉质。

【分布与生境】 华南。生于热带及南亚热带林中地上，与壳斗科等植物形成共生关系。

## 三、小皮伞科 Marasmiaceae

### 小皮伞属 *Marasmius*

（3）靓丽小皮伞 *Marasmius bellus* Berk.

【形态特征】 担子果小型。菌盖直径 1.5～2.5 cm，近半球形至钟形，后平展而具脐凹，浅黄色到黄白色，盖表干，被绒毛或光滑；边缘有条纹；菌肉厚 0.8～1.3 mm；菌褶与菌盖同色或稍浅，直生，完全菌褶 14～16 片，不等长，有少量分叉；菌柄中生，近圆柱形，长 3～6 cm，直径 1～2 mm，上部与菌盖同色，下部紫褐色至黑褐色，被不明显绒毛或光滑，中空，基部有白色菌丝体和硬毛。担孢子（8～12）μm ×（3～3.5）μm，长椭圆形，光滑，无色，非淀粉质。

真菌（3）靓丽小皮伞

【分布与生境】 华南。生于枯枝或腐木上。

真菌（4）近刚毛小皮伞

（4）近刚毛小皮伞 *Marasmius subsetiger* Z.S. Bi & G.Y. Zheng

【形态特征】 担子果小型。菌盖直径 1～4 cm，凸镜形至半球形，中央具脐凹，乳白色，有从中部至边缘的沟纹，光滑无附属物；菌肉乳白色，极薄；菌褶直生，白色至乳白色，不等长，有分叉和横脉，褶缘波状；菌柄中生，长 5～12 cm，直径 1～2.5 mm，近圆柱形，黄褐色，向下变红褐色，中空，上被乳白色短绒毛，柄基具密集乳白色绒毛。担孢子（4～6）μm×（3～4）μm，椭圆至近球形，光滑，无色，非淀粉质。

【分布与生境】华南。生于阔叶林中腐朽的枯枝落叶上。

# 四、小菇科 Mycenaceae

## 1.胶孔菌属 *Favolaschia*

### （5）丛伞胶孔菌 *Favolaschia manipularis* (Berk.) Teng

【形态特征】担子果小型，夜晚可发荧光。菌盖直径 1～3.5 cm，近半球形或斗笠形，中央有时近锥状突起；表面污白色，湿润近似透明；菌肉污白色，较薄；子实层菌管状，直生，污白色；管口多角形，直径 0.5～1 mm；菌管长 1.5～5 mm；菌柄长 3～5 cm，粗 0.2～0.3 cm，近圆柱形，表面中上部污白色，下部浅褐色至褐色。担孢子（6～7.5）μm×（4～5）μm，卵圆形或宽椭圆形，无色，光滑，壁薄。担子果各部位具有锁状联合。

真菌（5）丛伞胶孔菌

【分布与生境】华南。生于阔叶树腐木或枯枝上。

## 2.小菇属 *Mycena*

### （6）沟柄小菇 *Mycena polygramma* (Bull.) Gray

【形态特征】菌盖直径 2～4 cm，圆锥形，表面平滑，灰色至灰褐色，边缘色较浅，有放射状条纹；菌肉薄，浅灰色；菌褶离生，稀疏，近白色，有小菌褶；菌柄长 5～10 cm，直径 1～2 mm，近圆柱形，光滑，颜色较菌盖浅。担孢子（9.5～12）μm×（6.5～8.5）μm，宽椭圆形，光滑，无色。

真菌（6）沟柄小菇

【分布与生境】东北、华北、华南。

夏秋季生于阔叶林中枯枝落叶上。

（7）血色小菇 *Mycena sanguinolenta* (Alb. & Schwein.) P. Kumm.

【形态特征】菌盖直径 0.5 ～ 1.3 cm，圆锥形至钟形，灰褐色、浅褐色至紫红褐色，边缘色较浅，有放射状条纹；菌肉薄，近白色；菌褶直生，稀疏，白色，有小菌褶；菌柄长 2.5 ～ 5 cm，直径 0.5 ～ 1 mm，近圆柱形，颜色较菌盖色浅，受伤后有红色汁液流出。担孢子（7.5 ～ 9.5）μm ×（4 ～ 4.5）μm，椭圆形，光滑，无色。

真菌（7）血色小菇

【分布与生境】东北、华北、西北、华中、华南。生于阔叶林及针阔混交林枯枝落叶上。

## 五、类脐菇科 Omphalotaceae

### 微香菇属 *Lentinula*

（8）香菇 *Lentinula edodes* (Berk.) Pegler

【形态特征】单生、群生至丛生。担子果中等至大型；菌盖直径 5 ～ 10 cm，初扁半球形，成熟后中部微突起至近平展，浅褐色、红褐色至深褐色，上被绒毛状鳞片，边缘内卷；菌褶近离生，密，白色，具小菌褶；菌幕丝膜状，近白色或稍具淡紫色，易消失；菌柄长 1.5 ～ 5 cm，直径 0.5 ～ 1.8 cm，中生至稍偏生，近圆柱形；菌柄淡褐色，被鳞片；菌环丝膜状，易消失。担孢子（5.5 ～ 6.5）μm ×（2.5 ～ 3.5）μm，椭圆形，无色透明，壁表光滑；担子果各部位均具锁状联合。

真菌（8）香菇

【分布与生境】东北、华中、西南、华南。生于阔叶树倒木上。

## 六、膨瑚菌科 Physalacriaceae

### 金褴伞属 Cyptotrama

#### （9）光盖金褴伞 Cyptotrama glabra Zhu L. Yang & J. Qin

【形态特征】 担子果小型至中等，各部位无锁状联合。菌盖近半球形至平展，直径 3 ～ 7 cm，盖表干燥，光滑，黄褐色、橙黄色至近黄色，边缘有时可见辐射状沟纹；菌肉厚 1 ～ 3 mm，白色，受伤不变色；菌褶弯生或近离生，白色，较稀疏，具小菌褶；菌柄（3 ～ 5）cm ×（0.3 ～ 0.8）cm，近圆柱形，表面米色至白色，有时略带橙色调，光滑，中空，基部近盘状膨大，无假根。担孢子（9.5 ～ 11）μm ×（4.5 ～ 6）μm，长椭圆形，薄壁，光滑，无色透明。

真菌（9）光盖金褴伞

【分布与生境】 西南、华南。生于阔叶树腐木上。

## 七、木耳科 Auriculariaceae

### 木耳属 Auricularia

#### （10）皱木耳 Auricularia delicate (Mont. ex Fr.) Henn.

【形态特征】 群生，胶质。担子果小型；子实体幼时杯状，后期盘状，长 2 ～ 6 cm，宽 1 ～ 3 cm，厚 0.5 ～ 1 cm，边缘平坦或波状；不孕面黄褐色至深褐色，平滑，疏生无色绒毛；子实层面凹陷，有明显的皱褶并形成网格，紫红褐色、浅黄褐色至黄褐色。担孢子（10 ～ 13）μm ×（5 ～ 6）μm，圆柱形，稍弯曲，无色，壁表光滑。

真菌（10）皱木耳

【分布与生境】华中、华南。生于阔叶树腐木上。

# 八、锈革菌科 Hymenochaetaceae

## 1. 褐孔菌属 *Fuscoporia*

（11）铁褐孔菌 *Fuscoporia ferrea* (Pers.) G. Cunn.

【形态特征】担子果一年生或二年生，平伏，不易与基质分离，新鲜时革质，干后木栓质，长达 16 cm，宽达 5 cm，厚达 5 mm；菌肉暗褐色，木栓质，厚达 0.5 mm；菌孔面浅黄色、黄褐色至暗褐色；管口圆形，每毫米 5 ～ 7 个；菌管长达 4 mm，浅黄褐色，分层明显。担孢子（5.5 ～ 7.5）μm ×（2 ～ 2.5）μm，圆柱形，无色，光滑，壁薄。

真菌（11）铁褐孔菌

【分布与生境】华北，华南。生于阔叶树倒木上。

（12）黑壳褐孔菌 *Fuscoporia rhabarbarina* (Berk.) Groposo，Log.-Leite & Góes-Neto

【形态特征】担子果多年生，无柄盖状，单生或覆瓦状叠生，干后硬木栓质；菌盖贝壳状，半圆形，长达 10 cm，宽达 7 cm，基部厚达 1.5 cm；菌盖表面浅黄褐色、灰褐色或黑色，具同心环沟和环纹，被绒毛，成熟后光滑；菌肉栗褐色，厚达 2 cm，成熟子实体的菌肉上被皮壳；菌孔面污褐色至浅栗褐色；管口圆形，每毫米 7 ～ 9 个；菌管长达 12 mm，与菌肉同色，层间被菌肉层隔开。担孢子（3 ～ 4）μm ×（2 ～ 2.5）μm，广椭圆形至椭圆形，无色，光滑，壁薄。

【分布与生境】华南。生于阔叶林中枯立木的基部。

真菌（12）黑壳褐孔菌

## 2. 纤孔菌属 *Inonotus*

### （13）三色纤孔菌 *Inonotus tricolor* (Bres.) Y.C. Dai

【形态特征】担子果多年生，无柄盖状或平伏反卷，通常单生，新鲜时木质，干后硬木质；菌盖半圆形或扇形，长达15 cm，宽达 10 cm，厚达 3 cm；菌盖表面金黄色至褐色，粗糙，具明显同心环纹；菌肉厚达 1 cm，黄褐色，硬木质，表面形成黑色皮壳；菌孔面暗褐色；管口圆形，每毫米 8 ～ 10 个；菌管长达 2 cm，木质，分层明显。担孢子（4 ～ 5）μm ×（3 ～ 4）μm，广椭圆形至近球形，黄色，光滑，壁厚。

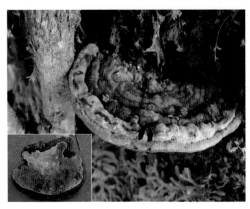

真菌（13）三色纤孔菌

【分布与生境】华南。生于阔叶林中枯立木的基部。

## 3. 木层孔菌属 *Phellinus*

### （14）椭圆孢木层孔菌 *Phellinus ellipsoideus* (B.K. Cui & Y.C. Dai) B.K. Cui, Y.C. Dai & Decock

【形态特征】担子果多年生，平伏，不易与基物分离，新鲜时硬木质，干后硬骨质；担子果长达 10 cm，宽达 80 cm，中部厚达 18 cm；边缘收缩生长，宽达 2 mm，浅褐色；菌肉黄褐色，硬木质，非常薄，厚约 1 mm；菌孔面黄褐色至锈褐色；管口圆形，每毫米 5 ～ 8 个；菌管锈褐色，硬木栓质，分层明显，长达 18 cm。担孢子（5 ～ 6）μm ×（4 ～ 5）μm，广椭圆形至近球形，无色，光滑，壁稍厚。

【分布与生境】华南。生于阔叶树倒木上。

真菌（14）椭圆孢木层孔菌

## 4. 桑黄属 *Sanghuangporus*

（15）环区桑黄 *Sanghuangporus zonatus* (Y.C. Dai & X.M. Tian) L.W. Zhou & Y.C. Dai

【形态特征】担子果多年生，木栓质；菌盖半圆形或圆形，长可达 12 cm，宽可达 7 cm，厚可达 3 cm；菌盖表面灰黑色至黑褐色，具同心环纹或环沟，被细绒毛，后期光滑；菌肉锈褐色，厚达 2 cm；菌孔面褐色至暗褐色；管口圆形；菌管金黄褐色，分层不明显，长达 1 cm。担孢子（3.5～4）μm ×（2.8～3.2）μm，宽椭圆形，浅黄色，厚壁，壁表光滑。

真菌（15）环区桑黄

【分布与生境】华南。生于阔叶树倒木上。

# 九、灵芝科 Ganodermataceae

## 灵芝属 *Ganoderma*

（16）树舌灵芝 *Ganoderma applanatum* (Pers.) Pat.

【形态特征】担子果多年生，通常单生，有时覆瓦状叠生，新鲜时木栓质；菌盖马蹄形、半圆形至不规则形，长达 28 cm，宽达 50 cm，基部厚达 4 cm；菌盖表面灰褐色至锈褐色，无漆样光泽，自中心向边缘具层叠状的同心环纹；菌孔面污白色，受伤变褐色，老后呈褐色至暗褐色；管口近圆形，菌管褐色。担孢子（7～9）μm ×（4～6）μm，卵圆形、椭圆形或顶端平截，双层壁，外壁透明，光滑，内壁淡褐色，有小刺或小刺不明显。

真菌（16）树舌灵芝

【分布与生境】东北、华北、西北、华中、华南。生于多种阔叶树的活立木、倒木或腐木上。

（17）南方灵芝 *Ganoderma australe* (Fr.) Pat.

【形态特征】担子果多年生，通常单生，有时覆瓦状叠生，新鲜时木栓质；菌盖多为半圆形，长达 50 cm，宽达 34 cm，基部厚达 6 cm；菌盖表面锈褐色，灰褐色至黑褐色，具明显的环沟和环带；菌肉浅褐色，厚可达 3 cm；菌孔面灰白色，受伤后立即变为暗褐色；管口圆形，每毫米 4～5 个；菌管长达 38 mm，暗褐色，分层不明显。担孢子（7～9）μm×（5～6）μm，广卵圆形，顶端通常平截，淡褐色至褐色，双层壁，外壁无色，光滑，内壁有小刺。

【分布与生境】华中、华南。生于多种阔叶树的活立木、倒木、树桩或腐木上。

真菌（17）南方灵芝

（18）弯柄灵芝 *Ganoderma flexipes* Pat.

【形态特征】担子果一年生。有柄，木栓质；菌盖近扇形、半圆形至近圆形，长达 3.5 cm，宽达 4.5 cm，基部厚达 1.5 cm；菌盖表面红褐色或紫褐色，有漆样光泽，具同心环纹；菌孔面白色或近白色，受伤变褐色；管口近圆形；菌管褐色；菌柄长 5～14 cm，直径 0.5～1 cm，背侧生或背生，与菌盖同色或色较深，有漆样光泽，常粗细不等并多弯曲。担孢子（8.5～11.5）μm×（6～8）μm，卵圆形，顶端多脐突，少数稍平截，双层壁，外壁无色透明，光滑，内壁淡褐色，无小刺或小刺不明显。

【分布与生境】华南。生于阔叶林中地下腐木上。

真菌（18）弯柄灵芝

# 十、多孔菌科 Polyporaceae

## 1. 革孔菌属 *Coriolopsis*

（19）褐白革孔菌 *Coriolopsis brunneoleuca* (Berk.) Ryvarden

【形态特征】担子果一年生，平伏反转至无柄盖形，单生或覆瓦状叠生，新鲜时革质；菌盖半圆形或扇形，单个菌盖长达 6 cm，宽达 7 cm，中部厚达 2 mm；平伏部分长达 25 cm，宽达 12 cm；菌盖表面浅黄褐色至黄褐色，具绒毛，有明显的同心环纹；菌肉黄褐色，软木栓质至革质，厚可达 1.3 mm；菌孔面奶油色至浅黄褐色；管口圆形至多角形，每毫米 3 ～ 5 个；菌管灰白色，革质，长达 0.7 mm。担孢子（6.5 ～ 8.5）μm ×（2.5 ～ 3.5）μm，圆柱形，无色，光滑，壁薄。

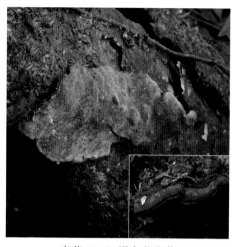

真菌（19）褐白革孔菌

【分布与生境】 华中、华南。生于阔叶树倒木或腐木上。

## 2. 棱孔菌属 *Favolus*

（20）丛生棱孔菌 *Favolus acervatus* (Lloyd) Sotome & T. Hatt.

【形态特征】 担子果一年生，具侧生短柄或几乎无柄，单生或覆瓦状叠生。菌盖肾形至半圆形，有时呈不规则状；长达 10 cm，宽达 13 cm，基部厚达 1.5 cm；菌盖上表面近光滑，具辐射状条纹，白色或奶油色，有时略带浅黄褐色调；菌肉白色，厚可达 1.5 cm；菌孔面白色或奶油色；管口角形，每毫米 2 ～ 4 个；菌管与管口同色，长可达 3 mm；菌柄近圆柱形，长可达 2.5 cm，直径可达 1.4 cm。担孢子（7 ～ 9）μm ×（2.5 ～ 3.5）μm，圆柱形，无色，光滑，壁薄。

真菌（20）丛生棱孔菌

【分布与生境】 华南。生于阔叶林枯枝或倒木上。

## 3. 层架菌属 *Flabellophora*

（21）黄层架菌 *Flabellophora licmophora* (Mass.) Corner

【形态特征】担子果一年生，有柄，薄革质。菌盖扇形，近半圆形或近匙形，

真菌（21）黄层架菌

长达 4 cm，宽达 5 cm，厚约 1 mm，表面浅土黄色至淡粉灰色，有明显的同心环带或淡褐色带，光滑，具微弱光泽；菌肉白色至灰白色，厚约 0.5 mm；菌孔面淡黄白色或微带黄褐色；管口近圆形或多角形，每毫米 7～8 个；菌管短；菌柄侧生，与菌盖同色或相近，基部膨大。担孢子（5～6）μm ×（2～2.5）μm，圆柱形，无色，光滑，壁薄。

【分布与生境】华东、西南、华南。生于阔叶树倒木或腐木上。

### 4. 层孔菌属 *Fomes*

#### （22）木蹄层孔菌 *Fomes fomentarius* (L.) Gillet

【形态特征】担子果多年生，木质。菌盖半球形、马蹄形或呈吊钟形，长达 18 cm，宽达 36 cm，厚达 18 cm；菌盖表面灰色至灰黑色，具同心环纹和浅的环沟；边缘钝，浅褐色；菌肉厚达 5 cm，暗黄色至锈色、红褐色，分层，软木栓质；菌孔面褐色；管口圆形，每毫米 3～4 个；菌管长可达 6 cm，分层明显。担孢子（16～20）μm ×（5～6）μm，圆柱形，无色，壁薄，光滑。

【分布与生境】东北、华北、西北、华中、华南。生于阔叶树的活立木或倒木上。

真菌（22）木蹄层孔菌

### 5. 粗盖孔菌属 *Funalia*

#### （23）红斑粗毛盖孔菌 *Funalia sanguinaria* (Klotzsch) Zmitr. & Malysheva

【形态特征】担子果一年生或多年生，无柄盖状，单生或覆瓦状叠生，新鲜时革质，干后木栓质；菌盖半圆形、扇形，长达 5 cm，宽达 9 cm，基部厚达

4 cm；菌盖表面浅黄褐色、黄褐色至红褐色，光滑或有疣状物，具明显的同心环纹；菌肉浅棕褐色，木栓质，厚约 2 mm；菌孔面黄褐色；管口圆形，每毫米 7～9 个；菌管浅黄褐色，长约 2 mm。担孢子（4～6）μm×（2～3.5）μm，椭圆形，无色，壁薄，光滑。

【分布与生境】华南。生于阔叶树的活立木或倒木上。

真菌（23）红斑粗毛盖孔菌

## 6. 香菇属 *Lentinus*

（24）翘鳞韧伞 *Lentinus squarrosulus* Mont.

【形态特征】菌盖直径 3～10 cm，中凹至漏斗形，韧肉质至革质，灰白带微褐色，幼小个体盖表被褐色丛毛状鳞片，并由边缘向中央变稀少，老的个体盖表近光滑；菌褶短延生，白色至黄白色，末端分叉；菌柄长 2～4 cm，直径 0.3～1 cm，近圆柱形，通常弯曲，柄表上有白色或红褐色毛状鳞片。担孢子（6～7.5）μm×（1.5～2.5）μm，椭圆形至近圆柱形，无色，光滑，壁薄，非淀粉质。

真菌（24）翘鳞韧伞

【分布与生境】华南。生于针阔混交林或阔叶林中腐木上。

## 7. 大孔菌属 *Megasporia*

（25）拟囊体大孔菌 *Megasporia cystidiolophora* (B.K. Cui & Y.C. Dai) B.K. Cui & H. J. Li

【形态特征】担子果一年生，平伏，新鲜时革质，易与基质分离，干后硬木栓质，长达 4.5 cm，宽达 4 cm，厚达 3 mm；菌盖长达 2 cm，宽达 1 cm；菌肉奶油色，无环区，厚约 1 mm；菌孔面

真菌（25）拟囊体大孔菌

奶油色至浅棕黄色；管口圆形至多角形，每毫米 3～5 个；菌管与菌孔面同色，长达 2 mm。担孢子（11.5～15）μm×（4～5.5）μm，圆柱形，光滑，无色，壁薄。

【分布与生境】华南。生于阔叶树落枝上。

## 8. 小孔菌属 *Microporus*

### （26）近缘小孔菌 *Microporus affinis* (Blume & T. Nees) Kuntze

真菌（26）近缘小孔菌

【形态特征】担子果一年生，具侧生柄或几乎无柄，单生或群生，干后硬革质至木拴质；菌盖较扁，扇形、匙形至半圆形，长达 5 cm，宽达 8 cm，基部厚达 5 mm；菌盖表面淡黄色、棕褐色、红褐色、黑褐色至黑色，表面具短绒毛或光滑，具明显环纹和沟纹，老子实体表面通常覆盖一较薄的黑色皮壳；菌肉干后淡黄色，木栓质至硬革质，厚可达 4 mm；菌孔面白色至奶油色；管口圆形，每毫米 7～9 个；菌管与菌孔面同色，长达 2 mm；菌柄侧生，暗褐色至褐色，光滑，长达 2 cm，直径达 6 mm。担孢子（3.5～4.5）μm×（1.8～2）μm，短圆柱形至腊肠形，无色，光滑，壁薄。

【分布与生境】华中、华南。生于阔叶树倒木或落枝上。

### （27）褐扇小孔菌 *Microporus vernicipes* (Berk.) Kuntze

【形态特征】担子果一年生，单生或群生，具侧生柄，干后硬革质至木栓质；菌盖扇形、匙形至半圆形，长达 5 cm，宽达 4 cm，基部厚达 4 mm；菌盖表面黄褐色至黑褐色，光滑，具同心环纹；菌肉干后淡粉黄色，厚达 3 mm；菌孔面乳白色；管口多角形，每毫米 7～8 个；菌管与菌孔面同色，长达 1 mm；菌柄长达 1 cm，直径达 3 mm，表面浅酒红色，光滑。担孢子（5～7）μm×（2～2.5）μm，短圆柱形，无色，光滑，壁薄。

【分布与生境】华南。生于阔叶树倒木上。

真菌（27）褐扇小孔菌

## 9. 新棱孔菌属 *Neofavolus*

### （28）三河新棱孔菌 *Neofavolus mikawae* (Lloyd) Sotome & T. Hatt.

【形态特征】担子果一年生，盖形，有柄或似有柄，单生或簇生，干后木栓质；菌管扇形或近圆形，中部下凹或成漏斗状，菌盖直径 5 ～ 8 cm，中部厚达 0.3 cm；菌盖表面淡黄色至土黄色，光滑，有不明显的辐射状条纹；菌肉白色，厚约 2 mm；菌孔面淡黄色至黄褐色；管口圆形至椭圆形，每毫米 3 ～ 4 个；菌管淡黄色，长约 1mm；菌柄长约 3 cm，直径可达 8 mm，中生或侧生，黄色。担孢子（9 ～ 10）μm ×（3 ～ 4）μm，圆柱形，无色，光滑，壁薄。

真菌（28）三河新棱孔菌

【分布与生境】华中、华南。生于阔叶树落枝上。

## 10. 多年卧孔菌属 *Perenniporia*

### （29）白蜡多年卧孔菌 *Perenniporia fraxinea* (Bull.) Ryvarden

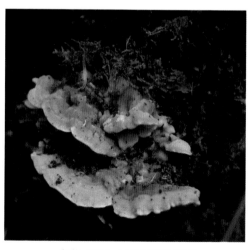

真菌（29）白蜡多年卧孔菌

【形态特征】菌盖半圆形或贝壳形，长 4 ～ 6 cm，宽 4 ～ 6 cm，厚 3 ～ 8 mm；盖浅褐色、污褐色至灰色，初被短绒毛，后变光滑，具不太明显的环纹；菌肉奶油色至灰黄褐色；菌孔面木材色至灰黄褐色；管口圆形，每毫米 4 ～ 6 个；菌管与菌肉同色，长可达 8 mm。担孢子（5 ～ 7）μm ×（4.5 ～ 5.5）μm，近球形，无色，光滑，壁厚，嗜蓝。

【分布与生境】华北、华中、华南。生于阔叶树的活立木、枯树、倒木或树桩上。

## 11. 栓孔菌属 *Trametes*

### （30）光盖栓孔菌 *Trametes glabrorigens* (Lloyd) Zmitr.，Wasser & Ezhov

真菌（30）光盖栓孔菌

【形态特征】担子果一年生，盖状，覆瓦状叠生，新鲜时革质干后木栓质；菌盖半圆形、扇形或近贝壳状，单个菌盖长达 5 cm，宽达 2 cm，基部厚达 5 mm；菌盖表面肉桂黄褐色至土黄褐色，基部被有密绒毛，靠近边缘处光滑，具明显不同颜色的同心环纹或环沟，有时具疣状物或放射状条纹；菌肉浅土黄色，木栓质，厚 2 mm；菌孔面浅棕黄褐色至红褐色，受伤变为土黄褐色；管口多角形，每毫米 5～6 个；菌管与菌肉同色，木栓质，长达 3 mm。担孢子（5～6）μm ×（2～2.5）μm，窄圆柱形，无色，光滑，壁薄。

【分布与生境】华南。生于阔叶树活立木或倒木上。

### （31）毛栓孔菌 *Trametes hirsuta* (Wulfen) Lloyd

【形态特征】担子果一年生，无柄，单生或覆瓦状叠生；菌盖扁平，半圆形或扇形，有时近圆形，长可达 5 cm，宽可达 12 cm，厚可达 6 mm；菌盖表面乳白色，被硬毛和厚绒毛，有明显的同心环纹和环沟；菌肉乳白色，厚达 5 mm；菌孔面初期乳白色，后浅乳黄色至灰褐色；管口多角形，每毫米 3～4 个；菌管长可达 8 mm，奶油色、乳黄色至深褐色。担孢子（4～6）μm ×（1.8～2.2）μm，圆柱形，无色，光滑，壁薄。

【分布与生境】东北、华北、西北、华中、西南、华东、华南。生于阔叶树倒木或树桩上。

真菌（31）毛栓孔菌

## 十一、韧革菌科 Stereaceae

### 1. 韧革菌属 *Stereum*

（32）粗毛韧革菌 *Stereum hirsutum* (Willd.) Pers.

【形态特征】 子实体一至二年生，平伏至明显菌盖，覆瓦状叠生，新鲜时韧革质。菌盖半圆形、贝壳形或扇形，长达 3 cm，宽达 10 cm，厚达 1 cm，表面浅黄色至淡褐色，有粗毛或绒毛，具同心环棱，边缘薄而锐，完整或波浪状；菌肉白色至淡黄色；菌孔面白色、浅黄色、灰白色，有时变暗灰色；管口圆形至多角形，每毫米 2 ～ 3 个。担孢子（6.5 ～ 9）μm ×（2.5 ～ 3.5）μm，圆柱形、腊肠形，光滑，无色，壁薄。

真菌（32）粗毛韧革菌

【分布与生境】 东北、华中、华南。生于阔叶树倒木或树桩上。

### 2. 趋木革菌属 *Xylobolus*

（33）金丝趋木革菌 *Xylobolus spectabilis* (Klotzsch) Boidin

【形态特征】担子果一年生，盖状，通常数十个至数百个菌盖覆瓦状叠生，新鲜时革质，干后硬革质至脆质；菌盖扇形、半圆形或不规则形，从基部向边缘渐薄，单个菌盖长达 2 cm，宽达 1.5 cm，基部厚约 1 mm；菌盖表面浅黄色、黄褐色至褐色，从基部向边缘逐渐变浅，具同心环纹，密被灰白色细绒毛；边缘锐，波状，黄褐色，干后内卷；菌肉浅黄色，革质；菌孔面初期奶油色，后期浅黄色。担孢子（4 ～ 6）μm ×（2.5 ～ 3）μm，广椭圆形，无色，光滑，壁薄。

真菌（33）金丝趋木革菌

【分布与生境】华中，华南。生于阔叶树枯立木、倒木或枯枝上。

## 十二、齿耳菌科 Steccherinaceae

### 薄盖菌属 *Trulla*

（34）柔韧薄盖菌 *Trulla duracina* (Pat.) Miettinen

【形态特征】担子果一年生，具侧生柄，新鲜时革质，干后木栓质；菌盖匙形至半圆形，直径达 5 cm；菌盖表面中部稻草色，具明显或不明显的同心

环纹，光滑，边缘部分颜色较浅，淡黄色至黄褐色；菌肉奶油色，厚约 1 mm；菌孔面奶油色；管口多角形，每毫米 7～8 个，稍延生至菌柄；菌管淡黄色，长约 1 mm；菌柄长约 1 cm，直径 2～3 mm，圆柱形或稍扁平。担孢子（4～5）μm×（1.5～2）μm，圆柱形至腊肠形，无色，光滑，壁薄。

【分布与生境】华南。生于阔叶树枯枝或倒木上。

真菌（34）柔韧薄盖菌

## 参 考 文 献

毕志树，李泰辉，章卫民，等，1997. 海南伞菌初志 [M]. 广州：广东高等教育出版社.

戴玉成，崔宝凯，2010. 海南大型木生真菌的多样性 [M]. 北京：科学出版社.

邓叔群，1963. 中国的真菌 [M]. 北京：科学出版社.

李玉，李泰辉，杨祝良，等，2015. 中国大型菌物资源图鉴 [M]. 郑州：中原农民出版社.

梁宇，郭良栋，马克平，2002. 菌根真菌在生态系统中的作用 [J]. 植物生态学报，26 (6): 739-745.

图力古尔，2012. 多彩的蘑菇世界——东北亚地区原生态蘑菇图谱 [M]. 上海：上海科学普及出版社.

吴兴亮，戴玉成，李泰辉，等，2011. 中国热带真菌 [M]. 北京：科学出版社.

杨国亭，宋关玲，高兴喜，1999. 外生菌根在森林生态系统中的重要性（I）——外生菌根对宿主树木的影响 [J]. 东北林业大学学报，27(6): 72-77.

杨祝良，2015. 中国鹅膏科真菌图志 [M]. 北京：科学出版社.

于占湖，2007. 大型真菌多样性及在森林生态系统中的作用 [J]. 中国林副特产，88 (3): 81-85.

朱教君，徐慧，许美玲，等，2003. 外生菌根菌与森林树木的相互关系 [J]. 生态学杂志，22(6): 70-76.

Bougoure D S，Cairney J W G，2005. Fungi associated with hair roots of Rhododendron lochiae (Ericaceae) in an Australian tropical cloud forest revealed by culturing and culture-independent molecular methods[J]. Environmental Microbiology，7(11)：1743-1754.

Gómez-Hernández M，Williams-Linera G，2011. Diversity of macromycetes determined by tree species，vegetation structure，and microenvironment in tropical cloud forests in Veracruz，Mexico[J]. Botany，89(3)：203-216.

Morris M H，Pérez-Pérez M A，Smith M E，et al.，2008. Multiple species of ectomycorrhizal fungi are frequently detected on individual oak root tips in a tropical cloud forest[J]. Mycorrhiza，18(8)：375-383.

Olmo-Ruiz M D，García-Sandoval R，Alcántara-Ayala O，et al.，2017. Current knowledge of fungi from Neotropical montane cloud forests：Distributional patterns and composition[J]. Biodiversity and Conservation，26(8)：1919-1942.

Qin J，Yang Z L，2016. Cyptotrama (Physalacriaceae，Agaricales) from Asia[J]. Fungal Biology，120(4)：513-529.

Roman M D，Claveria V，Miguel A M D，2005. A revision of the descriptions of ectomycorrhizas published since 1961[J]. Mycological Research，109(10)：1063-1104.

van der Heijden M G A，Klironomos J N，Ursic M，et al.，1998. Mycorrhizal fungal diversity determines plant biodiversity，ecosystem variability and productivity[J]. Nature，396：69-72.

Zeng N K，Tang L P，Li Y C，et al.，2013. The genus Phylloporus (Boletaceae，Boletales) from China：Morphological and multilocus DNA sequence analyses[J]. Fungal Diversity，58(1)：73-101.

Zhuang W Y，2001. Higher Fungi of Tropical China[M]. New York：Mycotaxon Ltd Ithaca，NY USA.

# 第五章　热带云雾林苔藓植物多样性

## 第一节　概　　述

　　苔藓植物是一类古老而原始的高等植物，全球约 21 000 种，在数量上仅次于被子植物。苔藓植物的系统分类地位特殊，它既属于颈卵器植物，受精离不开水；又属于孢子植物，在有性世代中配子体世代发达，以孢子进行繁殖，被认为是植物进化过程中由水生到陆生的过渡类群。按照现今的分类学观点，苔藓植物被分为 3 个门：苔类植物门、藓类植物门和角苔门。

　　苔藓植物分布广泛，除海洋外遍布世界各个角落，热带地区是苔藓植物多样性分布的一个热点地区。海南岛是中国最大的热带岛屿，具有大面积的热带山地云雾林，在树干、树叶上，流水溪边的岩石及林下腐殖质土上均有丰富多样的苔藓植物生长。因苔藓植物对环境极其敏感，它们也常被作为观测热带山地云雾林气候变化和群落动态平衡的指示器。

　　本书苔藓植物的分类主要参照 2009 年由 Frey 主编的 *Syllabus of Plant Families*（Part 3. Bryophytes and seedless Vascular Plants）编排系统，中文名主要基于《中国生物物种名录》（第一卷植物：苔藓植物）所收录整理的物种名录，形态特征描述参考了《中国苔藓志》（第一卷至第十卷）、《云南植物志》（第十七、第十八卷）及《广东苔藓志》等文献资料。限于苔藓植物个体小，部分物种野外拍摄困难，本书所呈现的苔藓植物物种是从热带云雾林生境中选取的部分物种。对物种的分布记载只限于我国境内的主要分布区。

## 第二节　热带云雾林苔藓植物图谱

### 一、曲尾藓科 Dicranaceae

#### 1. 锦叶藓属 *Dicranoloma*

（1）锦叶藓 *Dicranoloma dicarpum* (Nees) Paris

【形态特征】植物体粗壮，长达 5 cm，苍黄绿色，有绢丝光泽，丛生。茎直立或倾立，分枝，中央具分化中轴，中下部具密生假根。叶向一侧偏斜，干时常扭曲，有时向两侧内卷，基部阔，叶尖呈披针形；叶边缘中下部具 1～2（3）列透明狭长形细胞，中上部具齿；中肋细弱，突出至叶尖，上部背面有双列齿；叶基部细胞长方形，中部细胞方形或长方形，上部细胞方形或长椭圆形；角细胞较大，方形，褐色。假雌雄异株。雌苞叶大，基部呈长鞘状，

苔藓（1）锦叶藓

具短毛尖；孢蒴狭长椭圆形，弯曲或直立，1～2（3）枚生于同 1 个苞叶丛中；蒴盖长喙状。

【分布与生境】海南、广东、江西和云南。生于树干基部或腐木上。

## 2. 白锦藓属 *Leucoloma*

（2）柔叶白锦藓 *Leucoloma molle* (Müll.Hall.) Mitt.

苔藓（2）柔叶白锦藓

【形态特征】 植物体较纤细，柔软，长达 5 cm，苍白绿色或黄绿色，丛生。茎倾立，多分枝，下部叶常脱落。叶倾立，干时紧贴茎上，基部阔直，向上呈细长毛尖；茎上部叶尖几与叶片等长；叶边内卷，上部具 1 列透明、厚壁的线形细胞，中部具 15～20 列线形厚壁的细胞，基部约 25 列；中肋坚挺，达叶尖并突出呈毛尖状，有齿突；叶中上部细胞方形或圆方形，具几个细疣，下部细胞无疣，方形或长方形，透明；角细胞方形或短长方形，褐色，壁厚。雌雄异株。雌苞叶分化呈鞘状，具毛尖；孢蒴短柱形；蒴柄短，伸出苞叶。

【分布与生境】 海南、广东、广西和台湾。生于林下树干或腐木上。

## 二、白发藓科 Leucobryaceae

### 白发藓属 *Leucobryum*

（3）狭叶白发藓 *Leucobryum bowringii* Mitt.

【形态特征】植物体较粗壮，长 1～2 cm，灰绿色，具光泽，密集丛生。茎直立、单一或分枝，具中轴。叶片群集，干时多卷缩，易脱落，叶基部长卵形或长椭圆形，上部狭长披针形，先端多呈管状；中肋薄，背部平滑，横切面中间 1 层为方形绿色细胞，两侧各具 1～2 层无色细胞；叶边缘上部具 1～2 行线形细胞，基部 5～9（12）行线形或长方形细胞，胞壁加厚，壁孔明显。雌雄异株。蒴柄纤细，红色，长达 2 cm；孢蒴倾斜或平展，卵形至椭圆形；蒴齿 16，分裂至中部，具细疣；无环带；蒴盖圆锥形，具长喙；蒴帽兜形。

苔藓（3）狭叶白发藓

【分布与生境】海南、安徽、福建、广东、广西、贵州、湖北、湖南、江苏、江西、四川、台湾、西藏、云南和浙江。生于常绿阔叶林下土坡、岩面或树干上。

（4）爪哇白发藓 *Leucobryum javense* (Brid.) Mitt.

【形态特征】植物体粗壮，长 6 cm 以上，上部灰绿色，基部黄褐色或略紫色，松散或垫状丛生。茎直立，单一或分枝，不具中轴。叶密集，常镰刀状弯曲，基部阔卵形，上部阔披针形，先端深沟状，具锐尖或短钝尖，背部具排列规则的粗疣；中肋横切面中间 1 层为绿色细胞，两侧各具 1 层或 2～3 层无色细胞；叶边缘上部具 2～3 行线形细胞，基部 4～6 行细胞，长方形或近方形。雌雄异株。

苔藓（4）爪哇白发藓

【分布与生境】海南、安徽、福建、广东、广西、湖南、江西、台湾、云南和浙江。生于阔叶林下土坡、岩面或树干上。

（5）疣叶白发藓 *Leucobryum scabrum* Sande Lac.

【形态特征】植物体粗壮，长 3 ～ 5 cm，灰绿色，密集丛生。茎直立，单一或分枝，不具中轴。叶直立，展开，基部阔卵形至长卵形，向上渐呈狭管状或披针形，先端锐尖，上半部背面具规则波纹和刺状疣；中肋横切面中间 1 层为方形绿色细胞，两侧各具 1 ～ 3 层无色细胞；叶边缘上部具 1 ～ 2 行狭长形细胞，基部具 5 ～ 6 行狭长型细胞。雌雄异株。

苔藓（5）疣叶白发藓

【分布与生境】海南、安徽、福建、广东、广西、江西、四川、台湾、云南和浙江。生于林下土壁或树干上。

## 三、花叶藓科 Calymperaceae

### 花叶藓属 *Calymperes*

（6）拟花叶藓海南变种 *Calymperes levyanum* Besch var. *hainanense* Reese et P.J.Lin

苔藓（6）拟花叶藓海南变种

【形态特征】植物体较细小，长 0.8 ～ 1.5 cm，深绿色，干时卷曲，具红褐色假根。茎极短，多单一不分枝。叶簇生，狭长形，基部略宽，上部狭长，渐尖，边全缘或中部偶有小疏齿，先端具重齿；中肋几达叶尖，平滑；叶细胞近方形，多数背、腹面均具多疣，少数平滑，网状细胞与绿色细胞界限清晰，呈锐角，无嵌条。芽孢不常见，着生于叶尖腹面。孢子体未见。

【分布与生境】海南，中国特有。生于林下石上、树干或腐木上。

## 四、凤尾藓科 Fissidentaceae

### 凤尾藓属 *Fissidens*

（7）网孔凤尾藓 *Fissidens polypodioides* Hedw.

苔藓（8）南京凤尾藓

【形态特征】植物体大，长 2.5 ～ 7 cm，深绿色、黄绿色或略呈褐色，疏丛生。茎单一或分枝，中轴明显分化，无腋生透明突起。叶 23 ～ 58 对，中部以上叶远大于最基部叶，密生，长圆状披针形，先端常短尖，罕见阔急尖，背翅基部圆形，鞘部约为叶长的 1/2，对称或略不对称；中肋粗壮，常止于叶尖下数个细胞，稀至顶；叶边缘在靠近叶尖处具粗锯齿，其余略具细锯齿；前翅和背翅细胞方形至六边形平滑至略具乳突，轮廓清晰，壁略加厚；鞘部细胞与前翅和背翅细胞相似，但较大且壁较厚。雌雄异株。雌苞常顶生于短侧枝上，雌苞叶分化，较茎叶短而狭，急尖，背翅基部楔形。

【分布与生境】海南、福建、广东、广西、贵州、湖南、江西、四川、台湾、西藏、香港和云南。生于常绿阔叶林坡土或湿润岩石上。

（8）南京凤尾藓 *Fissidens teysmannianus* Dozy et Molk.

【形态特征】植物体细小至中等大，长约 3 cm，绿色或黄绿色，紧密丛生。茎单一，具少数分枝，中轴略分化，无腋生透明突起。叶 8 ～ 20 对，排列较紧密，中部以上叶披针形，急尖，背翅基部圆形，不下延，鞘部长约为叶的 1/2，叶边具细锯齿；中肋粗壮，及顶；前翅和背翅细胞圆六边形至近方形，具乳突，每一角隅常具不明显的单疣，鞘部细胞与前翅和背翅细胞

苔藓（7）网孔凤尾藓

相似，但较大且角隅的疣更明显。雌雄异株。雌苞芽状，腋生；雌苞叶高度分化；蒴柄长 5 ～ 7 cm，孢蒴稍倾斜，对称；蒴盖具长喙。

【分布与生境】海南、福建、广东、贵州、湖南、江苏、江西、山东、四川、台湾、香港、云南和浙江。生于阔叶林下土面、岩面、树干或腐木上。

## 五、真藓科 Bryaceae

### 大叶藓属 Rhodobryum

（9）暖地大叶藓 *Rhodobryum giganteum* (Schwägr.) Paris

【形态特征】 植物鲜绿色或深绿色，具匍匐地下茎，地上茎直立，稀疏丛生。叶大型，在茎顶端密集着生呈莲座状，茎叶小，鳞片状，疏紧贴于茎上，长圆状披针形，渐尖；顶叶大型，绿色或深绿色，匙形或长舌形，上部明显宽于下部，渐尖，上部边缘明显具双齿，中下部边缘强烈向背卷曲；中肋下部明显粗壮，向上渐细至叶尖；叶中部细胞长菱形，边缘不明显分化。雌雄异株。蒴柄长；孢蒴长棒状；孢子透明无疣。

苔藓（9）暖地大叶藓

【分布与生境】海南、安徽、福建、甘肃、广东、广西、贵州、湖北、湖南、江西、陕西、四川、台湾、西藏、云南和浙江。生于林下腐殖质土或岩面薄土上。

## 六、桧藓科 Rhizogoniaceae

### 桧藓属 Pyrrhobryum

（10）刺叶桧藓 *Pyrrhobryum spiniforme* (Hedw.) Mitt.

【形态特征】植物体细长，挺硬，长 4 ～ 6 cm，黄绿色，下部带褐色。茎直立，斜生，基部密生红褐色假根。叶疏生，呈羽毛状，较狭长，线形或线状披针形，先端渐尖，边缘增厚，具单列或双列锯齿；中肋粗壮，长达叶尖，背面具刺状齿；叶细胞均同形，壁厚，多边形或圆方形。雌雄异株。孢子体单生，从茎基

部长出；蒴柄细长；孢蒴长卵状圆柱形，干时具长纵褶；蒴齿两层；蒴盖具喙状尖头。

【分布与生境】海南、安徽、福建、广东、广西、湖南、江西、台湾、西藏、云南和浙江。生于林下树基、树干或湿润岩面薄土上。

苔藓（10）刺叶桧藓

## 七、羽藓科 Thuidiaceae

### 羽藓属 *Thuidium*

（11）拟灰羽藓 *Thuidium glaucinoides* Broth.

【形态特征】植物体粗大，长 10 cm 以上，淡黄绿色，或呈褐绿色，常交织生长。茎 2 回规则羽状分枝，中轴分化；鳞毛线形或披针形，密生于茎和枝上。茎叶干时贴茎，湿时倾立，基部卵状三角形至阔卵形，上部渐窄成披针形，具短尖，叶边缘具齿；中肋消失于叶尖，背面上部常具刺状疣；叶上部细胞圆六边形，中部细胞长卵形至椭圆形，具单疣，稀 2～3 个疣，壁厚；枝叶卵形或阔卵形，强烈内凹。雌雄异株。雌苞叶披针形，具长毛尖，叶边具齿，无长纤毛；蒴柄红棕色或黄棕色，约 3 cm 以上；孢蒴长卵形，弓形弯曲。

【分布与生境】海南、福建、广东、贵州、湖北、湖南、台湾、香港和云南。生于林地、树干或阴湿的岩石上。

苔藓（11）拟灰羽藓

## 八、蔓藓科 Meteoriaceae

### 1. 灰气藓属 *Aerobryopsis*

（12）大灰气藓 *Aerobryopsis subdivergens* (Broth.) Broth.

【形态特征】植物体粗大，新鲜时灰绿色，干时黑褐色。主茎匍匐，常不规则疏羽状分枝,部分分枝生长成支茎,长达 8 cm,先端宽钝。茎叶扁平伸展,阔卵形,内凹,先端急尖或披针形尖,叶边具细齿,基部全缘;中肋单一,细弱,达叶上部;叶细胞长菱形、长椭圆形至狭菱形,中部细胞壁厚,中央具单疣,基部细胞长方形至菱形,壁强烈加厚,具明显壁孔,平滑无疣;枝叶与茎叶近似,较狭小。

【分布与生境】海南、重庆、福建、广东、广西、贵州、江西、台湾、西藏、云南和浙江。生于树干或岩面上。

苔藓(12)大灰气藓

## 2. 新丝藓属 *Neodicladiella*

(13)鞭枝新丝藓 *Neodicladiella flagellifera* (Cardot) Huttunen et D.Quandt

【形态特征】 植物体细长,可达 20 cm,暗绿色或黄绿色,常小片状悬垂。主茎匍匐基质,支茎基部扁平被叶,渐成细长下垂的枝,小枝稀疏。茎叶卵状披针形或椭圆状披针形,先端渐成披针形毛尖,常扭曲,叶边具细齿,基部边缘常向背卷曲;中肋单一,消失于叶片上部;叶细胞狭长菱形或线形,具单细疣,角部细胞近方形或方形,分化明显,壁厚,具壁孔;枝叶具细长毛尖。

【分布与生境】海南、重庆、广东、广西、贵州、台湾、云南和浙江。生于林下或溪边树枝或灌丛上。

苔藓(13)鞭枝新丝藓

## 3. 假悬藓属 *Pseudobarbella*

(14)短尖假悬藓 *Pseudobarbella attenuata* (Thwaites et Mitt.) Nog.

【形态特征】 植物体细长,可达 10 cm 以上,黄绿色,老时呈棕褐色,具光泽。主茎匍匐,密分枝,分枝扁平被叶展出。茎叶阔卵形,尖部锐尖或具毛尖,

苔藓（14）短尖假悬藓

略内凹，基部常向一侧内折，叶边中上部边略呈波状，边缘具细齿；中肋细弱，长达叶中部；叶中部细胞线形，壁薄，透明，每个细胞中央具单疣，基部细胞近长方形，宽短，壁厚，具壁孔，角部细胞多少有些分化，近方形；枝叶与茎叶相似。

【分布与生境】 海南、广东、广西、四川、台湾、西藏和云南。一般悬垂生于山地沟谷的林下树枝上。

## 九、灰藓科 Hypnaceae

### 1. 灰藓属 *Hypnum*

（15）尖叶灰藓 *Hypnum callichroum* Brid.

【形态特征】 植物体柔弱，绿色或黄绿色，稍具光泽，密集片状丛生。茎匍匐或倾立，中轴分化，规则羽状分枝，分枝较短，常弓形弯曲；假鳞毛披针形或片状。茎叶阔椭圆状披针形，镰刀状弯曲，基部狭窄，先端渐呈细长尖，略内凹且稍具纵褶，叶边平直，全缘；中肋 2，短或不明显；叶细胞狭长菱形，基部细胞较短，壁厚，角部细胞明显分化，少数，长方形或长椭圆形，无色或黄褐色，向外凸出。雌雄异株。蒴柄长 1.5～2 cm，红色；孢蒴圆柱形，倾斜或平列；蒴盖圆锥形；孢子近平滑或具细疣。

苔藓（15）尖叶灰藓

【分布与生境】 海南、广东、广西、贵州、河北、河南、黑龙江、吉林、江苏、内蒙古、宁夏、陕西、西藏、新疆和云南。生于林下土壤、石壁或树枝上。

（16）大灰藓 *Hypnum plumaeforme* Wilson

【形态特征】 植物体大，长达 10 cm，黄绿色或绿色，有时褐色。茎匍匐，

中轴略分化, 规则或不规则羽状分枝,
分枝扁平或近圆柱形; 假鳞毛少数,
黄绿色, 丝状或披针形。茎叶基部不
下延, 阔椭圆形或近心形, 向上渐呈
阔披针形, 渐尖, 尖端向一侧弯曲,
上部有纵褶, 叶缘平展, 尖端具细齿;
中肋2, 细弱; 叶细胞狭长线形, 壁厚,
基部细胞短, 壁厚, 黄褐色, 具壁孔,
角细胞大, 壁薄, 透明, 无色或黄色,
上部有2～4列较小的近方形细胞;

苔藓 (16) 大灰藓

枝叶与茎叶同形, 仅较小, 阔披针形, 中部细胞较短, 背腹面有时具前角突, 壁
薄或厚, 角细胞与茎叶角细胞相似。雌雄异株。雌苞叶直立, 阔披针形, 具长尖,
叶缘具细齿; 中肋不明显, 具纵褶; 蒴柄暗红色或红褐色, 干时上部向左旋转,
下部向右旋转; 孢蒴长圆柱形, 弓形弯曲, 黄褐色或红褐色; 蒴盖短钝, 圆锥形。

【分布与生境】海南、安徽、澳门、福建、甘肃、广东、广西、贵州、河南、
河北、湖南、吉林、江苏、江西、内蒙古、陕西、四川、台湾、西藏、云南和浙
江。生于林下草地、土壤、树干、腐木或石壁上。

## 2. 拟鳞叶藓属 *Pseudotaxiphyllum*

（17）东亚拟鳞叶藓 *Pseudotaxiphyllum pohliaecarpum* (Sull. et Lesq.) Z.Iwats.

【形态特征】植物体较大, 长6～10 cm, 淡绿色、常带红褐色或紫红色,
具光泽, 不具假鳞毛。叶疏松开展, 阔卵形, 先端短宽, 渐尖, 边缘上部具细齿;

苔藓 (17) 东亚拟鳞叶藓

无中肋或2短肋, 偶见单中肋; 叶中
部细胞狭线形, 壁薄, 叶尖细胞较短,
菱形或狭长菱形, 基部细胞长方形或
近狭长形, 壁略厚, 角细胞不分化。
雌雄异株。内雌苞叶具长尖; 蒴柄长
1.5～2 cm, 红褐色; 孢蒴平列, 褐色,
具较长台部; 蒴齿2层; 蒴盖具长喙。
无性芽孢簇生于叶腋, 扭卷。

【分布与生境】海南和全国大部
分省区, 广布种。生于林下岩面薄土、
树干或腐木上。

## 十、毛锦藓科 Pylaisiadelphaceae

### 小锦藓属 *Brotherella*

（18）南方小锦藓 *Brotherella henonii* (Duby) M.Fleisch.

【形态特征】植物体粗壮，黄棕色，呈密集垫状。茎匍匐，近羽状分枝，枝条短，约1 cm，平展。茎叶具光泽，外向倾立，椭圆状披针形，先端收缩成一短或长的尖，多数直立，有时弯曲，叶尖有不规则的齿；枝叶较茎叶窄，稍弯曲，内凹，渐尖，先端为具齿的钝尖，上部边缘有齿；叶细胞线形，角部细胞膨大，具色泽。雌苞叶卵状披针形，长渐尖，下部边具微齿，尖部具锐齿；雄苞叶内有配丝；蒴柄长，2.5～3 cm，平滑；孢蒴椭圆形至圆柱形，倾斜；蒴盖具长喙。

苔藓（18）南方小锦藓

【分布与生境】海南、重庆、福建、广东、广西、贵州、湖南、江西、四川、西藏、云南和浙江。生于林下土坡、岩面、腐木、树干或树枝上。

## 十一、锦藓科 Sematophyllaceae

### 顶苞藓属 *Acroporium*

（19）顶苞藓 *Acroporium stramineum* (Reinw. et Hornsch.) M.Fleisch.

【形态特征】植物体中等大至大型，长1～4 cm，呈垫状或相互交织生长。茎多不规则分枝，枝条平展，匍匐或直立。叶阔卵形至卵状椭圆形，倾立，枝条顶端的叶常弯曲，叶短渐尖或急尖，有时呈钩状，叶基部呈阔心形；叶细胞线形，壁强烈加厚且具壁孔，近尖部和基部细胞变短，角部细胞除边缘细胞外，常壁加厚。雌苞

苔藓（19）顶苞藓

叶具锐齿，由宽的鞘部向上收缩成短尖或长的叶尖；蒴柄具疣。

【分布与生境】海南、广东和台湾。生于树干上。

## 十二、蕨藓科 Pterobryaceae

### 拟蕨藓属 *Pterobryopsis*

（20）拟蕨藓 *Pterobryopsis crassicaulis* (Müll. Hal.) M.Fleisch.

【形态特征】植物体较粗壮，长 2～5 cm，黄绿色或棕色。主茎细长，匍匐，支茎直立，单一或具稀疏分枝，着叶枝条圆条形，不规则分枝，有时具鞭状枝。叶密集着生，湿时伸展，干时覆瓦状排列，长卵形，内凹，形成长钻形毛尖，边近全缘，叶尖具细齿；中肋单一，长至叶中部；叶细胞线形，壁厚，具壁孔，平滑，叶基部角细胞明显分化，方形，棕色，壁厚。雌雄异株。蒴柄短；孢蒴椭圆状圆柱形，蒴齿灰黄色，透明，平滑；蒴盖具圆锥状短喙。

苔藓（20）拟蕨藓

【分布与生境】海南、广西和云南。生于林下树干、树枝或倒木上。

## 十三、带叶苔科 Pallaviciniaceae

### 带叶苔属 *Pallavicinia*

苔藓（21）暖地带叶苔

（21）暖地带叶苔 *Pallavicinia levieri* Schiffn.

【形态特征】植物体为叶状体，中等大，长 2.5～6 cm，宽带状，深绿色或绿色，密集或稀疏丛生。茎匍匐生长，少分枝或叉状分枝，边缘齿不明显或缺，中轴不明显分化；中部细胞长方形或长六边形，壁薄；油体纺锤形，每个细胞多于 10 个。雌雄同株。颈卵器聚生于中轴背面，被碗状的假蒴萼包围；精子器聚生于尖端背面。

【分布与生境】海南、广东、广西、湖南、台湾和云南。生于溪边湿石上。

## 十四、歧舌苔科 Schistochilaceae

### 歧舌苔属 *Schistochila*

（22）大歧舌苔 *Schistochila aligera* (Nees et Blume) J.B.Jack et Steph.

苔藓（22）大歧舌苔

【形态特征】植物体粗大，长4～7 cm，绿色或黄绿色。茎匍匐，不分枝或偶叉状分枝。叶狭长椭圆形，尖端多变化，锐尖、平截或偶具小尖头；背瓣斜生于叶片背面，形成鞘状，近椭圆形，先端截齐，边缘具不规则钝齿，外前角锐；叶边具不规则1～2个细胞钝齿；叶细胞三角体大；无腹叶；鳞毛着生于叶腋。雌雄异株。雌苞叶与茎叶同形。孢蒴狭长椭圆形。

【分布与生境】海南、台湾和云南。生于林下腐木或树干基部。

## 十五、假苞苔科 Notoscyphaceae

### 假苞苔属 *Notoscyphus*

（23）假苞苔 *Notoscyphus lutescens* (Lehm. et Lindenb.) Mitt.

【形态特征】植物体中等大，长0.5～1.5 cm，黄绿色。叶片平展，阔舌形，长大于宽；叶细胞椭圆形，壁厚，三角体明显，叶表有细疣；腹叶大，2裂达1/2，两边有1～2齿，小裂瓣基部2～3个细胞宽。雌雄异株。雄穗在雄株上顶生或间生，雄苞叶4至多对；雌苞叶1～2对，上部

苔藓（23）假苞苔

边缘呈不规则波曲或有不规则裂片，基部常有 1 个腹苞叶。蒴囊顶生，半球形，肉质状，下垂，布满假根。

【分布与生境】海南、广东、广西、黑龙江、吉林、山西和云南。生于树干、土坡或岩面薄土上。

## 十六、绒苔科 Trichocoleaceae

### 绒苔属 *Trichocolea*

（24）绒苔 *Trichocolea tomentella* (Ehrh.) Dumort.

【形态特征】植物体交织丛生，长 3 ～ 8 cm，白绿色或黄绿色，膨松绒毛状。茎匍匐或倾立，不规则或 2 ～ 3 回规则羽状分枝。侧叶 4 裂几达基部，基部到裂口高 2 ～ 4 个细胞；裂瓣边缘具单列细胞组成的多数分枝纤毛；腹叶与侧叶同形，略小；叶细胞长方形，壁薄，透明，常具粗疣条纹；每个细胞具油体 5 ～ 10 个，由多数细小球体聚合而成；具鳞毛，除基部由 1 ～ 2 个细胞构成外，其余为多分枝单列细胞构成。雌雄异株。

苔藓（24）绒苔

茎鞘粗大，长圆筒形，外密被鳞片；孢蒴长椭圆形，棕褐色；孢子球形，红褐色。

【分布与生境】海南、福建、广东、广西、湖南、江西、四川、西藏、香港、云南和浙江。生于高山溪边潮湿岩面或湿土上。

## 十七、指叶苔科 Lepidoziaceae

### 1. 鞭苔属 *Bazzania*

（25）连生鞭苔 *Bazzania adnexa* (Lehm. et Lindenb.) Trevis.

【形态特征】植物体中等大，长 1 ～ 2 cm，湿润时油绿色，干时黄棕色，疏松丛生。茎匍匐，规则叉状分枝；腹面鞭状枝多；假根无色，生于鞭状枝上。叶覆瓦状排列，干时内卷，湿润时水平向外伸出，卵状椭圆形，叶先端稍呈镰刀状弯曲，背侧基部呈圆弧形，先端具 3 个齿，齿尖锐，边缘常有小齿；细胞椭圆形，壁薄，三角体小，明显，角质层光滑；腹叶与茎同宽或略宽，近贴生于茎或上半部倾斜，宽卵形，先端有不规则裂片，两侧常有小裂片，边缘几列细胞薄壁透明，其余的细胞与叶细胞相同，壁薄，三角体小，角质层光滑。有性生殖器官未见。

苔藓（25）连生鞭苔

【分布与生境】 中国仅见于海南。生于树上、腐木或土上。

（26）三裂鞭苔 *Bazzania tridens* (Reinw.，Blume et Nees) Trevis.

【形态特征】 植物体小至中等大，长 1～5 cm，湿润时黄绿色至褐绿色，干时黄棕色，疏松丛生。茎匍匐，叉状分枝；腹面鞭状枝多；假根生于鞭状枝末端。叶覆瓦状排列，蔽前式或偶不相接，干时内卷，湿润时水平向外伸出，卵形至长卵形，稍呈镰刀形弯曲，先端具 3 个三角形锐齿；细胞圆形至椭圆形，壁薄至中等厚，三角体无至中等大，角质层光滑；每个细胞具油体 2～10 个，圆形或椭圆形；腹叶常覆瓦状排列，偶稀疏，贴茎生，宽为茎直径的 1.5～2 倍，近方形，长宽相等或长略大于宽，先端和边缘近全缘，有时成浅波状或偶有小齿，除基部几列绿色细胞外，其余细胞均薄壁透明。孢蒴圆球形；蒴柄长；孢子小，黄褐色，具瘤。

苔藓（26）三裂鞭苔

【分布与生境】 海南、安徽、澳门、重庆、福建、广东、广西、贵州、湖南、江苏、江西、四川、台湾、西藏、香港、云南和浙江。生于树干、腐木、腐殖质土或岩石上。

## 2. 指叶苔属 *Lepidozia*

（27）细指叶苔 *Lepidozia trichodes* (Reinw.，Blume et Nees) Nees

【形态特征】 植物体细长，长 4～5 cm，淡绿色至褐绿色，丛生。茎直立或倾立，规则羽状分枝，分枝单一或叉状分枝。茎叶贴茎或向上倾立，先端 4 裂，裂至叶长的 1/4，裂瓣长 3 ～ 5 个细胞，基部宽 2 个细胞；盘部长 4 ～ 8 个细胞，基部宽 6 ～ 8 个细胞；细胞壁厚，无三角体，表面具瘤；枝叶与茎叶同形，仅较小；腹叶倾立，离生，方形，长约为茎直径的 1/2，先端 4 裂，裂至叶长的 1/4 ～ 1/3，裂瓣长 2 ～ 5 个细胞，基部宽 1 ～ 2 个细胞，排列呈齿状；分枝腹叶先端 4 裂至叶长的 1/3 ～ 1/2，裂瓣基部宽 1 ～ 2 个细胞。

【分布与生境】 海南、广西和台湾。生于林下树干基部或腐木上。

苔藓（27）细指叶苔

（28）硬指叶苔 *Lepidozia vitrea* Steph.

【形态特征】 植物体细长，长 2 ～ 4 cm，淡绿色至黄绿色，丛生。茎直立或匍匐，不规则羽状分枝。茎叶离生，倾立伸出，先端 4 裂，裂至叶长的 1/2，裂瓣狭三角形，长 4 ～ 5 个细胞，基部宽 2 ～ 3 个细胞；盘部长 3 ～ 6 个细胞，基部宽 8 ～ 10 个细胞；中部细胞近方形，壁薄，无三角体，表面平滑；枝叶小，长方形，偶基部狭，上部 3 裂，裂至叶长的 1/3；茎腹叶较小，与侧叶相似，先端 4 裂，裂至叶长的 1/4 ～ 1/3；盘部长 3 ～ 5 个细胞，基部宽 8 ～ 9 个细胞，壁厚，无三角体，表面平滑；分枝腹叶小，与侧叶相似。

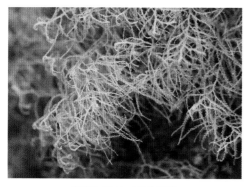

苔藓（28）硬指叶苔

【分布与生境】 海南、福建、广东、广西、台湾和浙江。生于海拔 500 ～ 1250 m 的林下湿石或岩面薄土上。

### 3. 新指叶苔属（新拟）*Neolepidozia*

（29）瓦氏新指叶苔（新拟）*Neolepidozia wallichiana* (Gottsche) Fulford et J. Taylor

【形态特征】 植物体小，长 1 ～ 2.5 cm，绿色或淡绿色，多丛生于其他苔藓中。茎匍匐，先端倾立或斜上升，不规则羽状分枝，腹侧鞭状枝常无；假根少，多见于枝端或腹叶基部。茎叶覆瓦状排列，斜生，方形或长方形，先端 4 裂，裂至叶长的 1/3 ～ 1/2；裂瓣线形或狭三角形，长 3 ～ 4 个细胞，基部宽 1 ～ 2 个细胞；盘部长 4 个细胞，基部宽 8 个细胞；细胞壁厚，表面平滑；枝叶覆瓦状排列，较茎叶小，离生或横生，方形或长方形，先端（2）3 ～ 4 裂，裂至叶长的 1/3，裂瓣长 1 ～ 3 个细胞，基部宽 1 ～ 2 个细胞；盘部长 2 ～ 3 个细胞，基部宽 6 ～ 8 个细胞；壁薄，表面平滑；分枝腹叶小，裂瓣长 1 ～ 2 个细胞，基部宽 2 ～ 3 个细胞。

苔藓（29）瓦氏新指叶苔（新拟）

【分布与生境】海南和广西。生于林下腐木或岩面薄土上。

## 十八、须苔科 Mastigophoraceae

### 须苔属 Mastigophora

（30）硬须苔 *Mastigophora diclados* (Brid. ex F.Weber) Nees

【形态特征】 植物细长，长达 9 cm，新鲜时黄绿色或褐绿色，干时深褐色，丛生。茎 1 ～ 2 回羽状分枝，密集，偶叉状分枝，分枝顶端呈细尾尖状；假根少，无色，常生于细尾尖状枝上的腹叶腹面或侧叶背面。侧叶覆瓦状排列，蔽前式，横生，不等 2 裂或 3 裂，裂至叶长的 1/2，背侧裂瓣较大，腹侧裂瓣较小，裂瓣三角形，先端钝尖或锐尖；侧叶两侧基部具附属物，呈披针形；叶细胞均六边形，中部细胞壁角隅加厚，三角体大，呈节状；腹叶椭圆形，2 裂，裂至叶长的 1/2，裂瓣三角形，钝尖或渐尖，全缘，两侧基部具披针形附属物。

苔藓（30）硬须苔

【分布与生境】 海南、广东、香港和台湾。生于热带林下岩面薄土、树干或腐木上。

## 十九、羽苔科 Plagiochilaceae

### 羽苔属 *Plagiochila*

（31）树形羽苔 *Plagiochila arbuscula* (Brid. ex Lehm. et Lindenb.) Lindenb.

【形态特征】植物体大，长 4 ～ 10 cm，褐绿色或深褐色，由横茎向上倾立或下垂，交织成片。茎频繁二叉状分枝，多为顶端分枝；假根多，密集生于横茎上和地上茎基部腹面；无鳞毛。侧叶覆瓦状排列，倾斜，长卵形，背缘稍内卷及平直，基部强烈下延，全缘，腹缘弧曲，基部不下延，边缘具不规则长刺齿，叶先端平截，具不规则长刺齿，全叶具 10 ～ 16 齿，齿长 3 ～ 7 个细胞，基部宽 2 ～ 4 个细胞，齿末端细胞尖锐；叶细胞圆形至椭圆形，侧叶壁薄，三角体由中部细胞中等大至基部细胞大，表面平滑；腹叶退化。雄苞间生，短穗状，雄苞叶 5 ～ 7 对，每个雄苞叶具 1 ～ 2 个精子器；雌苞顶生，具 1 ～ 2 个新生枝；蒴萼倒卵形，口部平截，密生锐齿。

苔藓（31）树形羽苔

【分布与生境】海南、安徽、福建、广东、广西、贵州、云南和浙江。生于湿石壁、树干或枯木上。

## 二十、齿萼苔科 Lophocoleaceae

### 异萼苔属 *Heteroscyphus*

（32）四齿异萼苔 *Heteroscyphus argutus* (Reinw., Blume et Nees) Schiffn.

【形态特征】植物体中等大，长 1 ～ 4 cm，淡绿色或黄绿色，稀疏丛生或混生于其他苔藓中。茎匍匐，稀疏不规则分枝；假根多数，无色，成束生于腹叶基部。侧叶覆瓦状排列，与茎呈直角向两侧伸展，近方形至长方形，边全缘，先端平截，具 4 ～ 10 个不规则齿，齿长 2 ～ 4（5）个细胞，基部宽 1 ～ 2（3）个细胞；叶细胞方形至六边形，壁薄，三角体不明显，表面平滑；腹叶小，宽为茎

苔藓（32）四齿异萼苔

直径的 1 ～ 2 倍，先端 2 裂几达基部，裂口阔，裂瓣长 5 ～ 10 个细胞，基部宽 3 ～ 5 个细胞，两侧边近基部具 2 粗齿，基部两侧下延，常单侧与侧叶联生。

【分布与生境】海南、安徽、福建、广东、广西、贵州、湖北、湖南、江苏、江西、陕西、四川、台湾、西藏、香港、云南和浙江。生于树干、树根、岩面薄土或湿润石壁上。

（33）柔叶异萼苔 *Heteroscyphus tener* (Steph.) Schiffn.

【形态特征】植物体粗壮，长 1 ～ 2 cm，黄绿色，密集丛生于其他苔藓中。茎匍匐或先端上升，不分枝或稀疏分枝；假根多数，成束着生于腹叶基部，无色。侧叶对生，密集覆瓦状排列，常反卷至背部重叠，近圆形，先端圆钝，背边弧形内曲，腹边圆弧形，近轴基部与腹叶联生；叶细胞六边形，壁薄，三角体大，呈节状，表面平滑；腹叶近圆形，上下相接排列，先端浅裂至 1/5 ～ 1/4，两侧各具 1 齿，基部两侧下延，与侧叶腹边联生。

苔藓（33）柔叶异萼苔

【分布与生境】海南、安徽、福建、广东、广西、贵州、陕西、台湾、香港、云南和浙江。生于岩面、腐木或树干上。

# 二十一、扁萼苔科 Radulaceae

## 扁萼苔属 *Radula*

（34）台湾扁萼苔 *Radula formosa* (C.F.W.Meissn. ex Spreng.) Nees

【形态特征】植物体中等大，长 1 ～ 3 cm，新鲜时油绿色，干时黄褐色。不规则羽状分枝，分枝斜向上伸出；具莫萁花序状小枝，有时可发育成正常枝，小叶 2 ～ 9 对。叶中等程度或密覆瓦状排列，平铺延伸；背瓣宽卵形，镰状，内凹，先端圆钝，且强烈向腹面弯曲，基部拱起略呈弧形，完全盖茎；细胞壁薄，三角体大，呈节状；叶表平滑；每个细胞具 1 个大型油体，棕褐色，长椭圆形，油体聚合型，由很多微小颗粒构成；腹瓣近方形或近长方形，约为背瓣长的 1/2，先端圆钝，远茎边略弧形弯曲，近茎边强烈弧形弯曲，基部拱起，略盖茎；龙骨区膨起；假根少，淡褐色，假根着生区不明显或稍凸起；背脊与茎呈 50°，直或略内弯，不下延；弯缺钝。无性生殖方式为在葇荑花序状小枝上发育幼枝。雌雄异株。雄苞生于侧枝上，穗状，具 4 ～ 7 对雄苞叶；雌苞生于茎枝顶端，基部 1 对新生枝，雌苞叶背瓣长卵形，先端圆钝，腹瓣近方形；蒴萼扁筒形，口部浅波状。

苔藓（34）台湾扁萼苔

【分布与生境】海南、广西、云南和台湾。生于树干或树枝上。

（35）曲瓣扁萼苔 *Radula kurzii* Steph.

【形态特征】植物体中等大，长 2 ～ 5 cm，新鲜时油绿色，干时褐绿色。不规则羽状分枝，分枝斜向上伸出。叶中等程度覆瓦状排列；背瓣卵形，内凹，先端圆钝，有时略向腹面弯曲，基部完全盖茎；细胞壁薄，三角体中等大；角质

苔藓（35）曲瓣扁萼苔

层覆细疣；每个细胞具 1 个大型油体，偶伴随 1 ～ 2 个小型油体，褐色，椭圆形或圆球形，聚合型，由很多微小颗粒构成；腹瓣方形或近方形，约为背瓣长的 1/2，先端圆钝或具钝尖，远茎边近直，近茎边直，基部拱起呈圆弧形，盖茎宽的 1/2 ～ 3/4；龙骨区略膨起；假根未见，假根着生区稍凸起；背脊长约为背瓣的 1/2，与茎呈 40°，直或向内弧形弯曲，下延；弯缺宽钝或无。

【分布与生境】仅见于海南。生于林中树干或树枝上。

## 二十二、细鳞苔科 Lejeuneaceae

### 1. 唇鳞苔属 Cheilolejeunea

（36）粗茎唇鳞苔 *Cheilolejeunea trapezia* (Nees) Kachroo et R.M.Schust.

【形态特征】 植物体长 1～2 cm，新鲜时黄绿色，干时棕黄色。不规则分枝，分枝细鳞苔型；茎横切面包括 7 个表皮细胞和 8～9 个内部细胞。叶覆瓦状排列，背瓣长椭圆形，表面平展，边全缘，顶端圆；叶中部细胞六边形，壁薄，平滑，三角体小；油体聚合型，每个细胞 1～2 个，长椭圆形或圆形；油胞和假肋缺；叶边缘细胞圆角方形，基部细胞长六边形；腹瓣大，长椭圆形，长为背瓣的 1/2～3/4，常膨起，近轴边缘略内卷，顶端斜截形，中齿退化，角齿 1～3 个细胞长，向侧叶顶端伸展，透明疣位于角齿基部的远轴侧，茎与腹瓣以 2 个以上细胞相连接；腹叶远生或毗邻，近圆形，宽为茎直径的 2～3 倍，2 裂达叶长的 1/3～1/2。雌雄异株。雄穗顶生或侧生于短或长枝上，雄苞叶 2～7 对；雌苞生于短或长枝上，具 1 个新生枝；蒴萼倒卵形，具 4 个脊。芽孢未见。

苔藓（36）粗茎唇鳞苔

【分布与生境】 海南、广东、广西、台湾、香港和云南。生于树叶、树干、树基、朽木或岩石上。

（37）卷边唇鳞苔 *Cheilolejeunea xanthocarpa* (Lehm. et Lindenb.) Malombe

【形态特征】 植物体小，长达 1 cm，白绿色。不规则分枝，分枝细鳞苔型；茎横切面包括 16 个表皮细胞和 20 个内部细胞。叶覆瓦状排列，背瓣椭圆形，表面平展，边全缘，顶端圆形，反卷；叶中部细胞六边形，细胞壁薄，平滑，三角体小，偶存在中部球状加厚，每个细胞具 1 个油体，油体大，聚合型，椭圆形；油胞和假肋缺；叶边缘细胞圆角方形，基部细胞六边形，三角体和中部球状加厚明显；腹瓣长方形，近轴边常内卷，长约为背瓣的 1/2，具 1 个钝的角齿，中齿不明显，透明疣椭圆形，位于角齿的远轴侧，常弯向腹瓣内表面；腹叶近圆形，覆瓦状排列到毗邻，宽为茎直径的雌雄同株 4～6 倍。雌雄同株。雄穗顶生或侧生于长枝上，雄苞叶4～9对；雌苞生于短或长枝上，具1～2个新生枝，新生枝常又生1个新生枝；蒴萼倒卵形，具4～5个平滑的脊；孢蒴成熟时褐色，球形。

【分布与生境】 海南、福建、广东、广西、贵州、江西、四川、台湾、香港和浙江。生于树干、树枝、枯木、石面或岩面薄土上。

苔藓（37）卷边唇鳞苔

## 2. 疣鳞苔属 *Cololejeunea*

（38）距齿疣鳞苔 *Cololejeunea macounii* (Spruce) A.Evans

【形态特征】 植物体小，长达1.5 cm，新鲜时浅绿色，干时淡黄色。不规则分枝，分枝细鳞苔型；茎横切面包括5个表皮细胞和1个内部细胞。叶覆瓦状排列，背瓣卵形，镰刀状，表面平展，顶端圆，边全缘或具乳头状疣；叶中部细胞六边形，壁薄，背面具一个大的球状疣，三角体大，中部球状加厚小或不明显；油胞缺；叶边缘细胞近方形，基部细胞类于中部细胞；腹瓣卵形，长约为背瓣的1/2，膨起，腹面平滑，近轴边缘略内卷，由多于10个细胞组成，顶端具2个齿，中齿直立伸展，长2个细胞，宽1个细胞，角齿长1～3个细胞，基部宽1～2个细胞，透明疣椭圆形，位于中齿基部近轴侧；脊拱起，基部以上具疣；附体长1～2个细胞。雄苞未见；雌苞生于短或长枝上，具1个新生枝；蒴萼未见。芽孢圆盘状，生于背瓣腹面。

苔藓（38）距齿疣鳞苔

【分布与生境】 海南、安徽、福建、广东、广西、贵州、湖南、江西、四川、台湾、云南和浙江。生于树干、树枝或叶面上。

## 3. 毛鳞苔属 *Thysananthus*

（39）棕红毛鳞苔 *Thysananthus spathulistipus* (Reinw., Blume et Nees) Lindenb.

【形态特征】 植物体粗壮，长2～2.5 cm，新鲜时暗绿色，干时棕黄色。

苔藓（39）棕红毛鳞苔

不规则分枝，分枝细鳞苔型；茎横切面约有25个表皮细胞，壁厚。叶覆瓦状排列，背瓣卵形，内凹，腹部边缘内卷，假肋缺，表面平展，顶端急尖，边全缘或具粗齿；叶中部细胞六边形，细胞壁厚，表面平滑，三角体大，心形，中部存在球状加厚；每个细胞具1～3个聚合型油体；油胞和假肋缺；叶边缘细胞近方形，基部细胞长六边形；腹瓣椭圆状卵形，长为背瓣的1/3，顶端斜截形，具1～2齿，齿长1～2个细胞，基部宽1～2个细胞，透明疣狭长椭圆形，位于中齿基部内表面；腹叶匙形，密集覆瓦状排列，顶端2浅裂，边具细齿，两侧基部边缘外卷，宽为茎直径的3～4倍，基部与茎连接部分呈浅波状。雌雄同株。雄苞生于侧枝顶端或间生于侧枝上，雄苞叶3～7对；雌苞顶生于茎或长枝上，具2个新生枝；蒴萼椭圆形，具3个脊，脊上部具裂齿；孢蒴成熟时褐色，球形。

【分布与生境】海南、广西和台湾。生于树干上。

## 二十三、绿片苔科 Aneuraceae

### 片叶苔属 Riccardia

（40）线枝片叶苔 *Riccardia diminuta* Schiffn.

【形态特征】植物体中等大，长1.5～3 cm，叶状体，新鲜时深绿色，干时灰褐色至黑棕色，表面光滑。2～3回规则的羽状分枝，羽枝顶端明显凹陷，横切面椭圆形至梭形，背腹面均凸起，中部6～8层细胞厚，向边渐薄呈翼状，表皮细胞较内部细胞略小；末端羽枝横切面细长，3～5层细胞厚，边缘翼部半透明；表皮细胞常不具油体，内部细胞均具油体，每个细胞具1～2（3）个油体，油体棕褐色，球形至椭圆形。黏液毛两列，着生于叶状体

苔藓（40）线枝片叶苔

腹面。

【分布与生境】海南、广西、西藏和云南。生于湿土或湿石上。

# 参 考 文 献

高谦，1994. 中国苔藓志（第一卷）[M]. 北京：科学出版社 .

高谦，1996. 中国苔藓志（第二卷）[M]. 北京：科学出版社 .

高谦，2003. 中国苔藓志（第九卷）[M]. 北京：科学出版社 .

高谦，曹同，2000. 云南植物志（第十七卷）[M]. 北京：科学出版社 .

高谦，吴玉环，2008. 中国苔藓志（第十卷）[M]. 北京：科学出版社 .

胡人亮，王幼芳，2005. 中国苔藓志（第七卷）[M]. 北京：科学出版社 .

贾渝，何思，2013. 中国生物物种名录（第一卷 植物，苔藓植物）[M]. 北京：科学出版社 .

黎兴江， 2000. 中国苔藓志（第三卷）[M]. 北京：科学出版社 .

黎兴江，2002. 云南植物志（第十八卷）[M]. 北京：科学出版社 .

黎兴江，2006. 中国苔藓志（第四卷）[M]. 北京：科学出版社 .

吴德邻，张力， 2013. 广东苔藓志 [M]. 广州：广东科技出版社 .

吴鹏程， 2002. 中国苔藓志（第六卷）[M]. 北京：科学出版社 .

吴鹏程，贾渝，2004. 中国苔藓志（第八卷）[M]. 北京：科学出版社 .

吴鹏程，贾渝，2011. 中国苔藓志（第五卷）[M]. 北京：科学出版社 .

Frey W，Stech M，2009. Marchantiophyta，Bryophyta，Anthocerotophyta[M]//Frey W. Syllabus of plant families. A. Engler's syllabus der Pflanzenfamilien，13th ed.，Part 3 Bryophytes and seedless vascular Plants. Stuttgart：Gebr. Borntraeger.

Söderström L，Hagborg A，von Konrat M，et al.，2016. World checklist of hornworts and liverworts[J]. PhytoKeys. 59：1-828.

# 第六章　热带云雾林蕨类植物多样性

## 第一节　热带云雾林蕨类植物组成

蕨类植物一般分为 4 类，即松叶蕨类（whisk ferns）、石松类（lycopods）、木贼类（horsetails）和真蕨类（ferns）。通常把松叶蕨类、石松类和木贼类统称为拟蕨类（fern allies），而把其余的蕨类植物称为真蕨类，后者又包括厚囊蕨类、原始薄囊蕨类和薄囊蕨类（秦仁昌，1978）。相比藻类和苔藓植物，在演化过程中蕨类植物大部分时期脱离了水体环境的束缚，基本适应陆地生态环境。

蕨类植物是热带云雾林植物多样性的重要组成成分，并在森林更新中扮演着重要角色。蕨类植物能影响林下光环境及土壤养分循环，还被作为森林环境质量的指示植物。近半个世纪以来，生态学者陆续对云雾林中的蕨类植物开展了研究。早期对云雾林蕨类植物的研究主要关注了蕨类多样性及蕨类物候等方面的观察（Seiler，1981），这些研究为蕨类植物生理生态的进一步研究提供了良好基础。近些年的研究致力于探究影响蕨类植物多样性变化的关键因子（González et al.，2016）；并试图结合种群遗传学和古气候数据，对热带云雾林的演变历史进行重建（Ramírez-Barahona et al.，2014）。在全球气候变化的影响下，人类干扰对云雾林植物的影响也逐渐受到重视。

南美地区对蕨类植物多样性的调查要早于亚洲。如 Palacios（1992）在墨西哥韦拉克鲁斯市 123 km$^2$ 的云雾林中发现了 372 种蕨类植物；Torres 等（2006）在韦拉克鲁斯市 22.21 km$^2$ 的云雾林中发现了 130 种蕨类植物，归属于 24 科 49 属，其种数约占该地区维管植物种数的 21%。Ingram 等（1996）研究了哥斯达黎加蒙特韦尔德云雾林中的附生蕨类，在 4 km$^2$ 的山地云雾林中发现了 56 种附生蕨类植物，隶属于 10 科。

亚洲和非洲热带地区云雾林的研究则开展得相对较晚。如刘广福等（2010b）调查了海南霸王岭国家级自然保护区热带云雾林附生植物的多样性，在调查到的 52 种附生植物中，有 16 种蕨类植物，并且主要以专性附生植物为主。相比热带季雨林（仅调查到 1 种附生蕨类），低地雨林、热带针叶林、山地雨林和云雾林具有更高的蕨类植物丰富度；其中山地雨林、云雾林等分布在海拔较高地区的森林类型中附生蕨类的多样性较高；分布于低海拔的低地雨林及热带针叶林中附生蕨类的物种多样性较低。在相同的研究地点，Wang 等（2016）发现兰科植物和蕨类是山顶云雾林附生维管植物的优势类群，其个体数占所有个体数 95% 以上。在 376 株宿主上，共发现有 12 种 311 株附生蕨类，占总数的 21.4%；附生蕨类主要以水龙骨科的蕨类为主，多度最大的类群为石韦属（*Pyrrosia*）植物。

不同海拔分布的云雾林中，因为气温和降水等因素的差异，可导致附生蕨类植物的组成差异。如 Gehrig-Downie 等（2013）在圭亚那比较了低地云雾林和低地雨林中附生蕨类植物多样性，发现附生蕨类植物的组成分别占 3% 和 1%，低地云雾林中蕨类多样性高于被子植物，说明低地云雾林更有利于蕨类植物的生长。Pardow（2012）在几内亚的研究也表明，膜蕨科植物在低地云雾林中的频度要远远高于低地雨林。膜蕨科植物仅在低地雨林中 10% 的树种有分布，而在低地云雾林中 70% 的树种有分布；低地云雾林中膜蕨科植物物种数（9 种）是低地雨林（4 种）的 2 倍之多，而云雾林中单株树上膜蕨科植物的多度是低地雨林中的 8 倍之多。一些在低地雨林树干基部分布的蕨类却能在云雾林的冠层生长，物种多度和分布位置的变化反映了两种森林中湿度条件的差异。云雾林中雾气的形成不仅直接增加了水分供给，还间接减少了水分蒸发，促进了膜蕨科植物的生长。

在评估区域多样性的过程中，不同植物类群间可能具有相互指示的意义，可作为替代类群用于预测彼此的多样性。如在澳大利亚的研究发现，蕨类植物可作为苔藓植物的替代类群，预测苔藓植物的多样性（Pharo et al.，1999）。对此，Willlmas-linera 等（2005）在墨西哥云雾林斑块中，研究了蕨类多样性与木本植物多样性的关系，发现蕨类物种数与木本植物物种数、密度都无相关性，但附生蕨类植物的密度与木本植物物种数和密度均呈显著相关。相比木本植物，样带之间蕨类植物的物种数具有更高的相似性，说明云雾林斑块中的蕨类植物组成对区域蕨类的多样性具有很好的补充性。此外，Sánchez-González 等（2016）研究了墨西哥山地云雾林中蕨类植物的分布，发现蕨类植物在样方中具有很高的重要值，而物种丰富度、多度与海拔的关系不明显，但与最冷月份的最低温度、坡向、坡度及最热季的降水量有显著关系。蕨类植物的 β 多样性随着海拔的升高而增加，但在相邻海拔间 β 多样性降低仅在海拔梯度的末尾段出现。

## 第二节　热带云雾林蕨类植物分布与环境关系

附生蕨类植物分布受宿主年龄、径级大小和微环境的影响。一般认为，随树木径级的扩大，宿主表面具有更大的面积及更复杂的微环境，因而更加适宜于附生蕨类植物的定居和生长。Wang 等（2016）研究发现，附生蕨类的物种数与宿主胸径的关系将随宿主发育阶段的不同而变化：对于胸径较小的宿主，附生蕨类植物多样性随宿主胸径增加而迅速增加，但当宿主胸径增加到一定程度后，附生蕨类植物多样性随宿主胸径增加而缓慢增加。原因可能是在早期阶段，附生蕨类植物能迅速利用宿主上不同类型的微生境，植物种类随胸径的增加而快速增加；而当宿主生长到成熟阶段时，所提供的微生境均已被蕨类植物占据，胸径增加的结果仅使适宜生境的面积增加，而生境类型没有增加。

除了受宿主胸径和生长阶段的影响外，附生蕨类植物在宿主表面不同位置的分布也不同。在冠层垂直方向的 4 个区域（干区、内区、中区和外区）中，附生蕨类的物种数和多度差异显著，说明垂直微生境变化对植物分布的影响显著（Wang et al.，2016）。Hietz 等（1995）研究了墨西哥云雾林中 8 种附生蕨类的水分生理特性与它们在冠层分布位置的关系。发现蕨类的分布与气孔大小、气孔密度及叶片厚度都显著相关。膜蕨科植物 *Trichomanes bucinatum* 因为偏好潮湿环境而局限分布在树干的基部；铁角蕨属植物 *Asplenium cuspidatum* 因为缺乏适应干旱的性状，主要分布在冠层第二荫蔽的区域；分布在冠层外围的蕨类，则表现出耐旱性状以适应强光和多风环境，如叶片革质化、根状茎多汁、较低的水分丧失率、叶上附有鳞片和高细胞壁弹性等；分布在冠层最暴露位置的蕨类甚至表现出变水植物的特性。

不同宿主所营造的微生境也可能间接影响附生植物的分布。如 Sanger 等（2014）在巴拿马云雾林研究了桫椤（*Alsophila spinulosa*）、双子叶植物（Dicotyledons）和棕榈科（Palmae）植物 3 类宿主植物树干基部的光环境与附生植物多样性，发现 3 类宿主植物树干基部透射光的范围变动较大（5% ～ 21%），但平均光照水平无显著差异，附生维管植物在树蕨类上的盖度和丰富度更高；膜蕨类植物在树蕨类上的盖度（15%）要远高于在双子叶植物和棕榈类植物上的盖度（0.02% 和0.2%）；附生苔类植物在双子叶植物上的盖度（53%）则要高于在树蕨类（27%）和棕榈类植物（18%）上的盖度。这种偏好分布的形成可能与苔类植物扁平的形态有关。相比树蕨和棕榈树粗糙的表面，双子叶植物光滑的树干可能更适宜苔类的生长。

附生蕨类植物还经常受到水分胁迫的影响（Lüttge，2008）。当发生水分胁迫时，植物通过关闭气孔减少水分丧失，但细胞内活性氧的产生可引起绿色组织的光氧化（Smirnoff，1993；Elstner et al.，1994），而抗氧化物质或光合保护性物质如胡萝卜素和维生素能缓解光氧化胁迫。对此，Tausz 等（2001）研究了 7种云雾林附生蕨类植物中类胡萝卜素和维生素 E 在光氧化保护中的作用，发现在光辐射处理下，尽管蕨类没有表现出过度失水现象，但均表现出很强的脱环氧化作用；同时，多数蕨类植物体内的类胡萝卜素和维生素 E 都表现出快速增加的特点，尤其是缺乏耐旱性状的种类。该研究表明细胞内类胡萝卜素和维生素 E 浓度的变化或许是附生蕨类植物应对水分胁迫的特有方式。

　　蕨类植物对热带云雾林内和林外环境的适应性不同，引起种类的差异。在中高海拔云雾林中，桫椤属植物 *Cyathea divergens* 广泛分布于各类森林斑块中，但其丰富度在不同演替阶段的斑块中分布并不均匀。森林生境中通常有更高的物种多样性，而开阔的林外生境中有更高的多度（Arens et al.，1998）。在墨西哥的云雾林，桫椤属植物 *Alsophila firma* 在高郁闭度的沟谷中（1% ～ 2% 全光）丰富度最高，而 *C. divergens* 主要分布在中度开放的生境中（4% ～ 9% 全光）；*Lophosoria quadripinnata* 则生长在植被裸露的生境中（9% ～ 30% 全光）。与此相适应，生长在荫蔽环境的 *A. firma* 具有较低的最大电子传送率、光饱和点和量子产率，更薄的叶片和更大的比叶面积；而 *C.divergens* 有更高的量子产率、最大电子传送率和光饱和点；*L. quadripinnata* 则具有更厚的叶片、更小的比叶面积、更短小的气孔和更大的气孔密度（Riaño et al.，2013）。Bernabe 等（1999）在墨西哥云雾林的实验也表明，在林缘和林内环境中，蕨类植物的孢子萌发具有不同的偏好性。表明对光异质性的适合度决定了蕨类在森林中分布，而对不同生境的偏好促进了不同蕨类的共存。

　　面对森林干扰引起的环境剧烈变化，蕨类植物可通过调整生理代谢以适应环境异质性（Chazdon et al.，1996）。例如，幼年蕨类植物个体能根据所处生境的光照条件，协同光合作用、生长速率、生物量分布等关系，以提高个体的存活率（Vilagrosa et al.，2014）。此外，叶形态的可塑性也是植物适应森林环境变化的重要手段（Laurans et al.，2012）。例如，与生长在向阳生境下的叶片相比，荫蔽环境中发育的叶片通常具有更大表面积、比叶面积及气孔密度（Valladares et al.，2008）。Aren 等（1998）在哥伦比亚那尼里奥（Narino）省的云雾林中研究了 *C. caracasana* 在裸地、低郁闭度次生林和高郁闭度次生林中的生长特性，发现 *C. caracasana* 在裸地中具有最大生长速率、叶片抽生率、叶片周转率及孢子产生量，但在林下生长缓慢且无法产生孢子。一般而言，进化泛化种在生境范围内表现出大体一致的生长特性（Rosenzweig，1981）；而进化专一种仅能在狭窄的生境范围内正常生长。*C. caracasana* 的生长特性在不同生境范围内差异巨大，具有进化专一种的特性，即在生活史中具有"蛰伏阶段"的特性。因此，*C. caracasana* 在林下"蛰伏阶段"生长的特性似乎是一种衍生性状，使得这一喜阳的类群在林窗中获得过渡性生存的机会，并逐步占据这种生境。

　　蕨类植物发育的初始阶段存在更新生态位的差异。更新生态位指植物在个体发育初始阶段对环境的适应性（Grubb，1977）。蕨类孢子及配子体对环境需求的差异导致种间更新生态位的形成（Perez-Garcia et al.，1982），进而促进群落物种的共存（Riaño et al.，2013）。Riaño 等（2015）研究了墨西哥云雾林三种蕨类植物配子体和幼年孢子体对光照和水分的响应。结果表明三种蕨类植物的配子体阶段均需要高湿度环境，并且只能忍受短时间的太阳辐射。其中，*A. firma* 的孢子体更耐阴，而另外两种蕨类的孢子体能适应荫蔽和裸地环境。相比荫蔽环境，孢子体的大小和气体交换强度在裸露生境中更大。因此，蕨类植物配子体阶段对潮湿环境的专化使其局限的分布在潮湿生境中，而孢子体阶段对裸露生境的偏好避免了不同生活史阶段生态位的重叠，从而增强了对环境的适应力。

除了部分植物如铁角蕨属（*Asplenium* L.）、石韦属（*Pyrrosia Mirbel*）等，热带云雾林中大多数的蕨类都是通过孢子繁殖，但孢子的传播过程受到许多因素的影响。许多研究都表明，孢子具有很强的扩散能力（Page，2002；Wild et al.，2005）。例如，夏威夷的蕨类和美洲或者亚洲种类表现出亲缘性；一些蕨类在南美洲的安第斯山脉（Vernon et al.，2013）、马达加斯加间断分布（Moran et al.，2001）；对于洲际传播的孢子而言，即使是 800 km 的扩散距离也不是有效障碍（Tryon et al.，1970）。另外有研究表明，蕨类植物的孢子主要在母株的周边沉积，仅有少数能行长途扩散。林下蕨类的局限分布，主要原因是孢子无法跨过地被植物的阻碍进入气流中（Page，2002）。对此，Gómez-Noguez 等（2016）在墨西哥云雾林中调查了蕨类类植物"孢子雨"的组成，并研究了林冠结构及降雨对孢子传播的影响。在一年的研究时间内，在林下和林外两个样地中一共收集了 2462 个孢子，158 个形态种。20 种蕨类的孢子形成表现出季节性，主要发生在干季的多风时段，这种环境条件有助于孢子的传播。两个样地中"孢子雨"的种类组成差异显著，其中孢子雨密度最大的地点出现在林中样地（70 个形态种和 1856 个孢子），在林外样地中，发现 64 种蕨类。林下和林外样地中共发现 55 种共有的蕨类。该研究表明，尽管云雾林中的林冠对蕨类孢子的扩散有阻碍作用，但仍然有部分孢子跨过冠层传播到附近地区。例如，在鉴定出来的 76 个种中，有 39 种在样地中被发现，37 种没有在样地中被发现，说明有孢子通过扩散从周边成功进入样地。云雾林中的降雨对"孢子雨"的形成具有抑制作用，但同时有助于将"孢子雨"带入地表，促进蕨类植物在此建立新的居群。

## 第三节　干扰对热带云雾林蕨类的影响

随着人口的快速增长及经济水平的提高，热带森林正经历着快速的变化。热带森林受到破坏后直接或间接地导致生境质量、物种组成和群落结构的变化，影响生态系统功能（Noble et al.，1997）。Barthlott（2001）等发现随着干扰程度的增大，附生植物的物种数量呈下降趋势。一方面，栖息地的丧失将直接威胁云雾林中蕨类植物的生长，另一方面，独特的生理、形态使蕨类植物对外界环境变化非常敏感。例如，森林采伐等系列人为干扰活动使大面积原始林转化为次生林，原始林转化为次生林后光照增强，湿度降低，这种微环境的改变可能会对附生植物造成灾难性的影响（Löbel et al.，2006）。Lawton 等（2001）研究证实，在低海拔进行的森林采伐可以直接影响云的形成，从而降低临近山体的空气湿度。喜湿的附生类群，如膜蕨科植物及其他对干旱非常敏感的蕨类，森林的干旱也将对其分布产生巨大影响（Barthlott et al.，2001）。附生蕨类植物不仅对环境要求严格，而且多数生长缓慢，需要较长的时间才能进入成熟繁育期，因此，附生蕨类植物的生长环境和种群遭到破坏后难以快速恢复，直接影响森林生态系统的功能。另外，人为的过度挖掘也将直接导致云雾林蕨类植物的减少。例如，在海南云雾林中，当地居民采挖石松类植物作药材，成片采集势必会对一些极小种群的蕨类植物造成严重的影响。在墨西哥，树蕨类被当作观赏植物和栽培的基质，但生境的破碎化和过度利用，也使它们在野外的数量减少（Bernabe，1999）。

# 第四节　海南热带云雾林蕨类植物图谱

## 一、石杉科 Huperziaceae

### 马尾杉属 *Phlegmariurus*

（1）马尾杉 *Phlegmariurus phlegmaria* (L.) Holub

【形态特征】中型附生蕨类。茎簇生，茎柔软下垂，4 ～ 6 回二叉分枝，长20 ～ 40 cm，主茎直径 3 mm，枝连叶扁平或近扁平，不为绳索状。叶螺旋状排列，明显为二型；营养叶斜展，卵状三角形，长 5 ～ 10 mm，宽 3 ～ 5 mm，基部心形或近心形，下延，具明显短柄，无光泽，先端渐尖，背面扁平，中脉明显，革质，全缘。孢子囊穗顶生，长线形，长9 ～ 14 cm；孢子叶卵状，排列稀疏，长约1.2 mm，宽约 1 mm，先端尖，中脉明显，

蕨类（1）马尾杉

全缘；孢子囊生在孢子叶腋，肾形，2 瓣开裂，黄色。

【分布与生境】台湾、广东、广西、海南、云南。附生于海拔 100 ～ 2400 m 的林下树干或岩石上。

## 二、卷柏科 Selaginellaceae

### 卷柏属 *Selaginella*

（2）深绿卷柏 *Selaginella doederleinii* Hieron.

蕨类（2）深绿卷柏

【形态特征】土生，近直立，基部横卧，高 25 ～ 45 cm，无匍匐根状茎或游走茎。根托达植株中部，通常由茎上分枝的腋处下面生出，偶有同时生 2 个根托，1 个由上面生出，长 4 ～ 22 cm，直径 0.8 ～ 1.2 mm，根少分叉，被毛。主茎自下部开始羽状分枝，不呈"之"字形，无关节，禾秆色，主茎下部直径 1 ～ 3 mm，茎卵圆形或近方形，不具沟槽，光滑，维管束 1 条；侧枝 3 ～ 6 对，2 ～ 3 回羽状分枝，分枝稀疏，主茎上相邻分枝相距 3 ～ 6 cm，分枝无毛，背腹压扁，主茎在分枝部分中部连叶宽 0.7 ～ 1 mm，末回分枝连叶宽 4 ～ 7 mm。叶全部交互排列，二型，纸质，表面光滑，无虹彩，边缘不为全缘，不具白边。主茎上的腋叶较分枝上的大，卵状三角形，基部钝，分枝上的腋叶对称，狭卵圆形至三角形，（1.8 ～ 3.0）mm ×（0.9 ～ 1.4）mm，边缘有细齿。中叶不对称或多少对称，主茎上的略大于分枝上的，边缘有细齿，先端具芒或尖头，基部钝，分枝上的中叶长圆状卵形或卵状椭圆形或窄卵形，（1.1 ～ 2.7）mm ×（0.4 ～ 1.4）mm，覆瓦状排列，背部具明显龙骨状隆起，先端与轴平行，先端具尖头或芒，基部楔形或斜近心形，边缘具细齿。侧叶不对称，主茎上的较侧枝上的大，分枝上的侧叶长圆状镰形，略斜升，排列紧密或相互覆盖，（2.3 ～ 4.4）mm ×（1.0 ～ 1.8）mm，先端平或近尖或具短尖头，具细齿，上侧基部扩大，加宽，覆盖小枝，上侧基部边缘不为全缘，边缘有细齿，基部下侧略膨大，下侧边近全缘，基部具细齿。孢子叶穗紧密，四棱柱形，单个或成对生于小枝末端，（5 ～ 30）mm ×（1 ～ 2）mm；孢子叶一型，卵状三角形，边缘有细齿，白边不明显，先端渐尖，龙骨状；孢子叶穗上大、小孢子叶相间排列，或大孢子叶分布于基部的下侧。大孢子白色；小孢子橘黄色。

【分布与生境】安徽、重庆、福建、广东、贵州、广西、湖南、海南、江西、四川、台湾、香港、云南、浙江。林下土生，海拔 200 ～ 1000（～ 1350）m。

（3）单子卷柏 *Selaginella monospora* Spring

【形态特征】土生，匍匐，长 35 ～
85 cm，无横走地下茎。根托在主茎上断
续着生，自主茎分叉处下方生出，长 4 ～
14 cm，直径 0.2 ～ 0.8 mm，根少分叉，
被毛。主茎通体羽状分枝，不呈"之"字
形，无关节，禾秆色，主茎下部直径 1.5 ～
2 mm，茎卵圆柱状或圆柱状，不具沟槽，
维管束 1 条，主茎顶端黑褐色或不呈黑褐
色，主茎先端鞭形，侧枝 8 ～ 12 对，1 ～ 2
回羽状分枝或 2 ～ 3 次分叉，小枝较密
排列规则，主茎上相邻分枝相距 2.5 ～
5.5 cm，分枝无毛，背腹压扁，主茎

蕨类（3）单子卷柏

在分枝部分中部连叶宽（5 ～）8 ～ 11 mm，末回分枝连叶宽 4 ～ 8 mm。叶全部交互排列，二型，草质，表面光滑，具虹彩或无虹彩，边缘不为全缘，不具白边，主茎上的叶接近，主茎上的叶大于分枝上的，二型，绿色或深绿色。主茎上的腋叶较分枝上的大，卵形或宽卵形，基部钝，不对称，卵形或窄卵形或窄椭圆形，（2.0 ～ 30）mm ×（0.8 ～ 1.6）mm，边缘有细齿。中叶不对称，主茎上的叶略大于分枝上的，边缘具细齿或近全缘（末端分枝上的），先端具短芒，基部钝，分枝上的中叶卵状披针形或椭圆形，（1.0 ～ 1.6）mm ×（0.3 ～ 0.7）mm，排列紧密，背部呈龙骨状或明显的龙骨状，先端略外展或与轴平行，先端具尖头或具短芒，基部钝，不成盾状，边缘具细齿。侧叶不对称，主茎上的明显大于侧枝上的，（3.5 ～ 5.5）mm ×（1.4 ～ 2.3）mm，分枝上的侧叶卵状三角形或长圆状镰形，略斜升或外展，接近，（2.6 ～ 4.3）mm ×（0.9 ～ 1.4）mm，先端近尖，下侧基部扩大，强烈覆盖小枝，上侧边缘不为全缘，上侧边缘有细齿，下侧基部下延，下侧边缘近全缘或全缘。孢子叶穗紧密，背腹压扁，有时几乎呈同形，单生于小枝末端，（3.0 ～ 20）mm ×（1.9 ～ 3.2）mm；孢子叶略二型，倒置，不具白边，上侧的孢子叶镰形，边缘微具细齿，锐龙骨状，先端渐尖，上

侧的孢子叶具孢子叶翼，孢子叶翼达叶尖，边缘具细齿，下侧的孢子叶卵状披针形，边缘有细齿，龙骨状，基部膨大；大孢子叶分布于孢子叶穗基部的下侧或大、小孢子叶相间排列，或仅有一个大孢子叶位于孢子叶穗基部的下侧。大孢子白色；小孢子橘黄色或淡黄色。

【分布与生境】广东、广西、贵州、海南、西藏、云南。常见于海拔（450～）1300～1800（～2600）m 的林下阴湿处，土生。

## 三、瘤足蕨科 Plagiogyriaceae

### 瘤足蕨属 *Plagiogyria*

（4）镰羽瘤足蕨（倒叶瘤足蕨）*Plagiogyria dunnii* Cop.

蕨类（4）镰羽瘤足蕨

【形态特征】根状茎短粗，弯生。叶多数簇生。不育叶的柄长 14～16 cm，锐三角形，草质，棕绿色，宽约 2 mm；叶片长 35～45 cm，宽 9～10 cm，长披针形，头渐尖，下部渐变狭，羽状深裂几达叶轴；羽片约 50～55 对，平展，接近，互生，相距约 1 cm，缺刻狭而略向上弯，中部的长 5 cm，宽 5～7 mm，狭披针形，微向上弯，基部不对称，下侧略圆，上侧阔而上延，或以狭翅沿叶轴汇合，基部数对稍缩短，并强度斜向下，边缘下部全缘，向上略有低钝锯齿，先端有粗锯齿。叶脉斜出，由基部以上分叉，小脉纤细而明显，直达叶边，顶端微向一上弯。叶为草质，干后绿色，光滑，叶轴下面为尖三角形。能育叶较高，柄长 30～35 cm；羽片线形，长 3～4 cm，无柄。

【分布与生境】福建（延平县山地）、广东（从化区三角山）、广西（平南县，瑶山）、浙江（宁波，天洞山）、安徽（祁门）、贵州（平番）、台湾（阿里山北部）。生于密林下或石缝中，海拔高达 2200 m，通常为 500～1500 m。

## 四、里白科 Gleicheniaceae

### 1. 芒萁属 *Dicranopteris*

（5）芒萁 *Dicranopteris dichotoma* (Thunb.) Berhn

【形态特征】植株通常高 45 ～ 90（～ 120）cm。根状茎横走，粗约 2 mm，密被暗锈色长毛。叶远生，柄长 24 ～ 56 cm，粗 1.5 ～ 2 mm，棕禾秆色，光滑，基部以上无毛；叶轴 1 ～ 2（～ 3）回二叉分枝，一回羽轴长约 9 cm，被暗锈色毛，渐变光滑，有时顶芽萌发，生出的一回羽轴，长 6.5 ～ 17.5 cm，二回羽轴长 3 ～ 5 cm；腋芽小，卵形，密被锈黄色毛；芽苞长 5 ～ 7 mm，卵形，边缘具不规则裂片或粗锯齿，偶为全缘；各回分叉处两侧均各有一对托叶状的羽片，平展，宽披针形，等大或不等，生于一回分叉处的长 9.5 ～ 16.5 cm，宽 3.5 ～ 5.2 cm，生于二回分叉处的较小，长 4.4 ～ 11.5 cm，宽 1.6 ～ 3.6 cm；末回羽片长 16 ～ 23.5 cm，宽 4 ～ 5.5 cm，披针形或宽披针形，向顶端变狭，尾状，基部上侧变狭，篦齿状深裂几达羽轴；裂片平展，35 ～ 50 对，线状披针形，长 1.5 ～ 2.9 cm，宽 3 ～ 4 mm，顶钝，常微凹，羽片基部上侧的数对极短，三角形或三角状长圆形，长 4 ～ 10 mm，各裂片基部汇合，有尖狭的缺刻，全缘，具软骨质的狭边。侧脉两面隆起，明显，斜展，每组有 3 ～ 4（～ 5）条并行小脉，直达叶缘。叶为纸质，上面黄绿色或绿色，沿羽轴被锈色毛，后变无毛，下面灰白色，沿中脉及侧脉疏被锈色毛。孢子囊群圆形，一列，着生于基部上侧或上下两侧小脉的弯弓处，由 5 ～ 8 个孢子囊组成。

蕨类（5）芒萁

【分布与生境】江苏南部、浙江、江西、安徽、湖北、湖南、贵州、四川、西康、福建、台湾、广东、香港、广西、云南。生于强酸性土的荒坡或林缘，在森林砍伐后或放荒后的坡地上常成优势的中草群落。

## 2. 里白属 *Hicriopteris*

### （6）阔片里白 *Hicriopteris blotiana* (C.Chr.) Ching

【形态特征】植株高 2 ～ 3 m。叶二回羽状；一回羽片长 60 cm 以上，宽 20 ～ 255 cm；小羽片多数，互生，相距 4.3 ～ 4.7 cm，长 11 ～ 15 cm，宽 2 ～ 2.5 cm，披针形或狭披针形，向顶端渐尖，基部稍变狭，宽 1.9 ～ 2.2 cm，柄长约 3 mm，羽状深裂几达小羽轴；裂片互生，16 ～ 30 对，长 1.2 ～ 1.5 cm，宽 4 mm，宽披针形至线状披针形，顶端圆，微凹，基部汇合，边缘全缘，干后稍内卷。中脉上面平，下面凸起，侧脉两面凸起，明显，叉状，稍斜展，直达叶缘。叶草质或纸质，上面绿色，无毛，下面沿小羽轴、中脉、侧脉及叶缘疏被棕色星状毛，叶轴下面圆，上面平，有边，棕色，后变光滑，一回羽轴禾秆色，粗 2 ～ 3.5 mm，侧面邻近小羽片处被棕色星状毛。孢子囊群圆形，棕色，一列，位于中脉及叶缘之间，着生于基部上侧小脉上，由 4 ～ 5 个孢子囊组成。

蕨类（6）阔片里白

【分布与生境】海南（东方尖峰岭）。森林边或林下生。

### （7）海南里白 *Hicriopteris simulans* Ching

【形态特征】羽片为长圆披针形，长可达 1 m，宽 34 cm，先端渐狭，二回羽状深裂；小羽片 30 ～ 40 对，线状披针形，长约 15 cm，宽 2 ～ 2.7 cm，先端稍狭，基部不变狭，近对生或互生，相距 2.5 ～ 3.5 cm，平展，无柄或几无柄，顶部的小羽片渐缩短，篦齿状深裂几达小羽轴；裂片 35 ～ 40 对，狭线形，长 1.2 ～ 1.4 cm，基部宽 2.5 ～ 3 mm，先端短尖，基部稍宽而连合，平展，边缘全缘，干后略反卷，近基部的几对生，其余的互生，上部的裂片渐缩短，各裂

蕨类（7）海南里白

片相距 1 ～ 1.5 mm，缺刻短尖；基部一对裂片不缩短，通常略反曲而复盖羽轴；其基部两侧各有一个平展的线形小裂片，向轴的一个较长并被盖羽轴。叶脉上面明显，下面隐约可见，从近基部处分叉，每裂片有 12 ～ 14 对。叶几为革质，干后上面呈暗绿色，下面呈灰白色，光滑无毛。羽轴深禾秆色，上面两侧有隆起的边，在边的附近偶有深褐色的糠秕状毛。孢子囊群圆形，在裂片中肋两侧各有一行，稍接近中肋，着生于上侧小脉的近基部，每裂片有 10 ～ 12 对。

【分布与生境】特产海南（定安县，五指山）。生于山顶。

## 五、膜蕨科 Hymenophyllaceae

### 1. 假脉蕨属 *Crepidomanes*

#### （8）南洋假脉蕨 *Crepidomanes bipunctatum* (Poir.) Cop.

【形态特征】植株高 4 ～ 8 cm。根状茎细长，铁丝状，粗约 1 mm，分枝，横走，密被黑褐色短毛。叶远生，相距约 1 cm；叶柄长 1 ～ 2 cm 或稍长，粗 0.6 ～ 0.8 mm，上部暗绿色，下部黑褐色，中部以上或全部有狭翅，翅的边缘有褐色的睫毛；叶片长圆形至阔卵形，长 3 ～ 7 cm，宽 1.5 ～ 3 cm，2 ～ 3 回深羽裂；羽片 4 ～ 6 对，互生，无柄，斜向上，卵形至长圆形，长 1 ～ 1.5 cm，宽 0.5 ～ 1 cm，密接；小羽片 3 ～ 4 对，互生，无柄，斜向上，倒卵形至阔楔形，先端近截形，基部斜楔形，密接；末回裂片狭线形，长 2 ～ 4 mm，宽 0.6 ～ 0.8 mm，极斜向上，密接，钝头，全缘。叶脉叉状分枝，粗壮，两面略隆起，暗灰绿色，无毛，沿叶缘有 1 条连续不断的假脉，假脉与叶缘之间有 2 行细胞相隔，叶片其他部分则稀有断续的假脉。叶为薄膜质，半透明，干后暗绿色，无毛。叶轴及羽轴暗灰绿色，稍曲折，全部有翅，无毛。孢子囊群生在叶片上部，顶生于基部向轴的短裂片或小羽片上，每个羽片上有 1 ～ 4 个；囊苞狭椭圆形，长约 2 mm，宽 0.8 ～ 1 mm，两侧有阔翅，口部深裂为明显的两唇瓣，唇瓣三角形，长与宽相等，尖头或钝头，其基部稍宽于囊苞的管，囊群托突出，长 2 ～ 3 mm，黑褐色。

蕨类（8）南洋假脉蕨

【分布与生境】台湾、广东、海南（五指山）及云南。生长在阴湿的岩石上。

## 2. 蕗蕨属 *Mecodium*

（9）毛蕗蕨 *Mecodium exsertum* (Wall.) Cop.

蕨类（9）毛蕗蕨

【形态特征】植株高 6～10 cm。根状茎纤细如丝，横走，浅褐色，疏被浅褐色的短节状毛，下面疏生深褐色的纤维状的根。叶远生，相距 1.5～2 cm；叶柄长 3～5 cm，褐色，丝状，疏被短节状毛或几光滑，无翅；叶片长圆形，长 3.5～6 cm，宽 1.5～2.5 cm，两端均稍狭，二回羽裂；羽片 10～12 对，上部的互生，下部的几对生，无柄，开展，斜卵形至阔披针形，长 5～15 mm，宽约 4 mm，先端钝，基部下侧下延，相距 1～2 mm，羽裂几达有阔翅的羽轴；裂片 4～6 对，互生，斜向上，线状长圆形，长 2～3 mm，宽 0.8～1 mm，上部渐狭，钝头，全缘，单一或常分叉，间隙宽 0.8～1.5 mm。叶脉叉状分枝，两面稍隆起，深褐色，曲折，两面均被棕褐色的由数个长筒形细胞组成的曲折的长节状毛，末回裂片有小脉 1 条。叶为薄膜质，不透明，柔软，下垂，干后为褐色；细胞壁薄，稍呈波浪状。叶轴全部有翅或只基部有狭边，两面均被长节状毛；羽轴非常曲折。孢子囊群位于叶片上部，着生于羽片上侧裂片的腋间或短裂片的顶端，每个羽片上有 1～5 个；囊苞卵形，长约 1 mm，唇瓣边缘有不整齐的浅齿或很少近于全缘；囊群托纤细，不突出。

【分布与生境】台湾、海南（五指山）、云南（德钦、贡山、漾濞、景东、屏边）、四川（天全二郎山）。生长在高山的原始森林内，附生在海拔 2000～3000 m 的树干上或生于岩石上。

## 六、桫椤科 Cyatheaceae

### 桫椤属 *Alsophila*

（10）桫椤 *Alsophila spinulosa* (Wall. ex Hook.) R. M. Tryon

【形态特征】茎干高达 6 m 或更高，直径 10～20 cm，上部有残存的叶柄，向下密被交织的不定根。叶螺旋状排列于茎顶端；茎端和拳卷叶及叶柄的基部密被鳞片和糠秕状鳞毛，鳞片暗棕色，有光泽，狭披针形，先端呈褐棕色刚毛状，两侧有窄而色淡的啮齿状薄边；叶柄长30～50 cm，通常棕色或上面较淡，连同叶轴和羽轴有刺状突起，背面两侧各有一条不连续的皮孔线，向上延至叶轴；叶片大，长矩圆形，长 1～2 m，宽 0.4～1.5 m，三回羽状深裂；羽片17～20 对，互生，基部一对缩短，长约 30 cm，中部羽片长 40～50 cm，

蕨类（10）桫椤

宽 14～18 cm，长矩圆形，二回羽状深裂；小羽片18～20 对，基部小羽片稍缩短，中部的长 9～12 cm，宽 1.2～1.6 cm，披针形，先端渐尖而有长尾，基部宽楔形，无柄或有短柄，羽状深裂；裂片18～20 对，斜展，基部裂片稍缩短，中部的长约 7 mm，宽约 4 mm，镰状披针形，短尖头，边缘有锯齿；叶脉在裂片上羽状分裂，基部下侧小脉出自中脉的基部。叶纸质，干后绿色；羽轴、小羽轴和中脉上面被糙硬毛，下面被灰白色小鳞片。孢子囊群生于侧脉分叉处，靠近中脉，有隔丝，囊群托突起；囊群盖球形，薄膜质，外侧开裂，易破，成熟时反折覆盖于主脉上面。

【分布与生境】福建、台湾、广东、海南、香港、广西、贵州、云南、四川、重庆、江西。生于海拔 260～1600 m 的山地溪旁或疏林中。

# 七、稀子蕨科 Monachosoraceae

## 稀子蕨属 *Monachosorum*

### （11）稀子蕨 *Monachosorum henryi* Christ

【形态特征】根状戏粗而短，斜生。叶簇生，直立，柄长 30～50 cm，粗约 3.5 mm，淡绿色或绿禾秆色，草质，密被锈色贴生的腺状毛，后渐变略光滑；叶片长 30～40 cm，下部宽 28～36 cm，三角状长圆形，基部最宽，渐尖头，四回羽状深裂；羽片约 15 对，互生，几开展，有柄，相距 4～5 cm，彼此密接或向上部几呈覆瓦状，基部一对最大，近对生，长 15～18 cm，或更长，宽 8 cm，几平展，长圆形，渐尖头，稍向上弯弓，基部近截形，对称，羽柄长约 1.5 cm，三回羽状深裂；一回小羽片约 15 对，上先出，平展，密接，有短柄（长 2 mm），长约 4 cm，宽 1～1.2 cm，披针形，呈镰刀状，短渐尖，基部截形，对称，二

蕨类（11）稀子蕨

回深羽裂；二回小羽片约 10 对，平展，接近，斜长圆形，长约 6 mm，宽约 4 mm，圆头，基部不等，下侧楔形，上侧截形，稍为耳形凸起，无柄，分离，向上的小羽片与有极狭翅的小羽轴合生，两侧圆浅裂达 1/2，成为 3 ～ 4 对小裂片，全缘，微刺头，每片有小脉一条，不明显。叶为膜质，干后褐绿色或褐色。叶轴及羽轴有锈色腺毛密生。叶轴中部常有一枚珠芽生于腋间。孢子囊群小，每小裂片一个，近顶生于小脉上，位于裂片的中央。

【分布与生境】台湾、广东、广西、贵州、云南东南部及西部（大理苍山）。生于海拔 500 ～ 600 m 的密林下。

## 八、陵齿蕨科 Lindsaeaceae

### 1. 陵齿蕨属 Lindsaea

#### （12）华南陵齿蕨 Lindsaea austrosinica Ching

【形态特征】植株高 50 cm。根状茎横走，直径 3 mm，密被鳞片，鳞片深棕色，有光泽，线状披针形，长达 3 mm。叶近生；叶柄长 25 ～ 30 cm，深栗色，或上部为栗棕色，有光泽，下面圆形，有沟，基部被鳞片，通体光滑；叶片长圆状卵圆形，长达 15 ～ 20 cm，宽 15 cm，二回羽状，尾头；羽片为 3 对，近互生，距离 4 ～ 5 cm，开展，有柄，阔披针形，长 10 ～ 12 cm，宽 2.7 ～ 3 cm，先端渐尖，近尾头，柄长 5 mm，一回羽状；小羽片 10 ～ 12 对，长圆状肾形，长 1.4 ～ 1.6 cm，宽 7 ～ 9 mm，基部楔形，有短柄，先端圆，下缘稍弯，内缘几平直，常搭在羽轴上，上缘稍为弧形，在可育的小羽片上常有 2 ～ 3 个浅缺刻，或在不育的小羽片上有 7 ～ 9 个缺刻。叶脉二叉分

蕨类（12）华南鳞始蕨

枝，每小羽片上有 12 ~ 15 条细脉，下面可见，上面不明显。叶纸质，干后呈深绿色；叶轴栗色，或在上部棕褐色，钝四方形。孢子囊群横线形，沿上缘及外缘连续着生，或为 2 ~ 3 个浅缺刻所中断；囊群盖线形，全缘，棕灰色，膜质，与边缘等阔。

【分布与生境】广西（上思十万大山）。生长在灌丛中。特有种。

## 2. 乌蕨属 *Stenoloma*

### （13）乌蕨 *Stenoloma chusanum* Ching

【形态特征】植株高达 65 cm。根状茎短而横走，粗壮，密被赤褐色的钻状鳞片。叶近生，叶柄长达 25 cm，禾秆色至褐禾秆色，有光泽，直径 2 mm，圆，上面有沟，除基部外，通体光滑；叶片披针形，长 20 ~ 40 cm，宽 5 ~ 12 cm，先端渐尖，基部不变狭，四回羽状；羽片 15 ~ 20 对，互生，密接，下部的相距 4 ~ 5 cm，有短柄，斜展，卵状披针形，长 5 ~ 10 cm，宽 2 ~ 5 cm，先端渐尖，基部楔形，下部三回羽状；一回小羽片在一回羽状的顶部下有 10 ~ 15 对，连接，

有短柄，近菱形，长 1.5 ~ 3 cm，先端钝，基部不对称，楔形，上先出，一回羽状或基部二回羽状；二回（或末回）小羽片小，倒披针形，先端截形，有齿牙，基部楔形，下延，其下部小羽片常再分裂成具有一、二条细脉的短而同形的裂片。叶脉上面不明显，下面明显，在小裂片上为二叉分枝。叶坚草质，干后棕褐色，通体光滑。孢子囊群边缘着生，每裂片上一枚或二枚，顶生 1 ~ 2 条细脉上；囊群盖灰棕色，革质，半杯形，宽，与叶缘等长，近全缘或少啮蚀，宿存。

蕨类（13）乌蕨

【分布与生境】浙江南部、福建、台湾、安徽南部、江西、广东、海南、香港、广西、湖南、湖北、四川、贵州及云南。生林下或灌丛中阴湿地，海拔 200 ~ 1900 米。

## 九、蕨科 Pteridiaceae

### 蕨属 *Pteridium*

（14）毛轴蕨 *Pteridium revolutum* (Bl.) Nakai

【形态特征】 植株高 1 m 以上。根状茎横走。叶远生；柄长 35 ～ 50 cm，基部粗约 5 ～ 8 mm，禾秆色或棕禾秆色，上面有纵沟 1 条，幼时密被灰白色柔毛，老则脱落而渐变光滑；叶片阔三角形或卵状三角形，渐尖头，长 30 ～ 80 cm，宽 30 ～ 50 cm，三回羽状；羽片 4 ～ 6 对，对生，斜展，具柄，长圆形，先端渐尖，基部几平截，下部羽片略呈三角形，长 20 ～ 30 cm，宽 10 ～ 15 cm，柄长 2 ～ 3 cm，二回羽状；小羽片 12 ～ 18 对，对生或互生，平展，无柄，与羽轴合生，披针形，长 6 ～ 8 cm，宽 1 ～ 1.5 cm，先端短尾状渐尖，基部平截，深羽裂几达小羽轴；裂片约 20 对，对生或互生，略斜向上，披针状镰刀形，长约 8 mm，基部宽约 3 mm，先端钝或急尖，向基部逐渐变宽，彼此连接，通常全缘；叶片的顶部为二回羽状，羽片披针形；裂片下面被灰白色或浅棕色密毛，干后近革质，边缘常反卷。叶脉上面凹陷，下面隆起；叶轴、羽轴及小羽轴的下面和上面的纵沟内均密被灰白色或浅棕色柔毛，老时渐稀疏。

【分布与生境】 台湾、江西（井冈山）、广东、广西、湖南（黔阳）、湖北（谷城、巴东）、陕西（秦岭南坡）、甘肃（文县）、四川、贵州、云南、西藏（亚东、加仲卡）。生于海拔 570 ～ 3000 m 的山坡阳处或山谷疏林中的林间空地。

蕨类（14）毛轴蕨

## 十、凤尾蕨科 Pteridaceae

### 凤尾蕨属 *Pteris*

（15）栗轴凤尾蕨 *Pteris wangiana* Ching

【形态特征】 植株高 50 ～ 70 cm。根状茎长而斜生，木质，粗约 1 cm，先端及叶柄基部密被浅褐色鳞片。叶簇生；柄长 30～40 cm，基部粗约 2 mm，下部栗褐色，上部及叶轴为栗红色，有光泽，光滑；叶片宽卵形至长圆形，长 30～35 cm，宽 15～20 cm，二回深羽裂（或基三回深羽裂）；侧生羽片 5～6 对，对生，下部的相距 4～7 cm，斜展，基部一对有短柄，其余的无柄，披针形，长 10～15 cm，宽 2～3 cm，先端长渐尖并为锐裂，基部圆楔形，篦齿状深羽裂达羽轴，顶生羽片的形状、大小及分裂度与中部的侧生羽片相同，但有长约 1 cm 的柄，基部一对羽片的基部下侧有 1 片（罕有 2 片）篦齿状深羽裂的小羽片，比其上侧的羽片稍短；裂片 20～25 对，互生，彼此接近，略斜展，狭长圆形，长 1～1.5 cm，宽 3～4 mm，先端钝圆，基部稍扩大，下侧略下延，几达下一对裂片，全缘。羽轴下面浅禾秆色，下部有时带栗色，有光泽，无毛，上面有浅纵沟，沟两旁有针状长刺着生于裂片主脉基部之下。侧脉明显，稀疏，斜向上，下部的二叉，上部的单一，基部一对向上达到缺刻以上的叶边。叶干后草质，草绿色，无毛。

蕨类（15）栗轴凤尾蕨

【分布与生境】海南（五指山）、云南（麻栗坡、屏边、马关、西畴、金平）。生于海拔 1300～1600 m 的密林下阴处。

## 十一、中国蕨科 Sinopteridaceae

### 粉背蕨属 *Aleuritopteris*

（16）粉背蕨 *Aleuritopteris pseudofarinosa* Ching et S.K. Wu

【形态特征】植株高 20～50 cm。根状茎短而直立，顶端密被鳞片；鳞片质厚，中间黑色，边缘淡，棕色，披针形，先端长钻状。叶簇生，柄长 10～30 cm，粗 1～2 mm，栗褐色，有光泽，基部疏被宽披针形鳞片，向上光滑；叶片三角状卵圆披针形，长 10～25 cm，宽 5～10 cm，基部最宽，基部三回羽裂，中部二回羽裂，向顶部羽裂；侧生羽片 5～10 对，对生或近对生，斜向上伸展，以无翅叶轴分开，下部 1～2 对羽片相距 2～4 cm；基部一对羽片斜三角形，二回羽裂；小羽片 5～6 对，彼此密接，羽轴下侧的远较上侧的长，基部下侧的一片小羽片最长，可达 2 cm，宽 0.5～0.8 cm，向上斜展，披针形，钝尖头，一回

蕨类（16）粉背蕨

羽裂，有裂片 5 ～ 6 对，裂片钝头，向上小羽片渐次缩短，浅圆裂或全缘，羽轴上侧小羽片较短，基部上侧一片较其他各片略长，全缘；第二对以上羽片披针形，钝尖头，具 4 ～ 5 对小羽片，羽轴两侧小羽片同大或几同大。叶干后纸质或薄革质，上面淡褐绿色，光滑，下面被白色粉末；叶脉两面一面不明显，一面明显，羽轴、小羽轴与叶轴同色，光滑。孢子囊群由多个孢子囊组成，汇合成线形；囊群盖断裂，膜质，棕色，边缘撕裂成睫毛状。

【分布与生境】云南中部及西部、贵州、广东、广西、福建、江西、湖南。生于海拔 400 ～ 2000 m 的林缘石缝中或岩石上。

## 十二、书带蕨科 Vittariaceae

### 书带蕨属 *Vittaria*

#### （17）剑叶书带蕨 *Vittaria amboinensis* Fee

【形态特征】 根状茎横走，粗而长，生出许多具黄褐色根毛的须根，常卷曲缠结成团，全部密被鳞片；鳞片黑褐色，暗淡，或略有光泽，钻状披针形，长 3 ～ 5 mm，基部最宽，约 0.5 mm，先端渐尖，边缘具长而明显的睫毛状小齿，鳞片顶部不透明，网眼壁厚，壁上具明显突出的疣点；叶近生，相距 2 ～ 4 mm。叶柄长 4 ～ 10 cm，压扁，较细，基部被鳞片；叶片长 20 ～ 40 cm，中部宽 1 ～ 2.5 cm，先端长渐尖，基部沿叶柄下延，边缘干后略反卷；中肋上面不明显且仅有一条狭缝，下面粗宽而隆起，呈方形。叶坚纸质或近革质，干后褐色。孢子囊群线

蕨类（17）剑叶书带蕨

形靠近叶缘着生，表面生或略下陷，常被反卷的叶边遮盖，叶片中部以下及顶部不育；隔丝顶端细胞喇叭形，长约为宽的 1 倍。孢子长椭圆形，单裂缝，透明，表面具大小不一致的小疣状纹饰。

【分布与生境】广东（信宜、新丰、肇庆）、香港、广西（平南、融水、金秀、容县、象县）、云南（马关、麻栗坡、屏边、广南、西畴、蒙自）、海南（昌江、琼中、乐东、陵水、白沙）。生于树干或石头上。

（18）书带蕨 *Vittaria flexuosa* Fee

【形态特征】根状茎横走，密被鳞片；鳞片黄褐色，具光泽，钻状披针形，长 4～6 mm，基部宽约 0.2～0.5 mm，先端纤毛状，边缘具睫毛状齿，网眼壁较厚，深褐色；叶近生，常密集成丛。叶柄短，纤细，下部浅褐色，基部被纤细的小鳞片；叶片线形，长 15～40 cm 或更长，宽 4～6 mm，亦有小型个体，其叶片长仅 6～12 cm，宽 1～2.5 mm；中肋在叶片下面隆起，纤细，其上面凹陷呈一狭缝，侧脉不明显。叶薄草质，叶边反卷，遮盖孢子囊群。孢子囊群线形，生于叶缘内侧，位于浅沟槽中；沟槽内侧略隆起或扁平，孢子囊群线与中肋之间有阔的不育带，或在狭窄的叶片上为成熟的孢子囊群线充满；叶片下部和先端不育；隔丝多数，先端倒圆锥形，长宽近相等，亮褐色。孢子长椭圆形，无色透明，单裂缝，表面具模糊的颗粒状纹饰。

蕨类（18）书带蕨

【分布与生境】江苏、安徽、浙江、江西、福建、台湾、湖北、湖南、广东、广西、海南、四川、贵州、云南、西藏。附生于海拔 100～3200 m 的林中树干上或岩石上。

# 十三、蹄盖蕨科 Athyriaceae

## 1. 蹄盖蕨属 *Athyrium*

（19）海南蹄盖蕨 *Athyrium hainanense* Ching

【形态特征】根状茎斜生，先端和叶柄基部密被深褐色、线状披针形的鳞片；

蕨类（19）海南蹄盖蕨

叶簇生。可育叶长（30～）40～50 cm；叶柄长25～30 cm，基部直径3.5 mm，黑褐色，略膨大，向基部不尖削，向上禾秆色，光滑；叶片三角状卵形，长16～24 cm，基部宽12～20 cm，先端急狭缩，基部几不变狭，圆截形，二回羽状；急缩部以下有6～7对大羽片，对生或近对生，略斜展，有短柄（长约1.5 mm）或无柄，基部一对略缩短，长圆状披针形，长达13 cm，中下部宽约4.5 cm，先端渐尖，基部突变狭，一回羽状；小羽片14对，基部的近对生，向上的互生，平展，彼此接近，除基部1～2对与羽轴分离外，其余均与羽片合生，基部下侧从第三对小羽片开始较长，长圆状披针形，长2.8 cm，中部宽约8 mm，钝圆头或尖头，两侧浅羽裂，裂片边缘有锯齿，上侧小羽片较短，狭长圆形，长1.5 cm，中部宽5 mm，钝圆头，两侧浅裂，裂片边缘有钝齿；第二对羽片比基部一对略长，第三对羽片与基部一对几等大，基部不变狭，较阔。叶脉上面不明显，下面可见，在小羽片上为羽状，侧脉10～13对，中下部的分叉，上部的单一，但基部上侧裂片上的为羽状。叶干后厚纸质，中部褐绿色，下面褐绿色，两面无毛；叶轴和羽轴下面褐禾秆色，密被浅褐色短腺毛。孢子囊群长圆形，生于基部上侧小脉上，每裂片1枚，在主脉两侧各排成1行，略近主脉；囊群盖同形，褐色，膜质，全缘，宿存。少有孢子囊生于小脉两侧。孢子周壁表面无褶皱，有颗粒状纹饰。

【分布与生境】特产于海南（五指山）。生于海拔1500～1800 m的山坡林下。

## 2. 双盖蕨属 Diplazium

### （20）双盖蕨 Diplazium donianum (Mett.) Tard.-Blot

【形态特征】 根状茎长而横走或横卧至斜升，直径3～4（～8）mm，黑色，密生肉质粗根，先端密被鳞片；鳞片披针形，质厚，褐色至黑褐色，边缘有细齿；叶近生或簇生。可育叶长达80 cm；叶柄长25～50 cm，直径2～3 mm，禾秆色或褐黄禾秆色，基部褐黑色，密被与根状茎上相同的鳞片，向上渐变光滑，上面有纵沟；叶片椭圆形或卵状椭圆形，长25～40 cm，宽15～25 cm，奇数一回羽状；侧生羽片通常2～5对，同大，近对生或向上互生，斜向上，基部1对有长2～4 mm的短柄，向上的近无柄，卵状披针形或椭圆形，长 10 ～ 20 cm，宽 3 ～ 5 cm，先端长渐尖，通直或略上弯呈镰形，基部圆楔形或近圆形，边缘下部全缘或微波状，向先端多少有锯齿或圆齿，干后常反卷；中脉下面圆而隆起，上面有浅纵沟；侧生小脉两面明显或上面略可见，斜展或略斜向上，每组有小脉 3 ～ 5 条，纤细，直达叶边。叶近革质或厚纸质，干后灰绿色或褐绿色；叶轴灰褐禾秆色，光滑，上面有纵沟。孢子囊群及囊群盖长线形，斜展或略斜向上，通常离中脉向外伸展，达离叶边不远处，少有与小脉等长，每组叶脉有 1 ～ 3（～ 4）条，基部上出一脉上的双生，较长，其余的较短，单生于小脉内侧。孢子赤道面观半圆形，周壁透明且稍宽，具少数褶皱，表面具不明显的颗粒状纹饰。

蕨类（20）双盖蕨

【分布与生境】安徽（歙县）、福建（南平、宁德、长乐、南靖）、台湾（台北、宜兰、桃源、南投、嘉义、台东、屏东）、广东（阳山、博罗罗浮山、惠阳、肇庆鼎湖山、信宜）、香港、海南（白沙南高岭、琼中五指山、东方尖峰岭、保亭尖岭、陵水尖山）、广西（罗城、金秀大瑶山、百色、那坡、贺县信都、平南、上思十万大山）、云南东南部至西南部（西畴、河口、屏边、金平、西双版纳、沧源）。生于海拔 350 ～ 1600 m 的常绿阔叶林下溪旁。

### 3. 毛轴线盖蕨属 *Monomelangium*

（21）毛轴线盖蕨 *Monomelangium pullingeri* (Bak.) Tagawa

【形态特征】根状茎短而直立或略斜升，无鳞片，或幼时先端有少数深褐色小鳞片；叶簇生。可育叶长达 65 cm；叶柄长 10 ～ 20 cm，基部褐色，向上至叶轴浅褐色，密被浅褐色有光泽的卷曲节状长柔毛，上面有浅纵沟，下面圆形；叶片椭圆形或长椭圆形，长达 45 cm，宽达 20 cm，基部略缩狭；侧生分离羽片达 15 对，接近，互生或对生，镰状披针形，长达 12 cm，宽达 1.7 cm，先端渐尖，基部无柄，不对称，上侧具三角形耳状突起，下侧圆形，两侧全缘或呈波状，有时具粗钝锯齿，中部以上的平展，下部的反折向后斜展，略缩短，有时基部 1 对长不及中部羽片的 1/2，偶有不缩短；叶脉两面均明显，中脉下面密生长节毛，上面略有较短的节毛，侧脉大多二叉，下面疏生较短的节毛，上面略有节毛或几无毛。孢子囊群及囊群盖大多长线形，长达小脉长度的 2/3 以上或与小脉等长，双盖蕨型的孢子囊群大多生于羽片中部，较短的 1 条孢子囊群通常生于小脉中部或上部，偶见生于分叉小脉的下侧，其下端达分叉处以下；囊群盖背

面或多或少有节状长柔毛。孢子赤道面观圆形，用电镜观察，周壁密生白色、丝状、多层次网结、表面绒毛状的纹饰，用光镜观察，仅见周壁表面具绒毛状纹饰。

【分布与生境】浙江（平阳）、江西（遂川）、福建（南平）、台湾（台北、屏东、台东）、广东（乐昌、翁源、大埔、新丰、怀集、从化、增城、信宜、阳春、高州、海康）、香港、海南（定安、白沙鹦哥岭、琼中五指山）、广西（金秀大瑶山、上林及武鸣大明山、容县天堂山）、贵州（荔波）、云南东南部（麻栗坡老君山、屏边大围山、金平分水岭）。生于海拔 450 ～ 1600 m 的山地常绿阔叶林中石壁脚下或沟谷溪边潮湿岩石上。

蕨类（21）毛轴线盖蕨

## 十四、肿足蕨科 Hypodematiaceae

### 肿足蕨属 *Hypodematium*

#### （22）肿足蕨 *Hypodematium crenatum* (Forssk.) Kuhn

【形态特征】植株高（12 ～）20 ～ 50（～ 60）cm。根状茎粗壮，横走，连同叶柄基部密被鳞片；鳞片长 0.5 ～ 3 cm，狭披针形，先端渐狭成线形，全缘，膜质，亮红棕色。叶近生，柄长（5 ～）10 ～ 25（～ 30）cm，粗 1 ～ 3 mm，禾秆色，基部有时疏被较小的狭披针形鳞片，向上仅被灰白色柔毛；叶片长（7 ～）20 ～ 30 cm，基部宽（6 ～）18 ～ 30 cm，卵状五角形，先端渐尖并羽裂，基部圆心形，

蕨类（22）肿足蕨

三回羽状；羽片 8～12 对，稍斜上，下部 1～2 对近对生，相距 1.2～8 cm，向上互生；基部一对最大，长（3.5～）10～20 cm，基部宽（3～）5～10 cm，三角状长圆形，短渐尖头，基部心形，柄长（2～）5～10 mm，二回羽状；一回小羽片 6～10 对，上先出，互生，稍斜上，彼此接近，羽轴下侧的较上侧的大，尤以基部一片最大，长（1.5～）3～7 cm，基部宽（1～）2～5 cm，卵状三角形，短渐尖头，基部近截形，下延成具狭翅的短柄，一回羽状；末回小羽片长（0.5～）1.5～2.5 cm，基部宽 0.5～1 cm，长圆形，先端钝尖，基部多少与小羽轴合生，羽状深裂；裂片长圆形，先端圆钝，边缘全缘或略成波状；基部一对羽片的上侧小羽片长 1～4 cm，基部宽 0.5～2 cm，卵状三角形至长圆形，先端急尖，基部近平截，以狭翅下延，一回羽状深裂；第二对以上各对羽片向上渐次缩短，披针形或长圆披针形，先端短钝尖，基部圆截形或为浅心形，具短柄，二回羽裂；羽轴两侧的小羽片近等大。叶脉两面明显，侧脉羽状，单一，每末回裂片 2～3 对，斜上，伸达叶边；叶草质，干后黄绿色，两面连同叶轴和各回羽轴密被灰白色柔毛；羽轴下面偶有红棕色的线状披针形的狭鳞片。孢子囊群圆形，背生于侧脉中部，每裂片 1～3 枚；囊群盖大，肾形，浅灰色，膜质，背面密被柔毛，宿存。孢子圆肾形，周壁具较密的褶皱，形成明显的弯曲条纹，表面光滑。染色体 2$n$=82。

【分布与生境】甘肃东南部（康县、文县）、河南（伏牛山、大别山、桐柏山）、安徽（休宁齐云山）、台湾中南部、广东、广西、四川、贵州、云南。生于海拔 50～1800 m 的干旱的石灰岩缝。

# 十五、金星蕨科 Thelypteridaceae

## 1. 金星蕨属 *Parathelypteris*

### （23）钝角金星蕨 *Parathelypteris angulariloba* Ching

【形态特征】植株高 30～60 cm。根状茎短，横卧或斜升，近黑色。叶近簇生；叶柄长 10～30 cm，粗 1.5～2 mm，基部近黑色，密被开展的多细胞针状毛，向上为栗红色或栗棕色，几光滑；叶片长 17～30 cm，中部宽 6～12 cm，狭长圆形，先端渐尖并羽裂；基部不变狭，二回羽状深裂；羽片约 20 对，互生，相距约 1.5～2 cm，基部一对不缩短，多少斜向下，中部羽片长 3～6 cm，宽 7～15 cm，披针形或线状披针形，先端渐尖并羽裂或有时近全缘，基部截形，近对称，无柄，羽状深裂达 1/2～1/3；裂片 8～12 对，长 3～5 mm（羽片基部下侧一片通常略短），宽约 3.5 mm，长方形或近方形，先端圆或圆截形，具 2～4 个缺刻状的

蕨类（23）钝角金星蕨

钝棱角，全缘。叶脉明显，侧脉斜上，单一，每裂片 2 ～ 3（～ 4）对，基部一对出自主脉基部以上。叶厚草质，干后近绿色，下面沿羽轴和主脉被多细胞的短针毛，有时混生有橙色的头状腺毛；上面沿羽轴纵沟被针状毛，其余几光滑。孢子囊群圆形，背生于侧脉中部，每裂片 1 ～ 2 对；囊群盖中等大，圆肾形，棕色，厚膜质，背面密被灰白色的短刚毛，宿存。孢子两面型，圆肾形，周壁具褶皱，上有不规则小刺。

【分布与生境】 福建北部（武夷山）和东南部（福州、莆田、惠安、厦门）、台湾（台北、新竹、台中、台东）、广东北部（乐昌）和东南部（莲花山、从化三角山）、广西东部（大瑶山）。生于海拔 500 ～ 800 m 的山谷林下水边或灌丛阴湿处。

## 2. 新月蕨属 *Pronephrium*

### （24）羽叶新月蕨 *Pronephrium parishii* (Bedd.) Holtt.

【形态特征】 本种不同于典型的三羽新月蕨 *P. triphyllum*(Sw.)Holtt. 之处在于有 2 ～ 3 对或达 5 对的侧生羽片（可育叶有时三出）；叶片卵状三角形，长 25 ～ 30 cm，基部宽 10 ～ 15 cm；顶生羽片长约 20 cm，宽 3 ～ 4 cm，边缘波状，基部通常有 1 ～ 2 片分离的小耳片；仅基部一对羽片最长，有短柄，长 6 ～ 15 cm，宽 2 ～ 3 cm，向上的羽片与叶轴合生并下延。

【分布与生境】 台湾（台北、台东）。生于林下。

蕨类（24）羽叶新月蕨

## 十六、铁角蕨科 Aspleniaceae

### 铁角蕨属 *Asplenium*

（25）倒挂铁角蕨 *Asplenium normale* Don

【形态特征】 植株高 15 ～ 40 cm。根状茎直立或斜升，粗壮，粗可达5 mm，黑色，全部密被鳞片或仅先端及较嫩部分密被鳞片；鳞片披针形，长2 ～ 3 mm，基部宽约 0.4 ～ 0.5 mm，厚膜质，黑褐色，有虹色光泽，全缘。叶簇生；叶柄长 5 ～ 15（～ 21）cm，粗 1 ～ 1.5 mm，栗褐色至紫黑色，有光泽，略呈四棱形，基部疏被与根状茎上同样的鳞片，向上渐变光滑；叶片披针形，长12 ～ 24（～ 28）cm，中部宽 2 ～ 3.2（～ 3.6）cm，一回羽状；羽片 20 ～ 30（～ 44）对，互生，平展，无柄，中部羽片同大，长 8 ～ 18 mm，基部宽 4 ～ 8 mm，三角状椭圆形，钝头，基部不对称，上侧截形并略呈耳状，紧靠或稍覆迭叶轴，下侧楔形，边缘除内缘为全缘外，其余均有粗锯齿，各对羽片相距 6 ～ 8 mm，彼此密接，有时略呈覆瓦状，下部 3 ～ 5 对羽片多少向下反折，与中部羽片同形同大，或略缩小并渐变为扇形或斜三角形；叶脉羽状，纤细，两面均不见或隐约可见，小脉单一或二叉，极斜向上，不达叶边。叶草质至薄纸质，干后棕绿色或灰绿色，两面均无毛；叶轴栗褐色，光滑，上面有阔纵沟，下面圆形，近先端处常有 1 枚被鳞片的芽孢，能在母株上萌发。孢子囊群椭圆形，长2 ～ 2.5（～ 3）mm，棕色，极斜向上，远离主脉伸达叶边，彼此疏离，每羽片有 3 ～ 4（～ 6）对；囊群盖椭圆形，淡棕色或灰棕色，有时沿叶脉着生处色较深，膜质，全缘，开向主脉。染色体 $2n=144$。

蕨类（25）倒挂铁角蕨

【分布与生境】江苏、浙江、江西、福建、台湾、湖南、广东、广西、四川、贵州、云南、西藏。生于海拔 600 ～ 2500 m 的密林下或溪旁石上。

（26）长叶铁角蕨 *Asplenium prolongatum* Hook.

【形态特征】 植株高 20 ～ 40 cm。根状茎短而直立，先端密被鳞片；鳞片披针形，长5～8 mm，黑褐色，有棕色狭边，有光泽，厚膜质，全缘或有微齿牙。叶簇生；叶柄长8～18 cm，粗1.5～2 mm，淡绿色，上面有纵沟，干后扁平，幼时与叶片通体疏被褐色的纤维状小鳞片，以后陆续脱落而渐变光滑；叶片线状披针形，长10～25 cm，宽3～4.5 cm，尾头，二回羽状；羽片20～24对，相距1～1.4 cm，下部（或基部）的对生，向上互生，斜向上，近无柄，彼此密接，下部羽片通常不缩短，几中部的长1.3～2.2 cm，宽0.8～1.2 cm，狭椭圆形，圆头，基部不对称，上侧截形，紧靠叶轴，下侧斜切，羽状；小羽片互生，上先出，上侧有2～5片，下侧0～3（～4）片，斜向上，疏离，狭线形，略向上弯，长4～10 mm，宽1～1.5 mm，钝头，基部与羽轴合生并以阔翅相连，全缘，上侧基部1～2片常再二至三裂，基部下侧一片偶为二裂；裂片与小羽片同形而较短。叶脉明显，略隆起，每小羽片或裂片有小脉1条，先端有明显的水囊，不达叶边。叶近肉质，干后草绿色，略显细纵纹；叶轴与叶柄同色，顶端往往延长成鞭状而生根，羽轴与叶片同色，上面隆起，两侧有狭翅。孢子囊群狭线形，长2.5～5 mm，深棕色，每小羽片或裂片1枚，位于小羽片的中部上侧边；囊群盖狭线形，灰绿色，膜质，全缘，开向叶边，宿存。染色体2$n$=144。

【分布与生境】甘肃（文县）、浙江（泰顺、景宁、雁宕、乐清）、江西（龙南、广昌、安福、遂川、宁都、会昌、安远、寻乌、崇义、井冈山）、福建、台湾、湖北（黄冈、巴东、利川、合丰、咸丰）、湖南西部及南部、广东、广西、四川（峨眉山、峨山、峨边、酉阳、筠连、华云、城口、南平、南川、石柱、天全、巫溪、雷波）、贵州（梵净山、江口、印江、独山、松桃、湄潭、榕江、凯里、册亨、清镇、安顺）、云南南部及西部。附生于海拔150～1800 m的林中树干上或潮湿岩石上。

蕨类（26）长叶铁角蕨

## 十七、乌毛蕨科 Blechnaceae

### 1. 乌毛蕨属 Blechnum

（27）乌毛蕨 Blechnum orientale L.

【形态特征】植株高0.5～2 m。根状茎直立，粗短，木质，黑褐色，先端及叶柄下部密被鳞片；鳞片狭披针形，长约 1 cm，先端纤维状，全缘，中部深棕色或褐棕色，边缘棕色，有光泽。叶簇生于根状茎顶端；柄长 3～80 cm，粗 3～10 mm，坚硬，基部往往为黑褐色，向上为棕禾秆色或棕绿色，无毛；叶片卵状披针形，长达 1 m 左右，宽 20～60 cm，一回羽状；羽片多数，二型，互生，无柄，下部羽片不育，极度缩小为圆耳形，长仅数毫米，彼此远离，

蕨类（27）乌毛蕨

向上羽片突然伸长，疏离，可育，至中上部羽片最长，斜展，线形或线状披针形，长 10～30 cm，宽 5～18 mm，先端长渐尖或尾状渐尖，基部圆楔形，下侧往往与叶轴合生，全缘或呈微波状，干后反卷，上部羽片向上逐渐缩短，基部与叶轴合生并沿叶轴下延，顶生羽片与其下的侧生羽片同形，但长于其下的侧生羽片。叶脉上面明显，主脉两面均隆起，上面有纵沟，小脉分离，单一或二叉，斜展或近平展，平行，密接。叶近革质，干后棕色，无毛；叶轴粗壮，棕禾秆色，无毛。孢子囊群线形，连续，紧靠主脉两侧，与主脉平行，仅线形或线状披针形的羽片可育（通常羽片上部不育）；囊群盖线形，开向主脉，宿存。染色体 $2n=66$。

【分布与生境】广东、广西、海南、台湾、福建、西藏（墨脱）、四川（峨眉山、屏山、乐山、江安）、重庆、云南（思茅、河口、孟连、镇康、西双版纳）、贵州（三都、册亨）、湖南（江华、宜章、靖县）、江西（永丰、遂川、兴国、全南、宜丰、萍乡）、浙江（遂昌、南雁荡）。生于较阴湿的水沟旁及坑穴边缘，也生于海拔 300～800 m 的山坡灌丛中或疏林下。

## 2. 苏铁蕨属 *Brainea*

（28）苏铁蕨 *Brainea insignis* (Hook.) J. S.

【形态特征】植株高达 1.5 m。主轴直立或斜上，粗约 10～15 cm，单一或有时分叉，黑褐色，木质，坚实，顶部与叶柄基部均密被鳞片；鳞片线形，长达 3 cm，先端钻状渐尖，边缘略具缘毛，红棕色或褐棕色，有光泽，膜质。叶簇生于主轴的顶部，略呈二型；叶柄长 10～30 cm，粗 3～6 mm，棕禾秆色，坚硬，光滑或下部略显粗糙；叶片椭圆披针形，长 50～100 cm，一回羽状；羽片 30～50 对，对生或互生，线状披针形至狭披针形，先端长渐尖，基部为不对称的心脏形，近无柄，边缘有细密的锯齿，偶有少数不

整齐的裂片，干后软骨质的边缘向内反卷，下部羽片略缩短，彼此相距 2 ～

蕨类（28）苏铁蕨

5 cm，平展或向下反折，羽片基部略覆盖叶轴，向上的羽片密接或略疏离，斜展，中部羽片最长，达 15 cm，宽 7 ～ 11 mm，羽片基部紧靠叶轴；可育叶与不育叶同形，仅羽片较短较狭，彼此较疏离，边缘有时呈不规则的浅裂。叶脉两面均明显，沿主脉两侧各有 1 行三角形或多角形网眼，网眼外的小脉分离，单一或一至二回分叉。叶革质，干后上面灰绿色或棕绿色，光滑，下面棕色，光滑或于下部（特别在主脉下部）有少数棕色披针形小鳞片；叶轴棕禾秆色，上面有纵沟，光滑。孢子囊群沿主脉两侧的小脉着生，成熟时逐渐满布于主脉两侧，最终满布于可育羽片的下面。染色体 $2n=66$。

【分布与生境】广东及广西，也产于海南（东方、琼中）、福建南部（安溪、平和、云霄）、台湾（南投）及云南（河口、屏边、澜沧、江城、富宁、孟连）。生于海拔 450 ～ 1700 m 的山坡向阳地方。

### 3. 崇澍蕨属 *Chieniopteris*

#### （29）崇澍蕨 *Chieniopteris harlandii* (Hook.) Ching

【形态特征】 植株高达 1.2 m。根状茎长而横走，粗 4 ～ 6 mm，黑褐色，密被鳞片；鳞片披针形，可达 6 mm，渐尖头，全缘或有少数睫毛，膜质，棕色，有光泽。叶散生；叶柄部长短不一，部分可达 90 cm，粗约 4 mm，短者仅达 15 cm，粗约 1 mm，基部黑褐色并被与根状茎上同样的鳞片，向上为禾秆色或棕禾秆色，略被鳞片，后变光滑；叶片变异甚大，或为披针形的单叶，或为三出而中央羽片特大，而较多见者为羽状深裂，有时下部近羽状；侧生羽片（或

蕨类（29）崇澍蕨

裂片）1～4对，对生，斜向上，相距4～5 cm，披针形，先端渐尖，基部与叶轴合生，并沿叶轴下延，彼此以阔翅相连，但下部1～2对间的叶轴往往无翅，基部一对羽片部达20～29 cm，宽2～3 cm，向上的渐短，顶生羽片则较基部叶片较阔，羽片边缘有软骨质狭边，干后略反卷，中部以上为全缘或为波状，上部往往有疏而细的锯齿。叶脉仅可见，主脉两面均隆起，沿主脉两侧各具1行狭部网眼，向外有2～3行斜部六角形网眼，近叶边的小脉分离。叶厚纸质至近革质，干后灰绿色或棕色，无毛。孢子囊群粗线形，长10～22 mm，紧靠主脉并与主脉平行，成熟时棕色，沿主脉两侧汇合成一条连续的线形，并往往在两个孢子囊群的接头处以三角状的形式伸出1对较短的孢子囊群；囊群盖粗线形，纸质，成熟时红棕色，开向主脉，宿存。

【分布与生境】海南（吊罗山、尖峰岭）、广东、广西（瑶山、象县、上思、修仁、金秀）、湖南南部（宜章）、福建（武夷山、南靖、上杭）及台湾。生于海拔420～1250 m的山谷湿地。

# 十八、球盖蕨科 Peranemaceae

## 红腺蕨属 *Diacalpe*

### （30）圆头红腺蕨 *Diacalpe annamensis* Tagawa

【形态特征】植株高50～70 cm。根状茎短而直立，木质，粗约1 cm，先端密被鳞片；鳞片披针形，长7～8 mm，长渐尖头，全缘，草质，深棕色。叶簇生；柄长23～36 cm，基部粗2.5～3.5 mm，深棕色，有光泽，下部密被与根状茎上同样的鳞片，向上较疏并渐变小，脱落后常留下隆起的鳞痕；叶片卵形或长卵形，长26～35 cm，中部宽24～27 cm，先端长渐尖，四回羽状深裂；羽片20～22对，近对生，顶部的互生，斜展，有时略斜向上，彼此密接，基部一对柄长3～11 mm，与第二对相距4.5～5.5 cm，第二对柄长1～3 mm，向上各对近无柄，基部一对较大，

蕨类（30）圆头红腺蕨

长 15 ～ 16 cm，基部宽 8 ～ 9.5 cm，长三角状披针形，偶呈镰刀状，先端长渐尖，基部圆截形，三回深羽裂；小羽片 16 ～ 22 对，上先出，互生，有短柄（0.5 ～ 2 mm），相距 1 ～ 2 cm，斜展，彼此接近，上下两侧的小羽片不等长，上侧的长度约为下侧的 1/2，除基部下侧 2 ～ 4 片外，其余小羽片均为圆截头并呈浅波状，基部下侧 1 ～ 2 片最长，达 6.5 ～ 7.5 cm，基部宽 2.3 ～ 2.6 cm，披针形，尖头，顶端波状，基部不对称，上侧平截并与羽轴平行，下侧楔形，二回羽裂；末回小羽片（10 ～）14 ～ 16 对，下部的近对生，向上互生，有短柄，分离，斜展，接近，椭圆形，长 1 ～ 1.5 cm，基部宽 5 ～ 8 mm，圆头并呈浅波状，基部不对称，上侧平截并与小羽轴平行，下侧狭楔形，羽裂深达末回小羽轴；裂片 3 ～ 5 对，略疏离，斜向上，椭圆形，长 4 ～ 5 mm，宽约 2 mm，全缘或呈微波状；向上的羽片较狭，中部以上的羽片远较小，下侧的小羽片较上侧的略长，下先出，末回小羽片往往全缘或仅上侧略为浅裂。叶脉下面明显，在末回小羽片（或裂片）为羽状，小脉单一，斜向上，不达叶边。叶纸质，干后棕色或草绿色，上面疏被深棕色短粗节状毛，下面无毛或沿叶脉偶有节状毛及柠檬黄色的小腺体；叶轴下部棕禾秆色，上部及各回羽轴均为禾秆色，疏被棕色的节状毛及小鳞片。孢子囊群球形，直径约 1 mm，包于圆球形的囊群盖内，通常每末回小羽片或裂片各有 1 枚，背生于基部上侧一小脉；囊群盖近革质，褐色，成熟时自顶端纵裂成不规则的 2 ～ 3 瓣，宿存。

【分布与生境】 西藏（墨脱）、云南东南部（麻栗坡、文山、屏边、马关、西畴）及海南（五指山）。生于海拔 1600 ～ 2800 m 的密林下。

## 十九、鳞毛蕨科 Dryopteridaceae

### 1. 贯众属 Cyrtomium

（31）镰羽贯众 Cyrtomium balansae (Chirst) C. Chr.

【形态特征】 植株高 25 ～ 60 cm。根状茎直立，密被披针形棕色鳞片。叶簇生，叶柄长 12 ～ 35 cm，基部直径 2 ～ 4 mm，禾秆色，腹面有浅纵沟，有狭卵形及披针形棕色鳞片，鳞片边缘有小齿，上部秃净；叶片披针形或宽披针形，长 16 ～ 42 cm，宽 6 ～ 15 cm，先端渐尖，基部略狭，一回羽状；羽片 12 ～ 18 对，互生，略斜向上，柄极短，镰状披针形，下部的长 3.5 ～ 9 cm，宽 1.2 ～ 2 cm，先端渐尖或近尾状，基部偏斜，上侧截形并有尖的耳状凸，下侧楔形，边缘有前倾的钝齿或罕为尖齿；具羽状脉，小脉联结成 2 行网眼，腹面不明显，背面微凸起。叶为纸质，腹面光滑，背面疏生披针形棕色小鳞片或秃净；叶轴腹面有浅纵沟，疏生披针形及线形卷曲的棕色鳞片，羽柄着生处常有鳞片。孢子囊位于中脉两侧各成2行；囊群盖圆形，盾状，边缘全缘。

【分布与生境】安徽、浙江、江西、福建、湖南、广东、广西、海南、贵州。生于海拔80～1600 m的林下。

蕨类（31）镰羽贯众

## 2. 鳞毛蕨属 *Dryopteris*

### （32）迷人鳞毛蕨 *Dryopteris decipiens* (Hook.) O. Ktze

【形态特征】土生植物。植株高达60 cm。根状茎斜升或直立，连同残存的叶柄基部粗约3 cm。叶簇生；叶柄长约15～25 cm，最长可达30 cm，除最基部为黑色外，其余部分为禾秆色，基部密被鳞片，向上鳞片逐渐稀疏；鳞片狭披针形，长约10 mm，宽约1 mm，栗棕色，边缘全缘；叶片披针形，一回羽状，长约20～30 cm，宽约8～15 cm，顶端渐尖并为羽裂，基部不收缩或略收缩；羽片约10～15对，互生或对生，有短柄（长约2 mm），基部通常心形，顶端渐尖，边缘波状浅裂或具浅锯齿，中部的羽片较大，长约6～8 cm，宽约1～1.5 cm，羽片的中脉上面具浅沟，下面凸起，侧脉羽状，小脉单一，上面不明显，下面略可见，除基部上侧一条小脉仅达羽片中部外，其余小脉均几达羽片边缘。叶纸质，干后灰绿色，叶轴疏被基部呈泡状的狭披针形鳞片，羽片上面无鳞片，下面具有淡棕色的泡状鳞片及稀疏的刺状毛。孢子囊群圆形，在羽片中脉两侧通常各1行，少有不规则2行，较靠近中脉着生；囊群盖圆肾形，边缘全缘。染色体 *n*=123。

蕨类（32）迷人鳞毛蕨

【分布与生境】安徽、浙江、江西、福建、湖南、广东、广西、四川、贵州。生于林下。

（33）柄叶鳞毛蕨 *Dryopteris podophylla* (Hook.) O. Ktze

【形态特征】植株高40～60 cm。根状茎短而直立，密被鳞片；鳞片黑褐色，钻形，顶端纤维状；叶簇生；叶柄长15～20 cm，禾秆色，坚硬，基部密被与根状茎同样的鳞片，向上光滑或偶有少数小鳞片；叶片卵形，长20～25 cm，宽15～20 cm，奇数一回羽状；侧生羽片4～8对，互生，斜向上，有短柄，披针形，长10～13 cm，宽1.5～2 cm，顶端渐尖，基部圆形或略呈心形，近全缘或稍有波状钝齿，并具软骨质狭边，顶生羽片分离，和侧生羽片同形且等大。叶脉羽状，侧脉二叉，每组3～4条，除基部上侧1脉外，均伸达叶边。叶纸质或薄草质，仅叶轴和羽轴下面疏被棕褐色、纤维状鳞片。孢子囊群小，圆形，着生于小脉中部以上，沿羽轴和叶缘之间排成不整齐2～3行，近羽轴两侧不育；囊群盖圆肾形，深褐色，质厚，宿存。

蕨类（33）柄叶鳞毛蕨

【分布与生境】 福建、广东、海南、香港、广西、云南。生于海拔700～1500 m 的林下溪沟边。

（34）蓝色鳞毛蕨 *Dryopteris polita* Rosenstock

【形态特征】植株高约75 cm。根状茎直立，被鳞片；鳞片线形，长约2.5 mm，暗褐色而有光泽，顶端长渐尖，全缘。叶柄长30～35 cm，下部粗约3 mm，基部较粗而呈棕色并疏被披针形的红棕色鳞片，上部淡禾秆色，有狭沟，无毛；叶片三角形，长约30 cm，基部宽约20 cm，先端呈羽状深裂几达叶轴，形成长圆状镰刀形，向上渐狭而成一边缘有疏锯齿的尾尖，下

蕨类（34）蓝色鳞毛蕨

部近二回羽状；羽片7～9对，互生，平展，有短柄，相距3.5～5 cm，中部的羽片线状披针形，长5～8 cm，基部宽1.5～2.5 cm，上部稍向上弯，顶端渐尖而边缘有浅锯齿，基部圆截形，羽状深裂达到或接近羽轴，形成斜长圆形而顶部钝圆并有小钝齿的裂片；下部几对羽片呈长三角状披针形，长8～10 cm，基部

宽 3 ～ 4 cm，基部有 1 ～ 2 片分离的小羽片，基部下侧的小羽片最大；小羽片披针形，长 2.5 ～ 3 cm，基部宽 6 ～ 8 mm，顶端钝圆，基部圆截形，无柄，边缘上部有钝锯齿，下部有浅裂。叶脉上面不明显，下面隐约可见，羽状，叶片中部以上的小脉一般单一，叶片下部的小脉通常分叉。叶草质，干后褐蓝色，光滑。孢子囊群细小，每裂片有 1 ～ 3 对，位于主脉与叶缘之间，着生于小脉的近顶部，无囊群盖。

【分布与生境】台湾、云南、海南。生于海拔 1780 ～ 2200 m 的常绿阔叶林下。

### 3. 耳蕨属 *Polystichum*

（35）灰绿耳蕨 *Polystichum eximium* (Mett. ex Kuhn) C. Chr.

【形态特征】可育植株高 0.7 ～ 2 m。根状茎斜升，粗短，直径达 4 cm，顶端及叶下部密生二型鳞片；大鳞片卵状长圆形或卵状披针形，长达 1.5 cm，宽达 5 mm，几全缘，厚膜质，棕色，或一部分至大部分增厚呈亮栗黑色，留有不同宽窄的棕色厚膜质边；小鳞片披针形或狭长披针形，棕色，膜质，边缘有疏齿。叶簇生；叶柄禾秆色，长 20 ～ 80 cm，基部直径 3 ～ 7 mm，上面有深沟槽，向上鳞片渐稀疏，上部仅有小鳞片；叶片形态变化幅度很大，在充分生长的大型植株长叶片呈长三角形，长达 1.2 m，宽达 70 cm，顶端渐尖，基部不缩狭，顶部全长的 1/6 以下均为二回羽状；在小形能育植株上，叶片呈长圆阔披针形，长约 40 cm，宽约 12 cm，顶端渐尖，基部常明显缩狭，仅中部以下二回羽状，有时叶片一回羽状，仅基部羽片羽状浅裂至半裂；羽状的羽片披针形或长圆披针形，在大形叶上达 16 对，长达 35 cm，宽达 8 cm，羽柄长可达 1 cm，顶端长渐尖，侧生小羽片达 16 对；在小形叶上最大的羽状羽片长约 8 cm，宽约 3 cm，羽柄长仅 1 mm，顶端短渐尖，侧生小羽片仅 2 ～ 3 对；一回羽状叶的叶片较狭长，长 45 ～ 50 cm，宽达 12 cm，侧生羽片达 20 对，镰刀状披针形，向上弯弓，长达 8 cm，宽达 1.8 cm，基部上侧钝头耳状，下侧对开式斜切，顶端渐尖，基部的羽状半裂，向上的羽状浅裂至仅有浅缺刻；小羽片对开式，大形的小羽片镰刀状披针形或镰刀状卵菱形，顶端渐尖或长渐尖，向上弯弓，

蕨类（35）灰绿耳蕨

两侧羽状浅裂形成斜向上的急尖头或钝头的三角形裂片，或形成斜向上的疏钝粗锯齿，长达 7 cm，宽达 1.5 cm，基部上侧具三角形锐尖头的耳状凸起，下侧锐角斜切形或弧形，下半部全缘，小形叶的小羽片斜卵菱形，急尖头，边缘仅有浅缺刻或呈波状，基部上侧的耳状凸起短而钝或不明显，下侧弧形，下半部全缘，各羽片的基部下侧小羽片通常较小，基部上侧的小羽片有时较大或较小。叶脉在小羽片及上部羽片上均为二回羽状，两面均不明显，小脉单一，罕分叉。叶革质，灰绿色，上面色较深；叶轴禾秆色，上面有深沟槽，两面均被与叶轴上相同的小鳞片，近顶部有 1～2 个密被棕色鳞片的芽孢；羽轴上面绿色，有深沟槽，下面禾秆色，也被同样的小鳞片，其基部鳞片密集簇生，偶见羽轴近顶部也有芽孢；小羽片及上部羽片下面疏生浅棕色、薄膜质的钻形细小鳞片。孢子囊群生于小脉背部或顶端，较接近小羽片及裂片中肋，通常在小羽片耳状凸起以上的中肋两侧各有 1 行，达 5（～7）对，但在大型叶的较大小羽片上，中肋两侧常各有 2 行，耳状凸起上通常有 2～4 对；圆盾形的囊群盖小，全缘，成熟时棕色，边缘浅裂，易收缩脱落。孢子赤道面观豆形，周壁褶皱或成网状，具刺状突起。

【分布与生境】浙江、江西、湖南南部、台湾、海南、香港、广西、四川南部、贵州、云南。生于海拔 250～1850 m 的山谷常绿阔叶林下溪沟边。

# 二十、舌蕨科 Elaphoglossaceae

## 舌蕨属 *Elaphoglossum*

### （36）舌蕨 *Elaphoglossum conforme* (Sw.) Schott

【形态特征】植株高 15～40 cm。根状茎短，横卧或斜升，与叶柄基部均密被鳞片；鳞片披针形，长约 5 mm，先端渐尖，边缘具疏睫毛，膜质，褐棕色。叶近生或簇生，二型；不育叶柄长，5～13 cm，禾秆色，基部以上疏被披针形和卵形（通常呈星芒状）的小鳞片，叶片披针形，长 10～30 cm，宽 2～4.5 cm，先端渐尖或急尖，基部楔形，短下延，全缘，有软骨质狭边。叶脉仅可见，主脉上面有浅纵沟，下面隆起，侧脉不明显，1～2次分叉，直达叶边，叶质肥厚，干后革质，两面伏生棕色或褐色星芒状小鳞片，

蕨类（36）舌蕨

下面较多；可育叶与不育叶等长或略高于不育叶，柄长 10～20 cm，叶片与不育叶同形而略较短狭，孢子囊沿侧脉着生，成熟时满布于可育叶下面。

【分布与生境】台湾、广西（大苗山、武鸣）、贵州（梵净山、雷公山、安龙）、四川（宝兴、马边）、云南、西藏（樟木、定结）。生于杂木林中，附生于潮湿的岩石或树干上，海拔 480～2600 m。

（37）华南舌蕨 *Elaphoglossum yoshinagae* (Yatable) Makino

【形态特征】植株高 15～30 cm。根状茎短，横卧或斜升，与叶柄下部均密被鳞片；鳞片大，卵形或卵状披针形，长约 5 mm，渐尖头或急尖头，边缘有睫毛，棕色，膜质。叶簇生或近生，二型；不育叶近无柄或具短柄，披针形，长 15～30 cm，中部宽 3～4.5 cm，先端短渐尖，基部楔形，长而下延，几达叶柄基部，全缘，有软骨质狭边，平展或略内卷。叶脉仅可见，主脉宽而平坦，上面的纵沟不明显，侧脉单一或一至二回分叉，几达叶边，叶质肥厚，革质，干后棕色，两面均疏被褐色的星芒状小鳞片，通常主脉下面较多；可育叶与不育叶等高或略低于不育叶，柄较长，7～10 cm，叶片略短狭，孢子囊沿侧脉着生，成熟时满布于可育叶下面。

蕨类（37）华南舌蕨

【分布与生境】台湾、浙江（龙泉）、福建（崇安、南靖、连城、太宁）、江西（大余、崇义、全南）、湖南（慈利、江华、宜章）、广东（鼎湖山、信宜、阳山、新丰、始兴、南雄、乳源）、海南（琼中）、广西（防城、武鸣、三房、象县、龙州、博白、龙胜、瑶山、十万大山）及贵州（雷公山、三都）。生于海拔 370～1700 m 的山谷岩石上或潮湿树干上。

（38）云南舌蕨 *Elaphoglossum yunnanense* (Bak.) C. Chr

【形态特征】植株高 24～50 cm。根状茎短而横走或斜升，粗 3～7 mm，木质，与叶柄基部均密被鳞片，叶 2 列生于背上；鳞片钻形或狭披针形，先端芒状，边缘具不规则的疏齿，褐棕色，有光泽，质硬。叶近生，二型；不育叶柄长 4～16 cm，棕禾秆色或棕色，基部以上密被星芒状的褐棕色小鳞片和偶有钻形或狭披针形鳞片，老时部分擦落，叶片长披针形，长 14 ～ 40 cm，中部宽 1.3 ～ 3.3 cm，先端长渐尖（偶为二叉），基部狭楔形，沿叶柄略下延，全缘而略呈波状，

边缘平展或稍内卷，有软骨质狭边。主脉明显，两面均隆起，上面有纵沟，侧脉隐约可见，单一或二叉，直达叶边。叶革质，干后棕色或灰棕色，两面均疏被棕色的星芒状小鳞片，往往主脉下面较密，上面的于老时通常脱落；可育叶与不育叶等高或略低于不育叶，柄长 8 ～ 22 cm，密被鳞片，叶片线状披针形，长 13 ～ 20 cm，中部宽约 1 cm，孢子囊满布于可育叶下面。

【分布与生境】云南（思茅、蒙自、双柏、鸡足山、石门关、宜良、元阳、新平、景东、漾濞、贡山、梁河）。生于海拔 1100 ～ 1800 m 的次生杂木林林缘。

蕨类（38）云南舌蕨

## 二十一、肾蕨科 Nephrolepidaceae

### 肾蕨属 *Nephrolepis*

#### （39）肾蕨 *Nephrolepis auriculata* (L.) Trimen

【形态特征】附生或土生。根状茎直立，被蓬松的淡棕色长钻形鳞片，下部有粗铁丝状的匍匐茎向四方横展，匍匐茎棕褐色，粗约 1 mm，长达 30 cm，不分枝，疏被鳞片，有纤细的褐棕色须根；匍匐茎上生有近圆形的块茎，直径 1 ～ 1.5 cm，密被与根状茎上同样的鳞片。叶簇生，柄长 6 ～ 11 cm，粗 2 ～ 3 mm，暗褐色，略有光泽，上面有纵沟，下面圆形，密被淡棕色线形鳞片；叶片线状披针形或狭披针形，长 30 ～ 70 cm，宽 3 ～ 5 cm，先端短尖，叶轴两侧被纤维状鳞片，一回羽状，羽状多数，约 45 ～ 120 对，互生，常密集而呈覆瓦状排列，披针形，中部的一

蕨类（39）肾蕨

般长约 2 cm，宽 6 ～ 7 mm，先端钝圆或有时为急尖头，基部心脏形，通常不对称，下侧为圆楔形或圆形，上侧为三角状耳形，几无柄，以关节着生于叶轴，叶缘有疏浅的钝锯齿，向基部的羽片渐短，常变为卵状三角形，长不及 1 cm。叶脉明显，侧脉纤细，自主脉向上斜出，在下部分叉，小脉直达叶边附近，顶端具纺锤形水囊。叶坚草质或草质，干后棕绿色或褐棕色，光滑。孢子囊群成 1 行位于主脉两侧，肾形，少有为圆肾形或近圆形，长 1.5 mm，宽不及 1 mm，生于每组侧脉的上侧小脉顶端，位于从叶边至主脉的 1/3 处；囊群盖肾形，褐棕色，边缘色较淡，无毛。

【分布与生境】浙江、福建、台湾、湖南南部、广东、海南、广西、贵州、云南和西藏（察隅、墨脱）。生于海拔 30 ～ 1500 m 的溪边林下。

# 二十二、条蕨科 Oleandraceae

## 条蕨属 *Oleandra*

（40）光叶条蕨 *Oleandra musifolia* (Bl.) Presl

【形态特征】根状茎粗大，长而横走，粗 4 ～ 5 mm，分枝，两侧稍扁平，被鳞片；鳞片卵状披针形，长约 5 mm，腹部宽约 1.5 mm，先端长渐尖，基部钝圆，中部着生点为黑褐色，边缘及先端棕色，全缘，有疏睫毛，盾状着生，略松开。叶常 3 ～ 4 片簇生于根状茎的节上，柄连叶足长约 1 cm，粗 1.5 mm，暗棕色，疏生披针形鳞片；叶足短，长仅 1 ～ 2 mm，隐没于根状茎的鳞片之内；叶片披针形，长 40 ～ 43 cm，中部宽 3 ～ 3.5 cm，先端长渐尖或略呈尾尖，基部楔形或近圆形，全缘，有平伏的软骨质狭边。

叶脉明显，主脉禾秆色或带棕色，上面稍隆起并有浅纵沟，下面凸起，侧脉纤细且密，平行，斜展，单一或从下部分叉（很少从中部分叉），直达叶边。叶草质，干后绿色或棕色，下面近光滑无毛，沿主脉两侧偶有少数鳞片疏生，上面疏被棕色短柔毛或近光滑。孢子囊群肾形或近圆形，长 2 mm，宽 1.5 mm，在主脉两侧各成 1 行排列，距主脉 2.5 ～ 4 mm；囊群盖肾形，质厚，棕色，边缘色较淡，无毛。

蕨类（40）光叶条蕨

【分布与生境】 广西（瑶山）、云南（景东、景洪）。生于海拔 300 ～ 1800 m 的密林中。

# 二十三、雨蕨科 Gymnogrammitidaceae

## 雨蕨属 *Gymnogrammitis*

（41）雨蕨 *Gymnogrammitis dareiformis* (Hook.) Ching ex Tard.-Blot et C. Chr

蕨类（41）雨蕨

【形态特征】 植株高 30 ～ 40 cm。根状茎长而横走，粗壮，粗约 5 mm，灰蓝色，密被鳞片；鳞片覆瓦状排列，下部阔圆形，向上渐狭成线状钻形，长约 4 mm，边缘有睫毛，膜质，棕色，腹部中心为黑褐色，盾状着生。叶远生，相距 1 ～ 5 cm 或过之；叶柄长 6 ～ 18 cm，粗 1 ～ 2 mm，栗褐色或深禾秆色，略有光泽，无毛，上面有浅纵沟，基部以关节着生于明显的叶足上；叶片三角状卵形，长 20 ～ 35 cm，基部宽 15 ～ 25 cm，先端渐尖，基部近心形，四回细羽裂；羽片 10 ～ 15 对，下部两对近对生，向上的近互生，斜展，密接或有时重叠，有短柄（3 ～ 4 mm），下部 1 ～ 2 对较大，长 8 ～ 15 cm，宽 3.5 ～ 7 cm，三角状披针形，先端渐尖，基部对称，圆截形至阔楔形，三回羽裂；一回小羽片 10 ～ 15 对，互生，斜展，柄长约 2 mm 并有狭翅，椭圆形，长 1.5 ～ 4 cm，宽 5 ～ 18 mm，急尖头，基部为对称的圆楔形，二回羽裂；二回小羽片 4 ～ 8 对，略斜向上，短柄具狭翅，椭圆形，长 3 ～ 7 mm，宽 1.5 ～ 4.5 mm，钝头，基部楔形，不对称，下侧下延，常细裂为不等长的短裂片，裂片 2 ～ 4 片，斜向上，线形，长 2 ～ 3 mm，宽不足 1 mm，尖头，全缘。叶脉不明显，每裂片有小脉 1 条，不达于裂片先端。叶草质，干后灰绿色，无毛；叶轴栗褐色，略有光泽，顶部两侧有绿色的狭边，小羽轴两侧有狭翅。孢子囊群生于裂片背面，位于小脉顶端以下，圆形，成熟时略宽于裂片，无盖，也无隔丝。

【分布与生境】 海南（五指山）、广东（乳源）、广西（资源、大苗山、大瑶山）、湖南（宜章）、贵州（雷山、榕江、邱江）、云南（景东、屏边、顺宁、漾濞）、西藏（察隅、墨脱、樟木）。生于山地密林下，常附生于海拔 1300 ～ 2700 m 的树干上或岩石上。叶于雨季生长，旱季干枯。

## 二十四、水龙骨科 Polypodiaceae

### 1. 瓦韦属 *Lepisorus*

（42）长叶瓦韦 *Lepisorus longus* Ching

【形态特征】植株高约 45 cm。根状茎长而横走，先端密被鳞片（老茎上鳞片大都脱落）；鳞片卵状披针形，渐尖头，基部近圆形，网眼近短方形，上部的近长方形，壁加厚，深棕色，边缘的网眼壁薄，淡棕色，全缘。叶远生；叶柄长 5 ～ 10 cm，禾秆色到褐棕色，光滑；叶片狭长形至披针形，长 15 ～ 30 cm，中部宽 1 ～ 2.2 cm，渐尖头，基部楔形，下延，边缘平直，干后略反卷，下面淡绿色，上面淡棕色，或上面棕色，下面淡黄绿色，革质。主脉上下均隆起，小脉不显。孢子囊群圆形，聚生于叶片上半部，或仅着生于先端一段，位于主脉和叶边之间，较靠近叶边，彼此相距约等于 1 个孢子囊群体积，幼时被棕色圆形的隔丝覆盖。

蕨类（42）长叶瓦韦

【分布与生境】特产于海南（陵水吊罗山、琼中五指山）。附生于海拔 900 ～ 1200 m 的林下树干上。

（43）棕鳞瓦韦 *Lepisorus scolopendrium* Buchanan-Hamilton Ching

蕨类（43）棕鳞瓦韦

【形态特征】植株高 15 ～ 30 cm。根状茎横走，粗壮，密被鳞片；鳞片披针形，棕色，网眼近方形，透明，渐尖头，全缘。叶远生或近生；叶柄长 2 ～ 5 cm，基部疏被鳞片，禾秆色；叶片狭长披针形，长 15 ～ 45 cm，下部近 1/3 处为最宽，约 1 ～ 4 cm，急尖头或尾状渐尖头，边缘近平直或微波状，干后两面呈淡红棕色，草质或薄纸质。主脉上下均隆起，小脉略可见。孢子囊群圆形或椭圆形，通常聚生于叶片上半部，位于主脉和叶边之间，较靠近主脉，彼此相距约等于 1 ～ 2 个孢子囊群体积，幼时被隔丝覆盖；隔丝淡棕色，圆形，全缘。

【分布与生境】台湾（台北）、海南（五指山）、四川（米易）、贵州（凯里）、云南（漾濞、景洪、双柏、洱源、文山、大理、马关、大姚、盈江、屏边、蒙自、贡山、福贡、景东宾川）、西藏（车文、麦通、错那、定结、波密、吉隆、聂拉木的樟木）。附生于海拔 500 ～ 2800 m 的林下树干或岩石上。

## 2. 星蕨属 *Microsorum*

（44）攀援星蕨 *Microsorum buergerianum* (Miq.) Ching

蕨类（44）攀援星蕨

【形态特征】 植株高 20 ～ 50 cm。根茎攀援，略呈扁平状，疏被披针形鳞片，长渐尖头，基部卵圆，边缘有疏齿。叶远生；叶柄长 3 ～ 7 cm，基部疏被鳞片，并以关节与根茎相连；叶片厚纸质，狭长披针形，长 10 ～ 43 cm，宽 2 ～ 4.5 cm，先端渐尖，基部急缩狭为楔形而下延成翅，全缘或略呈波状。中脉两面隆起，侧脉不明显，小脉网状，网眼内有分叉的内藏小脉。孢子囊群圆形，小而密，散生于孢子叶背面的上半部；无囊群盖。

【分布与生境】浙江、江西、福建、台湾、湖北、湖南、广东、广西、四川、贵州。生于海拔 500 ～ 1500 m 的山地林缘，攀援于树干或岩石上。

## 3. 假瘤蕨属 *Phymatopteris*

（45）三指假瘤蕨 *Phymatopteris triloba* (Houtt.) Pic. Serm.

【形态特征】 附生植物。根状茎长而横走，粗约 3 ～ 4 mm，密被鳞片；鳞片卵状披针形，盾状着生处栗黑色，其余部分淡棕色或黄棕色，顶端渐尖，边缘全缘。叶远生；叶柄长约 20 ～ 30 cm，淡棕色，光滑无毛；叶片二型；不育叶片通常三裂，少数为羽裂或单叶不分裂，三角形，长 12 ～ 15 cm，侧生裂片宽约 2 ～ 3 cm，顶生裂片宽 4 ～ 5 cm，顶端渐尖或圆钝头，边缘全缘；可育叶羽片深裂，

蕨类（45）三指假瘤蕨

裂片通常 2 ～ 3 对，宽不及 1 cm。侧脉明显，小脉不明显。叶革质，两面光滑无毛。孢子囊群在可育叶裂片的中脉两侧各 1 行，在叶背面下陷，在叶表面形成乳状突起。也偶有在同一叶片上，裂片基部不育而裂片顶端可育的形态。

【分布与生境】海南。附生于海拔 1300 m 以下的树上或石上。

#### 4. 瘤蕨属 *Phymatosorus*

（46）瘤蕨 *Phymatosorus scolopendria* (Burm.) Pic. Serm

蕨类（46）瘤蕨

【形态特征】附生植物。根状茎长而横走，直径 3 ～ 5 mm，肉质，疏被鳞片；鳞片基部阔，盾状着生，中上部狭披针形，边缘有细齿，褐色。叶远生；叶柄禾秆色，光滑无毛；叶片通常羽状深裂，少有单叶不裂或 3 裂；裂片通常 3 ～ 5 对，披针形，渐尖头，边缘全缘，长 12 ～ 18 cm，宽 2 ～ 2.5 cm。侧脉和小脉均不明显，小脉网状。叶近革质，两面光滑无毛。孢子囊群在裂片中脉两侧各 1 行或不规则的多行，凹陷，在叶表面明显凸起；孢子表面具很小的刺。

【分布与生境】海南、台湾、广东。生于海拔 180 ～ 200 m 的石上或附生树干上。

## 二十五、槲蕨科 Drynariaceae

### 崖姜蕨属 *Pseudodrynaria*

（47）崖姜蕨 *Pseudodrynaria coronans* (Wall. ex Mett.) Ching

【形态特征】根状茎横卧，粗大，肉质，密被蓬松的长鳞片，有被毛茸的线状根混生于鳞片间，弯曲的根状茎盘结成为大块的垫状物，由此生出一丛无柄而略开展的叶，形成一个圆而中空的高冠，形体极似巢蕨；鳞片钻状长线形，深锈色，边缘有睫毛。叶一型，长圆状倒披针形，长 80 ～ 120 cm 或过之，中部宽 20 ～ 30 cm，顶端渐尖，向下渐变狭，至下约 1/4 处狭缩成宽 1 ～ 2 cm 的翅，至基部又渐扩张成膨大的圆心脏形，宽 15 ～ 25 cm，有宽缺刻或浅裂的边缘，基部以上叶片为羽状深裂，再向上几乎深裂到叶轴；裂片多数，斜展或略斜向上，被圆形的缺

蕨类（47）崖姜蕨

刻所分开。披针形，中部的裂片长达 15 ～ 22 cm，宽 2 ～ 3 cm，急尖头或圆头，为阔圆形的缺刻所分开。叶脉粗而很明显，侧脉斜展，隆起，通直，相距 4 ～ 5 mm，向外达于加厚的边缘，横脉与侧脉直角相交，成一回网眼，再分割一次成 3 个长方形的小网眼，内有顶端成棒状的分叉小脉。叶硬革质，两面均无毛，干后硬而有光泽，裂片往往从关节处脱落。孢子囊群位于小脉交叉处，叶片下半部通常不育，4 ～ 6 个生于侧脉之间，但并不位于正中央，而是略偏近下脉，每一网眼内有 1 个孢子囊群，在主脉与叶缘间排成一长行，圆球形或长圆形，分离，但成熟后常多少汇合成一连贯的囊群线。

【分布与生境】福建、台湾、广东、广西、海南、贵州、云南。附生于海拔 100 ～ 1900 m 的雨林或季雨林中的树干或石上。

## 二十六、禾叶蕨科 Grammitidaceae

### 1. 荷包蕨属 *Calymmodon*

（48）短叶荷包蕨 *Calymmodon asiaticus* Copel.

【形态特征】小型植物，高 3 ～ 10 cm。根状茎直立，有少数鳞片，鳞片厚膜质，披针形，长 2 mm，宽约 0.7 mm，先端常有一根刚毛或无。叶多数，簇生，枯死后常留有黑褐色的叶轴；叶近无柄，叶片厚纸质，下面有一、二灰白色细毛，上面无毛，条形，长 1.5 ～ 3.5 cm，宽达 5 mm，向两端略变狭，基部下延，羽状深裂几达羽轴，缺刻宽；裂片彼此远分开，中部以下的不育，较长，短条形或矩圆形，长 1 ～ 2.5 mm，宽约 0.7 mm，全缘，仅有小脉 1 条，远离叶边，上部 2 ～ 7 对裂片可育，阔椭圆形或近圆形，幼时在下面从下向上对折包被孢子囊群。孢子囊群生于裂片主脉中部，近圆形，每裂片 1 枚。孢子囊上无刚毛。

蕨类（48）短叶荷包蕨

【分布与生境】 海南（吊罗山）、广西（上思）。附生于海拔 400 ～ 1000 m 的林中树干或溪边岩石上，常和苔藓混生。

## 2. 禾叶蕨属 *Grammitis*

### （49）红毛禾叶蕨 *Grammitis hirtella* (Bl.) Ching

【形态特征】 小型附生植物，植株高 6 ～ 12 cm。根状茎短而直立，被鳞片；鳞片披针形，长约 2 mm，褐色，稍有光泽；粗筛孔状，顶端渐尖，全缘。叶簇生；叶柄明显，纤细如丝状，长 1 ～ 1.5 cm，粗不及 1 mm，基部被鳞片，全部被展开的红褐色柔毛；叶片狭线形，长 6 ～ 10 cm，宽 5 ～ 8 mm，顶端渐尖而钝，基部长渐狭面先延于叶柄，全缘或边缘稍呈浅波状。主脉下面隆起，不达叶片顶端，上面仅可见；叶脉不明显，在光线下才看见，向上斜出，平行，相距约 2 mm，在较狭的叶片上有时单一，在较阔的叶片及可育叶上几全部分叉，不达叶缘，顶端有水囊。叶厚纸质，坚硬，全部疏被与叶柄上相同的毛。孢子囊群圆形或椭圆形，直径 1 ～ 1.5 mm，深棕色，着生于小脉上侧分叉的近基部，紧贴主脉两侧各有 1 行，成熟后多少相连。

蕨类（49）红毛禾叶蕨

【分布与生境】 海南（琼中五指山、东方尖峰岭、保亭）。生于林下阴湿岩石下。

# 参 考 文 献

刘广福，臧润国，丁易，等，2010. 海南霸王岭不同森林类型附生兰科植物的多样性和分布 [J]. 植物生态学报，34(4)：396-408.

秦仁昌，1978. 中国蕨类植物科属的系统排列和历史来源 [J]. 植物分类学报，16(3)：1-19.

吴兆洪，秦仁昌，1991. 中国蕨类植物科属志 [M]. 北京：科学出版社 .

Arens N C，Baracaldo P S，1998. Distribution of Tree Ferns (Cyatheaceae) across the Successional Mosaic in an Andean Cloud Forest，Nariño，Colombia[J]. American Fern Journal，88(2)：60-71.

Barthlott W，Schmit-Neuerburg V，Nieder J，et al.，2001. Diversity and abundance of vascular epiphytes：A comparison of secondary vegetation and primary montane rain forest in the Venezuelan Andes[J]. Plant Ecology，152(2)：145-156.

Bernabe N，Williams-Linera G，Palacios-Rios M，1999. Tree ferns in the interior and at the edge of a Mexican cloud forest remnant: spore germination and sporophyte survival and establishment[J]. Biotropica, 31(1): 83-88.

Chazdon R L, Pearcy R W, Lee D W, et al., 1996. Photosynthetic responses of tropical forest plants to contrasting light environments[M]// Mulkey S S, Chazdon R L, Smith A P. Tropical Forest Plant Ecophysiology. London: Chapman & Hall: 5-55.

Elstner E F, Osswald W, 1994. Mechanisms of oxygen activation during plant stress[J]. Proceedings of the Royal Society of Edinburgh, 102: 131-154.

Gehrig-Downie C, 2013. Epiphyte diversity and microclimate of the tropical lowland cloud forest in French Guiana[D]. Göttingen: der Georg-August University School of Science.

Gómez-Noguez F, Pérez-García B, Mendoza-Ruiz A, et al., 2016. Fern and lycopod spores rain in a cloud forest of Hidalgo, Mexico[J]. Aerobiologia, 33(1): 23-35.

González A S, Zúñiga E Á, Mata L L, 2016. Diversity and distribution patterns of ferns and lycophytes in a cloud forest in Mexico[J]. Revista Chapingo Serie Ciencias Forestales y del Ambiente, 22 (3), 235-253.

Grubb P J, 1977. The maintanece of species-richness in plant communities: The importance of the generation niche[J]. Biological Reviews, 52(1): 107-145.

Hietz P, Hietz-Seifert U, 1995. Structure and ecology of epiphyte communities of a cloud forest in central Veracruz, Mexico[J]. Journal of Vegetation Science, 6(5): 719-728.

Ingram S W, Ferrell-Ingram K, Nadkarni N M, 1996. Floristic composition of vascular epiphytes in a neotropical cloud forest, Monteverde, Costa Rica[J]. Selbyana, 17(1): 88-103.

Karst J, Gilbert B, Lechowicz M J, 2005. Fern community assembly: The roles of chance and the environment at local and intermediate scales[J]. Ecology, 86(9): 2473-2486.

Laurans M, Martin O, Nicolini E, et al., 2012. Functional traits and their plasticity predict tropical trees regeneration niche even among species with intermediate light requirements[J]. Journal of Ecology, 100(6): 1440-1452.

Lawton R O, Nair U S, Pielke R A, et al., 2001. Climatic impact of tropical lowland deforestation on nearby montane cloud forests[J]. Science, 294(5542): 584-587.

Löbel S, Dengler J, Hobohm C, 2006. Species richness of vascular plants, bryophytes and lichens in dry grasslands: The effects of environment, landscape structure and competition[J]. Folia Geobotanica, 41(4): 377-393.

Lüttge U, 2008 . Physiological Ecology of Tropical Plants[M]. Berlin: Springer-Verlag.

Moran R C, Smith A R, 2001. Phytogeographic relationships between neotropical and African-Madagascan pteridophytes[J]. Brittonia, 53(2): 304-351.

Noble I R, Dirzo R, 1997. Forests as human-dominated ecosystems[J]. Science, 277(5325): 522-525.

Page C N, 2002. Ecological strategies in fern evolution: A neopteridological overview[J]. Review of Palaeobotany & Palynology, 119(1-2): 1-33.

Palaciosrios M, 1992. New localities in Mexico for the endangered Schaffneria nigripes Fee.[J]. American Fern Journal, 82(2): 86.

Pardow A, Gehrig-Downie C, Gradstein R, et al., 2012. Functional diversity of epiphytes in two tropical lowland rainforests, French Guiana: Using bryophyte life-forms to detect areas of high biodiversity[J]. Biodiversity & Conservation, 21(14): 3637-3655.

Perez-Garcia B, Riba R, 1982. Germinacion de esporas de Cyatheaceae Bajo diversas temperaturas[J]. Biotropica, 14(4): 281-287.

Pharo E J，Beattie A J，Binns D，1999. Vascular plant diversity as a surrogate for bryophyte and lichen diversity[J]. Conservation Biology，13(2)：282-292.

Ramírez-Barahona S，Eguiarte L E，2014. Changes in the distribution of cloud forests during the last glacial predict the patterns of genetic diversity and demographic history of the tree fern Alsophila firma(Cyatheaceae)[J]. Journal of Biogeography，41(12)：2396-2407.

Riaño K，Briones O，2013. Leaf physiological response to light environment of three tree fern species in a Mexican cloud forest[J]. Journal of Tropical Ecology，29(3)：217-228.

Riaño K，Briones O，2015. Sensitivity of three tree ferns during their first phase of life to the variation of solar radiation and water availability in a Mexican cloud forest[J]. American Journal of Botany，102(9)：1472-1481.

Rosenzweig M L，1981. A theory of habitat selection[J]. Ecology，62(2)：327-335.

Sanger J C，Kirkpatrick J B，2014. Epiphyte assemblages respond to host life-form independently of variation in microclimate in lower montane cloud forest in Panama[J]. Journal of Tropical Ecology，30(6)：625-628.

Seiler R L，1981. Leaf turnover rates and natural history of the central American tree fern Alsophila salvinii[J]. American Fern Journal，71(3)：75-81.

Smirnoff N，1993. The role of active oxygen in the response of plants to water deficit and desiccation[J]. New Phytologist，125(1)：27-58.

Tausz M，Wonisch A，Peters J，et al.，2001. Short-term changes in free radical scavengers and chloroplast pigments in Pinus canariensis needles as affected by mild drought stress[J]. Journal of Plant Physiology，158(2)：213-219.

Thayer S S，Björkman O，1990. Leaf xanthophyll content and composition in sun and shade determined by HPLC[J]. Photosynthesis Research，23(3)：331-343.

Torres M V，Jiménez J C，Pérez A C，2006. Los helechos y plantas afines del bosque mesófilo de montaña de Banderilla，Veracruz，México[J]. Polibotánica，22：63-77.

Tryon R，1970. Development and evolution of fern floras of oceanic islands[J]. Biotropica，2(2)：76-84.

Valladares F，Niinemets Ü，2008. Shade tolerance，a key plant feature of complex nature and consequences[J]. Annual Review of Ecology，Evolution，and Systematics，39：237-257.

Vernon A L，Ranker T A，2013. Current status of the ferns and Lycophytes of the Hawaiian islands[J]. American Fern Journal，103(2)：59-111.

Vilagrosa A，Hernández E I，Luis V C，et al.，2014. Physiological differences explain the co-existence of different regeneration strategies in Mediterranean ecosystems[J]. The New phytologist，201(4)：1277-1288.

Wang X，Long W，Schamp B S，et al.，2016. Vascular epiphyte diversity differs with host crown zone and diameter，but not orientation in a tropical cloud forest[J]. Plos one，11(7)：e0158548.

Wild M，Gagnon D，2005. Does lack of available suitable habitat explain the patchy distributions of rare calcicole fern species?[J]. Ecography，28(2)：191-196.

Williams-Linera G，Palacios-Rios M，Hernández-Gómez R，2005. Fern richness，tree species surrogacy，and fragment complementarity in a Mexican tropical montane cloud forest[J]. Biodiversity and Conservation，14(1)：119-133.

# 第七章 热带云雾林种子植物多样性

## 第一节 概 述

植物多样性是植物与其他生物及环境相互作用形成的生态组合及与此有关的各种生态过程。它是植物长期进化的结果，与生态系统功能关系紧密（Venail et al.，2015），也是人类赖以生存的基础。

海南热带云雾林乔木植物多样性与低海拔热带森林明显不同，乔木植物矮小、叶革质较厚、常不具滴水叶尖等类似旱生植物的旱生特征。这些特征与其独特的生态环境密切相关。关于植株矮小的原因，一种观点认为由于空气湿度接近饱和，云雾在叶片上容易沉积，对植物叶片的蒸腾作用造成了不利的影响，较低的水分蒸发效率降低了植物体的物质运输效率，导致植物出现矮化；同时，该观点也认为云雾林山风强烈，风的"修剪"作用等也可能是植株矮小的原因（Cavelier et al.，1990）。但反对观点认为云雾林内较大的风速和叶片的结构特征显然能够加强蒸腾作用。还有一种观点则认为云雾林中土壤养分元素的缺乏可能影响了树木生长，造成植物矮小，例如，云雾林土壤中氮常易缺乏（Tanner et al.，1998），饱和的土壤水分和空气湿度可使羧化作用受阻（Bruijnzeel et al.，1993），较强的淋溶过程、较强的土壤酸性、过量的铝和大量元素氮等的不足等对树木生长可能造成影响。关于云雾林中叶片旱生形态形成的原因，可能是云雾林植物长期处于低温和较低的空气水汽压环境中，水分蒸发较小，植物叶片蒸腾作用面积较小，蒸腾作用较弱，以维持叶片结构完整性和较低水势，与土壤干旱环境中植物特征类似（Poorter et al.，2008）；此外，由于热带云雾林分布海拔通常较高，其气温比低海拔热带林低，云雾林中的物种可能消耗更多碳用于形成致密的结构，以构建坚固厚实的叶片来抵挡低温伤害（Cornelissen et al.，2003）；但有人认为硬叶结构也可能是对贫瘠环境选择压力下的一种适应（贺金生等，1997），特别是在抵抗强风引起落叶方面有重要意义（Weaver et al.，1973）。

美洲和非洲地区热带云雾林植物多样性研究较早一些。据Alcántara等（2002）研究发现墨西哥云雾林有995属；Vazquez等（1998）对墨西哥哈利斯科州的云雾林样地进行了调查，发现分布在海拔1500～2500 m的43个样地中种子植物有 103 科 292 属 470 种，其中乔木树种有 97 种，灌木有 76 种，陆生草本植物有 200 多种。de Rzedowski（1996）发现墨西哥云雾林仅占国家面积的 1%，但是却孕育了超过全国 12% 的种子植物；León 等 1997 年对秘鲁热带云雾林的研究中发现占 5% 国土面积的云雾林中生长着超过全国 15% 的种子植物。哥斯达黎加热带云雾林中的最大优势科为樟科（Nadkarni et al.，1995）；墨西哥热带云雾林的优势属是山柳属（*Clethra*）、木兰属（*Magnolia*）、泡花树属（*Meliosma*）、安息香属（*Styrax*）和山矾属（*Symplocos*）（Alcántara et al.，2002）；此外，热带云雾林特有植物多，Balslev（1988）研究认为赤道半数物种分布在安第斯山，并且这些种中 39% 属于赤道特有种；墨西哥热带云雾林面积不及国土面积的 1%，但包含有全国（3000 种）12% 的物种，且这些物种中 30% 以上是特有种（Rzedowski，1996）。

相对于低海拔热带森林，国内对热带云雾林研究起步较晚，Shi 等（2009）研究了云南地区热带云雾林，发现优势科为壳斗科、杜鹃花科、越橘科和槭树科，小叶和中叶物种占优势，每 2500 m$^2$ 样方内维管植物有 57～110 种。黄全等（1986）用无样地采样技术（31 点）调查尖峰岭地区热带云雾林后，认为该地区热带云雾林植物物种有 83 种，其中樟科、壳斗科、兰科和紫金牛科（Myrsinaceae）植物占优势，中叶和小叶植物占优势。熊梦辉等（2015）调查认为海南霸王岭热带云雾林优势科为金缕梅科（Hamamelidaceae）、桃金娘科（Myrtaceae）、山矾科（Symplocaceae）和壳斗科等；优势种为蚊母树、赤楠、九节和黄杞等。王茜茜等（2016）详细比较了海南霸王岭、尖峰岭和黎母山热带云雾林植物多样性，发现在 4800 m$^2$ 样方中，尖峰岭、霸王岭、黎母山热带云雾林植物个体多度分别为 6879、5225 和 2951，物种丰富度分别为 235、99 和 136。20 m × 20 m 的样方中，尖峰岭、霸王岭、黎母山热带云雾林植物个体多度、物种丰富度均有显著差异（$p < 0.001$）。尖峰岭的植物个体多度和丰富度最高，黎母山的植物个体多度和物种丰富度最低（图 7-1a、图 7-1b）。在 4800 m$^2$ 样方中，尖峰岭与霸王岭、黎母山间的 Bray-Curtis 指数分别为 0.73 和 0.77，Jaccard 相异性指数分别为 0.84 和 0.87；霸王岭与黎母山间的 Bray-Curtis 相异性指数为 0.88，Jaccard 相异性指数为 0.94。20 m × 20 m 的样方中，尖峰岭、霸王岭、黎母山热带云雾林 Bray-Curtis 相异性指数、Jaccard 相异性指数均有显著差异（$p < 0.001$）。黎母山与尖峰岭的 Bray-Curtis 相异性指数、Jaccard 相异性指数差异不显著，但都显著高于霸王岭（图 7-1c、图 7-1d）。

功能多样性通常指影响生态系统功能的物种或有机体性状的数值和范围（Mason et al.，2013），能比物种多样性更好地预测生态系统过程及功能（Cadotte et al.，2011），功能多样性指数有揭示群落形成过程的潜能（Mouchet et al.，2010）。尖峰岭、霸王岭、黎母山热带云雾林总体群落功能丰富度分别为 0.000 17、0.000 04、0.000 15；功能均匀度分别为 0.58、0.54、0.64；Rao's 二次熵分别为 0.007、0.011、

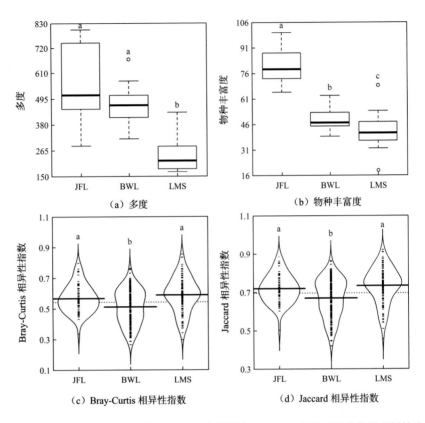

图 7-1  尖峰岭（JFL）、霸王岭（BWL）和黎母山（LMS）热带云雾林物种多样性比较

不同小写字母表示样地间有显著差异（$p < 0.05$）

0.008。20 m × 20 m 的样方中，尖峰岭、霸王岭、黎母山热带云雾林群落的功能丰富度（$p < 0.001$）、功能均匀度（$p < 0.05$）、Rao's 二次熵（$p < 0.001$）均差异显著。黎母山热带云雾林的功能丰富度最高，尖峰岭最低（图 7-2a）；尖峰岭热带云雾林的功能均匀度最高，霸王岭最低（图 7-2b）；霸王岭热带云雾林的 Rao's 二次熵最大，尖峰岭最小（图 7-2c）。尖峰岭与霸王岭、黎母山的平均成对性状距离分别为 0.14、0.13，平均最近性状距离分别为 0.03 和 0.02；霸王岭与黎母山平均成对性状距离为 0.15，平均最近性状距离为 0.04。20 m × 20 m 的样方中，尖峰岭、霸王岭、黎母山热带云雾林群落间平均成对性状距离、平均最近性状距离均差异显著（$p < 0.001$）。霸王岭热带云雾林平均成对性状距离均最大，尖峰岭最小（图 7-2d），尖峰岭和霸王岭的平均最近性状距离无显著差异，但都显著低于黎母山（图 7-2e）。

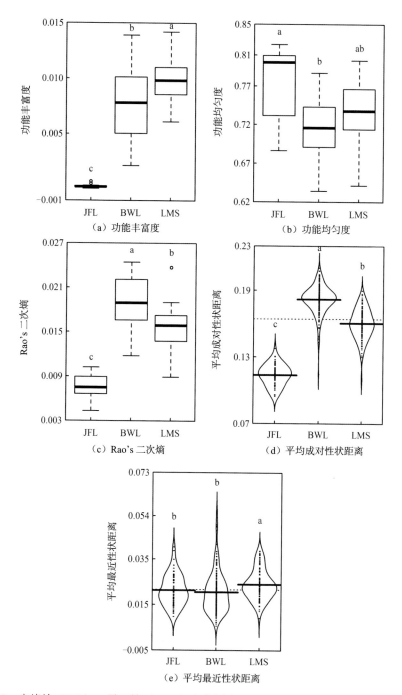

图 7-2　尖峰岭（JFL）、霸王岭（BWL）和黎母山（LMS）热带云雾林间功能多样性比较

不同小写字母表示样地间有显著差异（$p < 0.05$）

谱系多样性强调系统进化多样性并能反映生物的亲缘关系特征，能从进化角度研究群落物种组成现状和成因，因而能解释生物多样性分布格局（Rosauer et al.，2009）。α 多样性和 β 多样性分别提供了群落内和群落间物种亲缘关系信息，揭示不同空间尺度和环境梯度下物种间谱系相似性与群落构建的关系（Butterfield et al.，2013）。尖峰岭、霸王岭、黎母山热带云雾林总体 Faith 谱系多样性为 0.76、0.46、0.56，种间平均成对谱系距离为 264.88、236.70、239.68，平均最近相邻谱系距离为 48.56、81.48、50.35。20 m × 20 m 的样方中，尖峰岭、霸王岭、黎母山热带云雾林群落的 Faith 谱系多样性（$p < 0.001$）、种间平均成对谱系距离（$p < 0.05$）、平均最近相邻谱系距离（$p < 0.001$）均差异显著。霸王岭热带云雾林群落的 Faith 谱系多样性最大，黎母山最小（图 7-3a）。尖峰岭、黎母山均与霸王岭的种间平均成对谱系距离无显著差异，尖峰岭显著高于黎母山（图 7-3b）。霸王岭热带云雾林群落的平均最近相邻谱系距离最大，尖峰岭最小（图 7-3c）。从 β 多样性分析，尖峰岭与霸王岭、黎母山热带云雾林总体群落的平均成对谱系距离分别为 267.89、261.75，平均最近相邻谱系距离分别为 33.34、20.35；尖峰岭与黎母山热带云雾林总体平均成对谱系距离为 257.69，平均最近相邻谱系距离为 47.69。20 m × 20 m 的样方中，尖峰岭、霸王岭、黎母山热带云雾林群落间的平均成对谱系距离、平均最近相邻谱系距离均存在显著差异（$p < 0.001$）。尖峰岭的平均成对谱系距离最大，黎母山最小（图 7-3d）。黎母山平均最近相邻谱系距离最大，霸王岭最小（图 7-3e）。

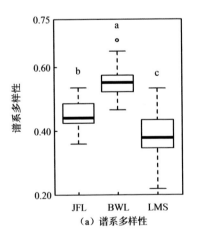

（a）谱系多样性

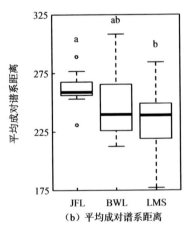

（b）平均成对谱系距离

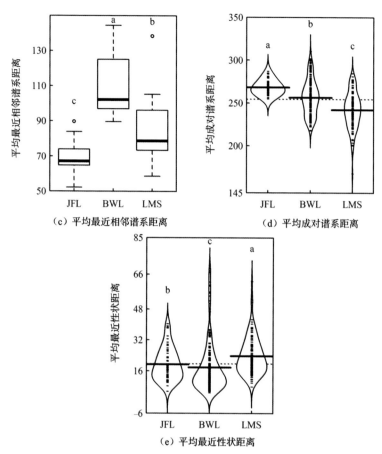

图 7-3　尖峰岭（JFL）、霸王岭（BWL）和黎母山（LMS）热带云雾林间谱系多样性比较

不同小写字母表示样地间有显著差异（$p < 0.05$）

# 第二节　热带云雾林种子植物图谱

## 裸子植物门

### 一、松科 Pinaceae

#### 松属 *Pinus*

（1）海南五针松 *Pinus fenzeliana* Hand.-Mzt.

【形态特征】乔木，高达 50 m，胸径 2 m；幼树树皮灰色或灰白色，平滑，

裸子植物（1）海南五针松

大树树皮暗褐色或灰褐色，裂成不规则的鳞状块片脱落；一年生枝较细，淡褐色，无毛，干后深红褐色，有纵皱纹，稀具白粉；冬芽红褐色，圆柱状、圆锥形或卵圆形，微被树脂，芽鳞疏松。针叶5针一束，细长柔软，通常长10～18 cm，直径0.5～0.7 mm，先端渐尖，边缘有细锯齿，仅腹面每侧具3～4条白色气孔线；横切面三角形，单层皮下层细胞，树脂道3个，背面2个边生，腹面1个中生。雄球花卵圆形，多数聚生于新枝下部成穗状，长约3 cm。球果长卵圆形或椭圆状卵圆形，单生或2～4个生于小枝基部，成熟前绿色，熟时种鳞张开，长6～10 cm，直径3～6 cm，梗长1～2 cm，暗黄褐色，常有树脂；中部种鳞近楔状倒卵形或矩圆状倒卵形，长2～2.5 cm，宽1.5～2 cm，上部肥厚，中下部宽楔形；鳞盾近扁菱形，先端较厚，边缘钝，鳞脐微凹随同鳞盾先端边缘显著向外反卷；种子栗褐色，倒卵状椭圆形，长0.8～1.5 cm，直径5～8 mm，顶端通常具长2～4 mm的短翅，稀种翅宽大（长达7 mm，宽达9 mm），种翅上部薄膜质，下部近木质，种皮较薄。花期4月，球果翌年10～11月成熟。

【分布与生境】海南五指山海拔1000～1600 m及西部东方等地海拔1600 m以下、广西大明山、九万大山、环江等地及贵州中部、北部等高山地区。常散生于山脊或岩石之间。湖南西南部有栽培。

## 二、罗汉松科 Podocarpaceae

### 1. 鸡毛松属 *Dacrycarpus*

（2）鸡毛松 *Podocarpus imbricatus* Bl.

【形态特征】乔木，高达30 m，胸径达2 m；树干通直，树皮灰褐色；枝条开展或下垂；小枝密生，纤细，下垂或向上伸展。叶一型，螺旋状排列，下延生长，两种类型的叶往往生于同一树上；老枝及果枝上的叶呈鳞形或钻形，覆瓦状排列，形小，长2～3 mm，先端向上弯曲，有急尖的长尖头；生于幼树、萌生枝或小枝顶端的叶呈钻状条形，质软，排列成两列，近扁平，长6～12 mm，宽约1.2 mm，两面有气孔线，上部微渐窄，先端向上微弯，有微急尖的长尖头。

雄球花穗状，生于小枝顶端，长约 1 cm；雌
球花单生或成对生于小枝顶端，通常仅 1 个
发育。种子无梗，卵圆形，长 5～6 mm，
有光泽，成熟时肉质假种皮红色，着生于肉
质种托上。花期 4 月，种子 10 月成熟。

【分布与生境】海南（五指山、尖峰
岭等地）海拔 400～1000 m 的山地，广西
金秀、云南东南部及南部亦有分布。多生
于山谷、溪涧旁，常与常绿阔叶树组成混
交林，或成单纯林，为海南主要树种之一。
广东信宜有栽培。

裸子植物（2）鸡毛松

## 2. 陆均松属 *Dacrydium*

（3）陆均松 *Dacrydium pectinatum* de Laubenfels

【形态特征】乔木，高达 30 m，胸径达 1.5 m；树干直，树皮幼时灰白色
或淡褐色，成熟时则变为灰褐色或红褐色，稍粗糙，有浅裂纹；大枝轮生，多分
枝；小枝下垂，绿色。叶二型，螺旋状排列，紧密，微具四棱，基部下延；幼
树、萌生枝或营养枝上叶较长，镰状针形，长 1.5～2 cm，稍弯曲，先端渐尖；
老树或果枝叶较短，钻形或鳞片状，长 3～5 mm，有显著的背脊，先端钝尖向
内弯曲。雄球花穗状，长 8～11 mm；雌
球花单生枝顶，无梗。种子卵圆形，长 4～
5 mm，径约 3 mm，先端钝，横生于较薄
而干的杯状假种皮中，成熟时红色或褐红
色，无梗。花期 3 月，种子 10～11 月成熟。

【分布与生境】海南五指山、吊罗山、
尖峰岭等高山中上部海拔 500～1600 m
地带。常与针叶树阔叶树种混生成林或成
块状纯林。

裸子植物（3）陆均松

## 3. 竹柏属 *Nageia*

（4）竹柏 *Podocarpus nagi* (Thunb.) Zoll. et Mor ex Zoll

【形态特征】乔木，高达 20 m，胸径 50 cm；树皮近平滑，红褐色或暗紫红
色，成小块薄片脱落；枝条开展或伸展，树冠广圆锥形。叶对生，革质，长卵形、

卵状披针形或披针状椭圆形，有多数并列的细脉，无中脉，长 3.5 ～ 9 cm，宽 1.5 ～ 2.5 cm，上面深绿色，有光泽，下面浅绿色，上部渐窄，基部楔形或宽楔形，向下窄成柄状。雄球花穗状圆柱形，单生叶腋，常呈分枝状，长 1.8 ～ 2.5 cm，总梗粗短，基部有少数三角状苞片；雌球花单生叶腋，稀成对腋生，基部有数枚苞片，花后苞片不肥大成肉质种托。种子圆球形，径 1.2 ～ 1.5 cm，成熟时假种皮暗紫色，有白粉，梗长 7 ～ 13 mm，其上有苞片脱落的痕迹；骨质外种皮黄褐色，顶端圆，基部尖，其上密被细小的凹点，内种皮膜质。花期 3 ～ 4 月，种子 10 月成熟。

【分布与生境】海南、浙江、福建、江西、湖南、广东、广西、四川。垂直分布自海岸以上丘陵地区，上达海拔 1600 m 之高山地带，往往与常绿阔叶树组成森林。

裸子植物（4）竹柏

## 4. 罗汉松属 Podocarpus

### （5）百日青 Podocarpus neriifolius D.Don

【形态特征】乔木，高达 25 m，胸径约 50 cm；树皮灰褐色，薄纤维质，成片状纵裂；枝条开展或斜展。叶螺旋状着生，披针形，厚革质，常微弯，长 7 ～ 15 cm，宽 9 ～ 13 mm，上部渐窄，先端有渐尖的长尖头，萌生枝上的叶稍宽、有短尖头，基部渐窄，楔形，有短柄，上面中脉隆起，下面微隆起或近平。雄球花穗状，单生或 2 ～ 3 个簇生，长 2.5 ～ 5 cm，总梗较短，基部有多数螺旋状排列的苞片。种子卵圆形，长 8 ～ 16 mm，顶端圆或钝，熟时肉质假种皮紫红色，种托肉质橙红色，梗长 9 ～ 22 mm。花期 5 月，种子 10 ～ 11 月成熟。

【分布与生境】海南、浙江、福建、台湾、江西、湖南、贵州、四川、西藏、云南、广西、广东等地。常在海拔 400 ～ 1000 m 山地与阔叶树混生成林，其他各地林木稀少。

裸子植物（5）百日青

# 被子植物门

## 一、木兰科 Magnoliaceae

### 1. 木莲属 *Manglietia*

#### （1）海南木莲 *Manglietia hainanensis*

【形态特征】乔木，高达 20 m，胸径约 45 cm；树皮淡灰褐色；芽、小枝多少残留红褐色平伏短柔毛。叶薄革质，倒卵形，狭倒卵形、狭椭圆状倒卵形，很少为狭椭圆形，长 10～16（～20）cm，宽 3～6（～7）cm，边缘波状起伏，先端急尖或渐尖，基部楔形，沿叶柄稍下延，上面深绿色，下面较淡，疏生红褐色平伏微毛；侧脉每边 12～16 条，稍凸起，干后两面网脉均明显；叶柄细弱，长 3～4（～4.5）cm，基部稍膨大；托叶痕半圆形，长约 4 mm。花梗长 0.8～4 cm，直径 0.4～0.7 cm；佛焰苞状苞片薄革质，阔圆形，长 4～5 cm，宽约 6 cm，顶端开裂，两面有粒状凸起，紧接花被片的基部或靠近基部；花被片 9，每轮 3 片，外轮的薄革质，倒卵形，外面绿色，长 5～6 cm，宽 3.5～4 cm，顶端有浅缺，内 2 轮钝白色，带肉质，倒卵形，长 4～5 cm，宽约 3 cm，肉质；雄蕊群红色，雄蕊长约 1 cm，花药长约 8 mm，药隔伸出钝或短钝尖；雌蕊群长 1.5～2 cm，具 18～32 枚心皮，顶端无短喙，平滑，基部心皮长 7～10 mm，宽 3～5 mm，上部的心皮露出面菱形，有一条纵纹，长宽均约 5 mm。花柱不明显，每心皮具胚珠 5～8 颗，2 列。聚合果褐色，卵圆形或椭圆状卵圆形，长 5～6 cm，成熟心皮露出面有点状凸起；种子红色，稍扁，长 7～8 mm，宽 5～6 mm。花期 4～5 月，果期 9～10 月。

被子植物（1）海南木莲

【分布与生境】海南（定安、琼中、陵水、保亭、崖县、乐东、东方）特产种。生于海拔 300～1200 m 的溪边、密林中。

## 2. 含笑属 *Michelia*

### （2）白花含笑 *Michelia mediocris* Dandy

【形态特征】常绿乔木，高达 25 m，胸径 90 cm，树皮灰褐色；芽顶端尖，被红褐色微柔毛；嫩枝、嫩叶被灰白色的平伏微柔毛。叶薄革质，菱状椭圆形，长 6～13 cm，宽 3～5 cm，先端短渐尖，基部楔形或阔楔形，上面无毛，下面被灰白色平伏微柔毛；侧脉每边 10～15 条，纤细而不明显，网脉致密；叶柄长 1.5～3 cm，无托叶痕。花蕾椭圆体形，长 1～1.5 cm，直径 5～9 mm，密被褐黄色或灰色平伏微柔毛；佛焰苞状苞片 3；花白色，花被片 9，匙形，长 1.8～2.2 cm，宽 5～8 mm；雄蕊长 1～1.5 cm，花药长 0.8～1.4 cm，药隔伸出成长 3～

被子植物（2）白花含笑

4 mm 的长尖头；雌蕊群圆柱形，长约 1 cm，雌蕊群柄长 3～5 mm，密被银灰色平伏微柔毛，心皮 7～14 枚，每心皮有胚珠 4～5 颗。聚合果熟时黑褐色，长 2～3.5 cm；蓇葖倒卵圆形或长圆体形或球形，稍扁，长 1～2 cm，有白色皮孔，顶端具圆钝的喙；种子鲜红色，长 5～8 mm，宽约 5 mm。花期 12 月至翌年 1 月，果期 6～7 月。

【分布与生境】广东东南部、海南东部至西南部、广西。生于海拔 400～1000 m 的山坡杂木林中。

## 3. 拟单性木兰属 *Parakmeria*

### （3）乐东拟单性木兰 *Parakmeria lotungensis* (Chun & C. H. Tsoong) Y. W. Law

【形态特征】常绿乔木，高达 30 m，胸径 30 cm，树皮灰白色；当年生枝绿色。叶革质，狭倒卵状椭圆形、倒卵状椭圆形或狭椭圆形，长 6～11 cm，宽 2～3.5（～5）cm，先端尖而尖头钝，基部楔形或狭楔形；上面深绿色，有光泽；侧脉每边 9～13 条，干时两面明显凸起，叶柄长 1～2 cm。花杂性，雄花、两性花异株。雄花：花被片 9～14，外轮 3～4 片浅黄色，倒卵状长圆形，长 2.5～3.5 cm，宽 1.2～2.5 cm，内 2～3 轮白色，较狭少；雄蕊 30～70 枚，雄蕊长 9～11 mm，花药长 8～10 mm，花丝长 1～2 mm，药隔伸出成短尖，花丝及药隔紫红色；有时具 1～5 心皮的两性花、雄花花托顶端长锐尖、有时具雌蕊群柄。两性花：花被片与雄花同形而较小，雄蕊 10～35 枚，雌蕊群卵圆形，绿色，具雌蕊

10～20 枚。聚合果卵状长圆形或椭圆状卵圆形，很少倒卵形，长 3～6 cm；种子椭圆形或椭圆状卵圆形，外种皮红色，长 7～12 mm，宽 6～7 mm。花期 4～5 月，果期 8～9 月。

【分布与生境】江西（井冈山）、福建（永安武夷山黄坑）、湖南（保靖、通道、宜章）、广东北部（乳源）、海南（白沙霸王岭、东方尖峰岭）、广西（灵山）、贵州东南部。生于海拔 700～1400 m 的肥沃的阔叶林中。

被子植物（3）乐东拟单性木兰

## 二、八角科 Illiciaceae

### 八角属 *Illicium*

（4）厚皮香八角 *Illicium ternstroemioides* A.C.Smith

【形态特征】乔木，高 5～12 m。叶 3～5 片簇生，革质，长圆状椭圆形或倒披针形或狭倒卵形，长 7～13 cm，宽 2～5 cm，先端渐尖或长渐尖，尖头长 5～10 mm，基部宽楔形。中脉在叶上面微凹下，在下面凸起，侧脉在两面均不明显；叶柄长 7～20 mm。花红色，单生或 2～3 朵聚生于叶腋或近顶生；花梗直径 1～1.5 mm，长 7～30 mm；花被片 10～14，最大的 1 片宽椭圆形或近圆形，长宽均为 7～12 mm；雄蕊 22～30 枚，长 1.8～3.4 mm，药隔截形或微缺，药室突起，长 0.7～1 mm；心皮 12～14 枚，长 2.5～4 mm，子房长 1.3～2.5 mm，花柱长 1.1～2 mm。果梗长 2.5～4.5 mm；蓇葖 12～14，长 13～20 mm，宽 6～9 mm，厚 3～5 mm，顶端渐狭尖，弯曲。种子长 6～7 mm，宽 4～4.5 mm，厚 2～3 mm。染色体 $2n=28$。花期 1～8 月，果期 4～11 月。

被子植物（4）厚皮香八角

【分布与生境】海南和福建。生于海拔 850～1700 m 的密林、峡谷、溪边林中。

## 三、番荔枝科 Annonaceae

### 暗罗属 *Polyalthia*

（5）斜脉暗罗 *Ployalthia plagioneura* (Diels) D. M. Johnson

【形态特征】乔木，高达 15 m；小枝被紧贴的褐色丝毛，老渐无毛。叶纸质，长圆状倒披针形、长圆形至狭椭圆形，长 8 ～ 22 cm，宽 3 ～ 7.5 cm，顶端急尖，基部宽楔形，叶面无毛，亮绿色，叶背几无毛或被极稀疏的褐色微柔毛；侧脉每边 8 ～ 11 条，弯拱上升，未达叶缘联结，干时和网脉一样两面均凸起；叶柄长 5 ～ 10 mm，初时被紧贴的丝毛，后渐无毛。花大形，黄绿色，直径 5 ～ 10 cm，单朵生于枝端与叶对生；花梗 3 ～ 5 cm，被锈色丝毛；萼片大，卵圆形，长和宽 1.5 ～ 2 cm，外面被疏柔毛，内面密被小茸毛；内外轮花瓣略等大，长达 4 cm，宽达 3 cm，两面均被短毡毛；雄蕊楔形，药隔顶端截形，被短柔毛；心皮线形，被丝毛，花柱线形，无毛，每心皮有胚珠 1 颗，基生。果卵状椭圆形，长 1 ～ 1.5 cm，直径 1 ～ 1.5 cm，初时绿色，成熟时暗红色，干后灰黑色，无毛，内有种子 1 颗；果柄长 2 ～ 7 cm，顶端膨大，被短柔毛，后渐无毛；总果柄粗壮，长 4.5 ～ 10 cm，直径 2.5 ～ 5 mm。花期 3 ～ 8 月，果期 9 月至翌年春季。

被子植物（5）斜脉暗罗

【分布与生境】广东和广西。生于海拔 500 ～ 1000 m 山地密林或疏林中。

## 四、樟科 Lauraceae

### 1. 油丹属 *Alseodaphne*

（6）油丹 *Alseodaphne hainanensis* Merr.

【形态特征】乔木，高达 25 m，胸径达 30 cm，除幼嫩部分外全体无毛。枝及幼枝圆柱形，最小枝条直径 2 mm，灰白色，有少数近圆形的叶痕，幼枝基部有多数密集的鳞片痕。顶芽小，有灰色或锈色绢毛。叶多数，聚集于枝顶，长椭圆形，长 6～10（～16）cm，宽 1.5～3.2（2～4）cm，先端圆形，基部急尖，革质，上面光亮，有蜂巢状浅窝穴，下面带绿白色，晦暗，边缘反卷，中脉在上面下陷，下面明显凸起，侧脉 12～17 对，纤细，两面略明显，末端弧状网结，叶柄粗壮，长 1～1.5 cm，腹凹背凸。圆锥花序生于枝条上部叶腋内，长 3.5～8（10～12）cm，无毛，干时黑色，少分枝；总梗伸长，与花梗近肉质；花梗纤细，长 3～8 mm，果时增粗。花被裂片稍肉质，长圆形，长约 4 mm，宽约 2 mm，先端微急尖，外面无毛，内面被白色绢毛。能育雄蕊长约 2.5 mm，被疏柔毛，花药椭圆状四方形，钝头，与花丝等长，第一、第二轮雄蕊花药药室内向，第三轮雄蕊花药上 2 药室侧向下 2 药室外向，其花丝基部有一对具柄腺体。退化雄蕊明显，箭头形，具柄。子房卵珠形，花柱纤细，柱头不明显。果球形或卵形，鲜时绿色，干时黑色，直径 1.5～2.5 cm；果梗鲜时肉质，干后黑色，长 1.2～2 cm，有皱纹。花期 7 月，果期 10 月至翌年 2 月。

被子植物（6）油丹

【分布与生境】海南。生于海拔 1400～1700 m 的林谷或密林中。

## 2. 琼楠属 *Beilschmiedia*

### （7）厚叶琼楠 *Beilschmiedia percoriacea* Allen

被子植物（7）厚叶琼楠

【形态特征】乔木，高 15～18 m，胸径可达 1.5 m；树皮灰褐色或黑褐色，全株无毛。小枝粗壮，略扁平，有条纹。顶芽卵圆形，革质。叶对生或近对生，厚革质或革质，长椭圆形或椭圆形，长 9～15（～19）cm，宽 4.5～6（～8）cm，微偏斜，先端通常短渐尖，尖头钝，基部楔形，上面光亮，干后深褐色或黑褐色，中脉在上面凹下，侧脉每边 6～9 条，两面明显凸起，网状脉明显凸起，叶缘波状，略背卷；叶柄粗壮，长 1.2～2 cm。花序圆锥状或总状，数个聚生于枝顶，长 1.5 ～ 5 cm，粗壮；花梗长 5 ～ 10 mm；花被裂片卵形或卵圆形，长 1.5 ～ 2 mm。果长椭圆形，长 4 ～ 5.5 cm，直径 1.5 ～ 2.5 cm，有时稍偏斜，幼时绿色，成熟时暗红色或黑褐色，平滑，果梗长 5 ～ 8 mm，粗 3 ～ 5 mm，两端不膨大。花期 5 月，果期 6 ～ 12 月。

【分布与生境】海南、广西和云南。常生于山坡密林中。

（8）纸叶琼楠 Beilschmiedia pergamentacea Allen

【形态特征】乔木，高 8 ～ 20 m；树皮灰白色。小枝有条纹及微小腺状凸点。顶芽细小，无毛。叶对生或近对生，坚纸质，狭椭圆形或长椭圆形，长 10 ～ 16 cm，宽 3 ～ 5.5 cm，先端渐尖或长渐尖，尖头钝，常呈镰状弯曲，基部楔形或阔楔形，两面无毛，干后上面灰褐色，下面紫黑色，密被腺状小凸点，中脉上面稍凸起，侧脉每边 7 ～ 12 条，小脉网状稍明显；叶柄长 1 ～ 2 cm，常有腺状小凸点。花序总状或圆锥状，腋生，长 3 ～ 4 cm，近无毛；总梗长 1 cm；花梗长 5 mm；花被裂片近圆形，长 1.5 mm，有灰白色毛；花丝、退化雄蕊通常被短柔毛。果序粗壮；果长圆状椭圆形，两端圆形，长 3 ～ 4.3 cm，直径 2 ～ 2.5 cm，干时黑色或黑紫色，常有细微的小凸点，顶端有细尖头；果梗长 1 ～ 2.5 cm，粗 4 ～ 6 mm，灰褐色，有皱纹。花期 8 月，果期 10 ～ 11 月。

被子植物（8）纸叶琼楠

【分布与生境】海南、广西、云南东南部。常生于山谷疏林或密林中。

（9）网脉琼楠 Beilschmiedia tsangii Merr.

【形态特征】乔木，高可达 25 m，胸径达 60 cm；树皮灰褐色或灰黑色。顶芽常小，与幼枝密被黄褐色绒毛或短柔毛。叶互生或有时近对生，革质，椭圆形至长椭圆形，长 6 ～ 9（～ 14）cm，宽 1.5 ～ 4.5 cm，先端短尖，尖头钝，有时圆或有缺刻，基部急尖或近圆形，干时上面灰褐色或绿褐色，下面稍浅，两面具光泽，中脉上面下陷，侧脉每边 7 ～ 9 条，小脉密

被子植物（9）网脉琼楠

网状，干后略构成蜂巢状小窝穴；叶柄长 5 ～ 14 mm，密被褐色绒毛。圆锥花序腋生，长 3 ～ 5 cm，微被短柔毛；花白色或黄绿色，花梗长 1 ～ 2 mm；花被裂片阔卵形，外面被短柔毛；花丝被短柔毛；第三轮雄蕊近基部有一对无柄腺体；退化雄蕊箭头形。果椭圆形，长 1.5 ～ 2 cm，直径 9 ～ 15 mm，有瘤状小凸点；果梗粗 1.5 ～ 3.5 mm。花期夏季，果期 7 ～ 12 月。

【分布与生境】 台湾、广东、广西、云南。常生于山坡湿润混交林中。

### 3. 樟属 *Cinnamomum*

（10）阴香 *Cinnamomum burmanni* (Nees) Bl.

【形态特征】 乔木，高达 14 m，胸径达 30 cm；树皮光滑，灰褐色至黑褐色，内皮红色，味似肉桂。枝条纤细，绿色或褐绿色，具纵向细条纹，无毛。叶互生或近对生，稀对生，卵圆形、长圆形至披针形，长 5.5 ～ 10.5 cm，宽 2 ～ 5 cm，先端短渐尖，基部宽楔形，革质，上面绿色，光亮，下面粉绿色，晦暗，两面无毛。具离基三出脉，中脉及侧脉在上面明显，下面十分凸起，侧脉自叶基 3 ～ 8 mm 处生出，向叶端消失，横脉及细脉两面微隆起，多少呈网状；叶柄长 0.5 ～ 1.2 cm，腹平背凸，近无毛。圆锥花序腋生或近顶生，较叶短，长（～ 2）3 ～ 6 cm，少花，疏散，密被灰白微柔毛，最末分枝为 3 花的聚伞

被子植物（10）阴香

花序。花绿白色，长约 5 mm；花梗纤细，长 4 ～ 6 mm，被灰白微柔毛。花被内外两面密被灰白微柔毛，花被筒短小，倒锥形，长约 2 mm，花被裂片长圆状卵圆形，先端锐尖。可育雄蕊 9，花丝全长及花药背面被微柔毛，第一、第二轮雄蕊长 2.5 mm，花丝稍长于花药，无腺体，花药长圆形，4 室，室内向，第三轮雄蕊长 2.7 mm，花丝稍长于花药，中部有一对近无柄的圆形腺体，花药长圆形，4 室，室外向。退化雄蕊 3，位于最内轮，长三角形，长约 1 mm，具柄，柄长约 0.7 mm，被微柔毛。子房近球形，长约 1.5 mm，略被微柔毛，花柱长 2 mm，具棱角，略被微柔毛，柱头盘状。果卵球形，长约 8 mm，宽 5 mm；果托长 4 mm，顶端宽 3 mm，具齿裂，齿顶端截平。花期主要

在秋、冬季，果期主要在冬末及春季。

【分布与生境】广东、广西、云南及福建。生于海拔 100～1400 m（在云南境内海拔可高达 2100 m）的疏林、密林或灌丛中，或溪边路旁等处。

（11）黄樟 *Cinnamomum porrectem* (Roxb.) Kosterm.

被子植物（11）黄樟

【形态特征】常绿乔木，树干通直，高 10～20 m，胸径达 40 cm 以上；树皮暗灰褐色，上部为灰黄色，深纵裂，小片剥落，厚约 3～5 mm，内皮带红色，具有樟脑气味。枝条粗壮，圆柱形，绿褐色，小枝具棱角，灰绿色，无毛。芽卵形，鳞片近圆形，被绢状毛。叶互生，通常为椭圆状卵形或长椭圆状卵形，长 6～12 cm，宽 3～6 cm，在花枝上的稍小，先端通常急尖或短渐尖，基部楔形或阔楔形，革质，上面深绿色，下面色稍浅，两面无毛或仅下面腺窝具毛簇。羽状脉，侧脉每边 4～5 条，与中脉两面明显，侧脉脉腋上面不明显凸起下面无明显的腺窝，细脉和小脉网状；叶柄长 1.5～3 cm，腹凹背凸，无毛。圆锥花序于枝条上部腋生或近顶生，长 4.5～8 cm，总梗长 3～5.5 cm，与各级序轴及花梗均无毛。花小，长约 3 mm，绿带黄色；花梗纤细，长达 4 mm。花被外面无毛，内面被短柔毛，花被筒倒锥形，长约 1 mm，花被裂片宽长椭圆形，长约 2 mm，宽约 1.2 mm，具点，先端钝形。可育雄蕊 9，花丝被短柔毛，第一、第二轮雄蕊长约 1.5 mm，花药卵圆形，与扁平的花丝近相等，第三轮雄蕊长约 1.7 mm，花药长圆形，长 0.7 mm，花丝扁平，近基部有一对具短柄的近心形腺体。退化雄蕊 3，位于最内轮，三角状心形，连柄长不及 1 mm，柄被短柔毛。子房卵珠形，长约 1 mm，无毛，花柱弯曲，长约 1 mm，柱头盘状，不明显三浅裂。果球形，直径 6～8 mm，黑色；果托狭长倒锥形，长约 1 cm 或稍短，基部宽 1 mm，红色，有纵长的条纹。花期 3～5 月，果期 4～10 月。

【分布与生境】广东、广西、福建、江西、湖南、贵州、四川、云南。生于海拔 1500 m 以下的常绿阔叶林或灌木丛中，灌木丛中多呈矮生灌木型，云南南部有利用野生乔木辟为栽培的樟茶混交林。

（12）平托桂 *Cinnamomum tsoi* Allen in Journ.Arn.Arb.20: 57.1939

【形态特征】乔木，高约 12 m，胸径达 45 cm；树皮灰色，有香气。枝条圆柱形，无毛，有松脂的气味，小枝略扁而具棱，幼嫩部分被褐色绒毛，棱更显著。叶近对生，椭圆状披针形，长 7～11 cm，宽 1.5～3.5 cm，先端渐尖，基部楔形，革质，上面干后褐绿色，无毛，光亮，下面淡褐绿色，晦暗，初时疏生皱波状短柔毛，后渐变无毛。离基三出脉，中脉及侧脉在上面稍凸起，下面明显凸起，侧脉在近叶缘一侧分枝，横脉及细脉在上面不明显，下面多少明显；叶柄长 6～10 mm，腹面具沟槽，幼时疏被绒毛，后渐变无毛。圆锥花序腋生或近顶生，长 2～3.5 cm，序轴有近贴伏状的绒毛。花未见。

被子植物（12）平托桂

果卵球形，先端具细尖头，长 1.5 cm，宽在 1 cm 以下；果托浅杯状，木质，全缘，长约 0.5 cm。果期 10～12 月。

【分布与生境】海南、广西（蒙山）。生于海拔约 2400 m 的常绿阔叶林中。

### 4. 厚壳桂属 *Cryptocarya*

（13）厚壳桂 *Cryptocarya chinensis* (Hance) Hemsl.

【形态特征】乔木，高达 20 m，胸径达 10 cm；树皮暗灰色，粗糙。老枝粗壮，多少具棱角，淡褐色，疏布皮孔；小枝圆柱形，具纵向细条纹，初时被灰棕色小绒毛，后逐渐脱落。叶互生或对生，长椭圆形，长 7～11 cm，宽（2～）3.5～5.5 cm，先端长或短渐尖，基部阔楔形，革质，两面幼时被灰棕色小绒毛，后逐渐脱落，上面光亮，下面苍白色，具离基三出脉，中脉在上面凹陷，下面凸起，基部的一对侧脉对生，自叶基 2～5 mm 处生出，中脉上部有互生的侧脉 2～3 对，横脉纤细，近波状，细脉网状，两面均明显；叶柄长约 1 cm，腹凹背凸。圆锥花序腋生及顶生，长 1.5～4 cm，具梗，被黄色小绒毛。花淡黄色，长约 3 mm；花梗极短，长约 0.5 mm，被黄色小绒毛。花被两面被黄色小绒毛，花被筒陀螺形，短小，长 1～1.5 mm，花被裂片近倒卵形，长约 2 mm，先端急

被子植物（13）厚壳桂

尖。可育雄蕊 9，花丝被柔毛，略长于花药，花药 2 室，第一、第二轮雄蕊长约 1.5 mm，花药药室内向，第三轮雄蕊长约 1.7 mm，花丝基部有一对棒形腺体，花药药室侧外向。退化雄蕊位于最内轮，钻状箭头形，被柔毛。子房棍棒状，长约 2 mm，花柱线形，柱头不明显。果球形或扁球形，长 7.5 ～ 9 mm，直径 9 ～ 12 mm，熟时紫黑色，约有纵棱 12 ～ 15 条。花期 4 ～ 5 月，果期 8 ～ 12 月。

【分布与生境】 四川、广西、广东、福建及台湾。生于海拔 300 ～ 1100 m 的山谷荫蔽的常绿阔叶林中。

（14）黄果厚壳桂 *Cryptocarya concinna* Hance

被子植物（14）黄果厚壳桂

【形态特征】 乔木，高达 18 m，胸径 35 cm；树皮淡褐色。枝条灰褐色，多少具棱角，具纵向细条纹，无毛；幼枝纤细，有棱角及纵向细条纹，被黄褐色短绒毛。叶互生，椭圆状长圆形或长圆形，长（3 ～）5 ～ 10 cm，宽（1.5 ～）2 ～ 3 cm，先端钝、近急尖或短渐尖，基部楔形，两侧常不相等，坚纸质，上面稍光亮，无毛，下面带绿白色，略被短柔毛，后变无毛。中脉在上面凹陷，下面凸起，侧脉每边 4 ～ 7 条，上面不明显，下面明显，横脉及细脉构成不规则网状，上面不明显，下面多少明显；叶柄长 0.4 ～ 1 cm，腹凹背凸，被黄褐色短柔毛。圆锥花序腋生及顶生，长（2 ～ 3）4 ～ 8 cm，被短柔毛，向上多分枝，总梗被短柔毛；苞片十分细小，三角形。花长达 3.5 mm；花梗长 1 ～ 2 mm，被短柔毛。花被两面被短柔毛，花被筒近钟形，长约 1 mm，花被裂片长圆形，长约 2.5 mm，先端钝。可育雄蕊 9，花药长圆形，长约 1 mm，药隔十分伸出，伸出部分长约 0.33 mm，花丝基部被柔毛，长 1.4 ～ 1.5 mm，第一、第二轮雄蕊花药药室内向，花丝无腺体，第三轮雄蕊花药药室外向，花丝基部有一对具柄腺体。退化雄蕊 3，位于最内轮，三角状披针形，长 1 ～ 1.5 mm。子房包藏于花被筒中，长倒卵形，上端渐狭成花柱，柱头斜向截形。果长椭圆形，长 1.5 ～ 2 cm，直径约 8 mm，幼时深绿色，有纵棱 12 条，熟时黑色或蓝黑色，纵棱有时不明显。花期 3 ～ 5 月，果期 6 ～ 12 月。

【分布与生境】 广东、广西、江西及台湾。生于谷地或缓坡常绿阔叶林中，海拔 600 m 以下。

（15）丛花厚壳桂 *Cryptocarya densiflora* Bl.Bijdr.

【形态特征】 乔木，高 7 ～ 20 m，胸径 12 ～ 40 cm。枝条有棱角，淡褐或深褐色，具细条纹，疏生皮孔，被锈色绒毛。叶互生，长椭圆形至椭圆状卵形，长 10 ～ 15 cm，宽 5 ～ 8.5 cm，先端急短渐尖，基部楔形、钝或圆形，革质，上面光亮，干时带褐色，下面苍白呈粉绿色，初时有锈色绒毛，后毛被渐脱落，具离基三出脉，中脉上面凹陷，下面凸起，基部的一对侧脉近对生，自叶基（2 ～）5 ～ 15 mm 处生出，弯曲上升，无支脉或有时向叶缘一侧有明显的支脉，自中脉中部以上或有时自其基部 1/3 以上有互生的侧脉 1 ～ 2 对，横脉纤细，近波状，稍稀疏，其间由细脉连接；叶柄

被子植物（15）丛花厚壳桂

长 1 ～ 2 cm，腹平背凸，被锈色绒毛或变无毛。圆锥花序腋生及顶生，长 2.5 ～ 8 cm，宽 4 ～ 5 cm，具梗，多花密集，被褐色短柔毛。花白色，长约 4 mm；花梗短，长不及 1 mm，密被褐色短柔毛；花被两面密被褐色短柔毛，筒陀螺形，短小，长约 2 mm，花被裂片卵圆形，长约 2 mm，先端急尖；可育雄蕊 9，花丝被柔毛，长约为花药的 2 倍，花药 2 室，第一、第二轮花药药室内向，第三轮花药药室外向，第三轮花丝基部有一对棒形腺体；退化雄蕊位于最内一轮，箭头形，具长柄；子房棍棒状，长约 2 mm，花柱线形，柱头不明显。果扁球形，长 1.2 ～ 1.8 cm，直径 1.5 ～ 2.5 cm，顶端具明显的小尖突，光滑，有不明显的纵棱，初时褐黄色，熟时乌黑色，有白粉。花期 4 ～ 6 月，果期 7 ～ 11 月。

【分布与生境】 广东、广西、福建及云南。生于海拔 650 ～ 1600 m 的山谷或常绿阔叶林中。

（16）钝叶厚壳桂 *Cryptocarya impressinervia* H. W. Li

【形态特征】 乔木，高达 18 m，胸径 30 cm；树皮褐色或灰褐色。老枝纤细，具纵向条纹及皮孔，密被锈色或黑褐色短柔毛，幼枝多少具棱角，直径约 3 毫米，密被锈色短柔毛。叶互生，长椭圆形，长 10 ～ 19 cm，宽 4.8 ～ 8 cm，先端钝，具小突尖或具缺刻，罕为急尖，基部宽楔形、钝至近圆形，厚革质，干时上面黄绿色，下面淡绿色，上面除沿中脉及侧脉被锈色短柔毛外余部无毛，下面全面被短柔毛，羽状脉，中脉及侧脉在上面稍凹陷，下面明显凸起，侧脉每边 7 ～ 9 条，横脉上面多少凹陷，下面明显，细脉疏网状，下面明显，叶柄粗壮，长 1 ～

被子植物（16）钝叶厚壳桂

1.5 cm，腹平背凸，密被锈色短柔毛。圆锥花序顶生及腋生，长达 14 cm，密被锈色短柔毛，多分枝，下部分枝长 5 ～ 6 cm，具长达 6 cm 的总梗；苞片及小苞片宽卵圆形，长达 3 mm，两面被锈色短柔毛；花绿带黄色，长约 3 mm；花梗长不及 1 mm，密被锈色短柔毛；花被外面密被内面疏被锈色短柔毛，花被筒陀螺状，长 1.5 mm，花被裂片卵圆形，长 1.5 mm，先端急尖；可育雄蕊 9，长约 1.5 mm，花丝被柔毛，花药 2 室，第一、第二轮雄蕊花药药室内向，花丝无腺体，第三轮雄蕊花药药室外向，花丝基部有一对具柄的近圆形腺体；退化雄蕊位于最内轮，箭头状长三角形，具短柄；子房棍棒状，连花柱长 2.5 mm，花柱线形，柱头不明显。果椭圆形，长 10 ～ 12 mm，直径 6 ～ 8 mm，干时黑色，近无毛或顶端略被短柔毛，有稍明显的纵棱 12 条。花期 6 ～ 7 月，果期 8 月至翌年 1 月。

【分布与生境】海南。生于海拔 250 ～ 1100 m 的山谷常绿阔叶林中，溪畔或沿河岸等处。

## 5. 山胡椒属 Lindera

### （17）海南山胡椒 Lindera robusta (Allen) H. P. Tsui

【形态特征】常绿乔木，高 5 ～ 10 m；树皮灰褐色，有纵裂。枝条黑褐色，有纵条纹及木栓质皮孔，幼枝条粗壮，直径通常在 3 mm 以上。叶互生，长圆形，长 8 ～ 16 cm，宽 2.5 ～ 2.6 cm，先端渐尖，基部楔形，革质，上面绿色，下面苍白绿色，两面无毛，边缘稍下卷，干时棕灰色，羽状脉，侧脉每边 4 ～ 5 条，中脉上面稍凹，下面明显凸出，侧脉上面稍凸，下面明显凸出，网脉粗，有时下面不明显，叶柄长 1.5 ～ 2 cm，无毛。伞形花序 2 ～ 5 生

被子植物（17）海南山胡椒

于腋生短枝枝端；总梗长 1～1.2 cm，无毛；总苞片；有花 7～9 朵；花梗长约 2 mm，密被白色或淡棕色柔毛；雄花花被片等长，长圆形，先端圆，长 3.5 mm，宽约 1 mm，内外两面被白色柔毛，但外面较密，密布透明圆腺点，雄蕊花药三角形，花丝被毛，第一轮长 3 mm，第二轮长 4 mm，第三轮长 3 mm，中下部有 2 个椭圆形具短柄腺体，退化雌蕊细小；雌花花被管长约为花被片长的一半，花被片长椭圆形，先端渐尖，长 1.5 mm，外轮宽 0.6 mm，内轮宽 0.4 mm，退化雄蕊条形，第一、第二轮长约 1.5 mm，第三轮长约 2.3 mm，中部着生 2 个长卵形腺体；子房椭圆形，长 1.5 mm，花柱长约 4 mm，连同子房被稀疏柔毛，柱头半圆球形，具乳突。果球形，直径约 6 mm。

【分布与生境】海南。生于海拔 3000 m 以下山坡疏林中。

## 6. 木姜子属 *Litsea*

### （18）山鸡椒 *Litsea cubeba* (Loureiro) Persoon Syn.

【形态特征】落叶灌木或小乔木，高达 8～10 m；幼树树皮黄绿色，光滑，老树树皮灰褐色。小枝细长，绿色，无毛，枝、叶具芳香味。顶芽圆锥形，外面具柔毛。叶互生，披针形或长圆形，长 4～11 cm，宽 1.1～2.4 cm，先端渐尖，基部楔形，纸质，上面深绿色，下面粉绿色，两面均无毛，羽状脉，侧脉每边 6～10 条，纤细，中脉、侧脉在两面均突起；叶柄长 6～20 mm，纤细，无毛。伞形花序单生或簇生，总梗细长，长 6～10 mm；苞片边缘有睫毛；每一花序有花 4～6 朵，先叶开放或与叶同时开放，花被裂片 6，宽卵形；可育雄蕊 9，花丝中下部有毛，第 3 轮基部的腺体具短柄；退化雌蕊无毛；雌花中退化雄蕊中下部具柔毛；子房卵形，花柱短，柱头头状。果近球形，直径约 5 mm，无毛，幼时绿色，成熟时黑色，果梗长 2～4 mm，先端稍增粗。花期 2～3 月，果期 7～8 月。

被子植物（18）山鸡椒

【分布与生境】广东、广西、福建、台湾、浙江、江苏、安徽、湖南、湖北、江西、贵州、四川、云南、西藏。生于海拔 500～3200 m 的向阳的山地、灌丛、疏林或林中路旁、水边。

（19）大果木姜子 *Litsea lancilimba* Merr.

被子植物（19）大果木姜子

【形态特征】 常绿乔木，高达 20 m，胸径达 60 cm。小枝红褐色，粗壮，具明显棱条，无毛。顶芽卵圆形，先端钝，鳞片外面被丝状短柔毛，边缘无毛。叶互生，披针形，长 10～20（～50）cm，宽 3.5～5 cm，先端急尖或渐尖，基部楔形，革质，上面深绿色，有光泽，下面粉绿，两面均无毛，羽状脉，侧脉每边 12～14 条，中脉、侧脉在两面均突起；叶柄粗长，长 1.6～3.5 cm，无毛。伞形花序腋生，单独或 2～4 个簇生；总梗短粗，长约 5 mm；苞片外面具丝状短柔毛；每一花序有花 5 朵，花梗长约 4 mm，被白色柔毛；花被裂片 6，披针形，外面中肋疏生柔毛，可育雄蕊 9，花丝有柔毛，第 3 轮基部的腺体有柄。果长圆形，长 1.5～2.5 cm，直径 1～1.4 cm；果托盘状，直径约 1 cm，边缘常有不规则的浅裂或不裂；果梗长 5～8 mm，粗壮。花期 6 月，果期 11～12 月。

【分布与生境】 广东、广西、福建南部、云南东南部。生于海拔 900～2500 m 的密林中。

（20）豺皮樟 *Litsea rotundifolia* (Nees) Hemsl.

【形态特征】 常绿灌木或小乔木，高达 3 m，树皮灰色或灰褐色，常有褐色斑块。小枝灰褐色，纤细，无毛或近无毛。预芽卵圆形，鳞片外面被丝状黄色短柔毛。叶散生，宽卵圆形至近圆形，小，长 2.2～4.5 cm，宽 1.5～4 cm，先端钝圆或短渐尖，基部近圆，薄革质，上面绿色，光亮，无毛，下面粉绿色，无毛，羽状脉，侧脉每边通常 3～4 条，中脉、侧脉在叶上面下陷，下面突起；叶柄粗短，长 3～5 mm，初时有柔毛，后毛脱落变无毛。伞形花序常 3 个簇生叶腋，几无总梗；每一花序有花 3～4 朵，花小，近于无梗；花被筒杯状，被柔毛；花被裂片 6，倒卵状圆形，大小不等，可育雄蕊 9，花丝有稀疏柔毛，腺体小，圆形；退化

被子植物（20）豺皮樟

雌蕊细小，无毛。果球形，直径约 6 mm，几无果梗，成熟时灰蓝黑色。花期 8 ～ 9 月，果期 9 ～ 11 月。

【分布与生境】广东、广西。生于低海拔山地下部的灌木林或疏林中。

### 7. 润楠属 *Machilus*

（21）华润楠 *Machilus chinensis* (Champ.ex Bench.) Hemsl.

【形态特征】乔木，高 8 ～ 11 m，无毛。芽细小，无毛或有毛。叶倒卵状长椭圆形至长椭圆状倒披针形，长 5 ～ 8（～ 10）cm，宽 2 ～ 3（～ 4）cm，先端钝或短渐尖，基部狭，革质，干时下面稍粉绿色或褐黄色，中脉在上面凹下，下面凸起，侧脉不明显，每边约 8 条，网状小脉在两面上形成蜂巢状浅窝穴；叶柄长 6 ～ 14 mm。圆锥花序顶生，2 ～ 4 个聚集，常较叶为短，长约 3.5 cm，在上部分枝，有花 6 ～ 10 朵，总梗约占全长的 3/4；花白色，花梗长约

被子植物（21）华润楠

3 mm；花被裂片长椭圆状披针形，外面有小柔毛，内面或内面基部有毛，内轮的长约 4 mm，宽 1.8 ～ 2.5 mm，外轮的较短；雄蕊长 3 ～ 3.5 mm，第三轮雄蕊腺体几无柄，退化雄蕊有毛；子房球形。果球形，直径 8 ～ 10 mm；花被裂片通常脱落，间有宿存。花期 11 月，果期翌年 2 月。

【分布与生境】广东、广西。生于山坡阔叶混交疏林或矮林中。

（22）刻节润楠 *Machilus cicatricosa* S.Lee

被子植物（22）刻节润楠

【形态特征】乔木，高达 15 m，胸径达 35 cm；树皮灰褐色。当年生及一、二年生枝上均有顶芽鳞片脱落后的疤痕，疤痕浅棕色，螺旋状环列，枝上有 6、7 环甚至十多环，由于和小枝颜色不同，所以特别显著，老枝褐色或灰褐色，有纵向的浅短纵裂，小枝黑褐色。顶芽卵形，密被鳞片，鳞片阔圆形，中部有灰棕色绢状微毛，近边缘处秃净，下部的鳞片较小，中部的渐大。叶生于近小枝末端，椭圆形至倒披针形，长 5 ～ 10.5 cm，宽 1.5 ～

2.8 cm，先端急尖至短渐尖，基部楔形，薄革质，上面光亮，下面粉绿色，疏生灰白色绢状微毛至几无毛，中脉上面凹陷，下面稍凸起，侧脉颇纤细，每边约 12～14 条，不甚明显，网脉很纤细，形成蜂窝状小窝穴，上面的较明显；叶柄纤细，长 1～1.6 cm。狭圆锥花序顶生，长 2～4.5 cm，疏被灰色小柔毛，在近顶端处分枝，极少在中部分枝，分枝少而短，下部的分枝有花 3 朵，成三出状，其余的分枝极短缩以至于消失，有花 2～3 朵，中轴顶端常有花 3 朵，有时与接近顶端的花一起形成近似复生的花序；花绿色，有香气；花梗长约 3 mm，有绢状小柔毛；花被裂片卵形，长约 3 mm，两面均密被灰色绢状小柔毛，外轮裂片略窄；雄蕊基部有毛，花丝较花药长 1 倍，第一、第二轮长 2.2 mm，第三轮长约 2.5 mm，腺体几无柄，近肾形；退化雄蕊箭头形，有毛，长 1.5 mm；雌蕊短于雄蕊，子房球形，花柱略长过子房，柱头略扩大。果长圆形，长约 12 mm，径约 9 mm，深绿色。花期 5 月，果期 7～10 月。

【分布与生境】海南。生于阔叶混交林中。

### （23）纳槁润楠 *Machilus nakao* S.Lee

【形态特征】乔木，高达 20 m，胸径达 1 m；树皮灰色、灰褐色以至黑灰色。枝圆柱形，灰棕色，有纵裂长圆形凸起的唇状皮孔和环形叶痕，有不整齐的纵向浅裂，小枝深褐色，幼时有棕色绒毛，以后渐变无毛。叶生于小枝上部，有时生近枝端，倒卵状椭圆形，长 8.5～18 cm，宽 2.8～5.8 cm，先端钝或圆，基部楔形，革质，上面绿色，秃净，下面淡绿色，干时呈棕红色，疏生柔毛，脉上较多，中脉在上面凹下，在下面明显突起，侧脉每边 6～8（～10）条，上面平坦而纤细，下面极明显的凸起，小脉纤细而密，在上面呈蜂窝形；叶柄长 9～20 mm，幼时有绒毛，后渐变无毛。花序生于小枝顶部和小枝上端叶腋，为阔大开展的多歧聚伞花序，长 4～17 cm，约自中部或上端分枝，总梗占全长的 1/2 或 2/3，有浓密短柔毛；花白色或淡黄色，味香，长约 5 mm，开放时扩张，花被裂片卵形，两面都有绒毛，内轮裂片长 5 mm，外轮裂片明显的比内轮裂片较短且较小；雄蕊短于花被裂片，基部有毛，第三轮雄蕊花药的下方一对药室侧向，腺体肾形，有柄，退化雄蕊箭头形，长约为

被子植物（23）纳槁润楠

雄蕊的 1/2；雌蕊无毛，子房球形，花柱长过子房 1 倍，锥头状，蜿蜒弯曲，柱头稍扩大。果绿色，球形，直径 3 cm；宿存花被裂片并不变大。花期 7 ～ 10 月，果期 11 月至翌年 4 月。

【分布与生境】　海南及广西（陆川）。生于山坡、平原灌丛或疏林中，或在溪畔林中。

（24）梨润楠 *Machilus pomifera* (Korsterm.) S.Lee

【形态特征】　乔木，高达 20 m，胸径 60 cm。枝条无毛，灰褐色，有散生的皮孔；嫩枝有小绢毛。顶芽近球形，芽鳞有带棕色的绒毛。叶椭圆形，近倒卵状椭圆形或倒披针形，长 5 ～ 12 cm，宽 2 ～ 5 cm，先端钝或圆，基部楔形或急尖，革质，两面无毛，下面带粉白色，中脉在上面微凹下，下面凸起，侧脉每边约 10 条，稍直，斜伸，纤细，小脉网状，两面不明显；叶柄长 1 ～ 2.5 cm，有小绢毛至几无毛。

圆锥花序近顶生，生于新芽之下，长达 9 cm，疏生小绢毛，少花，下端 2/3 无分枝，最下分枝长可达 6 ～ 10 mm 或只在近顶端有少数极短的分枝；花长 3 ～ 4 mm；花被裂片卵形，急尖，内外轮大小相等，长约 2 mm，疏生微小绢毛；花药卵形，花丝稍长，基部有毛；第三轮雄蕊的腺体大，有短柄；退化雄蕊粗，先端箭头状，有短柄，背上和柄密被柔毛；子房无毛，花柱长约 1.5 mm；柱头不明显。果球形，大，直径 3 cm；果梗略增粗，长约 7 mm；宿存花被开展或反曲。花期 7 ～ 9 月，果期 9 月至翌年 2 月。

被子植物（24）梨润楠

【分布与生境】　海南。生于常绿阔叶混交林中。

（25）绒毛润楠 *Machilus velutina* Champ.ex Benth.

【形态特征】　乔木，高可达 18 m，胸径 40 cm。枝、芽、叶下面和花序均密被锈色绒毛。叶狭倒卵形、椭圆形或狭卵形，长 5 ～ 11（～ 18）cm，宽 2 ～ 5（～ 5.5）cm，先端渐狭或短渐尖，基部楔形，革质，上面有光泽，中脉上面稍凹下，下面很突起，侧脉每边 8 ～ 11 条，下面明显突起，小脉很纤细，不明显；叶柄长 1 ～ 2.5（～ 3）cm。花序单独顶生或数个密集在小枝顶端，近无总梗，分枝

被子植物（25）绒毛润楠

多而短，近似团伞花序；花黄绿色，有香味，被锈色绒毛；内轮花被裂片卵形，长约 6 mm，宽约 3 mm，外轮的较小且较狭，雄蕊长约 5 mm，第三轮雄蕊花丝基部有绒毛，腺体心形，有柄，退化雄蕊长约 2 mm，有绒毛；子房淡红色。果球形，直径约 4 mm，紫红色。花期 10～12 月，果期翌年 2～3 月。

【分布与生境】广东、广西、福建、江西、浙江。

## 8. 新木姜子属 *Neolitsea*

### （26）锈叶新木姜子 *Neolitsea cambodiana* Lecomte

【形态特征】乔木，高 8～12 m，胸径 10～15 cm；树皮红褐色、灰褐色或黑褐色。小枝轮生或近轮生，幼时密被锈色绒毛。顶芽卵形，鳞片外面被锈色短柔毛。叶 3～5 片近轮生，长圆状披针形、长圆状椭圆形或披针形，长 10～17 cm，宽 3.5～6 cm，先端近尾状渐尖或突尖，基部楔形，革质，幼叶两面密被锈色绒毛，后毛渐脱落，老叶上面仅基部中脉有毛外，其余无毛，暗绿色，有光泽，下面沿脉有柔毛，其余无毛，带苍白色；羽状脉或近似远离基三出脉，侧脉每边 4～5 条，弯曲上升，中脉、侧脉两面突起，下面横脉明显；叶柄长 1～1.5 cm，密被锈色绒毛。伞形花序多个簇生叶腋或枝侧，无总梗或近无总梗；苞片 4，外面背脊有柔毛。每一花序有花 4～5 朵；花梗长约 2 mm，密被锈色长柔毛。雄花：花被卵形，外面和边缘密被锈色长柔毛，内面基部有长柔毛，可育雄蕊 6，外露，花丝基部有长柔毛，第三轮基部的腺体小，具短柄，退化雌蕊无毛，花柱细长。雌花：花被条形或卵状披针形，退化雄蕊基部有柔毛，子房卵圆形，无毛或有稀疏柔毛，花柱有柔毛，柱头 2 裂。果球形，直径 8～10 mm；果托扁平盘状，直径 2～3 mm，边缘常

被子植物（26）锈叶新木姜子

残留有花被片；果梗长约 7 mm，有柔毛。花期 10 ～ 12 月，果期翌年 7 ～ 8 月。

【分布与生境】 福建、江西南部、湖南、广东、广西。生于海拔 1000 m 以下的山地混交林中。

### （27）香港新木姜子 *Neolitsea cambodiana* var. *glabra* C. K. Allen

【形态特征】 乔木，高 8 ～ 12 m，胸径 10 ～ 15 cm；树皮红褐色，灰褐色或黑褐色。小枝轮生或近轮生，幼时密被锈色绒毛。顶芽卵形，鳞片外面被锈色短柔毛。叶 3 ～ 5 片近轮生，长圆状披针形、长圆状椭圆形或披针形，长 10 ～ 17 cm，宽 3.5 ～ 6 cm，先端近尾状渐尖或突尖，基部楔形，革质，幼叶两面密被锈色绒毛，后毛渐脱落，老叶上面仅基部中脉有毛外，其余无毛，暗绿色，有光泽，下面沿脉有柔毛，其余无毛，带苍白色；羽状脉或近似远离基三出脉，侧脉每边 4 ～ 5 条，弯曲上升，中脉、侧脉两面突起，下面横脉明显；叶柄长 1 ～ 1.5 cm，密被锈色绒毛。伞形花序多个簇生叶腋或枝侧，无总梗或近无总梗；苞片 4，外面背脊有柔毛；每一花序有花 4 ～ 5 朵；花梗长约 2 mm，密被锈色长柔毛。雄花：花被卵形，外面和边缘密被锈色长柔毛，内面基部有长柔毛，可育雄蕊 6，外露，花丝基部有长柔毛，第三轮基部的腺体小，具短柄，退化雌蕊无毛，花柱细长。雌花：花被条形或卵状披针形，退化雄蕊基部有柔毛，子房卵圆形，无毛或有稀疏柔毛，花柱有柔毛，柱头 2 裂。果球形，直径 8 ～ 10 mm；果托扁平盘状，直径 2 ～ 3 mm，边缘常残留有花被片；果梗长约 7 mm，有柔毛。花期 10 ～ 12 月，果期翌年 7 ～ 8 月。

被子植物（27）香港新木姜子

【分布与生境】 福建、江西南部、湖南、广东、广西。生于海拔 1000 m 以下的山地混交林中。

### （28）鸭公树 *Neolitsea chuii* Merr.

【形态特征】 乔木，高 8 ～ 18 m，胸径达 40 cm；树皮灰青色或灰褐色。小枝绿黄色，除花序外，其他各部均无毛。顶芽卵圆形。叶互生或聚生枝顶呈轮生状，椭圆形至长圆状椭圆形或卵状椭圆形，长 8 ～ 16 cm，宽 2.7 ～ 9 cm，先端渐尖，基部尖锐，革质，上面深绿色，有光泽，下面粉绿色；离基三出脉，侧脉每边 3 ～ 5 条，最下一对侧脉离叶基 2 ～ 5 mm 处发出，近叶缘处弧曲，

被子植物（28）鸭公树

其余侧脉自叶片中部和中部以上发出，横脉明显，中脉与侧脉于两面突起；叶柄长 2 ～ 4 cm。伞形花序腋生或侧生，多个密集；总梗极短或无；苞片 4，宽卵形，长约 3 mm，外面有稀疏短柔毛；每一花序有花 5 ～ 6 朵；花梗 4 ～ 5 mm，被灰色柔毛；花被裂片 4，卵形或长圆形，外面基部及中肋被柔毛，内面基部有柔毛。雄花：可育雄蕊 6，花丝长约 3 mm，基部有柔毛，第三轮基部的腺体肾形，退化子房卵形，无毛，花柱有稀疏柔毛。

雌花：退化雄蕊基部有柔毛，子房卵形，无毛，花柱有稀疏柔毛。果椭圆形或近球形，长约 1 cm，直径约 8 mm；果梗长约 7 mm，略增粗。花期 9 ～ 10 月，果期 12 月。

【分布与生境】广东、广西、湖南、江西、福建、云南东南部。生于海拔 500 ～ 1400 m 的山谷或丘陵地的疏林中。

## （29）海南新木姜子 *Neolitsea hainanensis* Yang et P.H. Huang

【形态特征】乔木或小乔木，高达 10 m，胸径 10 cm；树皮灰褐色。幼枝褐色或黄褐色，被黄褐色短柔毛，二年生枝灰褐色，有稀疏柔毛或近于无毛。叶近轮生或互生，椭圆形或圆状椭圆形，长 3.7 ～ 7 cm，宽 2 ～ 3.5 cm，先端突尖，尖头钝，基部阔楔形或近圆，革质，两面无毛，均有明显的蜂窝状小穴；离基三出脉，侧脉每边 2 ～ 3 条，最下一对离叶基部 3 mm 处发出，弧曲，其余侧脉在中脉中上部发出，纤细，在叶两面不甚明显或在下面明显，中脉与最下一对侧脉在叶上面微突，但不粗壮，在叶下面突起；叶柄长 5 ～ 10 mm，被黄褐色短柔毛。伞形花序 1 至多个簇生叶腋或枝侧，无总梗或有极短的总梗；苞片 4，外面有短柔毛；每一花序有花 5 朵；花梗长 2 mm，被长柔毛；花被裂片 4，卵形，长 2 mm，宽 1.5 mm，外面中肋有柔毛，内面仅基部有柔毛，边缘无睫毛。雄花：可育雄蕊 6，花丝基部有长柔毛，第三轮基部腺体圆形，具短柄，退化雌蕊细小，长 1 mm，无毛。雌花：退化雄蕊基部有长

被子植物（29）海南新木姜子

柔毛，子房卵圆形或近圆形，长 1 mm，花柱长 1.5 mm，弯曲，柱头浅 2 裂，均无毛。果球形，直径 6 ～ 8 mm；果托近于扁平盘状，常宿存有花被片；果梗长 4 ～ 4.5 mm，较纤细，先端略增粗，有柔毛。花期 11 月，果期 7 ～ 8 月。

【分布与生境】　海南。生于海拔 700 ～ 2200 m 的山坡混交林中。

（30）长圆叶新木姜子 *Neolitsea oblongifolia* Merr.

【形态特征】　乔木，高 8 ～ 10 m，有时达 22 m，胸径达 40 cm；树皮灰白、灰而微带褐色或灰黑色，平滑，内皮具芳香气味。顶芽单生或 2 ～ 4 个簇生，鳞片外被锈色柔毛。嫩枝、叶柄、花序均有锈色短柔毛。叶互生，有时 4 ～ 6 片簇生呈近轮生状，长圆形或长圆状披针形，长 4 ～ 10 cm，宽 0.8 ～ 2.3 cm，先端钝或急尖或略渐尖，基部急尖，薄革质，上面深绿色，光亮，下面淡绿色或灰绿，除中脉在幼时被锈色柔毛外，两面均无毛；羽状脉，中脉在两面均突

被子植物（30）长圆叶新木姜子

起，侧脉每边 4 ～ 6 条，纤细，弯曲斜升联结，在叶上面近于明显，在下面明显突起，两面网脉细密显著，呈蜂窝状小穴；叶柄长 3 ～ 7 mm。伞形花序常 3 ～ 5 个簇生叶腋或枝侧，无总梗；苞片椭圆状卵形，长 3.5 ～ 4 mm，每一花序有花 4 ～ 5 朵；花梗长约 5 mm，密被锈色柔毛；花被裂片 4，卵形，长 1.5 ～ 2 mm，外面被锈色柔毛。雄花：可育雄蕊 6，花丝长 3 mm，无毛，第三轮基部两枚腺体圆形。雌花：退化雄蕊条状，无毛，子房近圆形，花柱弯曲，有黄色短柔毛，柱头 2 裂。果球形，直径 8 ～ 10 mm，无毛，成熟时深黑褐色；果梗长 4 ～ 5 mm，有褐色柔毛，顶端增粗，常宿存有 4 裂的花被片。花期 8 ～ 11 月，果期 9 ～ 12 月。

【分布与生境】　海南、广西（宁明公母山）。散生于海拔 300 ～ 900 m 的山谷密林中或林缘处。

（31）钝叶新木姜子 *Neolitsea obtusifolia* Merr.

【形态特征】　乔木，高 8 ～ 20 m，胸径达 50 cm；树皮灰色或灰白色，有黄绿色斑块，稍平滑，韧皮部有香樟的气味。除花序及顶芽外，各部均无毛。顶芽卵圆形。小枝灰色或灰黄褐色，纤细。叶互生或簇生呈轮生状，长圆状披针形或狭长圆状倒卵形，长 4.5 ～ 10 cm，宽 2 ～ 3.5 cm，先端钝，基部楔形，革

被子植物（31）钝叶新木姜子

质，上面绿色，有光泽，下面灰绿色；离基三出脉，侧脉每边 4～5 条，纤细，最下两条离叶基 2～7 mm 处发出，较其他侧脉稍长且较显著，除中脉在叶下面稍突起外，在两面均平坦，或于上面稍下陷，两面网脉细密，呈蜂窝状小浅穴；叶柄长 1～1.2 cm。伞形花序单生或 2～3 个簇生叶腋或枝侧，无总梗或有极短的总梗；苞片卵形，外面有灰色贴伏短柔毛；每一花序有花 3～5 朵，细小；花梗长 3 mm，有贴伏短柔毛；花被裂片 4，长圆状卵形，长 4 mm，外面中肋有柔毛，内面基部有毛。雄花：可育雄蕊 6，花丝长 2.5 mm，无毛，第三轮基部腺体圆形，细小，退化子房卵形，柱头 2 裂，无毛。雌花：退化雄蕊无毛，子房近圆形，花柱无毛，柱头 2 裂。果球形，直径 8～10 mm；果托碟状，深约 2 mm，径约 5 mm；果梗长 8～9 mm，先端略增大，被稀疏柔毛。花期 9～11 月，果期 12 月至翌年 2 月。

【分布与生境】海南。散生于海拔 600 m 左右的山坡混交林中。

（32）卵叶新木姜子 *Neolitsea ovatifolia* Yang et P. H. Huang

【形态特征】小灌木。小枝褐色，无毛。叶互生或聚生枝顶近轮生状，卵形，长 4～6（～8.5）cm，宽 2～2.5（～4）cm，先端渐尖，基部钝圆或宽楔形，革质，上面绿色，下面粉绿，两面均无毛，在扩大镜下或肉眼下可见蜂窝状小穴；离基三出脉，侧脉每边 4～5 条，最下一对离叶基部 2 mm 处发出，其余侧脉出自中脉中部或中下部，较纤细，中脉、侧脉在叶两面突起，中脉近叶基部处渐粗壮；叶柄长 8～10（～15）mm，略扁平，无毛。伞形花序单生或 3～4 个簇生，无总梗或有极短的总梗；苞片 4，外有贴伏黄色丝状毛，内面无毛；每一花序有雄花 5 朵，花梗有黄棕色丝状柔毛，花被裂片 4，椭圆形，外面中肋有黄棕色丝状柔毛，

被子植物（32）卵叶新木姜子

内面无毛；可育雄蕊 6，花丝无毛，第三轮基部的腺体小，圆形，无柄；退化雌蕊无毛，花柱短。果球形或近球形，直径约 1 cm，无毛；果梗长 5 ～ 7 mm，颇粗壮，无毛。果期 8 月。

【分布与生境】广东、广西。生于山谷疏林中。

（33）显脉新木姜子 *Neolitsea phanerophlebia* Merr.

【形态特征】小乔木，高达 10 m，胸径达 15 ～ 20 cm，树皮灰色或暗灰色。小枝黄褐或紫褐色，密被近锈色短柔毛。顶芽卵圆形，鳞片外面密被锈色短柔毛。叶轮生或散生，长圆形至长圆状椭圆形，或长圆状披针形至卵形，长 6 ～ 13 cm，宽 2 ～ 4.5 cm，先端渐尖，基部急尖或钝，纸质至薄革质，上面淡绿色，稍光亮，幼时除脉上有短的近锈色柔毛外，其余无毛，下面粉绿色，有密的贴伏柔毛和长柔毛；离基三出脉，侧脉每边 3 ～ 4 条，第一对侧脉离叶基部 5 ～ 10 mm 处发出，近叶缘一侧有 6 ～ 8 条支脉，中脉、侧脉在两面均突起，横脉在叶下面明显；叶柄长 1 ～ 2 cm，密被近锈色的短柔毛。伞形花序 2 ～ 4 个丛生于叶腋或生于叶痕的腋内，无总梗；每一花序有花 5 ～ 6 朵；苞片 4，外面有贴伏短柔毛；花梗长 2 ～ 3 mm，密被锈色柔毛；花被裂片 4，卵形或卵圆形，长 3 mm，宽 2 mm，外面及边缘有柔毛，内面仅基部有毛；可育雄蕊 6，花丝长 2 ～ 2.5 mm。基部有柔毛，第三轮基部的腺体圆形；退化雌蕊无。果近球形，直径 5 ～ 9 mm，无毛，成熟时紫黑色；果梗纤细，长 5 ～ 7 mm，有贴伏柔毛。花期 10 ～ 11 月，果期 7 ～ 8 月。

被子植物（33）显脉新木姜子

【分布与生境】广东、广西、湖南、江西。生于海拔 1000 m 以下的山谷疏林中。

## 9. 楠属 *Phoebe*

（34）红毛山楠 *Phoebe hungmaoensis* S.Lee

【形态特征】乔木，高达 25 m，胸径达 1 m。小枝、嫩叶、叶柄及芽均被红褐色或锈色长柔毛。小枝粗壮，中部直径 4.5 ～ 6 mm。叶革质，干后变黑色或深栗色，倒披针形、倒卵状披针形或椭圆状倒披针形，长 10 ～ 15 cm，宽 2 ～

被子植物（34）红毛山楠

4.5 cm，先端钝头、宽阔近于圆形或微具短尖头，基部渐狭，上面无毛有光泽或沿中脉有柔毛，下面密或疏被柔毛；脉上被绒毛，中脉粗壮，在上面下陷或平坦，下面明显突起，侧脉每边12～14条，下面特别明显，横脉及小脉细，下面明显；叶柄长8～27 mm。圆锥花序生于当年生枝中、下部，长8～18 cm，被短或长柔毛，分枝简单；花长4～6 mm；花被片长圆形或椭圆状卵形，两面密被黄灰色短柔毛；可育雄蕊各轮花丝被毛，第三轮花丝基部腺体无柄，退化雄蕊具宽而扁平的短柄，被毛，先端呈不明显三角形；子房球形，

先端有灰白色疏柔毛，花柱细，被毛，柱头不明显或略扩张。果椭圆形，长约1 cm，直径5～6 mm；果梗略增粗；宿存花被片硬革质，紧贴，结果时与花被管交接处强度收缩呈明显紧缢。花期4月，果期8～9月。

【分布与生境】海南、广西南部及西南部。生于较荫蔽杂木林中。

## 五、远志科 Polygalaceae

### 黄叶树属 *Xanthophyllum*

（35）黄叶树 *Xanthophyllum hainanensis* Hu

【形态特征】乔木，高5～20 m；树皮暗灰色，具细纵裂。小枝圆柱形，纤细，无毛。叶片革质，卵状椭圆形至长圆状披针形，长4～12 cm，宽1.5～5 cm，先端长渐尖，基部楔形至钝，全缘，有时波状，两面均无毛，干时黄绿色，主脉及侧脉在两面突起，侧脉每边9～11条，弧曲，于边缘网结，细脉网状，上面明显，背面突起；叶柄长6～10 mm，具横纹，上面具槽。总状花序或小型圆锥花序腋生或顶生，长3～9 cm，总花梗及花梗密被短柔毛；花小，芳香，具披针形小苞片1枚，早落；萼片5，两面均被短柔毛，具缘毛，花后脱落，外面3枚小，卵形，长约2 mm，先端急尖，里面2枚大，椭圆形至圆形，长约4 mm，先端圆形；花瓣5，白黄色，分离，椭圆形或长圆状披针形，长约7 mm，先端钝，具细缘毛；雄蕊8，长4（～8）mm，分离，下部被长柔毛，花药椭圆形，长约0.5 mm，基底着生；子房瓶状，密被柔毛，直径约1 mm，具胚珠4粒，花柱长3～6 mm，基部疏被柔毛，柱头头状。核果球形，淡黄色，直径1.5～2 cm，被柔毛，后变无毛，基部具1盘状环和花被脱落之疤痕，具种子1粒；果柄圆柱形，粗壮，长约5 mm，被短柔毛。种子近球形，淡黄色，径约8 mm。花期3～5月，果期4～7月。

【分布与生境】广东、海南、广西。生于海拔150～600 m的山林中。

被子植物（35）黄叶树

## 六、瑞香科 Thymelaeaceae

### 1. 沉香属 *Aquilaria*

（36）土沉香 *Aquilaria sinensis* (Lour.) Gilg

【形态特征】乔木，高5～15 m，树皮暗灰色，几平滑，纤维坚韧。小枝圆柱形，具皱纹，幼时被疏柔毛，后逐渐脱落，无毛或近无毛。叶革质，圆形、椭圆形至长圆形，有时近倒卵形，长5～9 cm，宽2.8～6 cm，先端锐尖或急尖而具短尖头，基部宽楔形，上面暗绿色或紫绿色，光亮，下面淡绿色，两面均无毛；侧脉每边15～20，在下面更明显，小脉纤细，近平行，不明显，边缘有时被稀疏的柔毛；叶柄长约5～7 mm，被毛。花芳香，黄绿色，多朵，组成伞形花序；花梗长5～6 mm，密被黄灰色短柔毛；萼筒浅钟状，长5～6 mm，两面均密被短柔毛，5裂，裂片卵形，长4～5 mm，先端圆钝或急尖，两面被短柔

被子植物（36）土沉香

毛；花瓣10，鳞片状，着生于花萼筒喉部，密被毛；雄蕊10，排成1轮，花丝长约1 mm，花药长圆形，长约4 mm；子房卵形，密被灰白色毛，2室，每室1胚珠，花柱极短或无，柱头头状。蒴果果梗短，卵球形，幼时绿色，长2～3 cm，直径约2 cm，顶端具短尖头，基部渐狭，密被黄色短柔毛，2瓣裂，2室，每室具有1种子，种子褐色，卵球形，长约1 cm，宽约5.5 mm，疏被柔毛，基部具有附属体，附属体长约1.5 cm，上端宽扁，宽约4 mm，下端成柄状。花期春夏，果期夏秋。

【分布与生境】广东、海南、广西、福建。喜生于低海拔的山地、丘陵及路边阳处疏林中。

## 2. 荛花属 *Wikstroemia*

（37）细轴荛花 *Wikstroemia nutans* Champ.

【形态特征】灌木，高1～2 m或过之，树皮暗褐色。小枝圆柱形，红褐色，无毛。叶对生，膜质至纸质，卵形、卵状椭圆形至卵状披针形，长3～6（～8.5）cm，宽1.5～2.5（～4）cm，先端渐尖，基部楔形或近圆形，上面绿色，下面淡绿白色，两面均无毛；侧脉每边6～12条，极纤细；叶柄长约2 mm，无毛。花黄绿色，4～8朵组成顶生近头状的总状花序，花序梗纤细，俯垂，无毛，长约1～2 cm，萼筒长约1.3～1.6 cm，无毛，4裂，裂片椭圆形，长约3 mm；雄蕊8，2列，上列着生在萼筒的喉部，下列着生在花萼筒中部以上，花药线形，长约1.5 mm，花丝短，长约0.5 mm；子房具柄，倒卵形，长约1.5 mm，顶端被毛，花柱极短，柱头头状，花盘鳞片2枚，每枚的中间有1隔膜，故很像有4枚。果椭圆形，长约7 mm，成熟时深红色。花期春季至初夏，果期夏秋间。

被子植物（37）细轴荛花

【分布与生境】广东、海南、广西、湖南、福建、台湾。常见于海拔300～800～1650 m的常绿阔叶林中。

## 七、海桐花科 Pittosporaceae

### 海桐花属 *Pittosporum*

（38）聚花海桐 *Pittosporum balansae* Aug.

【形态特征】　常绿灌木，嫩枝被褐色柔毛，不久变秃净。叶簇生于枝顶，呈对生或轮生状，二年生，薄革质，矩圆形，长 6 ～ 11 cm，宽 2 ～ 4 cm；先端尖锐，尖头钝，基部楔形；上面绿色，发亮，下面初时被柔毛，后变秃净；侧脉 6 ～ 7 对，靠近边缘 2 ～ 3 mm 处相结合，在上面不明显，在下面略突起，网脉不明显，边缘平展；叶柄长 5 ～ 15 mm，初时有柔毛，后变秃净。伞形花序单独或 2 ～ 3 枝簇生于枝顶叶腋内，每个花序有花 3 ～ 9 朵，花序柄长 1 ～

被子植物（38）聚花海桐

1.5 cm，被褐色柔毛，或有时缺花序柄，花梗短，长 2 ～ 5 mm，被柔毛；苞片狭窄披针形，比萼片稍短；萼片披针形，长 5 ～ 6 mm，被短柔毛；花瓣长 8 mm，白色或淡黄色；雄蕊长 6 mm；子房被毛，心皮 2 个，侧膜胎座 2 个，每个胎座有胚珠 4 个。蒴果扁椭圆形，长 1.4 ～ 1.7 cm，2 片裂开，果片薄，胎座位于果片中部到基部；种子 8 个，长 4 ～ 5 mm，种柄长 1.5 mm。

【分布与生境】　海南、广西西南部。

## 八、大风子科 Flacourtiaceae

### 脚骨脆属 *Casearia*

（39）球花脚骨脆 *Casearia glomerata* Roxb.

【形态特征】　乔木或灌木，高 4 ～ 10 m；树皮灰褐色，不裂。幼枝有棱和柔毛，老枝无毛。叶薄革质，排成 2 列，长椭圆形至卵状椭圆形，长 5 ～ 10 cm，宽 2 ～ 4.5 cm，先端短渐尖，基部钝圆，稍偏斜，边缘浅波状或有钝齿，幼时有疏毛，

被子植物（39）球花脚骨脆

速变无毛，上面深绿色，下面淡绿色，干后黄绿色，有黄色、透明的腺点和腺条；中脉在上面凹，或近平坦，在下面突起，侧脉 7 ～ 9 对，弯拱上升，小脉呈网状，两面稍明显；叶柄长 1 ～ 1.2 cm，近无毛；托叶小，鳞片状，早落。花两性，黄绿色，10 ～ 15 朵或更多形成团伞花序，腋生；花直径约 3 mm；花梗长 5 ～ 8 mm，有柔毛；萼片 5 片，倒卵形或椭圆形，长 2 ～ 3 mm，先端钝，下面有短疏毛，边缘有睫毛；花瓣缺；雄蕊 9 ～ 10 枚，花丝有毛，花药近圆形；退化雄蕊长椭圆形，顶端有束毛；子房卵状锥形，无毛，侧膜胎座 2 个，每个胎座上有胚珠 4 ～ 5 颗，柱头头状。蒴果卵形，长 1 ～ 1.2 cm，直径 7 ～ 8 mm，干后有小瘤状突起，通常不裂；果梗有毛；种子多数，卵形，长约 4 mm。花期 8 ～ 12 月，果期 10 月至翌年春季。

【分布与生境】海南、广东、广西、云南、西藏等省区。生于海拔低的山地疏林中。

## 九、山茶科 Theaceae

### 1. 茶梨属 Anneslea

#### （40）茶梨 Anneslea fragrans Wallich

【形态特征】乔木，高约 15 m，有时为灌木状或小乔木；树皮黑褐色。小枝灰白色或灰褐色，圆柱形，无毛。叶革质，通常聚生在嫩枝近顶端，呈假轮生状，叶形变异很大，通常为椭圆形或长圆状椭圆形至狭椭圆形，有时近披针状椭圆形，偶有为阔椭圆形至卵状椭圆形，长 8 ～ 13（～ 15）cm，宽 3 ～ 5.5（～ 7）cm，偶有 6 ～ 7 cm，宽 2 ～ 2.5 cm，顶端短渐尖，有时短尖，尖顶钝，偶有近钝形或圆钝形，基部楔形或阔楔形，边全缘或具稀疏浅钝齿，稍反卷，上面深色，有光泽，下面淡绿白色，密被红褐色腺点；中脉在上面稍凹下，下面隆起，侧脉 10 ～ 12 对，上面稍明显，下面不甚明显，有时稍隆起；叶柄长 2 ～ 3 cm。花数朵至 10 多朵螺旋状聚生于枝端或叶腋，花梗长 3 ～ 5（～ 7）cm，偶有仅约 2 cm；苞片 2，卵圆形或三角状卵形，有时近圆形，长 3 ～ 4.5 mm，外面无毛，边缘疏生腺点；萼片 5，质厚，淡红色，阔卵形或近于圆形，长 1 ～ 1.5 cm，顶端略尖或近圆形，无毛，边缘在最外 1 片常具腺点或齿裂状，其余的近全缘；花瓣 5，基部连合，长 5 ～ 7 mm，裂片 5，阔卵形，长 13 ～ 15 mm，顶端锐尖，基部稍窄缩；雄蕊 30 ～ 40 枚，花丝基部与花瓣基部合生达 5 mm，花药线形，基部着生，药隔顶端长突出；子房半下位，无毛，2 ～ 3 室，胚珠每室数个，花柱长 1.5 ～ 2 mm，顶端 2 ～ 3 裂。果实浆果状，革质，近下位，仅顶端与花萼分离，圆球形或椭圆状球形，直径 2 ～ 3.5 cm，2 ～ 3 室，不开裂或熟后呈不规则开裂，花萼宿存，厚革质；种子每室 1 ～ 3 个，具红色假种皮。花期 1 ～ 3 月，果期 8 ～ 9 月。

被子植物（40）茶梨

【分布与生境】 福建中部偏南及西南部（仙游、大田、龙岩、上杭）、江西南部（龙南、寻乌、安远）、湖南南部莽山、广东（乳源、英德、连县、南雄、新丰、从化、温塘山、鼎湖山、信宜、增城）、广西北部（龙胜、兴安、临桂、武鸣、融水、大苗山、灌县、上林、平南、象州）、贵州东南部（榕江、荔波、丹寨）及云南南部、东南部、西南部（西双版纳、勐海、耿马、思茅、沧源、勐腊、佛海、景洪、屏边、临沧、双柏、峨山、腾冲、顺宁、广南、景东、墨江、龙陵、镇越、六顺、镇康、凤庆）等地。多生于海拔 300 ～ 2500 m 的山坡林中或林缘沟谷地及山坡溪沟边阴湿地。

## 2. 红淡比属 *Cleyera*

（41）肖柃（凹脉红淡比）*Cleyera incornuta* Y. C. Wu

【形态特征】 灌木或小乔木，高 4 ～ 10 m，有时可达 18 m，胸径达 30 cm，全株无毛；树皮灰褐色，近平滑。顶芽长锥形；嫩枝黄褐色，稍呈二棱，小枝灰褐色，圆柱形。叶革质、稍厚，狭椭圆形，有时为倒披针状椭圆形，长 6.5 ～ 10 cm，宽 2.5 ～ 3.5 cm，顶端渐尖至短渐尖，基部楔形，边缘有细锯齿或疏锯齿，上面深绿色，无光泽，下面淡绿色，疏被暗红褐色腺点；中脉在上面略下陷，在下面明显隆起；侧脉 8 ～ 10 对，两面均不明显，有时在上面稍明显而常下陷；叶柄长 1 ～ 1.5 cm，稍粗壮，略压扁。花通常 1 ～ 3 朵生于叶腋或在无叶的枝上，花梗长 1.5 ～ 2 cm，苞片 2，早落；萼片 5，卵圆形，长、宽各约 4 mm，顶

端圆而有微凹，外面无毛，边缘有纤毛，长 9～11 mm，宽 5～6 mm，顶端圆，

被子植物（41）肖枰

宿存；花瓣 5，白色，倒卵状长圆形，边缘有纤毛；雄蕊约 25 枚，长 6.5～9 mm，花药长圆形，长 2～2.5 mm，有丝毛，花丝无毛，药隔稍凸出；子房圆球形，无毛，3 室，胚珠每室多数，花柱长约 6 mm，顶端 3 浅裂。果实圆球形，成熟时紫黑色，直径 8～10 mm，宿存花柱长 6～7 mm，果梗长 1.5～2 cm；种子扁圆形，每室 10 多个。花期 5～7 月，果期 9～10 月。

【分布与生境】江西（武功山）、湖南（衡阳、道县）、广东（连山、乳源）、广西及贵州梵净山等地。多生于山地沟谷疏林及山顶密林中。

## 3. 柃木属 *Eurya*

### （42）海南柃 *Eurya hainanensis* (Kobuski) H. T. Chang

【形态特征】灌木或小乔木，高 3～10 m，全株除顶芽初时疏被柔毛外，其他均无毛；树皮灰褐色，稍平滑；嫩枝圆柱形，干后黄绿色，小枝灰褐色；顶芽披针形，初时疏被短柔毛，迅即脱落而近无毛。叶革质，椭圆形或长圆状椭圆形，长 6～10 cm，宽 2～4.5 cm，顶端渐尖或急窄缩而呈短渐尖，基部楔形或阔楔形，边缘密生细锯齿，干后上面黄绿色，有光泽，下面灰褐色，两面均无毛，中脉在上面凹下，下面凸起，侧脉 9～11 对，两面均稍明显，并在下面稍凸起；叶柄长 5～8 mm。花 1～3 朵腋生，花梗长 3～4 mm，无毛。雄花：小苞片 2，圆形或卵圆形，长约 1 mm；萼片 5，近圆形，长 2～2.5 mm，顶端圆或有时有微凹，并有小尖头，无毛，边缘通常在外层 2～3

被子植物（42）海南柃

片疏生褐色腺点，其余 3 ～ 2 片无腺点；花瓣 5，白色，长圆形，长约 3.5 mm；雄蕊约 20 枚，花药不具分格，退化子房无毛。雌花的小苞片和萼片与雄花同，但较小；花瓣 5，披针形，长约 2.5 mm；子房圆球形，无毛，花柱长约 3 mm，有时可达 4 mm，顶端 3 浅裂。果实圆球形，直径 4 ～ 5 mm，成熟时黑色；种子肾圆形，稍扁，深褐色，有光泽，表面具细密网纹。花期 11 ～ 12 月，果期次年 7 ～ 8 月。

【分布与生境】产于海南保亭、崖县、陵水、定安、乐东、琼中等地；多生于海拔 500 ～ 800 m 的山坡沟谷河边或山顶密林及疏林中。

## 4. 大头茶属 *Gordonia*

（43）大头茶 *Gordonia axillaris* (Roxb.) Dietr.

【形态特征】乔木，高 9 m，嫩枝粗大，无毛或有微毛。叶厚革质，倒披针形，长 6 ～ 14 cm，宽 2.5 ～ 4 cm，先端圆形或钝，基部狭窄而下延，侧脉在上下两面均不明显，无毛，全缘，或近先端有少数齿刻；叶柄长 1 ～ 1.5 cm，粗大，无毛。花生于枝顶叶腋，直径 7 ～ 10 cm，白色，花柄极短；苞片 4 ～ 5 片，早落；萼片卵圆形，长 1 ～ 1.5 cm，背面有柔毛，宿存；花瓣 5 片，最外 1 片较短，外面有毛，其余 4 片阔倒卵形或心形，先端凹入，长 3.5 ～ 5 cm，雄蕊长 1.5 ～ 2 cm，基部连生，无毛；子房 5 室，被毛，花柱长 2 cm，有绢毛。蒴果长 2.5 ～ 3.5 cm；5 片裂开，种子长 1.5 ～ 2 cm。花期 10 月至翌年 1 月。

被子植物（43）大头茶

【分布与生境】广东、海南、广西、台湾。

## 5. 木荷属 *Schima*

（44）木荷 *Schima superba* Gardn. et Champ.

【形态特征】大乔木，高 25 m，嫩枝通常无毛。叶革质或薄革质，椭圆形，长 7 ～ 12 cm，宽 4 ～ 6.5 cm，先端尖锐，有时略钝，基部楔形，上面干后发亮，下面无毛；侧脉 7 ～ 9 对，在两面明显，边缘有钝齿；叶柄长 1 ～ 2 cm。花

被子植物（44）木荷

生于枝顶叶腋，常多朵排成总状花序，直径 3 cm，白色，花柄长 1 ～ 2.5 cm，纤细，无毛；苞片 2，贴近萼片，长 4 ～ 6 mm，早落；萼片半圆形，长 2 ～ 3 mm，外面无毛，内面有绢毛；花瓣长 1 ～ 1.5 cm，最外 1 片风帽状，边缘多少有毛；子房有毛。蒴果直径 1.5 ～ 2 cm。花期 6 ～ 8 月。

【分布与生境】浙江、福建、台湾、江西、湖南、广东、海南、广西、贵州。

## 6. 厚皮香属 *Ternstroemia*

### （45）厚皮香 *Ternstroemia gymnanthera* (W.et A.) Sprag.

【形态特征】灌木或小乔木，高 1.5 ～ 10 m，有时达 15 m，胸径 30 ～ 40 cm，全株无毛；树皮灰褐色，平滑。嫩枝浅红褐色或灰褐色，小枝灰褐色。叶革质或薄革质，通常聚生于枝端，呈假轮生状，椭圆形、椭圆状倒卵形至长圆状倒卵形，长 5.5 ～ 9 cm，宽 2 ～ 3.5 cm，顶端短渐尖或急窄缩成短尖，尖头钝，基部楔形，边全缘，稀有上半部疏生浅疏齿，齿尖具黑色小点，上面深绿色或绿色，有光泽，下面浅绿色，干后常呈淡红褐色；中脉在上面稍凹下，在下面隆起，侧脉 5 ～ 6 对，两面均不明显，少有在上面隐约可见；叶柄长 7 ～ 13 mm。花两性或单性，开花时直径 1 ～ 1.4 cm，通常生于当年生无叶的小枝上或生于叶腋，花梗长约 1 cm，稍粗壮；两性花；小苞片 2，三角形或三角状卵形，长 1.5 ～ 2 mm，顶端尖，边缘具腺状齿突；萼片 5，卵圆形或长圆卵形，长 4 ～ 5 mm，宽 3 ～ 4 mm，顶端圆，边缘通常疏生线状齿突，无毛；花瓣 5，淡黄白色，倒卵形，长 6 ～ 7 mm，宽 4 ～ 5 mm，顶端圆，常有微凹；雄蕊约 50 枚，长 4 ～ 5 mm，长短不一，花药长圆形，远较花丝为长，无毛；子房圆卵形，2 室，胚珠每室 2 个，花柱短，顶端浅 2 裂。果实圆球形，长 8 ～ 10 mm，直径 7 ～ 10 mm，小苞片和萼片均宿存，果梗

被子植物（45）厚皮香

长 1 ～ 1.2 cm，宿存花柱长约 1.5 mm，顶端 2 浅裂；种子肾形，每室 1 个，成熟时肉质假种皮红色。花期 5 ～ 7 月，果期 8 ～ 10 月。

【分布与生境】安徽南部（休宁）、浙江、江西、福建、湖北西南部（巴东、利川）、湖南南部和西北部（新宁、衡山、南岳、莽山、永顺、沅陵）、广东、广西北部（龙胜、罗城、大苗山、临桂、环江）和东部（象州、金秀、上林）、云南、贵州东北部（松桃、施秉、遵义）和西北部的毕节，以及四川南部（南川、马边）等地区；多生于海拔 200 ～ 1400 m（云南可分布于 2000 ～ 2800 m）的山地林中、林缘路边或近山顶疏林中。

## 十、五列木科 Pentaphylacaceae

### 五列木属 *Pentaphylax*

（46）五列木 *Pentaphylax euryoides* Gardn.et Champ.

【形态特征】常绿乔木或灌木，高 4 ～ 10 m。小枝圆柱形，灰褐色，无毛。单叶互生，革质，卵形或卵状长圆形或长圆状披针形，长 5 ～ 9 cm，宽 2 ～ 5 cm，先端尾状渐尖，基部圆形或阔楔形，全缘略反卷，无毛，侧脉斜升，不明显；叶柄长 1 ～ 1.5 cm，具皱纹，上面具槽。总状花序腋生或顶生，长 4.5 ～ 7 cm，无毛或被极稀疏微柔毛；花白色，花梗长约 0.5 mm；小苞片 2，小，三角形，长 1 ～ 1.5 mm，外面具白色鳞片或无，里面疏被白色平伏极细微柔毛，边缘有白色睫毛；萼片 5，圆形，径 1.5 ～ 2.5 mm，先端微凹或心形，外面被细密灰白色鳞片，里面疏被白色平伏微柔毛，边缘具白色睫毛；花瓣长圆状披针形或倒披针形，长 4 ～ 5 mm，宽 1.5 ～ 2 mm，先端钝或微凹或浅心形，无毛；雄蕊 5，花丝长圆形，花瓣状，长 2.5 ～ 3.5 mm，宽约 1 mm，花药小，2 室，分离，径约 0.5 mm；子房无毛，长约 1 mm，径约 2.5 mm，花柱柱状，具 5 棱，长约 2 mm，柱头 5 裂。蒴果椭圆状，长 6 ～ 9 mm，直径 4 ～ 5 mm，黑褐色，基部具宿存萼片，成熟后沿室背中脉 5 裂，中脉和中轴

被子植物（46）五列木

宿存，内果皮和隔膜木质；种子线状长圆形，长约 6 mm，宽 1.5～2 mm，红棕色，先端极扁平或呈翅状。

【分布与生境】 云南、贵州、广西、广东、湖南、江西、福建；生于海拔 650～2000 m 的密林中。

## 十一、金莲木科 Ochnaceae

### 金莲木属 *Ochna*

（47）金莲木 *Ochna integerrima* (Lour.) Merr.

【形态特征】 落叶灌木或小乔木，高 2～7 m，胸径 6～16 cm。小枝灰褐色，无毛，常有明显的环纹。叶纸质，椭圆形、倒卵状长圆形或倒卵状披针形，长 8～19 cm，宽 3～5.5 cm，顶端急尖或钝，基部阔楔形，边缘有小锯齿，无毛，中脉两面均隆起；叶柄长 2～5 mm。花序近伞房状，长约 4 cm，生于短枝的顶部；花直径达 3 cm，花柄长 1.5～3 cm，近基部有关节；萼片长圆形，长 1～1.4 cm，顶端钝，开放时外反，结果时呈暗红色；花瓣 5 片，有时 7 片，倒卵形，长 1.3～2 cm，顶端钝或圆；雄蕊长 0.9～1.2 cm，3 轮排列，花丝宿存，长 5～8 mm；子房 10～12 室，花柱圆柱形，柱头盘状，5～6 裂。核果长 10～12 mm，宽 6～7 mm，顶端钝，基部微弯。花期 3～4 月，果期 5～6 月。

【分布与生境】 广东西南部、海南和广西西南部（上思、扶绥）。生于海拔 300～1400 m 的山谷石旁和溪边较湿润的空旷地方。

被子植物（47）金莲木

## 十二、桃金娘科 Myrtaceae

### 1. 玫瑰木属 *Rhodamnia*

（48）玫瑰木 *Rhodamnia dumetorum* (Poir.) Merr.& Perry

【形态特征】 小乔木，高达 6 m。嫩枝有灰色短柔毛，圆形，老枝无毛，褐色。叶片革质，狭窄椭圆形或狭卵形，长 6 ～ 10 cm，宽 2.5 ～ 3.5 cm，先端渐尖，基部钝或近圆形，上面初期有柔毛，后变无毛，下面有灰白色柔毛，后亦变无毛；离基三出脉离基部 3 ～ 4 mm，直达叶尖，与纤细而平行的小脉在两面均明显；叶柄长 5 ～ 10 mm，被毛。花白色，常 3 朵排成聚伞花序或单生，总梗长 1 cm；花梗长短不一；花蕾梨形，长 7 mm，上部宽 3.5 mm；萼管卵形，长 4 mm，有白茸毛，萼齿卵形，长 1.5 ～ 2 mm，有毛；花瓣倒卵形，长 6 mm，外面有灰白毛；雄蕊多数，黄色，长 4 ～ 5 mm；子房下位，与萼管合生。浆果卵球形，长 8 mm，宽 6 mm，顶部有宿存萼片，外面有毛。花期 6 ～ 7 月。

被子植物（48）玫瑰木

【分布与生境】海南南部。见于低海拔森林中。

## 2. 蒲桃属 *Syzygium*

### （49）线枝蒲桃 *Syzygium araiocladum* Merr.& Perry

【形态特征】小乔木，高 10 m。嫩枝极纤细，圆形，干后褐色。叶片革质，卵状长披针形，长 3 ～ 5.5 cm，宽 1 ～ 1.5 cm，先端长尾状渐尖，尾部的长度约 2 cm，尖细而弯斜，基部宽而急尖，阔楔形，上面干后橄榄绿色，下面多细小腺点；侧脉多而密，相隔约 1.5 mm，以 70 度开角缓斜向边缘，离边缘 1 mm 处相结合成边脉，在上下两面均不明显；叶柄长 2 ～ 3 mm。聚伞花序顶生或生于上部叶腋内，长 1.5 cm，有花 3 ～ 6 朵；花蕾短棒状，长 7 ～ 8 mm，花梗长 1 ～ 2 mm；萼管长 7 mm，粉白色，干后直向皱缩，萼齿 4 ～ 5，三角形，长 0.8 mm，先端尖；花瓣 4 ～ 5，分离，卵形，长 2 mm；雄蕊长 3 ～ 4 mm；花

被子植物（49）线枝蒲桃

柱长 5 mm。果实近球形，长 5 ～ 7 mm，宽 4 ～ 6 mm。花期 5 ～ 6 月。

【分布与生境】 海南、广西。在海南岛雨林中常见。

（50）赤楠 *Syzygium buxifolium* Hooker & Arnott

【形态特征】 灌木或小乔木，嫩枝有棱，干后黑褐色。叶片革质，阔椭圆形至椭圆形，有时阔倒卵形，长 1.5 ～ 3 cm，宽 1 ～ 2 cm，先端圆或钝，有时有钝尖头，基部阔楔形或钝，上面干后暗褐色，无光泽，下面稍浅色，有腺点；侧脉多而密，脉间相隔 1 ～ 1.5 mm，斜行向上，离边缘 1 ～ 1.5 mm 处结合成边脉，在上面不明显，在下面稍突起；叶柄长 2 mm。聚伞花序顶生，长约 1 cm，有花数朵；花梗长 1 ～ 2 mm；花蕾长 3 mm；萼管倒圆锥形，长约 2 mm，萼齿浅波状；花瓣 4，分离，长 2 mm；雄蕊长 2.5 mm；花柱与雄蕊同等。果实球形，直径 5 ～ 7 mm。花期 6 ～ 8 月。

被子植物（50）赤楠

【分布与生境】 安徽、浙江、台湾、福建、江西、湖南、广东、广西、贵州等地。生于低山疏林或灌丛。

（51）子凌蒲桃 *Syzygium championii* (Benth.) Merr.& Perry

【形态特征】 灌木至乔木。嫩枝有 4 棱，干后灰白色。叶片革质，狭长圆形至椭圆形，长 3 ～ 6 cm，宽 1 ～ 2 cm，偶有长 9 cm，宽 3 cm，先端急尖，常有长不及 1 cm 的尖头，基部阔楔形，上面干后灰绿色，不发亮，下面同色；侧脉多而密，近于水平斜出，脉间相隔 1 mm，边脉贴近边缘；叶柄长 2 ～ 3 mm。聚伞花序顶生，有时腋生，有花 6 ～ 10 朵，长约 2 cm；花蕾棒状，长 1 cm，下部狭窄；花梗极短；萼管棒状，长 8 ～ 10 mm，萼齿 4，浅波形；花瓣合生成帽状；雄蕊长 3 ～ 4 mm；花柱

被子植物（51）子凌蒲桃

与雄蕊同长。果实长椭圆形，长 12 mm，红色，干后有浅直沟；种子 1 ～ 2 颗。花期 8 ～ 11 月。

【分布与生境】广东及其沿海岛屿、广西等地。生于中海拔的常绿林里。

（52）红鳞蒲桃 *Syzygium hancei* Merr.& Perry

【形态特征】 灌木或中等乔木，高达 20 m。嫩枝圆形，干后变黑揭色。叶片革质，狭椭圆形至长圆形或为倒卵形，长 3 ～ 7 cm，宽 1.5 ～ 4 cm，先端钝或略尖，基部阔楔形或较狭窄，上面干后暗褐色，不发亮，有多数细小而下陷的腺点，下面同色；侧脉相隔约 2 mm，以 60 度开角缓斜向上，在两面均不明显，边脉离边缘约 0.5 mm；叶柄长 3 ～ 6 mm。圆锥花序腋生，长 1 ～ 1.5 cm，多花；无花梗；花蕾倒卵形，长 2 mm，萼管倒圆锥形，长 1.5 mm，萼齿不明显；花瓣 4，分离，圆形，长 1 mm，

被子植物（52）红鳞蒲桃

雄蕊比花瓣略短；花柱与花瓣同长。果实球形，直径 5 ～ 6 mm。花期 7 ～ 9 月。

【分布与生境】 福建、广东、广西等地。常见于低海拔疏林中。

（53）香蒲桃 *Syzygium odoratum* (Lour.) DC.

【形态特征】常绿乔木，高达 20 m。嫩枝纤细，圆形或略压扁，干后灰褐色。叶片革质，卵状披针形或卵状长圆形，长 3 ～ 7 cm，宽 1 ～ 2 cm，先端尾状渐尖，基部钝或阔楔形，上面干后橄榄绿色，有光泽，多下陷的腺点，下面同色；侧脉多而密，彼此相隔约 2 mm，在上面不明显，在下面稍突起，以 45 度开角斜向上，在靠近边缘 1 mm 处结合成边脉；叶柄长 3 ～ 5 mm。圆锥花序顶生或近顶生，长 2 ～ 4 cm；花梗长 2 ～ 3 mm，有时无花梗；花蕾倒卵圆形，长约 4 mm；萼管倒圆锥形，长 3 mm，有白粉，干后皱缩，萼齿 4 ～ 5，短而圆；花瓣分离或帽状；雄蕊长 3 ～ 5 mm；花柱与雄蕊同长。果实球形，直径 6 ～

被子植物（53）香蒲桃

7 mm，略有白粉。花期 6～8 月。

【分布与生境】广东、广西等省区。常见于平地疏林或中山常绿林中。

# 十三、野牡丹科 Melastomataceae

## 1. 野牡丹属 *Melastoma*

（54）多花野牡丹 *Melastoma affine* Linnaeus

【形态特征】灌木，高约 1 m。茎钝四棱形或近圆柱形，分枝多，密被紧贴的鳞片状糙伏毛，毛扁平，边缘流苏状。叶片坚纸质，披针形、卵状披针形或近椭圆形，顶端渐尖，基部圆形或近楔形，长 5.4～13 cm，宽 1.6～4.4 cm，全缘，5 基出脉，叶面密被糙伏毛，基出脉下凹，背面被糙伏毛及密短柔毛，基出脉隆起，侧脉微隆起，脉上糙伏毛较密；叶柄长 5～10 mm 或略长，密被糙伏毛。伞房花序生于分枝顶端，近头状，有花 10 朵以上，基部具叶状总苞 2；苞片狭披针形至钻形，长 2～4 mm，密被糙伏毛；花梗长 3～8（～10）mm，密被糙伏毛；花萼长约 1.6 cm，密被鳞片状糙伏毛，裂片广披针形，与萼管等长

被子植物（54）多花野牡丹

或略长，顶端渐尖，具细尖头，里面上部、外面及边缘均被鳞片状糙伏毛及短柔毛，裂片间具 1 小裂片，稀无；花瓣粉红色至红色，稀紫红色，倒卵形，长约 2 cm，顶端圆形，仅上部具缘毛；雄蕊长者药隔基部伸长，末端 2 深裂，弯曲，短者药隔不伸长，药室基部各具 1 小瘤；子房半下位，密被糙伏毛，顶端具 1 圈密刚毛。蒴果坛状球形，顶端平截，与宿存萼贴生；宿存萼密被鳞片状糙伏毛；种子镶于肉质胎座内。花期 2～5 月，果期 8～12 月，稀 1 月。

【分布与生境】云南、贵州、广东至台湾以南等地。生于海拔 300～1830 m 的山坡、山谷林下或疏林下，湿润或干燥的地方，或刺竹林下灌草丛中，路边、沟边。

（55）紫毛野牡丹 *Melastoma penicillatum* Naud.

【形态特征】灌木，高达 1 m。茎、小枝、花梗、花萼及叶柄均密被外反的

淡紫色长粗毛，毛基部略膨大。叶片坚纸质或略厚，卵状长圆形至椭圆形，顶端急尖或渐尖，基部圆形或微心形，长 7～14 cm，宽 2.5～6 cm，全缘，具缘毛，基出脉 5，叶面被紧贴的糙伏毛，毛基部隐藏于表皮下，基出脉下凹，侧脉不明显，背面被糙伏毛，基出脉及侧脉均隆起，侧脉互相平行；叶柄长 1～3 cm。伞房花序，轴极短或几无，有花 3～5 朵，基部具总苞 2，披针形，外面密被糙伏毛，里面仅上半部被糙伏毛，花梗长约 1 cm，花萼管长约 1 cm，裂片线状披针形，长 12～14 mm，裂片间具钻形小裂片，裂片被长粗毛，顶部具 1 束髯毛，花后期与花瓣同时脱落；花

被子植物（55）紫毛野牡丹

瓣紫红色，菱状倒卵形，上部偏斜，长约 2.5 cm，宽约 1.8 cm；雄蕊未详，子房顶端被毛。蒴果坛状球形，长 1～1.3 cm，直径 0.8～1.2 cm；宿存萼近顶端缢缩成短颈，被平展的疏长硬毛，紫红色或紫色。花期 3～4 月，果期 11 月至翌年 1 月。

【分布与生境】海南。生于海拔 380～1300 m 的山坡密林下。

（56）毛菍 *Melastoma sanguineum* Sims

被子植物（56）毛菍

【形态特征】大灌木，高 1.5～3 m；茎、小枝、叶柄、花梗及花萼均被平展的长粗毛，毛基部膨大。叶片坚纸质，卵状披针形至披针形，顶端长渐尖或渐尖，基部钝或圆形，长 8～15（～22）cm，宽 2.5～5（～8）cm，全缘，基出脉 5，两面被隐藏于表皮下的糙伏毛，通常仅毛尖端露出；叶面基出脉下凹，侧脉不明显，背面基出脉隆起，侧脉微隆起，均被疏糙伏毛；叶柄长 1.5～2.5（～4）cm。伞房花序，顶生，常仅有花 1 朵，有时 3（～5）朵；苞片戟形，膜质，顶端渐尖，背面被

短糙伏毛，脊上较密，具缘毛；花梗长约 5 mm，花萼管长 1 ～ 2 cm，直径 1 ～ 2 cm，有时毛外反，裂片 5（～ 7），三角形至三角状披针形，长约 1.2 cm，宽 4 mm，较萼管略短，脊上被糙伏毛，裂片间具线形或线状披针形小裂片，通常较裂片略短，花瓣粉红色或紫红色，5（～ 7）枚，广倒卵形，上部略偏斜，顶端微凹，长 3 ～ 5 cm，宽 2 ～ 2.2 cm；雄蕊长者药隔基部伸延，末端 2 裂，花药长 1.3 cm，花丝较伸长的药隔略短，短者药隔不伸延，花药长 9 mm，基部具 2 小瘤；子房半下位，密被刚毛。果杯状球形，胎座肉质，为宿存萼所包；宿存萼密被红色长硬毛，长 1.5 ～ 2.2 cm，直径 1.5 ～ 2 cm。花果期几乎全年，但通常在 8 ～ 10 月。

【分布与生境】广西、广东。生于海拔 400 m 以下的低海拔地区，常见于坡脚、沟边，湿润的草丛或矮灌丛中。

## 2. 谷木属 *Memecylon*

（57）黑叶谷木 *Memecylon nigrescens* Hook.et Arn.

被子植物（57）黑叶谷木

【形态特征】 灌木或小乔木，高 2 ～ 8 m。小枝圆柱形，无毛，分枝多，树皮灰褐色。叶片坚纸质，椭圆形或稀卵状长圆形，顶端钝急尖，具微小尖头或有时微凹，基部楔形，长 3 ～ 6.5 cm，宽 1.5 ～ 3 cm，干时黄绿色带黑色，全缘，两面无毛，光亮，叶面中脉下凹，侧脉微隆起；叶柄长 2 ～ 3 mm。聚伞花序极短，近头状，有 2 ～ 3 回分枝，长 1 cm 以下，总梗极短，多花；苞片极小，花梗长约 0.5 mm，无毛；花萼浅杯形，顶端平截，长约 1.5 mm，直径约 2 mm，无毛，具 4 浅波状齿；花瓣蓝色或白色，广披针形，顶端渐尖，边缘具不规则裂齿 1 ～ 2 个，长约 2 mm，宽约 1 mm，基部具短爪；雄蕊长约 2 mm，药室与膨大的圆锥形药隔长约 0.8 mm，脊上无环状体；花丝长约 1.5 mm。浆果状核果球形，直径 6 ～ 7 mm，干后黑色，顶端具环状宿存萼檐。花期 5 ～ 6 月，果期 12 月至翌年 2 月。

【分布与生境】广东。生于海拔 450 ～ 1700 m 的山坡疏林、密林中或灌木丛中。

# 十四、藤黄科 Guttiferae

## 1. 红厚壳属 *Calophyllum*

（58）薄叶红厚壳 *Calophyllum membranaceum* Gardn.& Champ.

【形态特征】 灌木至小乔木，高 1 ～ 5 m。幼枝四棱形，具狭翅。叶薄革质，长圆形或长圆状披针形，长 6 ～ 12 cm，宽 1.5 ～ 3.5 cm，顶端渐尖、急尖或尾状渐尖，基部楔形，边缘反卷，两面具光泽，干时暗褐色；中脉两面隆起，侧脉纤细，密集，成规则的横行排列，干后两面明显隆起；叶柄长 6 ～ 10 mm。聚伞花序腋生，有花 1 ～ 5（通常为 3），长 2.5 ～ 3 cm，被微柔毛；花两性，白色略带浅红；花梗长 5 ～ 8 mm，无毛；花萼裂片 4 枚，外方 2 枚较小，近圆形，长约 4 mm，内方 2 枚较大，倒卵形，长约 8 mm；花瓣 4，倒卵形，等大，长约 8 mm；雄蕊多数，花丝基部合生成 4 束；子房卵球形，花柱细长，柱头钻状。果卵状长圆球形，长 1.6 ～ 2 cm，顶端具短尖头，柄长 10 ～ 14 mm，成熟时黄色。花期 3 ～ 5 月，果期 8 ～ 10（～ 12）月。

被子植物（58）薄叶红厚壳

【分布与生境】 广东南部、海南、广西南部及铅海部分地区。多生于海拔（200 ～）600 ～ 1000 m 山地的疏林或密林中。

## 2. 藤黄属 *Garcinia*

（59）岭南山竹子 *Garcinia oblongifolia* Champ.

【形态特征】 乔木或灌木，高 5 ～ 15 m，胸径可达 30 cm；树皮深灰色。老枝通常具断环纹。叶片近革质，长圆形，倒卵状长圆形至倒披针形，长 5 ～ 10 cm，宽 2 ～ 3.5 cm，顶端急尖或钝，基部楔形，干时边缘反卷；中脉在上面微隆起，侧脉 10 ～ 18 对；叶柄长约 1 cm。花小，直径约 3 mm，单性，异株，单生或成伞状聚伞花序，花梗长 3 ～ 7 mm。雄花萼片等大，近圆形，长

被子植物（59）岭南山竹子

3 ～ 5 mm；花瓣橙黄色或淡黄色，倒卵状长圆形，长 7 ～ 9 mm；雄蕊多数，合生成 1 束，花药聚生成头状，无退化雌蕊。雌花的萼片、花瓣与雄花相似；退化雄蕊合生成 4 束，短于雌蕊；子房卵球形，8 ～ 10 室，无花柱，柱头盾形，隆起，辐射状分裂，上面具乳头状瘤突。浆果卵球形或圆球形，长 2 ～ 4 cm，直径 2 ～ 3.5 cm，基部萼片宿存，顶端为隆起的柱头。花期 4 ～ 5 月，果期 10 ～ 12 月。

【分布与生境】广东、广西。生于海拔 200 ～ 400（～ 1200）m 的平地、丘陵、沟谷密林或疏林中。

## 十五、杜英科 Elaeocarpaceae

### 1. 杜英属 *Elaeocarpus*

（60）锈毛杜英 *Elaeocarpus howii* Merr.& Chun

【形态特征】常绿乔木，高 10 m，树皮灰褐色。嫩枝粗大，被褐色茸毛。叶革质，椭圆形至广椭圆形，长 10 ～ 19 cm，宽 4 ～ 10 cm，先端急短尖，尖尾长 5 ～ 10 mm，基部圆形，上面深绿色，干后仍发亮，下面被褐色茸毛，侧脉 10 ～ 13 对，在上面隐约可见，在下面强烈突起，网脉在下面较为明显，边近全缘或有不明显小钝齿；叶柄长 2 ～ 5 cm，圆柱形，被褐色茸毛。总状花序生于枝顶叶腋内，长 6 ～ 10 cm，花序轴粗大，被褐色茸毛；花柄长 3 ～ 5 mm；苞片肾形，长 1 mm，宽 1.5 mm，被毛；萼片 5 片，披针形，长 6 mm，外面有褐色毛，内侧有柔毛；花瓣倒卵形，与萼片等长，无毛，上半部撕裂，裂片约 20 条；雄蕊 25 ～ 30 枚，长约 3 mm，花药顶端无附属物；花盘 5 裂；子房 3 室，被毛，花柱基部无毛，长 3 mm。核果椭圆状卵形，长 4 ～ 4.5 cm，被褐色茸毛，

被子植物（60）锈毛杜英

外果皮及中果皮干后常起皱褶,内果皮坚骨质,表面多沟纹。种子通常1颗,长1～1.5 cm,黑色。花期6～7月。

【分布与生境】海南及云南东南部。生长于海拔1100～1800 m的森林中。

（61）日本杜英 *Elaeocarpus japonicus* Sieb.et Zucc.

【形态特征】乔木。嫩枝秃净无毛;叶芽有发亮绢毛。叶革质,通常卵形,亦有椭圆形或倒卵形,长6～12 cm,宽3～6 cm,先端尖锐,尖头钝,基部圆形或钝,初时上下两面密被银灰色绢毛,很快变秃净,老叶上面深绿色,发亮,干后仍有光泽,下面无毛,有多数细小黑腺点,侧脉5～6对,在下面突起,网脉在上下两面均明显;边缘有疏锯齿;叶柄长2～6 cm,初时被毛,不久完全秃净。总状花序长3～6 cm,生于当年枝的叶腋内,花序轴有短柔毛;花柄长3～4 mm,被微毛;花两性或单性。两性花:萼片5片,长圆形,长4 mm,两面有毛;花瓣长圆形,两面有毛,与萼片等长,先端全缘或有数个浅齿;雄蕊15枚,花丝极短,花药长2 mm,有微毛,顶端无附属物;花盘10裂,连合成环;

被子植物（61）日本杜英

子房有毛,3室,花柱长3 mm,有毛。雄花:萼片5～6片,花瓣5～6片,均两面被毛;雄蕊9～14枚;退化子房存在或缺。核果椭圆形,长1～1.3 cm,宽8 mm,1室;种子1颗,长8 mm。花期4～5月。

【分布与生境】我国长江以南各地,东起台湾,西至四川及云南最西部,南至海南。生于海拔400～1300 m的常绿林中。

（62）山杜英 *Elaeocarpus sylvestris*(Lour.) Poir.Encycl.

【形态特征】小乔木,高约10 m;小枝纤细,通常秃净无毛;老枝干后暗褐色。叶纸质,倒卵形或倒披针形,长4～8 cm,宽2～4 cm,幼态叶长达15 cm,宽达6 cm,上下两面均无毛,干后黑褐色,不发亮,先端钝,或略尖,基部窄楔形,下延;侧脉5～6对,在上面隐约可见,在下面稍突起,网脉不明显,边缘有钝锯齿或波状钝齿;叶柄长1～1.5 cm,无毛。总状花序生于枝顶叶腋内,长4～6 cm,花序轴纤细,无毛,有时被灰白色短柔毛;花柄长3～

被子植物（62）山杜英

4 mm，纤细，通常秃净；萼片5片，披针形，长4 mm，无毛；花瓣倒卵形，上半部撕裂，裂片10～12条，外侧基部有毛；雄蕊13～15枚，长约3 mm，花药有微毛，顶端无毛丛，亦缺附属物；花盘5裂，圆球形，完全分开，被白色毛；子房被毛，2～3室，花柱长2 mm。核果细小，椭圆形，长1～1.2 cm，内果皮薄骨质，有腹缝沟3条。花期4～5月。

【分布与生境】广东、海南、广西、福建、浙江、江西、湖南、贵州、四川及云南。生于海拔350～2000 m的常绿林中。

## 2. 猴欢喜属 *Sloanea*

### （63）海南猴欢喜 *Sloanea hainanensis* Merr.& Chun

【形态特征】乔木，高15 m。嫩枝被柔毛，以后变秃净。叶薄革质，匙形或倒卵形，长7～12 cm，宽3～6 cm，先端急短尖，中部以下变窄，基部窄而略圆，上面干后暗绿色，无光泽，下面无毛，或仅在脉腋内有毛丛，侧脉6～8对，在上面不明显，在下面突起，网脉在下面明显，边缘上半部有不规则波状钝齿；叶柄长5～12 mm，初时有柔毛，最后变秃净。花通常单生，直径1.5 cm；花柄长2～3 cm，有灰色毛；萼片4片，广卵形，大小不等，长4～7 mm，先端钝，被短柔毛；花瓣4片，阔卵形，长4～7 mm，先端撕裂，两面有短柔毛；雄蕊长5 mm，花药比花丝略长，有毛；子房卵形，被茸毛，花柱单独，约与子房同长，近于秃净。蒴果近圆形，长3.5 cm，3～4片裂开，果片厚3 mm；针刺长1～1.5 cm；种子长1.5～2 cm，下半部有薄的假种皮。花期5月。

【分布与生境】海南中部及南部。生长于海拔350～500 m的常绿林中。

被子植物（63）海南猴欢喜

# 十六、梧桐科 Sterculiaceae

## 梭罗树属 *Reevesia*

### （64）长柄梭罗 *Reevesia longipetiolata* Merr.& Chun

【形态特征】 乔木，高 8 ～ 25 m；树皮灰褐色。小枝的幼嫩部分略被毛，干时紫黑色。叶矩圆形或矩圆状卵形，长 7 ～ 15 cm，宽 3 ～ 6 cm，顶端钝或急尖，基部急尖，两面均光亮无毛；侧脉每边 8 ～ 12 条；叶柄长 1.5 ～ 3.5 cm，两端膨大，无毛。聚伞花序顶生，长约 10 cm，密被星状短柔毛；花梗长约 7 mm；萼倒卵状钟形，长 8 ～ 9 cm，3 ～ 5 裂，外面被星状短柔毛，裂片矩圆状卵形，长 1.5 mm；花瓣 5 片，白色，倒披针形，具爪，长 2 cm，宽约 4 mm，无毛；雌雄蕊柄长 2 ～

被子植物（64）长柄梭罗

2.5 cm，无毛。蒴果矩圆状梨形，长 4 ～ 4.5 cm，宽 2.5 cm，有 5 棱，略被短茸毛；种子具翅，连翅长约 2.5 cm。花期 3 ～ 4 月。

【分布与生境】 海南（临高、定安、陵水、昌江）。生于山上密林中。

### （65）两广梭罗 *Reevesia thyrsoidea* Lindl.

被子植物（65）两广梭罗

【形态特征】 常绿乔木，树皮灰褐色。幼枝干时棕黑色，略被稀疏的星状短柔毛。叶革质，矩圆形、椭圆形或矩圆状椭圆形，长 5 ～ 7 cm，宽 2.5 ～ 3 cm，顶端急尖或渐尖，基部圆形或钝，两面均无毛；叶柄长 1 ～ 3 cm，两端膨大。聚伞花序顶生，被毛，花密集；萼钟状，长约 6 mm，5 裂，外面被星状短柔毛，内面只在裂片的上端被毛，裂片长约 2 mm，顶端急尖；

花瓣 5 片，白色，匙形，长 1 cm，略向外扩展；雌雄蕊柄长约 2 cm，顶端约有花药 15 个；子房圆球形，5 室，被毛。蒴果矩圆状梨形，有 5 棱，长约 3 cm，被短柔毛；种子连翅长约 2 cm。花期 3 ～ 4 月。

【分布与生境】广东中部、东部、南部和海南，广西南部（上林、十万大山）和云南南部。生于海拔 500 ～ 1500 m 的山坡上或山谷溪旁。

# 十七、古柯科 Erythroxylaceae

## 古柯属 *Erythroxylum*

### （66）东方古柯 *Erythroxylum sinense* Y. C. Wu

【形态特征】灌木或小乔木，高 1 ～ 6 m。小枝无毛，干后黑褐色，树皮灰色。叶纸质，长椭圆形、倒披针形或倒卵形，长 2 ～ 14 cm，宽 1 ～ 4 cm，顶部尾状尖、短渐尖、急尖或钝，基部狭楔形，中部以上较宽；幼叶带红色，干后红带褐色，成熟叶干后表面暗榄绿色，背面暗紫色；中脉纤细；叶柄长 3 ～ 8 mm；托叶三角形或披针形，长 1 ～ 3 mm，有时更长，顶部渐尖，全缘、齿裂、深裂或流苏状。花腋生，2 ～ 7 花簇生于极短的总花梗上，或单花腋生；花梗长 4 ～ 6 mm，果期伸长约 9 mm；萼片 5，基部合生成浅杯状，萼裂片长 1 ～ 1.5 mm，深裂约 3/4 ～ 1/2，裂片阔卵形，顶部短尖，花瓣卵状长圆形，长 3 ～ 6 mm，内面有 2 枚舌状体贴生在基部；雄蕊 10，不等长或近于等长，基部合生成浅杯状，花丝有乳头状毛状体，短花柱花的雄蕊几与花瓣等长，长花柱花的雄蕊几与萼片等长；子房长圆形，长花柱花的子房比雄蕊约长 2 倍，3 室，1 室发育；花柱 3，分离。核果长圆形，有 3 条纵棱，稍弯，顶端钝，叶顶部是尾状尖类型的果，其果长为 1 ～ 1.7 cm，宽为 3 ～ 6 mm；叶顶部是其他类型的果，其核果长圆形或阔椭圆形，长 6 ～ 10 mm，宽 4 ～ 6 mm。花期 4 ～ 5 月，果期 5 ～ 10 月。

【分布与生境】浙江、福建、江西、湖南、广东、广西、云南和贵州。生于海拔 230 ～ 2 200 m 的山地、路旁、谷地树林中。

被子植物（66）东方古柯

## 十八、大戟科 Euphorbiaceae

### 1. 五月茶属 *Antidesma*

（67）五月茶 *Antidesma bunius* (Linn.) Spreng.

【形态特征】乔木，高达 10 m。小枝有明显皮孔；除叶背中脉、叶柄、花萼两面和退化雌蕊被短柔毛或柔毛外，其余均无毛。叶片纸质，长椭圆形、倒卵形或长倒卵形，长 8～23 cm，宽 3～10 cm，顶端急尖至圆，有短尖头，基部宽楔形或楔形，叶面深绿色，常有光泽，叶背绿色；侧脉每边 7～11 条，在叶面扁平，干后凸起，在叶背稍凸起；叶柄长 3～10 mm；托叶线形，早落。雄花序为顶生的穗状花序，长 6～17 cm。雄花：花萼杯状，顶端 3～4 分裂，裂片卵状三角形；雄蕊 3～4，长 2.5 mm，着生于花盘内面；

被子植物（67）五月茶

花盘杯状，全缘或不规则分裂；退化雌蕊棒状；雌花序为顶生的总状花序，长 5～18 cm。雌花：花萼和花盘与雄花的相同；雌蕊稍长于萼片，子房宽卵圆形，花柱顶生，柱头短而宽，顶端微凹缺。核果近球形或椭圆形，长 8～10 mm，直径 8 mm，成熟时红色；果梗长约 4 mm。染色体基数 x=13。花期 3～5 月，果期 6～11 月。

【分布与生境】江西、福建、湖南、广东、海南、广西、贵州、云南和西藏等省区，生于海拔 200～1500 m 山地疏林中。

（68）多花五月茶 *Antidesma maclurei* Merrill

【形态特征】乔木，高 5～10 m。嫩枝被疏短柔毛，老枝无毛。叶片膜质至薄纸质，披针形或长圆状披针形，长 7～10 cm，宽 2～4 cm，顶端渐尖或长渐尖，具有小尖头，基部圆或钝；侧脉每边约 7 条，两面无毛或仅在叶背脉上稍被短柔毛；叶柄长 0.8～2 cm，被短柔毛至无毛；托叶早落。雌雄花序均为圆锥花序，长 4～8 cm，腋生，被锈色短柔毛。雄花：萼片 4，

被子植物（68）多花五月茶

三角形，长 0.6 mm，边缘被睫毛，内面基部被短柔毛；雄蕊 4，花丝长约 1.5 cm，着生于花盘之内。雌花：花梗长 1 mm；萼片与雄花的相似；花盘盘状；子房长圆形，长约 1 mm，无毛，花柱顶生，柱头 3 ～ 4 枚。核果椭圆形，长 5 ～ 6 mm，直径约 4 mm。花期 3 ～ 6 月，果期 5 ～ 10 月。

【分布与生境】海南。生于山地密林中。

## 2. 闭花木属 *Cleistanthus*

（69）闭花木 *Cleistanthus sumatranus* (Miquel) Müller Argoviensis

【形态特征】常绿乔木，高达 18 m，胸径达 40 cm，树干通直，树皮红褐色，平滑。除幼枝、幼果被疏短柔毛和子房密被长硬毛外，其余均无毛。叶片纸质，卵形、椭圆形或卵状长圆形，长 3 ～ 10 cm，宽 2 ～ 5 cm，顶端尾状渐尖，基部钝至近圆；侧脉每边 5 ～ 7 条，两面略不明显；叶柄长 3 ～ 7 mm，有横皱纹；托叶卵状三角形，长 0.5 mm，常早落。花雌雄同株，单生或 3 至数朵簇生于叶腋内或退化叶的腋内；苞片三角形。雄花：萼片 5，卵状披针形，长 2 mm；花瓣 5，倒卵形，宽 0.4 mm；花盘环状；退化雌蕊三棱形。雌花：长 4 mm，萼片 5，卵状披针形，长 2.5 ～ 3 mm；花瓣 5，倒卵形，长 1 mm；花盘筒状，近全包围子房；子房卵圆形，花柱 3，顶端 2 裂。蒴果卵状三棱形，长和直径约 1 cm，果皮薄而脆，成熟时分裂成 3 个分果片，每个果片内常有 1 颗种子；种子近球形，直径约 6 mm。花期 3 ～ 8 月，果期 4 ～ 10 月。

被子植物（69）闭花木

【分布与生境】广东、海南、广西和云南。常生于海拔 500 m 以下山地密林中，较耐阴，在林中为二层乔木。

### 3. 算盘子属 *Glochidion*

（70）红算盘子 *Glochidion coccineum* Muell.-Arg.

【形态特征】常绿灌木或乔木，通常高约 4 m，最高可达 10 m；枝条具棱，被短柔毛。叶片革质，长圆形、长椭圆形或卵状披针形，长 6 ～ 12 cm，宽 3 ～ 5 cm，顶端短渐尖，基部楔形或急尖，上面绿色，下面粉绿色，干后呈褐色；两面叶脉被疏短柔毛，后变无毛，侧脉每边 6 ～ 8 条；叶柄长 3 ～ 5 mm，被柔毛；托叶三角状披针形，被柔毛。花 2 ～ 6 朵簇生于叶腋内，通常雌花束生于小枝的上部，雄花束则生于小枝的下部。雄花：花梗长 5 ～ 15 mm，被柔毛；萼片 6，倒卵形或长卵形，3 片较大，长 3 ～ 4 mm，另 3 片较小，长 2.5 ～ 3 mm，黄色，外面被疏柔毛；雄蕊 4 ～ 6。雌花：花梗极短或几无；萼片 6，倒卵形或倒卵状披针形，稍短于雄花，外面均被柔毛；子房卵圆形，10 室，密被绢毛，花柱合生呈近圆锥状，长约 1 mm。蒴果扁球状，高 6 ～ 7 mm，直径约 15 mm，有 10 条纵沟，被微毛；果梗几无。花期 4 ～ 10 月，果期 8 ～ 12 月。

被子植物（70）红算盘子

【分布与生境】福建、广东、海南、广西、贵州和云南等省区。生于海拔 450 ～ 1000 m 山地疏林中或山坡、山谷灌木丛中。

被子植物（71）白背算盘子

（71）白背算盘子 *Glochidion wrightii* Benth.

【形态特征】灌木或乔木，高 1 ～ 8 m；全株无毛。叶片纸质，长圆形或长圆状披针形，常呈镰刀状弯斜，长 2.5 ～ 5.5 cm，宽 1.5 ～ 2.5 cm，顶端渐尖，基部急尖，两侧不相等，上面绿色，下面粉绿色，干后灰白色；侧脉每边 5 ～ 6 条；叶柄长 3 ～ 5 mm。雌花或雌雄花同簇生于叶腋内。雄花：花梗长 2～4 mm；萼片 6，长圆形，长约 2 mm，黄色；雄蕊 3，合生。雌花：几无花梗；萼片 6，其中 3 片较宽而厚，卵形、椭圆形或长圆形，长约 1 mm；子房圆球状，3～4 室，花柱合生呈圆柱状，长不及 1 mm。蒴果扁球状，直径 6～8 mm，红色，顶端有宿存的花柱。花期 5～9 月，果期 7～11 月。

【分布与生境】 福建、广东、海南、广西、贵州和云南等省区。生于海拔 240～1000 m 山地疏林中或灌木丛中。

## 十九、虎皮楠科 Daphniphyllaceae

### 虎皮楠属 *Daphniphyllum*

（72）海南虎皮楠 *Daphniphyllum paxianum* Rosenth.

【形态特征】 小乔木或灌木，高 3～8 m。小枝暗揭色，疏生灰白色小皮孔。叶薄革质或纸质，长圆形或长圆状披针形或披针形，长 9～17 cm，宽 3～6 cm，先端镰状渐尖或短渐尖，基部楔形至阔楔形，边缘略成皱波状，干后变褐色，叶面具光泽，叶背无粉或略具白粉，无乳突体；侧脉 11～13 对，侧脉和细脉两面突起；叶柄长 1.5～3.5 cm，上面具槽。雄花序长 2～3 cm；苞片卵形，长约 1.5 mm；花梗长约 5～7 mm，花萼盘状，径约 2 mm，边缘 4～5 裂；雄蕊 8～10，花药长圆形，长约 2 mm，花丝与花药近等长或稍短；雌花序长 3～5 cm；花梗长 5～8 mm；萼片 4～5，卵形，急尖，长 0.5～1 mm；子房卵状椭圆形，长约 2 mm，花柱极短，柱头 2，叉开，外卷。果椭圆形，长 8～10 mm，直径 5～6 mm，略具疣状皱纹，多少被白粉，先端具鸡冠状叉开的宿存柱头，基部具宿萼。花期 3～5 月，果期 8～11 月。

【分布与生境】 四川、贵州、云南、广西、广东。 生于海拔 475～2300 m 的山坡或沟谷林中。

被子植物（72）海南虎皮楠

## 二十、蔷薇科 Rosaceae

### 1. 桂樱属 *Laurocerasus*

（73）大叶桂樱 *Laurocerasus zippeliana*(Miq.) Yii et Lu

【形态特征】常绿乔木，高 10～25 m。小枝灰褐色至黑褐色，具明显小皮孔，无毛。叶片革质，宽卵形至椭圆状长圆形或宽长圆形，长 10～19 cm，宽 4～8 cm，先端急尖至短渐尖，基部宽楔形至近圆形，叶边具稀疏或稍密粗锯齿，齿顶有黑色硬腺体，两面无毛；侧脉明显，7～13 对；叶柄长 1～2 cm，粗壮，无毛，有 1 对扁平的基腺；托叶线形，早落。总状花序单生或 2～4 个簇生于叶腋，长 2～6 cm，被短柔毛；花梗长 1～3 mm；苞片长 2～3 mm，位于花序最下面者常在先端 3 裂而无花；花直径 5～9 mm；花萼外面被短柔毛；萼筒钟形，长约 2 mm；萼片卵状三角形，长 1～2 mm，先端圆钝；花瓣近圆形，长约为萼片 2 倍，白色；雄蕊约 20～25，长约 4～6 mm；子房无毛，花柱几与雄蕊等长。果实长圆形或卵状长圆形，长 18～24 mm，宽 8～11 mm，顶端急尖并具短尖头；黑褐色，无毛，核壁表面稍具网纹。花期 7～10 月，果期冬季。

被子植物（73）大叶桂樱

【分布与生境】甘肃、陕西、湖北、湖南、江西、浙江、福建、台湾、广东、广西、贵州、四川、云南。生于海拔 600～2400 m 的石灰岩山地阳坡杂木林中或山坡混交林下。

### 2. 石楠属 *Photinia*

（74）桃叶石楠 *Photinia prunifolia* Lindl.

【形态特征】常绿乔木，高 10～20 m。小枝无毛，灰黑色，具黄褐色皮孔。叶片革质，长圆形或长圆披针形，长 7～13 cm，宽 3～5 cm，先端渐尖，基部圆形至宽楔形，边缘有密生具腺的细锯齿，上面光亮，下面满布黑色腺点，两面均无毛；侧脉 13～15 对；叶柄长 10～25 mm，无毛，具多数腺体，有时且有锯

被子植物（74）桃叶石楠

齿。花多数，密集成顶生复伞房花序，直径 12～16 cm，总花梗和花梗微有长柔毛；花直径 7～S mm；萼筒杯状，外面有柔毛；萼片三角形，长 1～2 mm，先端渐尖，内面微有绒毛；花瓣白色，倒卵形，长约 4 mm，先端圆钝，基部有绒毛；雄蕊 20，与花瓣等长或稍长；花柱 2（～3），离生，子房顶端有毛。果实椭圆形，长 7～9 mm，直径 3～4 mm，红色，内有 2（～3）粒种子。花期 3～4 月，果期 10～11 月。

【分布与生境】广东、广西、福建、浙江、江西、湖南、贵州、云南。生于海拔 900～1100 m 疏林中。

## 3. 李属 *Prunus*

（75）海南樱桃 *Prunus hainanensis*(G.A.Fu&Y.S.Lin) H.Yu

【形态特征】落叶乔木，高达 17 m；树皮棕褐色，常具褐色横带状凸起皮孔。小枝灰褐色。叶薄革质，卵形或卵状椭圆形，稀长圆形，长 4～11 cm，宽 2.2～4.8 cm，顶端渐尖或长渐尖，基部圆形，边缘具锯齿，上面无毛，下面腺叶内有簇毛；侧脉 6～10 对，中脉在上面凹下；叶柄长 1.2～2 cm，嫩时有疏长柔毛，近顶端有 2～4 个腺体；托叶线性，顶端 2～3 深裂，边缘有棒状腺齿。伞形花序有花 2～4 朵；花粉红色，直径 1.5～1.9 cm，先叶开放；花梗长约 2 cm，幼时有疏长柔毛；萼管钟状，长约 9 mm，宽 4 mm，外面无毛，花萼裂片狭三角形，长约 3 mm；花瓣倒卵圆形，长 9～10 mm，宽 6～7 mm，顶端弓形下凹或微缺，稀全缘；雄蕊 36～40，花丝不等长；花柱长约 1.7 mm，与雄蕊等长或稍长，近顶端有疏长柔毛，柱头小，5 浅裂。核果椭圆形，长 1.1～1.4 cm，径 6～7 mm；种子表面有时具棱纹；果柄长 1.2～2 cm，顶端稍膨大。花期 1～2 月；果期 3～4 月。

被子植物（75）海南樱桃

【分布与生境】海南昌江。生于海拔约 900 m 的山地林中。

## 4. 臀果木属 *Pygeum*

（76）臀果木 *Pygeum topengii* Merr.

【形态特征】乔木，高可达 25 m，树皮深灰色至灰褐色。小枝暗褐色，具皮孔，幼时被褐色柔毛，老时无毛。叶片革质，卵状椭圆形或椭圆形，长 6 ～ 12 cm，宽 3 ～ 5.5 cm，先端短渐尖而钝，基部宽楔形，两边略不相等，全缘，上面光亮无毛，下面被平铺褐色柔毛，老时仍有少许毛残留，沿中脉及侧脉毛较密，近基部有 2 枚黑色腺体；侧脉 5 ～ 8 对，在下面突起；叶柄长 5 ～ 8 mm，被褐色柔毛；托叶小，早落。总状花序有花 10 余朵，单生或 2 至数个簇生于叶腋，总花梗、花梗和花萼均密被褐色柔毛；花梗长 1 ～ 3 mm；苞片小，卵状披针形或披针形，具毛，早落；花直径 2 ～ 3 mm；萼筒倒圆锥形；花被片 10 ～ 12，长约 1 ～ 2 mm，萼片与花瓣各 5 ～ 6 枚；萼片三角状卵形，先端急尖；花瓣长圆形，先端稍钝，被褐色柔毛，稍长于萼片，或与萼片不易区分；子房无毛。果实肾形，长 8 ～ 10 mm，宽 10 ～ 16 mm，顶端常无突尖而凹陷，无毛，深褐色；种子外面被细短柔毛。花期 6 ～ 9 月，果期冬季。

被子植物（76）臀果木

【分布与生境】福建、广东、广西、云南、贵州。生于山野间，常见于海拔 100 ～ 1600 m 的山谷、路边、溪旁或疏密林内及林缘。

## 5. 悬钩子属 *Rubus*

（77）淡黄悬钩子 *Rubus gilvus* Focke

【形态特征】攀援灌木。枝和叶柄密被锈色绒毛和有散生钩状的小刺。叶单，革质，阔卵圆形，5 裂，长和宽 9 ～ 15 cm，基部阔心形，初时腹面被疏柔毛，成熟时有泡状皱纹，除脉上被短硬毛外其余均无毛，背面密被锈色绒毛；裂片卵形，急尖，有波状浅裂，边缘有小圆钝的锯齿，顶端裂片长 4 ～ 8 cm，两侧

被子植物（77）淡黄悬钩子

裂片稍短；拓也羽状深裂，裂片线形。花具极短的梗，团聚在叶腋内或苞腋内，直径 1.5～1.8 cm；苞叶卵状披针形至阔卵圆形，呈羽状或掌状撕裂，裂片线形，有时不整齐分裂；花萼密被锈色长硬毛，萼片三角状卵形；花瓣圆形，具爪；花柱比雄蕊长，几乎和萼片相等。花期 3～5 月。

【分布与生境】 海南（儋县、白沙、昌江、崖县）。生于中海拔疏林中，不常见。

### 6. 石斑木属 *Rhaphiolepis*

（78）石斑木 *Rhaphiolepis indica* Lindl.

【形态特征】 常绿灌木，稀小乔木，高可达 4 m。幼枝初被褐色绒毛，以后逐渐脱落近于无毛。叶片集生于枝顶，卵形、长圆形，稀倒卵形或长圆披针形，长（2～）4～8 cm，宽 1.5～4 cm，先端圆钝，急尖、渐尖或长尾尖，基部渐狭连于叶柄，边缘具细钝锯齿，上面光亮，平滑无毛，网脉不显明或显明下陷，下面色淡，无毛或被稀疏绒毛；叶脉稍凸起，网脉明显；叶柄长 5～18 mm，近无毛；托叶钻形，长 3～4 mm，脱落。顶生圆锥花序或总状花序，总花梗和花梗被锈色绒毛，花梗长 5～15 mm；苞片及小苞片狭披针形，长 2～7 mm，近无毛；花直径 1～1.3 cm；萼筒筒状，长 4～5 mm，边缘及内外面有褐色绒毛，或无毛；萼片 5，三角披针形至线形，长 4.5～6 mm，先端急尖，两面被疏绒毛或无毛；花瓣 5，白色或淡红色，倒卵形或披针形，长 5～7 mm，宽 4～5 mm，先端圆钝，基部具柔毛；雄蕊 15，与花瓣等长或稍长；花柱 2～3，基部合生，近无毛。果实球形，紫黑色，直径约 5 mm，果梗短粗，长 5～10 mm。花期 4 月，果期 7～8 月。

【分布与生境】安徽、浙江、江西、湖南、贵州、云南、福建、广东、广西、台湾。生于海拔 150～1600 m 的山坡、路边或溪边灌木林中。

被子植物（78）石斑木

## 二十一、豆科 Leguminosae

### 1. 黧豆属 *Mucuna*

#### （79）海南黧豆 *Mucuna hainanensis* Hayata

【形态特征】多年生攀援灌木。茎长达 5 m。小枝无毛或具稀疏贴伏毛，具纵槽纹。羽状复叶具 3 小叶，长 7 ～ 23 cm；托叶脱落；叶柄长 6 ～ 11.5 cm；小叶纸质或革质，顶生小叶倒卵状椭圆形或椭圆形，长 6.5 ～ 8（～ 12）cm，宽 2.5 ～ 5 cm，先端骤然收缩成一短尾尖，具小凸尖，基部圆形，两面近无毛，侧生小叶极偏斜，长 5 ～ 8（～ 11）cm；侧脉 3 ～ 5 对；小托叶长 2 ～ 6 mm；小叶柄长 3 ～ 6 mm。总状花序腋生，长 6 ～ 27 cm，每节具 3 花；花梗长 8 ～ 10 mm，密被丝质短毛；苞片犬，包盖花蕾，长圆形或宽卵形，长 2 ～ 3 cm，被毛；萼筒宽杯状，长 7 ～ 10 mm，宽 12 ～ 14 mm，密被丝质灰白色短毛和黄褐色刚刺毛，内面的刺毛更密；花冠深紫色或带红色，旗瓣近卵圆形，长和宽 2.5 ～ 3.2 cm，先端微凹，基部具长 2 约 1 mm 的 2 耳，瓣柄长约 3 mm，宽约 2 mm，翼瓣长 4.5 ～ 5.5 cm，宽 1 ～ 1.3 cm，耳长约 4 mm，瓣柄长约 9 mm，龙骨瓣长 4.8 ～ 5.7 cm，耳长约 1 mm，瓣柄长约 1 cm；雄蕊管长 3.7 ～ 4 cm，花丝近顶部弯曲，花药被毛；花柱线状，长约 4 cm；子房长约 6 mm，密被硬毛。果革质，不对称的长圆形或卵状长椭圆形，长 9 ～ 18 cm，宽 4.5 ～ 5.5 cm，厚约 1 cm，两端渐狭，背腹两夹缝各具 2 翅，翅宽约 1 cm，有横网纹，果瓣有斜向、薄片状的褶襞 8 ～ 12 片，褶襞宽 4 ～ 5 mm，具红褐色螫毛；种子 2 ～ 4 颗，黑色，长圆形或肾形，长 1.7 ～ 2.5 cm，宽 1.5 cm，厚 5 ～ 7 mm；种脐长约为种子周长的 1/2 ～ 3/4。花期 1 ～ 3 月，果期 3 ～ 5 月。

被子植物（79）海南黧豆

【分布与生境】海南、云南。生于山谷、山腰水旁密林、疏林或低海拔灌丛中，常攀援在乔木、灌木或竹上。

## 2. 猴耳环属 *Pithecellobium*

### （80）猴耳环 *Pithecellobium clypearia* (Jack) I. C. Nielsen

【形态特征】 乔木，高可达 10 m。小枝无刺，有明显的棱角，密被黄褐色绒毛。托叶早落；二回羽状复叶；羽片 3～8 对，通常 4～5 对；总叶柄具四棱，密被黄褐色柔毛，叶轴上及叶柄近基部处有腺体，最下部的羽片有小叶 3～6 对，最顶部的羽片有小叶 10～12 对，有时可达 16 对；小叶革质，斜菱形，长 1～7 cm，宽 0.7～3 cm，顶部的最大，往下渐小，上面光亮，两面稍被褐色短柔毛，基部极不等侧，近无柄。花具短梗，数朵聚成小头状花序，再排成顶生和腋生的圆锥花序；花萼钟状，长约 2 mm，5 齿裂，与花冠同密被褐色柔毛；花冠白色

被子植物（80）猴耳环

或淡黄色，长 4～5 mm，中部以下合生，裂片披针形；雄蕊长约为花冠的 2 倍，下部合生；子房具短柄，有毛。荚果旋卷，宽 1～1.5 cm，边缘在种子间溢缩；种子 4～10 颗，椭圆形或阔椭圆形，长约 1 cm，黑色，种皮皱缩。花期 2～6 月，果期 4～8 月。

【分布与生境】浙江、福建、台湾、广东、广西、云南。生于林中。

### （81）亮叶猴耳环 *Pithecellobium clucidum* (Benth) I.C.Nielsen

【形态特征】 乔木，高 2～10 m。小枝无刺，嫩枝、叶柄和花序均被褐色短茸毛。羽片 1～2 对；总叶柄近基部、每对羽片下和小叶片下的叶轴上均有圆形而凹陷的腺体，下部羽片通常具 2～3 对小叶，上部羽片具 4～5 对小叶；小叶斜卵形或长圆形，长 5～9（～11）cm，宽 2～4.5 cm，顶生的一对最大，对生，余互生且较小，先端渐尖而具钝小尖头，基部略偏斜，两面无毛或仅在叶脉上有微毛，上面光亮，深绿色。头状花序球形，有花 10～20 朵，总花梗长不超过 1.5 cm，排成腋生或顶生的圆锥花序；花萼长不及 2 mm，与花冠同被褐色短茸毛；花瓣白色，长 4～5 mm，中部以下合生；子房具短柄，无毛。

被子植物（81）亮叶猴耳环

荚果旋卷成环状，宽 2 ～ 3 cm，边缘在种子间缢缩；种子黑色，长约 1.5 cm，宽约 1 cm。花期 4 ～ 6 月，果期 7 ～ 12 月。

【分布与生境】　浙江、台湾、福建、广东、广西、云南、四川等省区。生于疏或密林中或林缘灌木丛中。

## 二十二、金缕梅科 Hamamelidaceae

### 1. 蚊母树属 Distylium

（82）蚊母树 *Distylium racemosum* Sieb.& Zucc.

【形态特征】　常绿灌木或中乔木。嫩枝有鳞垢，老枝秃净，干后暗褐色；芽体裸露无鳞状苞片，被鳞垢。叶革质，椭圆形或倒卵状椭圆形，长 3 ～ 7 cm，宽 1.5 ～ 3.5 cm，先端钝或略尖，基部阔楔形，上面深绿色，发亮，下面初时有鳞垢，以后变秃净，侧脉 5 ～ 6 对，在上面不明显，在下面稍突起，网脉在上下两面均不明显，边缘无锯齿；叶柄长 5 ～ 10 mm，略有鳞垢；托叶细小，早落。总状花序长约 2 cm，花序轴无毛，总苞 2 ～ 3 片，卵形，有鳞垢；苞片披针形，长 3 mm，花雌雄同在一个花序上，雌花位于花序的顶端；萼筒短，萼齿大小不相等，被鳞垢；雄蕊 5 ～ 6 个，花丝长约 2 mm，花药长 3.5 mm，红色；子房有星状绒毛，花柱长 6 ～ 7 mm。蒴果卵圆形，长 1 ～ 1.3 cm，先端尖，外面有褐色星状绒毛，上半部两片裂开，每片 2 浅裂，不具宿存萼筒，果梗短，长不及 2 mm。种子卵圆形，长 4 ～ 5 mm，深褐色、发亮，种脐白色。

被子植物（82）蚊母树

【分布与生境】　福建、浙江、台湾、海南。

### 2. 马蹄荷属 Exbucklandia

（83）大果马蹄荷 *Exbucklandia tonkinensis* (Lecomte) H. T. Chang

【形态特征】　常绿乔木，高达 30 m。嫩枝有褐色柔毛，老枝变秃净，节膨大，有环状托叶痕。叶革质，阔卵形，长 8 ～ 13 cm，宽 5 ～ 9 cm，先端渐尖，基部阔楔形，全缘或幼叶为掌状 3 浅裂，上面深绿色，发亮，下面无毛，常有细小瘤状突起，掌状脉 3～5 条，在上面很显著，在下面隆起；叶柄长 3～5 cm，初时有柔毛，以后变秃净；托叶狭矩圆形，稍弯曲，长 2～4 cm，宽 8～13 mm，被柔毛，早落。头状花序单生，或数个排成总状花序，有花 7～9 朵，花序柄长 1～1.5 cm，被褐色绒色。花两性，稀单性，萼齿鳞片状；无花瓣；

被子植物（83）大果马蹄荷

雄蕊约 13 个，长约 8 mm；子房有黄褐色柔毛，花柱长 4～5 mm。头状果序宽 3～4 cm，有蒴果 7～9 个；蒴果卵圆形，长 1～1.5 cm，宽 8～10 mm，表面有小瘤状突起；种子 6 个，下部 2 个有翅，长 8～10 mm。

【分布与生境】 我国南部及西南各省的山地常绿林，包括福建、江西及湖南的南部，海南，广西，云南的东南部。这个种在海南岛多分布于海拔 1500 m 的山地雨林，在南岭山地则多见于 800～1000 m 的山地常绿林及山谷低坡处。

### 3. 红花荷属 Rhodoleia

（84）红花荷 Rhodoleia championii Hook. f.

【形态特征】 常绿乔木高 12 m，嫩枝颇粗壮，无毛，干后皱缩，暗褐色。叶厚革质，卵形，长 7～13 cm，宽 4.5～6.5 cm，先端钝或略尖，基部阔楔形，有三出脉，上面深绿色，发亮，下面灰白色，无毛，干后有多数小瘤状突起；侧脉 7～9 对，在两面均明显，网脉不显著；叶柄长 3～5.5 cm。头状花序长 3～4 cm，常弯垂；花序柄长 2～3 cm，有鳞状小苞片 5～6 片，总苞片卵圆形，大小不相等，最上部的较大，被褐色短柔毛；萼筒短，先端平截；花瓣匙形，长 2.5～3.5 cm，宽 6～8 mm，红色；雄蕊与花瓣等长，花丝无毛；子房无毛，花柱略短于雄蕊。头状果序宽 2.5～3.5 cm，有蒴果 5 个；

被子植物（84）红花荷

蒴果卵圆形，长 1.2 cm，无宿存花柱，果皮薄木质，干后上半部 4 片裂开；种子扁平，黄褐色。花期 3～4 月。

【分布与生境】 分布于广东中部及西部。

## 二十三、杨梅科 Myricaceae

### 杨梅属 *Myrica*

（85）杨梅 *Myrica rubra* (Lour.) Sieb. Et Zucc.

【形态特征】 常绿乔木，高可达 15 m 以上，胸径达 60 余 cm；树皮灰色，老时纵向浅裂；树冠圆球形。小枝及芽无毛，皮孔通常少而不显著，幼嫩时仅被圆形而盾状着生的腺体。叶革质，无毛，生存至 2 年脱落，常密集于小枝上端部分；多生于萌发条上为长椭圆状或楔状披针形，长达 16 cm 以上，顶端渐尖或急尖，边缘中部以上具稀疏的锐锯齿，中部以下常为全缘，基部楔形；生于孕性枝上为楔状倒卵形或长椭圆状倒卵形，长 5～14 cm，宽 1～4 cm，顶端圆钝或具短尖至急尖，基部楔形，全缘或偶有在中部以上具少数锐锯齿，上面深绿色，有光泽，下面浅绿色，无毛，仅被有稀疏的金黄色腺体；干燥后中脉及侧脉在上下两

被子植物（85）杨梅

面均显著，在下面更为隆起；叶柄长 2～10 mm。花雌雄异株。雄花序单独或数条丛生于叶腋，圆柱状，长 1～3 cm，通常不分枝呈单穗状，稀在基部有不显著的极短分枝现象，基部的苞片不孕，孕性苞片近圆形，全缘，背面无毛，仅被有腺体，长约 1 mm，每苞片腋内生 1 雄花；雄花具 2～4 枚卵形小苞片及 4～6 枚雄蕊；花药椭圆形，暗红色，无毛；雌花序常单生于叶腋，较雄花序短而细瘦，长 5～15 mm，苞片和雄花的苞片相似，密接而成覆瓦状排列，每苞片腋内生 1 雌花；雌花通常具 4 枚卵形小苞片；子房卵形，极小，无毛；顶端为极短的花柱及 2 鲜红色的细长的柱头，其内侧为具乳头状凸起的柱头面。每一雌花序仅上端 1（稀 2）雌花能发育成果实。核果球状，外表面具乳头状凸起，直径 1～1.5 cm，栽培品种可达 3 cm 左右，外果皮肉质，多汁液及树脂，味酸甜，成熟时深红色或紫红色；核常为阔椭圆形或圆卵形，略成压扁状，长 1～1.5 cm，宽

1 ～ 1.2 cm，内果皮极硬，木质。4 月开花，6 ～ 7 月果实成熟。

【分布与生境】江苏、浙江、台湾、福建、江西、湖南、贵州、四川、云南、广西和广东。生长在海拔 125 ～ 1500 m 的山坡或山谷林中，喜酸性土壤。

# 二十四、壳斗科 Fagaceae

## 1. 锥属 Castanopsis

（86）罗浮锥 Castanopsis fabri Hance

【形态特征】乔木，高 8 ～ 20 m，胸径达 45 cm，树皮灰褐色，粗糙。新生嫩枝有时被稀疏短柔毛，芽大，两侧扁平状，芽鳞顶部边缘常被红或褐锈色

被子植物（86）罗浮锥

绒毛且有明显的膜质边缘。二年生叶革质，卵形，狭长椭圆形或披针形，长 8 ～ 18 cm，宽 2.5 ～ 5 cm，萌生枝的叶长达 22 cm，宽 9 cm，顶部长尖或少有短尖，基部近圆或少有楔尖，常一侧略偏斜，叶缘有裂齿，稀兼有全缘叶，中脉在叶面明显凹陷，侧脉每边 9 ～ 15 条，网脉纤细，无毛或嫩叶叶背中脉两侧被甚稀疏的长伏毛，且被红棕色或棕黄色较疏散的蜡鳞，二年生叶的叶背带灰白色；叶柄长稀达 1.5 cm。雄花序单穗腋生或多穗排成圆锥花序，花序轴通常被稀疏短毛，雄蕊 12 ～ 10 枚；每壳斗有雌花 3 或 2 朵，花柱 3，有时 2 枚，长约 1 mm。果序长 8 ～ 17 cm；壳斗有坚果 2 个，稀 1 或 3 个，圆球形、阔椭圆形或阔卵形，连刺直径 20 ～ 30 mm，不规则瓣裂，壳壁厚约 1 mm，刺长 5 ～ 10 mm，很少较短，基部合生或合生至上部，则有如鹿角状分枝，刺或疏或密，干后棕色或棕黄色，少有暗灰褐色，被疏短毛至几无毛；坚果圆锥形，常一或二侧平坦，无毛，横径 8 ～ 12 mm，果脐在坚果底部。花期 4 ～ 5 月，果翌年 9 ～ 11 月成熟。

【分布与生境】长江以南大多数地区。生于约 2000 m 以下疏或密林中，有时成小片纯林。

（87）海南锥（刺锥）Castanopsis hainanensis Merr.

【形态特征】乔木，高达 25 m，胸径约 90 cm。嫩枝、嫩叶、叶背、叶柄

及花序轴和花被片被早脱落的红棕色、灰黄色或灰棕色甚短的毡状柔毛，小枝常呈灰色，散生明显凸起的皮孔。叶厚纸质或近革质，倒卵形或倒卵状椭圆形，或卵状椭圆形或阔卵形，长5～12 cm，宽2.5～5 cm，萌发枝的叶长达17 cm，顶部圆或短尖，基部短尖或阔楔形，叶缘有锯齿状锐齿，中脉在叶面凹陷，但萌发枝上的叶其中脉常稍凸起，侧脉每边10～15（～18）条，直达齿端，支脉甚纤细或不显，成熟叶的叶背常灰白色；叶

被子植物（87）海南锥（刺锥）

柄长10～18 mm。果序长10～17 cm，果序轴与其着生的枝约等粗，横切面径5～6 mm；壳斗有1坚果，连刺直径40～50 mm，刺密集，将壳斗外壁完全遮蔽；坚果阔圆锥形，高12～15 mm，横径16～20 mm，密被伏毛，果脐位于坚果的底部，但较宽。花期3～4月，果翌年8～10月成熟。

【分布与生境】　海南。生于海拔约400 m以下山地疏林中，在常绿阔叶林中常为上层树种。

（88）红锥 *Castanopsis hystrix* J. D. Hooker & Thomson ex A. de Candolle

【形态特征】　乔木，高达25 m，胸径1.5 m。当年生枝紫褐色，纤细，与叶柄及花序轴相同，均被或疏或密的微柔毛及黄棕色细片状蜡鳞，二年生枝暗褐黑色，无或几无毛及蜡鳞，密生几与小枝同色的皮孔。叶纸质或薄革质，披针形，有时兼有倒卵状椭圆形，长4～9 cm，宽1.5～4 cm，稀较小或更大，顶部短至长尖，基部甚短尖至近圆，一侧略短且稍偏斜，全缘或有少数浅裂齿；中脉在叶面凹陷，侧脉每边9～15条，甚纤细，支脉通常不显，嫩叶背面至少沿中脉被脱落性的短柔毛兼有颇松散而厚、或较紧实而薄的红棕色或棕黄色细片状腊鳞层；叶柄长很少达1 cm。雄花序为圆锥花序或穗状花序；雌穗状花序单穗位于雄花序之上部叶腋间，花柱3或2枚，

被子植物（88）红锥

斜展，长 1 ～ 1.5 mm，通常被甚稀少的微柔毛，柱头位于花柱的顶端，增宽而平展，干后中央微凹陷。果序长达 15 cm；壳斗有坚果 1 个，连刺直径 25 ～ 40 mm，稀较小或更大，整齐的 4 瓣开裂，刺长 6 ～ 10 mm，数条在基部合生成刺束，间有单生，将壳壁完全遮蔽，被稀疏微柔毛；坚果宽圆锥形，高 10 ～ 15 mm，横径 8 ～ 13 mm，无毛，果脐位于坚果底部。花期 4 ～ 6 月，果翌年 8 ～ 11 月成熟。

【分布与生境】 福建东南部（南靖、云霄）、湖南西南部（江华）、广东（罗浮山以西南）、海南、广西、贵州（红水河南段）及云南南部、西藏东南部（墨脱）。生于海拔 30 ～ 1600 m 缓坡及山地常绿阔叶林中，稍干燥及湿润地方。有时成小片纯林，常为林木的上层树种，老年大树的树干有明显的板状根。

（89）公孙锥 *Castanopsis tonkinensis* Seem.

【形态特征】 乔木，高 10 ～ 20 m，胸径达 40 cm。嫩叶背面有红褐色细片状颇松散的蜡鳞层，且沿中脉被少数早脱落的长直毛，树皮浅纵裂，枝、叶均无毛，皮孔小，多，微凸起。叶略厚纸质，披针形，长 6 ～ 13 cm，宽 1.5 ～ 4 cm，顶部长渐尖，有时具短的锐尖头，基部狭楔尖，沿中脉下延，对称或一侧稍偏斜，全缘，叶面深绿，叶背浅绿；中脉在叶面近于凹陷，侧脉每边 9 ～ 13 条，支脉纤细；叶柄长 1 ～ 2 cm。雌、雄花序轴被甚早脱落性的丛状微柔毛及细片状蜡鳞；雄圆锥花序的顶部常着生 1 ～ 3 穗雌穗状花序，长达 20 cm；雌花的花柱 3 或 2 枚，长稍超过 1 mm，近基部被疏短毛。壳斗阔椭圆形或卵形，稀个别近

被子植物（89）公孙锥

圆球形，基部突然收缩且稍延长呈短柄状，倾斜向上着生于果序轴，连刺横径 20 ～ 30 mm，刺长 6 ～ 10 mm，成熟壳斗的壳壁及刺几无毛，干后暗褐黑色，刺很少完全遮蔽壳斗外壁；每壳斗有 1 坚果，坚果长圆锥形或宽椭圆形，横径 9 ～ 12 mm，密被棕色长伏毛，果脐位于坚果底部。花期 5 ～ 6 月，果翌年 9 ～ 10 成熟。

【分布与生境】 广东、广西西南部、海南、云南东南部。海拔约 2 000 m 以下山地杂木林中。

## 2. 青冈属 *Cyclobalanopsis*

（90）岭南青冈 *Cyclobalanopsis championii* (Benth) Oerst.

【形态特征】 常绿乔木，高达 20 m，胸径达 1 m，树皮暗灰色，薄片状开裂。

小枝有沟槽，密被灰褐色星状绒毛。叶片厚革质，聚生于近枝顶端，倒卵形有时为长椭圆形，长 3.5 ～ 10（～ 13）cm，宽 1.5 ～ 4.5 cm，顶端短钝尖，细微凹，基部楔形，全缘，稀近顶端有数对波状浅齿，叶缘反曲，中脉、侧脉在叶面凹陷，侧脉每边 6 ～ 10 条，叶面深绿色，无毛，叶背密生星状绒毛，星状毛有 15 个以上分叉，中央呈一鳞片状，覆以黄色粉状物，毛初为黄色，后变为灰白色；叶柄长 0.8 ～ 1.5 cm，密被褐色绒毛。雄花序长 4 ～ 8 cm，全体被褐色绒毛；雌花序长达 4 cm，有花 3 ～ 10 朵，被褐色短绒毛。壳斗碗形，包着坚果 1/3 ～ 1/4，直径 1 ～ 1.3（～ 2）cm，高 0.4 ～ 1 cm，内壁密被苍黄色绒毛，外壁被褐色或灰褐色短绒毛；小苞片合生成 4 ～ 7 条同心环带，环带通常全缘，有时下部 1 ～ 2 环的边缘有波状裂齿。坚果宽卵形或扁球形，直径 1 ～ 1.5（～ 1.8）cm，高 1.5 ～ 2 cm，两端钝圆，幼时有毛，老时无毛，果脐平，直径 4 ～ 5 mm。花期 12 月至翌年 3 月，果期 11 ～ 12 月。

被子植物（90）岭南青冈

【分布与生境】福建、台湾、广东、海南、广西、云南等省区。分布于海拔 100 ～ 1700 m 的森林中。

（91）碟斗青冈 *Cyclobalanopsis disciformis*(Chun et Tsiang) Y.C.Hsu et H.W. Jen

被子植物（91）碟斗青冈

【形态特征】常绿乔木，高 10 ～ 14 m，树皮灰褐色。小枝幼时被暗黄色短绒毛，后渐脱落。叶片薄革质，长椭圆形或倒卵状长椭圆形，大小不一，小的长约 6 cm，宽 2.5 cm，大的长 10 ～ 13 cm，宽达 4 cm，顶端长渐尖或尾尖，基部宽楔形或近圆形，常偏斜，边缘具短刺状内弯锯齿，中脉在叶面凹陷，在叶背凸起，侧脉每边 11 ～ 13 条，纤细，弧形，叶背支脉明显，老叶两面无毛；叶柄长 2 cm，初被暗黄色绒毛，后渐无毛。果序长约

5 mm。壳斗碟形，成熟时边缘平展，直径 3～4 cm，壁厚约 4 mm，外面密被灰黄色伏贴绒毛，内壁被棕色挺直的毡状绒毛；小苞片合生成 8～10 条同心环带，除顶端 2～3 环全缘外均有裂齿；坚果扁球形，直径约 2 cm，高 1.5～2 cm，顶端平，柱座凸起，微被柔毛，果脐微凹陷，直径约 2 cm。花期 3～4 月，果期翌年 8～12 月。

【分布与生境】 广东、海南、广西、贵州等省区。生于海拔 200～1500 m 的山地阔叶林中。

### （92）华南青冈 Cyclobalanopsis edithiae (Skan) Schott.

被子植物（92）华南青冈

【形态特征】 常绿乔木，高达 20 m，树皮灰褐色。小枝微具细棱，无毛，二年生小枝散生小点状皮孔；芽宽卵形至近球形，芽鳞淡褐色，几无毛。叶片革质，长椭圆形或倒卵状长椭圆形，长 5～16 cm，宽 2～6 cm，顶端短钝尖，基部楔形，叶缘 1/3 以上有疏浅锯齿，中脉在叶面平坦，侧脉每边 9～12 条，不甚明显，叶面深绿色，叶背灰色或灰白色，支脉明显，幼叶被棕色绒毛，后无毛；叶柄长 2～3 cm，无毛。雌花序长 1～2 cm，着生花 3～4 朵，花柱 4，长 2～2.5 mm，苞片及花柱下部被灰黄色绒毛。果序轴粗短，长约 1 cm，有果 1～2 个。壳斗碗形，包着坚果 1/4～1/3，直径 1.8～2.5 cm，高 1.2～1.5 cm，壁厚 2～3 mm，外壁被暗黄色短绒毛，内壁被淡褐色长伏毛；小苞片合生成 6～8 条同心环纹，除下部 2～3 环几全缘外均有裂齿。坚果椭圆形或柱状椭圆形，直径 2～3 cm，高 3～4.5 cm，柱座凸起，被微柔毛，果脐微突起，直径约 7 mm。果期 10～12 月。

【分布与生境】 海南、香港、广东、广西等地。生于海拔 400～1800 m 的常绿阔叶林中。

### （93）饭甑青冈 Cyclobalanopsis fleuryi (Hick.ct A.Camus) Chun.ex Q.F.Zheng

【形态特征】 常绿乔木，高达 25 m，树皮灰白色，平滑。小枝粗壮，幼时被棕色长绒毛，后渐无毛，密生皮孔。芽大，卵形，具 6 棱，芽鳞被绒毛。叶片革质，长椭圆形或卵状长椭圆形，长 14～27 cm，宽 4～9 cm，顶端急尖或短渐尖，基部楔形，全缘或顶端有波状锯齿，幼时密被黄棕色绒毛，老时无毛，叶背粉白色；

中脉在叶面微凸起，侧脉每边 10 ～ 12
（～ 15）条；叶柄长 2 ～ 6 cm，幼时被
黄棕色绒毛。雄花序长 10 ～ 15 cm，全
体被褐色绒毛；雌花序长 2.5 ～ 3.5 cm，
生于小枝上部叶腋，着生花 4 ～ 5 朵，
花序轴粗壮，密被黄色绒毛，花柱 4 ～ 8，
柱头略 2 裂。果序轴短，比小枝粗壮。
壳斗钟形或近圆筒形，包着坚果约 2/3，
口径 2.5 ～ 4 cm，高 3 ～ 4 cm，壁厚达
6 mm，内外壁被黄棕色毡状长绒毛；小
苞片合生成 10 ～ 13 条同心环纹，环带

被子植物（93）饭甑青冈

近全缘。坚果柱状长椭圆形，直径 2 ～ 3 cm，高 3 ～ 4.5 cm，密被黄棕色绒毛，
柱座长 5 ～ 8 mm；果脐凸起，直径约 12 mm。花期 3 ～ 4 月，果期 10 ～ 12 月。

【分布与生境】江西、福建、广东、海南、广西、贵州、云南等地。生于
海拔 500 ～ 1500 m 的山地密林中。

（94）雷公青冈 *Cyclobalanopsis hui* (Chun) Chun ex Y.C.Hsu et H.W.Jen

【形态特征】常绿乔木，高 10 ～ 15 m，有时可达 20 m。幼时密被黄色卷
曲绒毛，后渐无毛，有细小皮孔。叶片薄革质，长椭圆形、倒披针形或椭圆状披
针形，长 7 ～ 13 cm，宽 1.5 ～ 3（～ 4）cm，顶端圆钝稀渐尖，基部楔形，略
偏斜，全缘或顶端有数对不明显浅锯齿，叶缘反曲，中脉、侧脉在叶面平坦，在
叶背凸起，侧脉每边 6 ～ 10 条，叶背
初被黄色绒毛，后渐脱落；叶柄长 1 ～
1.4 cm，幼时被卷毛。雄花序 2 ～ 4 个
簇生，长 5 ～ 9 cm，全体被黄棕色绒
毛；雌花序长 1 ～ 2 cm，有花 2 ～ 5 朵，
聚生于花序轴顶端，花柱 5 ～ 6，长约
8 mm。果序长 1 cm，有果 1 ～ 2 个。
壳斗浅碗形至深盘形，包着坚果基部，
直径 1.5 ～ 3 cm，高 4 ～ 10 mm，内
外壁均密被黄褐色绒毛；小苞片合生
成 4 ～ 6 条同心环带，环带边缘呈小齿
状。坚果扁球形，直径 1.5 ～ 2.5 cm，
高 1.5 ～ 2 cm，幼时密生黄褐色绒毛，

被子植物（94）雷公青冈

后渐脱落，柱座凸起，果脐凹陷，直径 7 ～ 10 mm。花期 4 ～ 5 月，果期 10 ～ 12 月。

**【分布与生境】** 湖南、广东、广西等地。生于海拔 250 ～ 1200 m 的山地杂木林或湿润密林中。

（95）亮叶青冈 *Cyclobalanopsis phanera* (Chun) Y. C. Hsu et H. W. Jen

**【形态特征】** 常绿乔木，高达 25 m，胸径达 70 cm，树皮灰棕色，有细浅裂纹。小枝幼时有绒毛，后无毛。叶片厚革质，长椭圆形或倒卵状长椭圆形，长 5 ～ 15 cm，宽 2 ～ 6 cm，顶端短钝尖，基部楔形，偏斜，叶缘中部以上有锯齿，中脉在叶面平坦，在叶背凸起，侧脉每边 7 ～ 10 条，两面均为亮绿色，无毛；叶柄长 1 ～ 1.8 cm。雄花序数个簇生，长约 5 cm，苞片比雄蕊长，花序轴被棕色绒毛；雌花序长约 5 mm，通常有 1 花，花柱 4，长约 1.5 mm。果序长约 1 cm，果序轴粗壮有皮孔。壳斗碗形，包着坚约 1/4，直径 1.8 ～ 2.5 cm，高 1 ～ 1.5 cm，壁厚 2 ～ 3 mm。内壁被棕色绒毛，外壁被苍黄色短绒毛；小苞片合生成 8 ～ 12 条同心环带，上部 3 环极密，中部 4 ～ 5 环最宽且有深裂齿。坚果圆柱形或椭圆形，直径 2 ～ 2.5 cm，高 3 ～ 4 cm，有柔毛，柱座明显且基部有环纹；果脐圆形，微凸起，直径 8 ～ 10 mm。

被子植物（95）亮叶青冈

**【分布与生境】** 海南、广西（上思）等地。生于海拔 900 ～ 2 000 m 的杂木林中。

（96）黄背青冈 *Cyclobalanopsis poilanei* (Hick.et A.Camus) Hjelmq.

**【形态特征】** 常绿乔木，高达 16 m，胸径达 60 cm，树皮灰褐色，平滑。幼枝密被黄棕色毡状绒毛。叶片椭圆形或倒卵状椭圆形，长 4 ～ 8 cm，宽 3 ～ 6 cm，顶端渐尖或短尾尖，基部圆形或宽楔形，叶缘顶端有数对疏浅锯齿或全缘，侧脉每边 10 ～ 15 条，侧脉在叶面凹陷，幼叶两面被黄棕色星状绒毛，后渐脱落，老叶背面毛宿存或脱落；叶柄长 1 ～ 1.5 cm，幼时被黄棕色绒毛，后渐脱落；托叶窄长椭圆形，长 1.5 cm，宽 3 mm，背面有黄棕色绒毛，老枝托叶脱落。雄花序数个簇生于新枝基部，全体被黄棕色绒毛；雌花序生于新枝顶端，长 1 ～

2 cm，着生 3 ～ 7 朵花。壳斗浅碗形，包着坚果 1/4 ～ 1/3，直径 1.5 ～ 1.8 cm，高约 8 mm，壁厚 1.8 mm，被黄棕色或灰色绒毛；小苞片合生成 7 ～ 8 条同心环纹，环带全缘或上部数环具粗钝齿，下部 1 ～ 2 环具细裂齿。坚果椭圆形或卵状椭圆形，直径 1.3 ～ 1.5 cm，高 1.8 ～ 2 cm。

【分布与生境】广西上思、思乐、武鸣大明山等地。在思乐十万大山海拔 800 m 处长成胸径 60 cm 的乔木，在大明山海拔 1300 m 处成小片纯林。

被子植物（96）黄背青冈

（97）吊罗椆 *Cyclobalanopsis tiaoloshanica* (Chun & W. C. Ko) Y. C. Hsu & H. W. Jen

【形态特征】常绿乔木，高达 12 m。一年生小枝具细棱，幼时被黄色卷曲绒毛，二年小枝有不明显皮孔。叶聚生于小枝上部，叶片革质，长椭圆形或倒卵状椭圆形，长 4 ～ 10 cm，宽 1.2 ～ 3 cm，顶端短突尖，基部楔形，叶缘顶部有 2 ～ 5 对浅钝齿或全缘，中脉在叶面平坦，侧脉每边 5 ～ 7 条，两面同为绿色，幼时叶背被黄色卷曲绒毛；叶柄长 6 ～ 8 mm，初被黄色卷曲绒毛。雄花序长 5 cm，花序轴被黄色长绒毛；雌花序长 5 ～ 15 mm，着生花 2 ～ 3 朵，花柱 3 ～ 5，长约 1.5 mm。壳斗杯形，包着坚果 1/3，直径 1.2 cm，内壁被棕色长柔毛，外壁被灰黄色微柔毛；小苞片合生成 6 ～ 7 条同心环带，环带全缘或有细裂齿，上部 2 ～ 3 环较窄，全缘。坚果卵状椭圆形或椭圆形，直径 1.4 ～ 1.6 cm，高 2 ～ 2.2 cm，被伏贴微柔毛，成熟时仅顶部有毛，柱座微凸起；果脐平坦或凹陷，直径 6 ～ 9 mm。花期 1 ～ 2 月，果期 10 ～ 12 月。

【分布与生境】海南吊罗山。生于海拔 900 ～ 1400 m 的山地疏密林中。

被子植物（97）吊罗椆

## 3. 柯属 *Lithocarpus*

### （98）琼中柯 *Lithocarpus chiungchungensis* Chun & Tam

【形态特征】 乔木，高 5 ～ 10 m。芽鳞密被短伏毛，新生枝及花序轴密被棕黄色短柔毛，嫩叶两面被早落性的细柔毛，叶背中脉兼被长直毛，二年生枝有细小的皮孔。叶硬纸质，倒卵形，倒卵状椭圆形或两端狭尖的长椭圆形，长 6 ～ 15 cm，宽 2 ～ 5 cm，顶部具弯斜的尾状长尖，基部楔尖，沿叶柄下延，全缘或波浪状，中脉在叶面凸起，侧脉每边 10 ～ 14 条，在叶缘附近隐没，支脉隐约或不显，叶背带苍灰色，有紧实的蜡鳞层；叶柄长 8 ～ 12 mm。花序轴被短绒

被子植物（98）琼中柯

毛；雄花序长 2 ～ 5 cm，有时雌雄同序；雌花每 3 ～ 5 朵一簇，果序长 9 ～ 15 cm，果序轴粗 6 ～ 8 mm；壳斗圆球形或略扁，直径 15 ～ 20 mm，通常全包坚果，壳壁厚度较均匀，厚不过 1 mm。干后脆壳质，小苞片细小的三角形，或为甚短的钻尖状，则与壳壁离生且略弯钩。坚果扁圆形，高 7 ～ 12 mm，宽 12 ～ 18 mm，顶部圆，栗褐色，无毛，果脐浅凹陷。花期 7 月，果翌年 10 ～ 11 月成熟。

【分布与生境】 海南（琼中、东方、定安、乐东）。生于海拔约 800 m 山地常绿阔叶林中。

### （99）琼崖柯（红柯）*Lithocarpus fenzelianus*

【形态特征】 乔木，高达 30 m，胸径 80 cm。一年生枝有明显槽棱，枝、叶无毛。叶硬革质，卵形，卵状披针形或倒卵状椭圆形，长 10 ～ 18 cm，宽 3 ～ 6 cm，顶部尾状长尖或短渐尖，基部楔形，下延，全缘或上部叶缘明显波浪状，中脉在叶面微凸起，侧脉每边 7 ～ 10 条，在叶面常裂槽状凹陷，支脉密，有时隐约可见，二年生叶的叶背干后棕灰色或灰白色，有紧实的蜡鳞层；叶柄长 2 ～ 3 cm。雄穗状花序单穗腋生或多穗排成圆锥花序，花序轴被短柔毛；雌花序长达 15 cm；雌花单朵散生于花序轴上，幼嫩壳斗的小鳞片细小，三角形，基部连生，成熟壳斗圆球形或扁圆形，高 16 ～ 22 mm，宽 20 ～ 25 mm，全包坚果，壳壁厚 1 ～ 2 mm，小苞片与壳壁愈合，形成 6 ～ 8 个肋状环圈，

有时为宽三角形或不规则的宽四边形，位于壳斗上部的常较明显；坚果近圆球形，顶部被细伏毛，果脐占坚果面积的 2/3 或更多。花期 2～4 月，果翌年 8～9 月成熟。

【分布与生境】产海南。生于海拔 350～1 000 m 常绿阔叶林中，在海拔较高的山地，它常与陆均松或鸡毛松混生，为组成针叶阔叶常绿林的上层树种。

被子植物（99）崖柯（红柯）

（100）硬斗柯 *Lithocarpus hancei* (Bentham) Rehder

【形态特征】乔木，高很少超过 15 m。除花序轴及壳斗被灰色短柔毛外各部均无毛。小枝淡黄灰色或灰色，常有很薄的透明蜡层。叶薄纸质至硬革质，卵形、倒卵形、宽椭圆形、倒卵状椭圆形、狭长椭圆形或披针形，长与宽的变异很大，长比宽为（1.2～5）：1，顶部圆、钝、急尖或长渐尖，基部通常沿叶柄下延，全缘，或叶缘略背卷，中脉在叶面至少下半段明显凸起，侧脉纤细而密，支脉一再分枝并连接成小方格状网脉，通常在叶面或两面均明显（硬革质的叶片在叶背不明显），两面同色，有时干后在叶面及叶柄有白色粉霜；叶柄长 0.5～4 cm。雄穗状花序通常多穗排成圆锥花序，长很少超过 10 cm（则为单穗腋生）；有时下段着生雌花，上段雄花，花序轴有时扭旋，雌花序 2 至多穗聚生于枝顶部，花柱 3 或 2 或 4 枚，长不到 1 mm；壳斗浅碗状至近于平展的浅碟状，高 3～7 mm，宽 10～20 mm，包着坚果不到 1/3，小苞片鳞片状三角形，紧贴，常稍微增厚，覆瓦状排列或连生成数个圆环，壳斗通常 3～5 个一簇，也有单个散生于花序轴上，或同一果序上有单个也有 3 个一簇的。坚果扁圆形，近圆球形或高过于宽的圆锥形，高 8～20 mm，宽 6～25 mm，顶端圆至尖，很少平坦，无毛，淡棕色或淡灰黄色，果脐深 1～2.5 mm，口径 5～10 mm。花期 4～6 月，果翌年 9～12 月成熟。

被子植物（100）硬斗柯

【分布与生境】 秦岭南坡以南各地。本种分布广，各地习见生于海拔约 2600 m 以下的多种生境中。

（101）梨果柯 *Lithocarpus longipedicellatus* (Hick. et A. Camus) A. Camus

【形态特征】 乔木，高 10 ～ 15 m，胸径 20 ～ 40 cm，树皮暗灰色浅纵裂。芽鳞披针形，当年生枝浑圆，密被短柔毛，两或三年生枝粗糙，有明显的环状芽鳞痕和叶痕及散生皮孔。叶厚纸质，干后质脆，倒卵状椭圆形或长椭圆形，长 12 ～ 20 cm，宽 4 ～ 7 cm，间有较小的，顶端钝或急尖，基部楔尖，叶缘浅波状或有钝裂齿，中脉及侧脉在叶面均凹陷且幼嫩时略被短毛，叶背初时被星状毛，脉腋上的毛较密，侧脉每边 15 ～ 18 条，直达齿端，支脉明显，两面同色、叶背被甚细小、圆形的鳞腺；叶柄长 15 ～ 35 mm。花雌雄同序，穗状，花序长达

10 cm，雌花少数，每 3 朵（有时 5 朵）一簇，很少兼有单朵散生，花柱长约 2 mm，壳斗梨形或半球形，高 50 ～ 60 mm，连刺横径 45 ～ 55 mm，全包坚果，壳斗壁厚 1 ～ 2 mm，小苞片为粗而短的鸡爪状，疏离，位于壳斗中部以下的向下弯钩，上部的或劲直、或向凹陷的壳斗顶部下弯。坚果高 30 ～ 35 mm，宽约 40 mm，顶部近于平坦，果壁厚 6 ～ 10 mm，基部达 15 mm，硬角质，果脐占坚果面的绝大部分。花期 5 月，果 7 ～ 8 月成熟。

被子植物（101）梨果柯

【分布与生境】 海南。生于海拔 1000 ～ 1400 m 的山地常绿阔叶林中，常见于较干燥的阳坡。

（102）柄果柯 *Lithocarpus longipedicellata* Hickel & A. Camus

【形态特征】 乔木，高达 20 m，胸径达 50 cm。芽鳞、枝、叶均无毛，芽鳞及嫩叶压干后常油润有光泽。叶近革质，椭圆形，卵形或卵状椭圆形，长 8 ～ 15 cm。宽 3 ～ 6 cm，顶部渐尖或短突尖，端钝或圆，基部宽楔形，全缘，有时呈波浪状起伏，侧脉每边 9 ～ 14 条，在叶缘处急弯向上，通常彼此不连接，支脉纤细或不明显，叶背在干后带苍灰色，有紧实的腊鳞层；叶柄长 1 ～ 1.5 cm。雄花穗状花序多穗排成圆锥花序或单穗腋生；花序轴被灰白色或淡黄灰色粉末

状鳞秕；雌花单朵散生于花序轴上，花后不久基部有长 3～5 mm 的柄。果序轴较着生的枝粗壮，基部粗 8～10 mm，包着坚果下部或少至中部，小苞片三角形，甚细小，在扩大镜下隐约可见，有时全部或部分连生成圆环，被灰黄至淡棕色糠秕状鳞秕。坚果扁圆形或近球形，高 10～14 mm，宽 12～22 mm，无毛，暗栗褐色，常有淡薄的白色粉霜，柱座短突出，基部平坦，果脐深约 1.5 mm，口径 7～18 mm。花期 10 至翌年 1 月，果翌年同期成熟。

被子植物（102）柄果柯

【分布与生境】海南、广西西部（龙州、那坡）、云南东南部（屏边、西畴等地）。散生于海拔约 1200 m 以下常绿阔叶林中。

（103）犁耙柯 *Lithocarpus silvicolarum* (Hance) Chun

【形态特征】乔木，高达 20 m，胸径 40 cm。新生枝及嫩叶背面沿中脉两侧被灰棕色长柔毛，小枝褐黑色，散生细小的皮孔。叶纸质，椭圆形或倒卵状椭圆形，长 10～20 cm，宽 3.5～6 cm，少有更大，顶部短至长渐尖，基部楔形，沿叶柄下延，全缘或上部叶缘波浪状，中脉在叶面微凸起，侧脉每边 9～14 条，支脉甚纤细，隐约可见或明显，叶背有紧实的蜡鳞层，二年生叶干后背面常带苍灰色；叶柄长 1～1.5 cm，雄花穗状花序由多穗排成圆锥花序式，少有单穗腋生，花序轴被稀疏短毛；雌花序长 8～20 cm，很少较短；雌花每 3 或 5 朵一簇，花柱长不过 1 mm，果序轴通常较其着生的小枝粗壮；壳斗浅碗状，大小差异很大，高 8～15 mm，宽 20～35 mm，上部边缘薄壳质，向下渐增厚，基部近木质，包着坚果通常不到 1/2，小苞片宽三角形或菱形，全与壳壁融合而有略明显的界限，有

被子植物（103）犁耙柯

时顶端钻尖部分稍与壳壁离生，干后与叶片同色，暗红褐色，有时有油泽的光泽。坚果扁圆形，高 12 ～ 16 mm，宽 20 ～ 25 mm，稀达 30 mm，顶部圆或平缓，底部平坦，无毛，暗栗褐色，果脐深 1 ～ 3 mm，口径 14 ～ 18 mm，稀达 25 mm。花期 3 ～ 5 月，果翌年 7 ～ 9 月成熟。

【分布与生境】广东和广西二省区西南部、海南、云南东南部（金平县以东各地）。生于海拔约 1200 m 以下山地常绿阔叶林中。

## 二十五、榆科 Ulmaceae

### 白颜树属 *Gironniera*

（104）白颜树 *Gironniera subaequalis* Planch.

【形态特征】乔木，高 10 ～ 20 m，稀达 30 m，胸径 25 ～ 50 cm，稀达 100 cm；树皮灰或深灰色，较平滑。小枝黄绿色，疏生黄褐色长粗毛。叶革质，椭圆形或椭圆状矩圆形，长 10 ～ 25 cm，宽 5 ～ 10 cm，先端短尾状渐尖，基部近对称，圆形至宽楔形，边缘近全缘，仅在顶部疏生浅钝锯齿，叶面亮绿色，平滑无毛，叶背浅绿，稍粗糙，在中脉和侧脉上疏生长糙伏毛，在细脉上疏生细糙毛，侧脉 8 ～ 12 对；叶柄长 6 ～ 12 mm，疏生长糙伏毛；托叶对称，鞘包着芽，披针形，长 1 ～ 2.5 cm，外面被长糙伏毛，脱落后在枝上留有一环托叶痕。雌雄异株，聚伞花序成对腋生，花序梗上疏生长糙伏毛，雄的多分枝，雌的分枝较少，成总状；雄花直径约 2 mm，花被片 5，宽椭圆形，中央部分增厚，边缘膜质，外面被糙毛，花药外面被细糙毛。核果具短梗，阔卵状或阔椭圆状，直径 4 ～ 5 mm，侧向压扁，被贴生的细糙毛，内果皮骨质，两侧具 2 钝棱，熟时橘红色，具宿存的花柱及花被。花期 2 ～ 4 月，果期 7 ～ 11 月。

【分布与生境】广东、海南、广西和云南。生于海拔 100 ～ 800 m 的山谷、溪边的湿润林中。

被子植物（104）白颜树

## 二十六、桑科 Moraceae

### 1. 波罗蜜属 *Artocarpus*

#### （105）二色波罗蜜 *Artocarpus styracifolius* Pierre

【形态特征】乔木，高达 20 m；树皮暗灰色，粗糙。小枝幼时密被白色短柔毛。叶互生排为 2 列，皮纸质，长圆形或倒卵状披针形，有时椭圆形，长 4 ～ 8 cm，宽 2.5 ～ 3 cm，先端渐尖为尾状，基部楔形，略下延至叶柄，全缘，幼枝的叶常分裂或在上部有浅锯齿，表面深绿色，疏生短毛，背面被苍白色粉末状毛，脉上更密；侧脉 4 ～ 7 对，表面平，背面不突起，网脉明显；叶柄长 8 ～ 14 mm，被毛；托叶钻形，脱落。花雌雄同株，花序单生叶腋，雄花序椭圆形，长 6 ～ 12 mm，直径 4 ～ 7 mm，密被灰白色短柔毛，花序轴长约 1.5 cm，被毛，头状腺毛细胞 1 ～（1 ～ 6），苞片盾形或圆形；总花梗长 6 ～ 12 mm，雌花花被片外面被柔毛，先端 2 ～ 3 裂，长圆形，雄蕊 1，花丝纤细，花药球形。聚花果球形，直径约 4 cm，黄色，干时红褐色，被毛，表面着生很多弯曲、圆柱形长达 5 mm 的圆形突起；总梗长 18 ～ 25 mm，被柔毛；核果球形。花期秋初，果期秋末冬初。

被子植物（105）二色波罗蜜

【分布与生境】广东、海南、广西（龙津，大瑶山）、云南（屏边、河口、西畴、麻栗坡、马关）。生于海拔 200 ～ 1180（～ 1500）m 森林中。

### 2. 榕属 *Ficus*

#### （106）粗叶榕 *Ficus hirta* Vahl

【形态特征】灌木或小乔木。嫩枝中空，小枝，叶和榕果均被金黄色开展的长硬毛。叶互生，纸质，多型，长椭圆状披针形或广卵形，长 10 ～ 25 cm，边缘具细锯齿，有时全缘或 3 ～ 5 深裂，先端急尖或渐尖，基部圆形，浅心形或宽楔形，表面疏生贴伏粗硬毛，背面密或疏生开展的白色或黄褐色绵毛和糙毛；基生

被子植物（106）粗叶榕

脉 3～5 条，侧脉每边 4～7 条；叶柄长 2～8 cm；托叶卵状披针形，长 10～30 mm，膜质，红色，被柔毛。榕果成对腋生或生于已落叶枝上，球形或椭圆球形，无梗或近无梗，直径 10～15 mm，幼时顶部苞片形成脐状凸起，基生苞片卵状披针形，长 10～30 mm，膜质，红色，被柔毛；雌花果球形，雄花及瘿花果卵球形，无柄或近无柄，直径 10～15 mm，幼嫩时顶部苞片形成脐状凸起，基生苞片早落，卵状披针形，先端急尖，外面被贴伏柔毛；雄花生于榕果内壁近口部，有柄，花被片 4，披针形，红色，雄蕊 2～3 枚，花药椭圆形，长于花丝；瘿花花被片与雌花同数，子房球形，光滑，花柱侧生，短，柱头漏斗形；雌花生雌株榕果内，有梗或无梗，花被片 4。瘦果椭圆球形，表面光滑，花柱贴生于一侧微凹处，细长，柱头棒状。

【分布与生境】 云南、贵州、广西、广东、海南、湖南、福建、江西。常见于村寨附近旷地或山坡林边，或附生于其他树干。

### （107）保亭榕 Ficus tuphapensis Drake

【形态特征】 直立灌木，高达 3 m；幼枝被平贴短粗毛。叶螺旋状排列，近革质，长椭圆形，长 6～14 cm，宽 2.5～5 cm，顶端急尖或圆钝，基部钝或圆，全缘，被粗糙贴伏毛，背面密生黄褐色糙毛；基脉延长，侧脉 5～6 对，基出侧脉达叶的 1/2 处；叶柄长约 1 cm，密被短粗毛；托叶披针形，长约 1 cm，被毛，早落。榕果球形，无总梗，直径 1～2 cm，被短绢毛，成熟时黄色，基生苞片 3，广卵形；雄花具柄，生于榕果内壁近口部，少数，花被片 4，褐色，近匙形，雄蕊 2～3 枚，花药椭圆形；瘿花无柄或具短柄，花被片与雄花同数，子房近球形，花柱侧生，短，柱头漏斗形；雌花生于另一植株榕果内壁，柄短，花被片 3～4，近匙形。瘦果卵状椭圆形，光滑，花柱侧生，长。花期 3～4 月，果期 5 月。

被子植物（107）保亭榕

【分布与生境】贵州、广西、云南。

（108）变叶榕 *Ficus variolosa* Lindl.ex Benth.

【形态特征】灌木或小乔木，光滑，高 3～10 m，树皮灰褐色。小枝节间短。叶薄革质，狭椭圆形至椭圆状披针形，长 5～12 cm，宽 1.5～4 cm，先端钝或钝尖，基部楔形，全缘；侧脉 7～11（～15）对，与中脉略成直角展出；叶柄长 6～10 mm；托叶长三角形，长约 8 mm。榕果成对或单生叶腋，球形，直径 10～12 mm，表面有瘤体，顶部苞片脐状突起，基生苞片 3，卵状三角形，基部微合生，总梗长 8～12 mm；瘿花子房球形，花柱短，侧生；雌花生另一植株榕果内壁，

被子植物（108）变叶榕

花被片 3～4，子房肾形，花柱侧生，细长。瘦果表面有瘤体。花期 12 月至翌年 6 月。

【分布与生境】浙江、江西、福建、广东（及沿海岛屿）、广西、湖南、贵州、云南东南部及南部。常生于溪边林下潮湿处。

# 二十七、冬青科 Aquifoliaceae

## 冬青属 *Ilex*

（109）棱枝冬青 *Ilex angulata* Merr.& Chun

【形态特征】常绿灌木或小乔木，高 4～10 m；树皮灰白色。小枝纤细，"之"字形，具纵棱脊，被微柔毛，皮孔无，叶痕半圆形，稍凸起；顶芽无。叶生于 1～3 年生枝，叶片纸质或幼时膜质，椭圆形或阔椭圆形，长 3.5～5 cm，宽 1.5～2 cm，先端渐尖，基部楔形或急尖，全缘，稍反卷，稀在近顶端具小而疏的齿，叶面绿色，干时褐橄榄色，背面橄榄色，两面无毛，亦无光泽；主脉在叶面凹陷，沟内被微柔毛或无毛，背面隆起，侧脉 5～7 对，两面稍隆起，并于近叶缘处分叉，弯曲网结，网状脉在两面不大明显；叶柄长 4～6 mm，上面具沟。具 1～3 花的聚伞花序单生于当年生枝叶腋内，总梗长 3～5 mm，被微柔毛，苞片三角形，疏被微柔毛，花梗长 3～5 mm，基部具 2 枚小苞片，单花花梗长约

被子植物（109）棱枝冬青

10 mm；花粉红色，5 基数。雄花通常为 3 花的聚伞花序；花萼盘状，膜质，直径 3～5 mm，5 浅裂，裂片卵圆形，长约 1～1.5 mm，先端圆形，无缘毛；花冠辐状，直径 6～8 mm，花瓣卵圆形，长约 3 mm，基部稍合生；雄蕊长约为花瓣的 3/4，花药长圆形；退化子房球形，直径约 1 mm。雌花的花萼与花冠同雄花；退化雄蕊长约为花瓣的 1/3，败育花药箭头形；子房卵球形，柱头乳头状。果椭圆形，长约 6～8 mm，直径 5～6 mm，成熟时红色，具纵棱，宿存花萼平展，直径约 3.5 mm，裂片圆卵形，无缘毛，宿存柱头头状；分核 5 或 6，长约 5 mm，背部宽 1.5 mm，具 3 条纵纹和沟，中脊常深陷，内果皮木质。花期 4 月，果期 7～10 月。

【分布与生境】广西（容县、宁明、武鸣、大明山和十万大山）和海南（崖县、陵水、保田、琼中、琼海）。生于海拔 400～500 m 的山地丛林中或疏林中。

（110）齿叶冬青 *Ilex crenata* Thunb.

【形态特征】多枝常绿灌木，高可达 5 m；树皮灰黑色。幼枝灰色或褐色，具纵棱角，密被短柔毛，较老的枝具半月形隆起叶痕和疏的椭圆形或圆形皮孔。叶生于 1～2 年生枝上，叶片革质，倒卵形，椭圆形或长圆状椭圆形，长 1～3.5 cm，宽 5～15 mm，先端圆形，钝或近急尖，基部钝或楔形，边缘具圆齿状锯齿，叶面亮绿色，干时有皱纹，除沿主脉被短柔毛外，余无毛，背面淡绿色，无毛，密生褐色腺点；主脉在叶面平坦或稍凹入，在背面隆起，侧脉 3～5 对，与网脉均不明显；叶柄长 2～3 mm，上面具槽，下面隆起，被短柔毛；托叶钻形，微小。雄花 1～7 朵排成聚伞花序，单生于当年生枝的鳞片腋肉或下部的叶腋内，或假簇生于二年生枝的叶腋内，总花梗长 4～9 mm，二级轴长仅 1 mm，花梗长 2～3 mm，近基部具

被子植物（110）齿叶冬青

1～2 枚小苞片，单花花梗长 4～8 mm，近中部具小苞片 1～2 枚；花 4 基数，白色；花萼盘状，直径约 2 mm，无毛，4 裂，裂片阔三角形，边缘啮蚀状；花瓣 4，阔椭圆形，长约 2 mm，基部稍合生；雄蕊短于花瓣，花药椭圆体状，长约 0.8 mm；退化子房圆锥形，顶端尖。雌花单花，2 或 3 朵花组成聚伞花序生于当年生枝的叶腋内；花梗长 3.5～6 mm，向顶端稍增粗，具纵棱脊，近中部具 1 或 2 枚小苞片；花 4 基数，花萼直径约 3 mm，4 裂，裂片圆形；花冠直径约 6 mm，花瓣卵形，长约 3 mm，基部合生；退化雄蕊长为花瓣的 1/2，不育花药箭头形；子房卵球形，长约 2 mm，花柱偶尔明显，柱头盘状，4 裂。果球形，直径 6～8 mm，成熟后黑色；果梗长 4～6 mm；宿存花萼平展，直径约 3 mm；宿存柱头厚盘状，小，直径约 1 mm，明显 4 裂；分核 4，长圆状椭圆形，长约 5 mm，背部宽 3～3.5 mm，平滑，具条纹，无沟，内果皮革质。花期 5～6 月，果期 8～10 月。

【分布与生境】安徽（休宁、石台）、浙江（杭州、普陀、天台、瑞安、泰顺、丽水、龙泉、遂昌、庆元、开化）、江西（遂川、兴国）、福建（上杭、德化、南平、崇安、顺昌、光泽、建阳、泰宁）、台湾（台北、台中、南投）、湖北（巴东）、湖南（宜章、莽山、新宁）、广东（乳源、惠阳、台山、珠海、阳春、香港）、广西（临桂）、海南（尖峰岭、乐东、定安、琼中）、山东青岛有栽培。生于海拔 700～2100 m 的丘陵，山地杂木林或灌木丛中。

（111）海南冬青 *Ilex hainanensis* Merr.

【形态特征】常绿乔木，高 5～8 m。小枝纤细，稍"之"字形，褐色或黑褐色，当年生小枝具纵深的沟及棱，疏被明显的微柔毛，2 至 3 年生枝近四棱形，多皱，变无毛，具隆起的狭新月形叶痕，无皮孔；顶芽很小，通常不发育。叶生于 1～2 年生枝上，叶片薄革质或纸质，椭圆形或倒卵状或卵状长圆形，长 5～9 cm，宽 2.5～5 cm，先端骤然渐尖，基部钝，全缘，叶面绿色，背面淡绿色，干时橄榄色或褐橄榄色，无光泽；主脉在叶面凹陷，被微柔毛，背面隆起，无毛，侧脉 9～10 对，两面稍凸起，于叶缘附近网结，网状脉两面明显；叶柄长 5～10 mm，上面具深而狭的纵沟，沟内被微柔毛，背面圆形，无毛。聚伞花序簇生或假圆锥

被子植物（111）海南冬青

花序生于二年生枝的叶腋内，疏被短的微柔毛，苞片三角形早落。雄花序：单个聚伞花序具 1～5 花，近伞形花序状，总花梗长 1～3 mm，花梗长 1～2 mm，具基生小苞片 2 枚；花 5 或 6 基数，淡紫色；花萼盘状，直径约 2 mm，无毛，5 或 6 深裂，裂片卵状三角形，啮蚀状，无缘毛；花冠辐状，直径 5～6 mm，花瓣卵形，长约 2 mm，宽约 1.5 mm，先端圆形，基部稍合生；雄蕊长不及花瓣，花药长圆形；退化子房垫状，顶端具短喙。雌花序簇的单个分枝为具 1～3 花的聚伞花序，总花梗长 1～3 mm，花梗长约 3 mm，具 2 枚基生小苞片；花萼与花瓣同雄花；退化雄蕊长为花瓣的 1/2，败育花药箭头状，顶端具短尖头；子房卵球形，直径约 1.5 mm，无毛，柱头厚盘状，分裂。果近球状椭圆形，长约 4 mm，直径约 3 mm，幼时绿色，干时具纵棱槽，宿存花萼平展，直径约 3 mm，裂片三角形；宿存柱头头状或厚盘形；分核（5～）6，椭圆形，长约 3 mm，背部宽约 1 mm，两端尖，背部粗糙，具 1 纵沟，侧面平滑，内果皮木质。花期 4～5 月，果期 7～10 月。

【分布与生境】广东（茂名、阳江）、广西（龙津、融水、金秀、宁阳）、海南（凌水、万宁、东方、乐东、白沙、崖州）、贵州（三都、榕江、从江）和云南东南部（河口、金平）。生于海拔 500～1000 m 的山坡密林或疏林中。

### （112）凸脉冬青 *Ilex kobuskiana* S.Y.Hu

【形态特征】常绿灌木或乔木，高可达 15 m。当年生幼枝近圆柱形，具纵棱，无毛，二、三年枝具多而明显的皮孔，叶痕狭新月形，平坦；顶芽阔卵形，被微柔毛。叶生于 1～2 年生枝上，叶片厚革质，卵形、椭圆形或长圆形，长 6～9 cm，宽 3～4.5 cm，先端骤然短渐尖，尖头长 5～7 mm，微凹或钝，基部圆形或钝，稀楔形，全缘，干时叶面褐色，具光泽，背面无光泽，具斑点，两面无毛；主脉在叶面平坦或略凸起，背面隆起，侧脉 9～10 对，于叶缘附近网结，在叶面不明显，背面显著，网状脉仅背面明显；叶柄长 9～12 mm，无毛，上面具纵深槽，背面具皱纹；托叶三角形，急尖。花序簇生于 2 年生枝的叶腋内，苞片被微柔毛。雄花序：簇的个体分枝为具 3 花的聚伞花序，总花梗长 1.5～3 mm，花梗长约 2 mm，变无毛，基部具小苞片 2 枚；花 5 或 6 基数；花萼盘状，直径约 3.5 mm，6 浅裂，裂片圆形，具缘毛；花冠辐状，直

被子植物（112）凸脉冬青

径 6 ～ 7 mm，花瓣倒卵状椭圆形，长约 3 mm，基部合生；雄蕊与花瓣等长，花药长圆形；退化子房垫状，顶端钝。雌花序：个体分枝具 1 花，花梗长 5 ～ 8 mm，被微柔毛，中部具 2 枚小苞片，花萼直径约 4 mm，6 裂，裂片圆形，具缘毛；花瓣 6 ～ 8 枚，卵状长圆形，长 3 mm，基部合生；退化雄蕊长为花瓣的 3/4，败育花药箭头状；子房卵球形，柱头脐状。果卵形，直径 4 ～ 6 mm，成熟后红色，宿存花萼平展，圆形，裂片具缘毛，宿存柱头脐状；分核 6，椭圆体形，长约 4 mm，宽 1.8 ～ 2 mm，两端具尖头，背面具条纹，无沟，内果皮革质。花期 5 ～ 7 月，果期 6 ～ 11 月。

【分布与生境】广东（大埔、乳源）和海南（白沙、昌江、东方、乐东、尖峰岭）。生于海拔 550 ～ 1550 m 的山坡常绿阔叶林中。

### （113）广东冬青 *Ilex kwangtungensis* Merr.

【形态特征】常绿灌木或小乔木，高达 9 m；树皮灰褐色，平滑，具小的浅色圆形稍凸起的皮孔。小枝圆柱形，暗灰褐色，被短柔毛或变无毛，叶痕半圆形，稍凸起，当年生幼枝干时黑色，具纵棱脊，被锈色短柔毛、微柔毛或几无毛；顶芽披针形，长约 6 mm，密被锈色短柔毛。叶生于 1 ～ 3 年生枝上，叶片近革质，卵状椭圆形、长圆形或披针形，长约 7 ～ 16 cm，宽 3 ～ 7 cm，先端渐尖，基部钝至圆形，边缘具细小锯齿或近全缘，稍反卷，叶面深绿色，背面淡绿色，幼时两面均被极短的小微柔毛，沿脉更密，后变无毛或近无

被子植物（113）广东冬青

毛；主脉在叶面凹陷，背面隆起，侧脉 9 ～ 11 对，在叶面凹陷，背面凸起，于叶缘附近分叉并网结，网状脉在叶面不大明显，背面明显；叶柄长 7 ～ 17 mm，被细小微柔毛，上面具纵槽；托叶无。复合聚伞花序单生于当年生的叶腋内。雄花序为 2 ～ 4 次二歧聚伞花序，具 12 ～ 20 朵花，被细小微柔毛，总花梗长 9 ～ 12 mm，二级轴长 3 ～ 5 mm，三级轴长 0 ～ 2 mm，苞片线状披针形，长 5 ～ 7 mm，基部具卵状三角形小苞片，密被微柔毛；花紫色或粉红色，4 或 5 基数；花萼盘状，直径 2.5 ～ 3 mm，裂片圆形，长约 0.75 mm，被微柔毛及缘毛；花冠辐状，直径约 7 ～ 8 mm，花瓣长圆形，长 1.5 mm；退化子房圆锥状，长约

1.5 mm，具短缘。雌花序具 1 ～ 2 回二歧式聚伞花序，具花 3 ～ 7 朵，被微柔毛，二级轴长 3 ～ 4 mm，苞片披针形，生于二级轴中部，花梗长约 4 ～ 7 mm，基部具小苞片；花 4 基数，淡紫色或淡红色；花萼同雄花；花瓣卵形，长约 2.5 mm；退化雄蕊长约为花瓣的 3/4，败育花药心形；子房卵球形，直径约 2 mm，柱头乳头状，4 浅裂。果椭圆形，直径 7 ～ 9 mm，成熟时红色，干时黑褐色光滑，具光泽，宿存花萼片展，被柔毛及缘毛，宿存柱头凸起，4 裂；分核 4，椭圆体形，长约 6 mm，宽约 3 mm，背部中央具 1 宽而深的"U"形沟槽，两侧面平滑，内果皮革质。花期 6 月，果期 9 ～ 11 月。

【分布与生境】浙江（庆元、龙泉、泰顺、文成、平阳）、江西（永新、全南、龙南、安远、大余、上犹）、福建（南靖、平和、上杭、武平、连城、永安、沙县、三明、福安、南平）、湖南（酃县、常宁）、广东（大埔、蕉岭、惠阳、翁源、乐昌、连县、连南、封开、新丰）、广西（龙胜、桂林、临桂、融水、大苗山、兴安、灌阳、永福、灵川、大瑶山、苍梧、贺县、东兰、象州）、海南（崖县、陵水、琼中、保亭、乐东）、贵州（独山、三都、黎平、榕江）和云南东南部（屏边、西畴）和西南部（瑞丽江流域）等地。生于海拔 300 ～ 1000 m 的山坡常绿阔叶林和灌木丛中。

（114）剑叶冬青 *Ilex lancilimba* Merr.

【形态特征】常绿灌木或小乔木，高达 3 ～ 10 m，胸径约 20 cm；树皮灰白色，平滑。小枝粗而直，二、三年生枝灰色，具纵棱及皱纹，叶痕半圆形，总果梗痕与其相连，形成长圆形隆起的疤痕，几无毛，当年生幼枝具纵棱及沟，被硫黄色卷曲短柔毛，沟内更密；顶芽卵状圆锥形，渐尖，芽鳞密被淡黄色短柔毛。叶生于 1 ～ 2 年生枝上，叶片革质，披针形或狭长圆形，长 9 ～ 16 cm，宽 2 ～ 5 cm，先端渐尖，基部楔形或钝，全缘，稍反卷，叶面深绿色，背面淡绿色，两面无光泽，或叶面略具光泽，主脉在叶面凸起，平或中央具 1 凹槽，幼时被短柔毛，后变无毛，在背面隆起，无毛；侧脉 10 ～ 16 对，在两面稍隆起，并于叶缘附近网结，网状脉两面可见；叶柄长 1.5 ～ 2.5 cm，疏被微柔毛，上半段具叶片下沿的狭翅；托叶无。聚伞花序单生于当年生枝下部叶腋内或鳞片腋内，总花梗及花梗均被淡黄色短柔毛；花 4 基数。雄花序为 3

被子植物（114）剑叶冬青

回二歧或三歧聚伞花序，总花梗长 5 ～ 14 mm，二级分枝常发育，花梗长 1.5 ～ 2 mm；花萼盘状，直径约 3 mm，4 裂，裂片阔三角形，长约 1 mm，基部宽约 2 mm；花瓣卵状长圆形，长 2.5 ～ 3 mm，基部稍合生；雄蕊短于花瓣，花药长圆形；退化子房圆锥状，微小。雌花序为具 3 花的聚伞花序，总花梗长约 2 mm，花梗长 1 ～ 2 mm；花萼及花冠同雄花，淡绿白色，4 或 5 基数；退化雄蕊长约为花瓣的 1/2，败育花药心形；子房卵球形，直径约 2 mm，柱头厚盘状。果常单生于当年生枝叶腋内，果梗长 4 ～ 6 mm，被淡黄色短柔毛；果球形，直径 10 ～ 12 mm，成熟时红色，宿存花萼平展，四角形，宿存柱头盘状，4 裂；分核 4，长圆形，长约 9 mm，背部宽 4 mm，具宽而深的"U"形槽，平滑，无条纹，内果皮木质。花期 3 月，果期 9 ～ 11 月。

【分布与生境】福建（太宁）、广东（大埔、饶平、乐昌、英德、新丰、阳春、阳山、封开、鼎湖山）、广西（苍梧、融水、金秀、钦州）和海南（陵水、保亭、崖县、乐东、白沙、琼中）等地。生于海拔 300 ～ 1800 m 的山谷森林或灌木丛中。

（115）拟榕叶冬青 *Ilex subficoidea* S. Y. Hu

【形态特征】 常绿乔木，高 8 ～ 15 m。小枝圆柱形，具纵棱，无毛，具三角形或卵形叶痕，无皮孔。叶生于 1 ～ 2 年生枝上，叶片革质，卵形或长圆状椭圆形，长 5 ～ 10 cm，宽 2 ～ 3 cm，先端突然渐尖，基部钝，稀圆形，边缘具波状钝齿，稍反卷，叶面绿色，光亮，背面淡绿色，两面无毛；主脉在叶面凹陷，在背面隆起，侧脉每边 10 ～ 11 条，在叶面不明显，背面凸起，网状脉两面不明显；叶柄长 5 ～ 12 mm，上面具沟，上中部具叶片下延而成的狭翅；托叶三角形，胼胝质，小。花序簇生于二年生枝的叶腋内；花白色，4 基数。雄花：每束的单个分枝具 3 花；苞片阔卵形，具短突尖，被缘毛，基部具托叶状附属体；总花梗长 1 mm，花梗长约 2 mm，幼时被短柔毛，或变无毛；花萼盘状，直径约 5 mm，裂片边缘疏被缘毛；花冠直径 6 ～ 7 mm，花瓣 4，倒卵状长圆形，长约 3 mm，具疏缘毛，基部合生；雄蕊略长于花瓣，花药卵球形，长约 0.75 mm；退化子房钝圆锥形。雌花不详。果序簇生，果梗长约 1 cm，基部或近基部具 2 枚小苞片；果球形，直径 1 ～ 1.2 cm，密具细瘤状突起；宿存柱头薄盘状，明显 4 裂；宿存花萼直径 2.5 ～ 3 mm，4 裂，裂片圆形，具缘毛；分核 4，卵状椭圆形，长 8 ～ 9 mm，背部宽 5 ～

被子植物（115）拟榕叶冬青

7 mm，具不规则的皱纹及洼点，内果皮石质。花期 5 月，果期 6 ～ 12 月。

【分布与生境】 江西（虔南）、福建（南靖）、湖南（宜章）、广东（清远、乳源、英德、连山、阳春）、广西（兴安、金秀、龙胜、东兴）、海南（崖县、乐东）等地。生于海拔 500 ～ 1350 m 的山地混交林中。

（116）三花冬青 *Ilex triflora* Bl.Bijdr.

【形态特征】 常绿灌木或乔木，高 2 ～ 10 m。幼枝近四棱形，稀近圆形，具纵棱及沟，密被短柔毛，具稍凸起的半圆形叶痕，皮孔无。叶生于 1 ～ 3 年生的枝上，叶片近革质，椭圆形、长圆形或卵状椭圆形，长 2.5 ～ 10 cm，宽 1.5 ～ 4 cm，先端急尖至渐尖，渐尖头长 3 ～ 4 mm，基部圆形或钝，边缘具近波状线齿，叶面深绿色，干时呈褐色或橄榄绿色，幼时被微柔毛，后变无毛或近无毛，背面具腺点，疏被短柔毛；主脉在叶面凹陷，背面隆起，两面沿脉毛较密，侧脉 7 ～ 10 对，两面略明显或不明显，网状脉两面不明显；叶柄长 3 ～ 5 mm，密被短柔毛，具叶片下延而成的狭翅。雄花 1 ～ 3 朵排成聚伞花序，1 ～ 5 朵排成的聚伞花序簇生于当年生或二、三年生枝的叶腋内，花序梗长约 2 mm，花梗长 2 ～ 3 mm，两者均被短柔毛，基部或近中部具小苞片 1 ～ 2 枚；花 4 基数，白色或淡红色；花萼盘状，直径约 3 mm，被微柔毛，4 深裂，裂片近圆形，具缘毛；花冠直径约 5 mm，花瓣阔卵形，基部稍合生；雄蕊短于花瓣，花药椭圆形，黄色；退化子房金字塔形，顶端具短喙，分裂。雌花 1 ～ 5 朵簇生于当年生或二年生枝的叶腋内，总花梗几无，花梗粗壮，长 4 ～ 8（～ 14）mm，被微柔毛，中部或近中部具 2 枚卵形小苞片；花萼同雄花；花瓣阔卵形至近圆形，基部稍合生；退化雄蕊长约为花瓣的 1/3，不育花药心状箭形；子房卵球形，直径约 1.5 mm，柱头厚盘状，4 浅裂；果球形，直径 6 ～ 7 mm，成熟后黑色；果梗长 13 ～ 18 mm，被微柔毛或近无毛；宿存花萼伸展，直径约 4 mm，具疏缘毛；宿存柱头厚盘状；分核 4，卵状椭圆形，长约 6 mm，背部宽约 4 mm，平滑，背部具 3 条纹，无沟，内果皮革质。花期 5 ～ 7 月，果期 8 ～ 11 月。

【分布与生境】 安徽（洪源）、浙江（泰顺、丽水、龙泉、庆元、遂昌、开化、景宁）、江西（南昌、永修、武宁、婺源、广丰、黎川、南丰、安远、寻乌、石城、会昌、定南、瑞金、龙南、上犹、

被子植物（116）三花冬青

崇义、全南、吉安、永丰、遂川、永新、铜鼓、宜丰、奉新、井冈山、庐山）、福建各地、湖北西北部（来凤、利川、建始）、湖南（酃县、宜章、桂东、汝城、宁远、道县、江华、新宁、武冈、城步、通道、怀化、永顺）、广东、广西、海南、四川（巴县、重庆、长宁、屏山、宜宾、合川、忠县）、贵州（德江、松桃、江口、印江、兴仁、安龙、黎平、雷山、凯里、独山）、云南（福贡、大理、镇雄、西畴、麻栗坡、富宁、屏边、思茅和西双版纳）等地。生于海拔（130～）250～1800（～2200）m 的山地阔叶林、杂木林或灌木丛中。

# 二十八、卫矛科 Celastraceae

## 1. 南蛇藤属 *Celastrus*

### （117）单籽南蛇藤 *Celastrus monospermus* Roxb.

【形态特征】常绿藤本。小枝有细纵棱，干时紫褐色，皮孔通常稀疏，椭圆形或近圆形。叶片近革质，长方阔椭圆形至窄椭圆形、稀倒卵椭圆形，长 5～17 cm，宽 3～7 cm，先端短渐尖或急尖，基部楔形，稀阔楔形，边缘具细锯齿或疏散细锯齿，侧脉 5～7 对；叶柄长约 15 mm。花序腋生或顶生及腋生并存，二歧聚花序排成聚伞圆锥花序，雄花序的小聚伞花序常呈密伞状，花序梗长 1～2.5 cm，小花梗长 1～4 mm，关节在最底部，通常光滑无毛；花黄绿色或近白色；雄花花萼三角半圆形，长约 1 mm；花瓣长方形或长方椭圆形，长约 2.5 mm，宽约 1.8 mm，盛开时向外反卷；花盘肥厚肉质，垫状，5 浅裂，裂片顶端近平截；雄蕊 5，着生于花盘之下，长 2.5～3 mm，花丝锥状，退化雌蕊长约 1 mm；雌蕊近瓶状，柱头 3 裂，反曲。蒴果阔椭圆状，稀近球状，长 10～18 mm，直径 9～14 mm，裂瓣椭圆形，长 12～20 mm，宽 8～10 mm，干时反卷，边缘皱缩成波状；种子 1，椭圆状，长 10～15 mm，直径 6～9 mm，光滑，稍具光泽；假种皮紫褐色。花期 3～6 月，果期 6～10 月。

被子植物（117）单籽南蛇藤

【分布与生境】贵州、广东、海南、广西、云南。生长于海拔 300～1500 m 山坡密林中或灌丛湿地上。

## 2. 卫矛属 *Euonymus*

### （118）疏花卫矛 *Euonymus laxiflorus* Champ.ex Benth.

【形态特征】灌木，高达 4 m。叶纸质或近革质，卵状椭圆形、长方椭圆形或窄椭圆形，长 5～12 cm，宽 2～6 cm，先端钝渐尖，基部阔楔形或稍圆，全缘或具不明显的锯齿；侧脉多不明显；叶柄长 3～5 mm。聚伞花序分枝疏松，5～9 花；花序梗长约 1 cm；花紫色，5 基数，直径约 8 mm；萼片边缘常具紫色短睫毛；花瓣长圆形，基部窄；花盘 5 浅裂，裂片钝；雄蕊无花丝，花药顶裂；子房无花柱，柱头圆。蒴果紫红色，倒圆锥状，长 7～9 mm，直径约 9 mm，先端稍平截；种子长圆状，长 5～9 mm，直径 3～5 mm，种皮枣红色，假种皮橙红色，高仅 3 mm 左右，成浅杯状包围种子基部。花期 3～6 月，果期 7～11 月。

【分布与生境】台湾、福建、江西、湖南、香港、广东及沿海岛屿、广西、贵州、云南。生长于山上、山腰及路旁密林中。

被子植物（118）疏花卫矛

## 3. 假卫矛属 *Microtropis*

### （119）灵香假卫矛 *Microtropis submembranacea* Merrill & F. L. Freeman

【形态特征】灌木，高 3～4 m；干后枝叶及花具香气，以花为最。叶椭圆形或卵状椭圆形，稀为阔披针形，长 3.5～7 cm，偶稍长，宽 1.5～3.5 cm，先端急尖或渐尖，基部阔楔形；侧脉 4～7 对，细弱，两面微凸起；叶柄长约 5 mm。聚伞花序腋生、侧生或顶生，花通常 3～7 朵；花序梗长 5～10 mm，分枝长 2.5～3.5 mm；小花梗长约 1.5 mm；花 5 数；花萼裂片宽阔，半圆形；花瓣阔倒卵形，长约 2 mm；花盘浅杯状，5 浅裂，裂片圆阔；花

被子植物（119）灵香假卫矛

丝显著，长约达 1 mm，花药长宽近相等；子房窄卵状，花柱粗壮。蒴果阔椭圆状，长约 1.5 cm，直径 5 ～ 6 mm。

【分布与生境】海南。生长于海拔 1000 m 左右山上密林中。

# 二十九、茶茱萸科 Icacinaceae

## 粗丝木属 *Gomphandra*

（120）粗丝木 *Gomphandra tetrandra* (Wall.in Roxb.) Sleum.

【形态特征】 灌木或小乔木，高 2 ～ 10 m；树皮灰色，嫩枝绿色，密被或疏被淡黄色短柔毛。叶纸质，幼时膜质，狭披针形、长椭圆形或阔椭圆形，长 6 ～ 15 cm，宽 2 ～ 6 cm，先端渐尖或成尾状，基部楔形，两面无毛或幼时背面被淡黄色短柔毛，表面深绿色，背面稍淡，均具光泽；中脉在背面显著隆起，侧脉约 6 ～ 8 对，表面明显，背面稍隆起，斜上升，至边缘互相网结，网脉不明显；叶柄长 0.5 ～ 1.5 cm，略被短柔毛。聚伞花序与叶对生，有时腋生，长 2 ～ 4 cm，密被黄白色短柔毛，具花序柄，花梗长 0.2 ～ 0.5 cm。雄花黄白色或白绿色，5 数，长约 5 mm；萼短，长不到 0.5 mm，浅 5 裂；花冠钟形，长 3 ～ 4 mm，花瓣裂片近三角形，先端急渐尖，内向弯曲；雄蕊稍长于花冠，约 3.5 ～ 4.5 mm，花丝肉质而宽扁，宽约 1 mm，上部具白色微透明的棒状髯毛，花药卵形，长约 0.5 mm，黄白色，子房不发育，小，长约 0.5（～ 1）mm。雌花黄白色，长约 5 mm；花萼微 5 裂，长不到 0.5 mm，花冠钟形，长约 0.5 mm，花瓣裂片长三角形，边缘内卷，先端内弯，雄蕊不发育，较花冠略短，花丝扁，宽约 1 mm，两端较窄，上部具白色微透明的短棒状髯毛，子房圆柱状，无毛或有时被毛，柱头小，5 裂稍下延至子房。核果椭圆形，长（1.2 ～）2 ～ 2.5 cm，直径（0.5 ～）0.7 ～ 1.2 cm，随发育阶段由青转黄，成熟时白色，浆果状，干后有明显的纵棱，果柄略被短柔毛。花果期全年。

被子植物（120）粗丝木

【分布与生境】 云南东南部及南部、贵州、广西、广东。生于海拔 500 ～ 2200 m 的疏林、密林下，石灰山林内及路旁灌丛、林缘、箐沟边，是该分布区内常见的植物。

## 三十、檀香科 Santalaceae

### 寄生藤属 *Dendrotrophe*

（121）寄生藤 *Dendrotrophe frutescens* (Blume) Miquel

【形态特征】 木质藤本，常呈灌木状。枝长 2 ～ 8 m，深灰黑色，嫩时黄绿色，三棱形，扭曲。叶厚，多少软革质，倒卵形至阔椭圆形，长 3 ～ 7 cm，宽 2 ～ 4.5 cm，顶端圆钝，有短尖，基部收狭而下延成叶柄；基出脉 3 条，侧脉大致沿边缘内侧分出，干后明显；叶柄长 0.5 ～ 1 cm，扁平。花通常单性，雌雄异株。雄花：球形，长约 2 mm，5 ～ 6 朵集成聚伞花序；小苞片近离生，偶呈总苞状；花梗长约 1.5 mm；花被 5 裂，裂片三角形，在雄蕊背后有疏毛一撮，花药室圆形；花盘 5 裂。雌花或两性花：通常单生。雌花：短圆柱状，花柱短小，柱头不分裂，锥尖形；两性花，卵形。核果卵状或卵圆形，带红色，长 1 ～ 1.2 cm，顶端有内拱形宿存花被，成熟时棕黄色至红褐色。花期 1 ～ 3 月，果期 6 ～ 8 月。

被子植物（121）寄生藤

【分布与生境】 福建、广东、广西、云南。生长于海拔 100 ～ 300 m 山地灌丛中，常攀援于树上。

## 三十一、葡萄科 Vitaceae

### 崖爬藤属 *Tetrastigma*

（122）扁担藤 *Tetrastigma planicaule* (Hook.) Gagnep.

【形态特征】 木质大藤本，茎扁压，深褐色。小枝圆柱形或微扁，有纵棱纹，无毛。卷须不分枝，相隔 2 节间断与叶对生。叶为掌状 5 小叶，小叶长圆披针形、披针形、卵披针形，长（6 ～）9 ～ 16 cm，宽（2.5 ～）3 ～ 6（～ 7）cm，顶端渐尖或急尖，基部楔形，边缘每侧有 5 ～ 9 个锯齿，锯齿不明显或细小，稀较粗，上面绿色，下面浅绿色，两面无毛；侧脉 5～6 对，网脉突出；叶柄长 3～11 cm，无毛，小叶柄长 0.5～3 cm，中央小叶柄比侧生小叶柄长 2～4 倍，无毛。花序腋生，长 15～17 cm，比叶柄长 1～1.5 倍，下部有节，节上有褐色苞片，稀与叶对生而基部无节和苞片，二级和三级分枝 4（3），集生成伞形；花序梗长 3～4 cm，无毛；花梗长 3～10 mm，无毛或疏被短柔毛；花蕾卵圆形，高 2.5～3 mm，顶端圆钝；萼浅碟形，齿不明显，外面被乳突状毛；花瓣 4，卵状三角形，高 2～2.5 mm，顶端呈风帽状，外面顶部疏被乳突状毛；雄蕊 4，花丝丝状，花药黄色，卵圆形，长宽近相等或长甚于宽；在雌花内雄蕊显著短，花药呈龟头形，败育；花盘明显，4 浅裂，但在雌花内不明

被子植物（122）扁担藤

显且呈环状，子房阔圆锥形，基部被扁平乳突状毛；花柱不明显，柱头 4 裂，裂片外折。果实近球形，直径 2～3 cm，多肉质，有种子 1～2（～3）颗；种子长椭圆形，顶端圆形，基部急尖，种脐在背面中部呈带形，达种子顶端，腹部中棱脊扁平，两侧凹陷呈沟状，从基部向上接近中部时斜向外伸展达种子顶端。花期 4～6 月，果期 8～12 月。

【分布与生境】福建、广东、广西、贵州、云南、西藏东南部。生于海拔 100～2100 m 的山谷林中或山坡岩石缝中。

# 三十二、芸香科 Rutaceae

## 1. 山油柑属 Acronychia

（123）贡甲 Acronychia oligophlebium Merr.

【形态特征】乔木，高达 14 m。叶倒卵状长圆形或长椭圆形，长 7～18 cm，宽 3.5～7 cm，纸质，全缘；叶柄长 1～2 cm，基部略增大呈枕状。花蕾近圆球形，花瓣阔卵形或三角状卵形，质地薄，内面无毛，很少被稀疏短伏毛；花通常单性，雄花的不育雌蕊近扁圆形，无毛，花柱甚短，柱头不增粗；雌花的退化雄蕊 8 枚，

被子植物（123）贡甲

有箭头状的花药但无花粉，花丝甚短，发育子房圆球形，无毛，花柱伸长，柱头略增大。果序下垂，果淡黄色，半透明，近圆球形而略有棱角，径 1 ～ 1.5 cm，顶部平坦，中央微凹陷，有 4 条浅沟纹，富含水分，味清甜，有小核 4 个，每核有 1 种子；种子倒卵形，长 4 ～ 5 mm，厚 2 ～ 3 mm，种皮褐黑色、骨质，胚乳小。花期 4 ～ 8 月，果期 8 ～ 12 月。

【分布与生境】 海南。为低丘陵坡地次生林常见树种。

## 2. 吴茱萸属 *Evodia*

### （124）三桠苦 *Evodia lepta* (Spreng.) Merr.

【形态特征】 乔木，树皮灰白或灰绿色，光滑，纵向浅裂。嫩枝的节部常呈压扁状，小枝的髓部大，枝叶无毛。3 小叶，有时偶有 2 小叶或单小叶同时存在，叶柄基部稍增粗，小叶长椭圆形，两端尖，有时倒卵状椭圆形，长 6 ～ 20 cm，宽 2 ～ 8 cm，全缘，油点多；小叶柄甚短。花序腋生，很少同时有顶生，长 4 ～ 12 cm，花甚多；萼片及花瓣均 4 片；萼片细小，长约 0.5 mm；花瓣淡黄或白色，长 1.5 ～ 2 mm，常有透明油点，干后油点变暗褐至褐黑色；雄花的退化雌蕊细垫状凸起，密被白色短毛；雌花的不育雄蕊有花药而无花粉，花柱与子房等长或略短，柱头头状。分果瓣淡黄或茶褐色，散生肉眼可见的透明油点，每分果瓣有 1 颗种子；种子长 3 ～ 4 mm，厚 2 ～ 3 mm，蓝黑色，有光泽。花期 4 ～ 6 月，果期 7 ～ 10 月。

【分布与生境】台湾、福建、江西、广东、海南、广西、贵州及云南南部，最北限约在北纬 25°，西南至云南腾冲县。生于平地至海拔 2000 m 山地，常见于较荫蔽的山谷湿润地方，阳坡灌木丛中偶有生长。

被子植物（124）三桠苦

## 3. 花椒属 *Zanthoxylum*

（125）箣欓花椒 *Zanthoxylum avicennae* (Lam.) DC.

【形态特征】落叶乔木，高稀达 15 m。树干有鸡爪状刺，刺基部扁圆而增厚，形似鼓钉，并有环纹，幼苗的小叶甚小，但多达 31 片，幼龄树的枝及叶密生刺，各部无毛。叶有小叶 11 ～ 21 片，稀较少；小叶通常对生或偶有不整齐对生，斜卵形，斜长方形或呈镰刀状，有时倒卵形，幼苗小叶多为阔卵形，长 2.5 ～ 7 cm，宽 1 ～ 3 cm，顶部短尖或钝，两侧甚不对称，全缘，或中部以上有疏裂齿，鲜叶的油点肉眼可见，也有油点不明显的，叶轴腹面有狭窄、绿色的叶质边缘，常呈狭翼状。花序顶生，花多；花序轴及花梗有时紫红色；雄花梗长 1 ～ 3 mm；萼片及花瓣均 5 片；萼片宽卵形，绿色；花瓣黄白色，雌花的花瓣比雄花的稍长，长约 2.5 mm；雄花的雄蕊 5 枚；退化雌蕊 2 浅裂；雌花有心皮 2、很少 3 个；退化雄蕊极小。果梗长 3 ～ 6 mm，总梗比果梗长 1 ～ 3 倍；分果瓣淡紫红色，单个分果瓣直径 4 ～ 5 mm，顶端无芒尖，油点大且多，微凸起；种子直径 3.5 ～ 4.5 mm。花期 6 ～ 8 月，果期 10 ～ 12 月，也有 10 月开花的。

被子植物（125）箣欓花椒

【分布与生境】台湾、福建、广东、海南、广西、云南，见于北纬约 25°以南地区。生于低海拔平地、坡地或谷地，多见于次生林中。

（126）疏刺花椒 *Zanthoxylum nitidum* f.fastuosum How ex Huang.f.nov.

被子植物（126）疏刺花椒

【形态特征】木质藤本。嫩叶、小叶柄常被短绒毛；茎、枝及叶轴均有皮刺。叶具小叶 5 ～ 9 片；小叶对生，卵形或阔椭圆形，长 5 ～ 12 cm，宽 2.8 ～ 5.2 cm，顶端骤狭的短尾状尖，钝头且微凹，基部圆或宽楔形，边缘有疏离的圆齿缺或有时全缘，干后腹面稍具光泽，羊皮纸质；中脉在腹面微凸。圆锥状聚伞花序腋生，长 2 ～ 8 cm；花序轴及花枝密被短绒毛；花 4 基数；苞片甚小；萼片阔卵形，长约 0.5 mm；花瓣淡青色，卵状椭圆形，长约 2 mm；雄花的药隔顶端具腺体，退化雌蕊 4 叉裂；雄花的退化雄蕊甚小或无。成熟心皮数 2 ～ 4 个，干后黄褐色，常有皱纹，腺点甚小或不明显，顶端具极短的喙状尖头或无；种子近球形，直径 4 ～ 5 mm。花期 3 ～ 4 月，果期 9 ～ 10 月。

【分布与生境】广西、广东、海南（儋县、万宁、陵水、崖县）。生长于较干燥的山坡灌木丛中或疏林中或路旁。

# 三十三、棟科 Meliaceae

## 1. 鹧鸪花属 *Trichilia*

### （127）小果鹧鸪花 *Trichilia connaroides* (Wight et Arn.) Bentv.

【形态特征】乔木，高 5 ～ 10 m。枝无毛，干时黑色或深褐色，但幼嫩部分被黄色柔毛，有少数皮孔。叶为奇数羽状复叶，通常长 20 ～ 36 cm，有小叶 3 ～ 4 对，叶轴圆柱形或具棱角，无毛；小叶对生，膜质，披针形或卵状长椭圆形，长（5 ～）8 ～ 16 cm，宽（2.5 ～）3.5 ～ 5（～ 7）cm，先端渐尖，基部下侧楔形，上侧宽楔形或圆形，偏斜，叶面无毛，背面苍白色，无毛或被黄色微柔毛；侧脉每边 8 ～ 12 条，近互生，向上斜举，上面平坦，背面明显凸起；小叶柄长 4 ～ 8 mm。圆锥花序略短于叶，腋生，由多个聚伞花序所组成，被微柔毛，具很长的总花梗，花小，长 3 ～ 4 mm，花梗约与花等长，纤细，被微柔毛或无毛；花萼 5 裂，有时 4 裂，裂齿圆形或钝三角形，外被微柔毛或无毛；花瓣 5，有时 4，白色或淡黄色，长椭圆形，外被微柔毛或无毛；雄蕊管被微柔毛或无毛，10 裂至中部以下，裂片内面被硬毛，花药 10，有时 8，着生于裂片顶端的齿裂间；子房无柄，近球形，无毛，花柱约与雄蕊管等长，柱头近球形，顶端 2 裂。蒴果椭圆形，有柄，长 2.5 ～ 3 cm，宽 1 ～ 2.5 cm，无毛；种子 1 粒，具假种皮，干后黑色。花

被子植物（127）小果鹧鸪花

期 4～6 月，果期 5～6 月和 11～12 月。

【分布与生境】广东、海南、广西、四川、贵州和云南等省区。生于中海拔以下山地密林或疏林中。

## 2. 割舌树属 *Walsura*

（128）割舌树 *Walsura robusta* Roxb.

【形态特征】乔木，高 10～25 m。枝褐色，具皮孔，无毛。叶长 15～30 cm，叶柄长 2.5～8 cm，有 3～5 小叶；小叶对生，纸质或薄革质，长椭圆形或披针形，顶生小叶长 7～16 cm，宽 3～7 cm，侧生小叶长 5～14 cm，宽 1.5～5 cm，先端渐尖，基部楔形，两面无毛，叶面光亮；侧脉 5～8 对，两面稍凸起；小叶柄长 0.5～2 cm，两端膨大，具节。圆锥花序长 8～17 cm，疏被粉状短柔毛，分枝呈伞房花序式；花长 4～6 mm，具花梗；花萼短，外被粉状短柔毛，裂片卵形，顶端急尖；花瓣白色，较阔，长椭圆形，长 3～4 mm，先端略尖或钝，外面被粉状短柔毛，芽时稍呈覆瓦状排列，雄蕊 10，花丝顶端渐尖，不分裂，内面被短硬毛，基部或中部以下连合成管，内面上部被短硬毛，花药黄色，卵形，着生于花丝之顶端；花盘杯状，外面无毛，内面被毛；子房 2 室，扁球形，上部被毛，花柱圆柱形，柱头盘状，顶端不开裂。浆果球形或卵形，直径 1～2 cm，密被黄褐色柔毛，有种子 1～2 颗。花期 2～3月，果期 4～6 月。

被子植物（128）割舌树

【分布与生境】广东、云南等省。生于山地密林或疏林中。

# 三十四、无患子科 Sapindaceae

## 韶子属 *Nephelium*

（129）海南韶子 *Nephelium topengii* (Merr.) H.S.Lo

【形态特征】常绿乔木，高 5～20 m。小枝干时红褐色，常被微柔毛。小叶 2～4 对，薄革质，长圆形或长圆状披针形，长 6～18 cm，宽 2.5～7.5 cm，

被子植物（129）海南韶子

顶端短尖，基部稍钝至阔楔形，全缘，背面粉绿色，被柔毛；侧脉 10 ～ 15 对，直而近平行；小叶柄长 5 ～ 8 mm。花序和花与上种相似。果椭圆形，红黄色，连刺长约 3 cm，宽不超过 2 cm，刺长 3.5 ～ 5 mm。

【分布与生境】 海南岛低海拔至中海拔地区森林中常见树种之一。

## 三十五、槭树科 Aceraceae

### 槭属 *Acer*

（130）十蕊枫 *Acer laurinum* Hasskarl

【形态特征】 落叶乔木，常高 8 m，稀达 12 m。树皮灰褐色或深褐色。小枝粗壮，无毛；当年生枝紫色或紫绿色；多年生枝紫褐色，冬芽淡褐色，近于卵圆形；芽鳞的边缘有睫毛。叶革质或近于革质，全缘，卵状椭圆形或长圆卵形，8 ～ 15 cm，宽 4 ～ 7 cm，先端钝尖或短渐尖，基部楔形或阔楔形；上面浅绿色或淡褐绿色，下面淡绿色或淡褐绿色；主脉和 5 ～ 6 对侧脉在上面显著，在下面凸起，基生脉长达叶片的 1/3 ～ 1/2，小叶脉成网状；叶柄长 5 ～ 7 cm，无毛，淡紫色。花淡紫褐色，单性，雌雄异株，成长 2 cm 的细瘦无毛的总状花序；总花模约长 1 cm，无毛；叶已长大之后花始从腋芽开出；萼片 5，卵形，无毛，长 2 mm；花瓣 5，比萼片短；雄蕊 8 ～ 12，无毛，长约 4 mm；花盘环状，微被短柔毛，位于雄蕊的内侧；子房无毛，花柱短，在雄花中雌蕊不发育；花梗长 5 ～ 8 mm，细瘦，无毛。翅果嫩时为绿色或淡紫绿色，成熟时为棕褐色或淡褐黄色，脉纹显著；小坚果扁平，长 1.5 cm，宽

被子植物（130）十蕊枫

7 mm；翅镰刀形，接近顶端部分最宽，翅与小坚果共长 6～7 cm，宽 2 cm，有时仅有一翅发育良好，张开近于锐角或直角；果梗长 2～3 cm，细瘦无毛。花期 6 月，果期 10 月。

【分布与生境】 云南南部、广西南部、广东南部和海南。生于海拔 800～1500 m 的阔叶林中。

# 三十六、清风藤科 Sabiaceae

## 泡花树属 *Meliosma*

### （131）樟叶泡花树 *Meliosma squamulata* Hance

【形态特征】 小乔木，高可达 15 m。幼枝及芽被褐色短柔毛，老枝无毛。单叶，具纤细、长 2.5～6.5（～10）cm 的叶柄，叶片薄革质，椭圆形或卵形，长 5～12 cm，宽 1.5～5 cm，先端尾状渐尖或狭条状渐尖，尖头钝，基部楔形，稍下延，全缘，叶面无毛，有光泽，叶背粉绿色，密被黄褐色、极微小的鱼鳞片（在放大镜下可见）；侧脉每边 3～5 条，与中脉交成锐角向上弯拱环结。圆锥花序顶生或腋生，单生或 2～8 个聚生，长 7～20 cm，总轴、分枝、花梗、苞片均密被褐色柔毛；花白色，直径约 3 mm；萼片 5，卵形，有缘毛；外面 3 片花瓣近圆形，宽约 2.5 mm，内面 2 片花瓣约与花丝等长，2 裂至中部以下，裂片狭尖，广叉开；雌蕊长约 2 mm，子房无毛，与花柱近等长。核果球形，直径 4～6 mm；核近球形，顶基扁，稍偏斜，具明显凸起的不规则细网纹，中肋稍钝隆起，从腹孔一边延至另一边，腹孔小，具 8～10 条射出棱。花期夏季，果期 9～10 月。

【分布与生境】贵州、湖南南部、广西、广东、江西南部、福建南部、台湾。生于海拔 1800 m 以下的常绿阔叶林中。

被子植物（131）樟叶泡花树

## 三十七、省沽油科 Staphyleaceae

### 山香圆属 *Turpinia*

（132）山香圆 *Turpinia montana* (Blume) Kurz

【形态特征】小乔木。枝和小枝圆柱形，灰白绿色。叶对生，羽状复叶，叶轴长约 15 cm，纤细，绿色，叶 5 枚，对生，纸质，长圆形至长圆状椭圆形，长（4～）5～6 cm，宽 2～4 cm，先端尾状渐尖，尖尾长 5～7 mm，基部宽楔形，边缘具疏圆齿或锯齿，两面无毛，上面绿色，背面较淡；侧脉多，在上面微可见，在背面明显，网脉在两面几不可见；侧生小叶柄长 2～3 mm，中间小叶柄长可达 15 mm，纤细，绿色。圆锥花序顶生，轴长达 17 cm，花较多，疏松，花小，直径约 3 mm；花萼 5，无毛，宽椭圆形，长约 1.3 mm；花瓣 5，椭圆形至圆形，具绒毛或无毛，长约 2 mm，花丝无毛。果球形，紫红色，直径 4～7 mm，外果皮薄，厚约 0.2 mm，2～3 室，每室 1 颗种子。

【分布与生境】我国南部和西南部。

被子植物（132）山香圆

## 三十八、漆树科 Anacardiaceae

### 漆树属 *Toxicodendron*

（133）野漆 *Toxicodendron succedaneum* (L.) O. Kuntze

【形态特征】落叶乔木或小乔木，高达 10 m。小枝粗壮，无毛，顶芽大，紫褐色，外面近无毛。奇数羽状复叶互生，常集生小枝顶端，无毛，长 25～35 cm，有小叶 4～7 对，叶轴和叶柄圆柱形；叶柄长 6～9 cm；小叶对生或近对生，坚纸质至薄革质，长圆状椭圆形、阔披针形或卵状披针形，长 5～16 cm，宽 2～5.5 cm，先端渐尖或长渐尖，基部多少偏斜，圆形或阔楔形，全缘，两面无毛，叶背常具白粉；侧脉 15 ～ 22 对，弧形上升，两面略突；小叶柄长 2 ～ 5 mm。圆锥花序长 7 ～ 15 cm，为叶长的 1/2，多分枝，无毛；花黄绿色，直径约 2 mm；花梗长约 2 mm；花萼无毛，裂片阔卵形，先端钝，长约 1 mm；花瓣长圆形，先端钝，长约 2 mm，中部具不明显的羽状脉或近无脉，开花时外卷；雄蕊伸出，花丝线形，长约 2 mm，花药卵形，长约 1 mm；花盘 5 裂；子房球形，直径约 0.8 mm，无毛，花柱 1，短，柱头 3 裂，褐色。核果大，偏斜，直径 7 ～ 10 mm，扁平，先端偏离中心，外果皮薄，淡黄色，无毛，中果皮厚，蜡质，白色，果核坚硬，扁平。

被子植物（133）野漆

【分布与生境】 华北至长江以南各地区均产。生于海拔（150 ～）300 ～ 1500（～ 2500）m 的林中。

## 三十九、胡桃科 Juglandaceae

### 黄杞属 *Engelhardia*

（134）黄杞 *Engelhardia roxburghiana* Wall.

【形态特征】 半常绿乔木，高达 10 余米，全体无毛，被有橙黄色盾状着生的圆形腺体。枝条细瘦，老后暗褐色，干时黑褐色，皮孔不明显。偶数羽状复叶长 12 ～ 25 cm，叶柄长 3 ～ 8 cm，小叶 3 ～ 5 对，稀同一枝条上亦有少数 2 对，近对生，具长 0.6 ～ 1.5 cm 的小叶柄，叶片革质，长 6 ～ 14 cm，宽 2 ～ 5 cm，长椭圆状披针形至长椭圆形，全缘，顶端渐尖或短渐尖，基部歪斜，两面具光泽；侧脉 10 ～ 13 对。雌雄同株或稀异株；雌花序 1 条及雄花序数条长而俯垂，花散生，常形成一顶生的圆锥状花序束，顶端为雌花序，

被子植物（134）黄杞

下方为雄花序，或雌雄花序分开则雌花序单独顶生；雄花无柄或近无柄，花被片4枚，兜状，雄蕊10～12枚，几乎无花丝；雌花有长约1 mm的花柄，苞片3裂而不贴于子房，花被片4枚，贴生于子房，子房近球形，无花柱，柱头4裂。果序长达15～25 cm。果实坚果状，球形，直径约4 mm，外果皮膜质，内果皮骨质，3裂的苞片托于果实基部；苞片的中间裂片长约为两侧裂片长的2倍，中间的裂片长3～5 cm，宽0.7～1.2 cm，长矩圆形，顶端钝圆。5～6月开花，8～9月果实成熟。

【分布与生境】 台湾、广东、广西、湖南、贵州、四川和云南。生于海拔200～1500 m的林中。

# 四十、五加科 Araliaceae

## 1. 罗伞属 Brassaiopsis

（135）罗伞 *Brassaiopsis glomerulata* (Bl.) Regel. Gartenflora

【形态特征】 灌木或乔木，高3～20 m，树皮灰棕色。上部的枝有刺，新枝有红锈色绒毛。叶有小叶5～9；叶柄长至70 cm，无毛或上端残留有红锈色绒毛；小叶片纸质或薄革质，椭圆形至阔披针形，或卵状长圆形，长15～35 cm，宽6～15 cm，先端渐尖，基部通常楔形，稀阔楔形至圆形，幼时两面均疏生红锈色星状绒毛，不久毛脱落变几无毛，边缘全缘或疏生细锯齿；侧脉7～9（～12）对，明显，网脉不甚明显；小叶柄长3～9 cm。圆锥花序大，长至40 cm以上，下垂，主轴及分枝有红锈色绒毛，后毛渐脱落。伞形花序直径2～3 cm，有花20～40朵；总花梗长2～5 cm，花后延长；苞片三角形、卵形或披针形，长约5 mm，宿存；小苞片有红锈色绒毛，宿存；花白色，芳香；萼筒短，长约1 mm，有红锈色绒毛，边缘有5个尖齿；花瓣5，长圆形，初被红锈色绒毛，后毛脱落变无毛，长3 mm；雄蕊5，长约2 mm；子房2室，花盘隆起，花柱合生成柱状。果实阔扁球形或球形，紫黑色，直径7～9 mm，宿存花柱长1～2 mm，果梗

被子植物（135）罗伞

长 1.2～1.5 cm。花期 6～8 月，果期翌年 1～2 月。

【分布与生境】 云南（蒙自、金平、西双版纳、贡山）、贵州（安龙、册亨）、四川（峨眉山）、广西（金秀、隆林、钦州、上思）、海南。生于海拔数百至 2400 m 的森林中。

## 2. 树参属 Dendropanax

（136）树参 Dendropanax dentiger (Harms) Merr.

【形态特征】 乔木或灌木，高 2～8 m。叶片厚纸质或革质，密生粗大半透明红棕色腺点（在较薄的叶片才可以见到），叶形变异很大，不分裂叶片通常为椭圆形，稀长圆状椭圆形、椭圆状披针形、披针形或线状披针形，长 7～10 cm，宽 1.5～4.5 cm，有时更大，先端渐尖，基部钝形或楔形，分裂叶片倒三角形，掌状 2～3 深裂或浅裂，稀 5 裂，两面均无毛，边缘全缘，或近先端处有不明显细齿一至数个，或有明显疏离的锯齿；基脉三出，侧脉 4～6 对，网脉两面明显且隆起，有时上面稍下陷，有时下面较不明显；叶柄长 0.5～5 cm，无毛。伞形花序顶生，单生或 2～5 个聚生成复伞形花序，有花 20 朵以上，有时较少；总花梗粗壮，长 1～3.5 cm；苞片卵形，早落；小苞片三角形，宿存；花梗长 5～7 mm；萼长 2 mm，边缘近全缘或有 5 小齿；花瓣 5，三角形或卵状三角形，长 2～2.5 mm；雄蕊 5，花丝长 2～3 mm；子房 5 室；花柱 5，长不及 1 mm，基部合生，顶端离生。果实长圆状球形，稀近球形，长 5～6 mm，有 5 棱，每棱又各有纵脊 3 条；宿存花柱长 1.5～2 mm，在上部 1/2、1/3 或 2/3 处离生，反曲；果梗长 1～3 cm。花期 8～10 月，果期 10～12 月。

被子植物（136）树参

【分布与生境】 浙江东南部、安徽南部、湖南南部、湖北（利川）、四川东南部、贵州西南部、云南东南部、广西、广东、江西、福建和台湾，为本属分布最广的种。生于海拔几十至 1800 m 的常绿阔叶林或灌丛中。模式标本采自四川南川。

### （137）海南树参 *Dendropanax hainanensis* (Merr.& Chun) Chun

【形态特征】 乔木，高 10 ～ 18 m，胸径 20 cm 以上。小枝粗壮，无毛。叶片纸质，无腺点，椭圆形、长圆状椭圆形或卵状椭圆形，稀椭圆状披针形，长 6 ～ 11 cm，宽 2 ～ 5 cm，先端长渐尖或尾状，基部楔形，干时上面橄榄绿色至棕紫色，下面淡棕色，两面均无毛，边缘全缘；叶脉羽状，基部无三出脉，中脉隆起，侧脉约 8 对，纤细，略明显至明显，网脉不明显或明显；叶柄纤细，长 1 ～ 9 cm，无毛。伞形花序顶生，4 ～ 5 个聚生成复伞形花序，在中轴上通常另有 1 ～ 2 个总状排列的伞形花序，有花 10 ～ 15 朵；总花梗长 1.5 ～ 2 cm；花梗长 4 mm，花后长至 8 mm；萼长 1.5 ～ 2 mm，边缘近全缘；花瓣 5，长 1.5 ～ 2 mm；雄蕊 5，花丝长 1 ～ 2 mm；子房 5 室，花柱合生成柱状。果实球形，嫩时绿色，有 5 棱，熟时浆果状，暗紫色，直径 7 ～ 9 mm，宿存花柱长约 2 mm。花期 6 ～ 7 月，果期 10 月。

被子植物（137）海南树参

【分布与生境】 湖南（宜章）、贵州（梵净山）、云南（西畴）、广西（贺县、龙胜、龙州、融水）、广东（乐昌、英德温塘山）、海南（五指山）。常生于海拔 700 ～ 1000 m 的山谷密林或疏林中。

### （138）变叶树参 *Dendropanax proteus* (Champ.) Benth.

【形态特征】 直立灌木，高 2 ～ 3 m。叶片革质、纸质或薄纸质，无腺点，叶形变异很大，不分裂叶片椭圆形、卵状椭圆形、椭圆状披针形、长圆状披针形以至线状披针形或狭披针形，长 2.5 ～ 12 cm，有时更大，宽 1 ～ 7 cm，先端渐尖或长渐尖，稀急尖，基部楔形或阔楔形，有时钝形，分裂叶片倒三角形，掌状 2 ～ 3 深裂，两面均无毛，边缘近先端处有细齿 2 ～ 3 个，有时中部以上全部有细齿，全缘的较少；基脉三出，有时不明显，中脉隆起，侧脉 5 ～ 9 对，稀多至 15 对以上，上面微隆起，下面稍明显至明显，网脉不

被子植物（138）变叶树参

明显；叶柄长 0.5～5 cm，无毛。伞形花序单生或 2～3 个聚生，有花十数朵至数十朵或更多；总花梗粗壮，长 0.5～2 cm；花梗长 0.5～1.5 cm；花一般长3 mm，充分发育的可达 5 mm 以上；萼长约 2 mm，边缘有 4～5 个小齿；花瓣4～5，卵状三角形，长 1.5～2 mm；雄蕊与花瓣同数，花丝甚短；子房 4～5 室；花柱合生成短柱状，长不及 1 mm。果实球形，平滑，直径 5～6 mm，宿存花柱长 1～1.5 mm。花期 8～9 月，果期 9～10 月。

【分布与生境】福建、江西（安远）、湖南（宜章）、广东、广西及云南（沾益）。生于山谷溪边较阴湿的密林下，也生于向阳山坡路旁。

### 3. 鹅掌柴属 *Schefflera*

（139）海南鹅掌柴 *Schefflera hainanensis* Merrill & Chun

【形态特征】 乔木或大灌木，高 4～10 m，胸径最大可达 25 cm。小枝粗壮，被很快脱落的黄棕色星状绒毛；髓白色，薄片状。叶有小叶 14～16 cm，有时其中 8～13 退化呈苞片状且被灰白色绒毛；叶柄长 10～30 cm，无毛；小叶片纸质，卵形或长圆状卵形，长 4～12 cm，宽 2～6 cm，先端渐尖，基部阔楔形，略歪斜，上面深绿色，下面粉绿色，两面均无毛，侧脉纤细，7～10对，上面明显，下面微隆起，网脉两面略明显，边缘全缘，干时反卷，多少呈浅波状；小叶柄不等长，中央的长 4.5～7 cm，两侧的长 1.5～2 cm，无毛。圆锥花序顶生，长约 30 cm，主轴和分枝幼时密生星状短柔毛，成熟后毛变稀；花小，有短柄，总状排列在分枝上；苞片小，密生星状短柔毛；花萼倒圆锥形，密生星状短柔毛，结实后几无毛，边缘有 5 小齿；花瓣 5，长约 2 mm，无毛；雄蕊 5，花丝比花瓣稍长；子房5 室；花柱合生成柱状，长不及 1 mm。果实近球形，有不明显 5 棱，直径 3～4 mm；宿存花柱长约 1.5 mm。花期 9月，果期 10 月。

被子植物（139）海南鹅掌柴

【分布与生境】海南。生于海拔 1300～1600 m 的常绿阔叶林中。

（140）鹅掌柴 *Schefflera heptaphylla* (Linnaeus) Frodin

【形态特征】乔木或灌木，高 2～15 m，胸径可达 30 cm 以上。小枝粗壮，

干时有皱纹，幼时密生星状短柔毛，不久毛渐脱稀。叶有小叶 6～9，最多至
11；叶柄长 15～30 cm，疏生星状短柔毛或无毛；小叶片纸质至革质，椭圆形、
长圆状椭圆形或倒卵状椭圆形，稀稀圆状披针形，长 9～17 cm，宽 3～5 cm，
幼时密生星状短柔毛，后毛渐脱落，除下面沿中脉和脉腋间外均无毛，或全部无
毛，先端急尖或短渐尖，稀圆形，基部渐狭，楔形或钝形，边缘全缘，但在幼树
时常有锯齿或羽状分裂；侧脉 7～10 对，下面微隆起，网脉不明显；小叶柄长 1.5～
5 cm，中央的较长，两侧的较短，疏生星状短柔毛至无毛。圆锥花序顶生，长
20～30 cm，主轴和分枝幼时密生星状短柔毛，后毛渐脱稀；分枝斜生，有总状
排列的伞形花序几个至十几个，间或有单生花 1～2；伞形花序有花 10～15 朵；
总花梗纤细，长 1～2 cm，有星状短柔毛；花梗长 4～5 mm，有星状短柔毛；
小苞片小，宿存；花白色；萼长约 2.5 mm，幼时有星状短柔毛，后变无毛，边
缘近全缘或有 5～6 小齿；花瓣 5～6，开花时反曲，无毛；雄蕊 5～6，比花
瓣略长；子房 5～7 室，稀 9～10 室；花柱合生成粗短的柱状；花盘平坦。果
实球形，黑色，直径约 5 mm，有不明显的棱；宿存花柱很粗短，长 1 mm 或稍短；柱头头状。花期 11～12 月，果期 12 月。

【分布与生境】 西藏（察隅）、云南、广西、广东、浙江、福建和台湾。为海拔 100～2100 m 的热带、亚热带地区常绿阔叶林常见的植物，有时也生于阳坡上。

被子植物（140）鹅掌柴

# 四十一、杜鹃花科 Ericaceae

## 1. 珍珠花属 *Lyonia*

### （141）红脉南烛 *Lyonia rubrovenia* (Merr.) Chun

【形态特征】 灌木，高 3～5 m。小枝圆柱形，当年生枝淡绿色，微被柔毛，
二年生以上枝条灰褐色，无毛。叶革质，椭圆形或长圆形，长 4～9 cm，宽 1～
3 cm，先端渐尖或急尖，基部钝形，表面深绿色，有光泽，无毛，背面淡绿色，
疏被柔毛；中脉在表面下陷，被微毛，在背面凸起，侧脉羽状，7～9 对，在表

面下陷，在背面显著，红褐色或淡黄色；叶柄长 5 ～ 7 mm，稀 1 cm，红褐色，腹面扁平，微被柔毛，背面圆形，无毛。总状花序腋生，长 5 ～ 7 cm，被微柔毛；小苞片早落；花梗长 4 ～ 5 mm；花萼 5 裂，裂片披针形，长约 3 mm，先端钝，近无毛；花冠圆筒形，长约 7 mm，直径约 5 mm，上部浅 5 裂，裂片卵形，长约 1 mm，先端锐尖，外面有柔毛；雄蕊 10 枚，花丝长约 2 mm，被白色长柔毛，顶端无芒状附属物；子房卵形，花柱长约 4 mm，无毛，柱头细小。蒴果近球形，直径约 3 mm，缝线增厚。花期 4 ～ 5 月，果期 6 ～ 8 月。

被子植物（141）红脉南烛

【分布与生境】广东、海南、广西等省区。生于海拔 900 ～ 1900 m 的丛林中。

## 2. 杜鹃属 *Rhododendron*

### （142）毛棉杜鹃花 *Rhododendron moulmainense* Hook.

【形态特征】灌木或小乔木，高 2 ～ 4（～ 8）m。幼枝粗壮，淡紫褐色，无毛，老枝褐色或灰褐色。叶厚革质，集生枝端，近于轮生，长圆状披针形或椭圆状披针形，长 5 ～ 12 cm，稀达 26 cm，宽 2.5 ～ 8 cm，先端渐尖至短渐尖，基部楔形或宽楔形，边缘反卷，上面深绿色，叶脉凹陷，下面淡黄白色或苍白色；中脉凸出，侧脉于叶缘不联结，两面无毛；叶柄粗壮，长 1.5 ～ 2.2 cm，无毛。花芽长圆锥状卵形，鳞片阔卵形或长倒卵形，两面无毛或外面近顶部被微柔毛，边缘被柔毛。数伞形花序生枝顶叶腋，每花序有花 3 ～ 5 朵；花梗长 1 ～ 2 cm，无毛；花萼小，裂片 5，波状浅裂，无毛；花冠淡紫色、粉红色或淡红白色，狭漏斗形，长 4.5 ～ 5.5 cm，5 深裂，裂片开展，匙形或长倒卵形，顶端浑圆或微凸起，花冠管长 2 ～ 2.5 cm，基部直径 3 ～ 4 mm，向上扩大；雄蕊 10，不等长，长 4.1 ～ 4.7 cm，略比花冠短，花丝扁平，中部

被子植物（142）毛棉杜鹃花

以下被银白色糠皮状柔毛；子房长圆筒形，长约 1 cm，微具纵沟，深褐色，无毛；花柱稍长过雄蕊，但常比花冠短，无毛。蒴果圆柱状，长 3.5～6 cm，直径 4～6 mm，先端渐尖，花柱宿存。花期 4～5 月，果期 7～12 月。

【分布与生境】江西、福建、湖南、广东、广西、四川、贵州和云南。生于海拔 700～1500 m 的灌丛或疏林中。

（143）猴头杜鹃 *Rhododendron simiarum* Hance

【形态特征】常绿灌木，高约 2～5 m，稀达 10～13 m。幼枝树皮光滑，淡棕色，老枝树皮有层状剥落，淡灰色或灰白色。叶常密生于枝顶，5～7 枚，厚革质，倒卵状披针形至椭圆状披针形，长 5.5～10 cm，宽 2～4.5 cm，先端钝尖或钝圆，基部楔形，微下延于叶柄，上面深绿色，无毛，下面被淡棕色或淡灰色的薄层毛被；中脉在上面下陷呈浅沟纹，在下面显著隆起，侧脉 10～12 对，微现；叶柄圆柱形，长 1.5～2 cm，仅幼时被毛。顶生总状伞形花序，有花 5～9 朵；总轴长 1～2.5 cm，被疏柔毛，淡棕色；花梗直而粗壮，长 3.5～5 cm，粗约 2.5 mm，被疏柔毛或近无毛；花萼盘状，5 裂；花冠钟状，长 3.5～4 cm，上部直径约 4～4.5 cm，乳白色至粉红色，喉部有紫红色斑点，5 裂，裂片半圆形，

长 1.5 cm，宽 2～2.5 cm，顶端有凹缺；雄蕊 10～12，长 1～3 cm，不等长，花丝基部微宽扁，有开展的柔毛，花药椭圆形，长约 3 mm；子房圆柱状，长 5～6 mm，被淡黄色分枝的绒毛及腺体，花柱细长，长 3.5～4 cm，基部有时具腺体，其余光滑。蒴果长椭圆形，长 1.2～1.8 cm，直径 8 mm，被锈色毛，后变无毛。花期 4～5 月，果期 7～9 月。

【分布与生境】浙江南部、江西南部、福建、湖南南部、广东及广西。生于海拔 500～1800 m 的山坡林中。

被子植物（143）猴头杜鹃

## 四十二、柿科 Ebenaceae

### 柿属 *Diospyros* Linn

（144）崖柿 *Diospyros chunii* Metc.& L.Chen

【形态特征】灌木或小乔木，高 4～7 m。小枝灰黑色或灰褐色，变无毛，

散生纵裂的椭圆形小皮孔；幼枝有黄褐色绒毛；冬芽小，短尾状，被棕色或黄褐色绒毛。叶薄革质，长圆状椭圆形，长 7 ~ 17.5 cm，宽 2 ~ 3.3 cm，或稍大，先端急尖，基部钝，边缘有睫毛，上面深绿色，略具光泽，下面浅绿色，两面疏被柔毛，下面的毛较密；中脉在上面微凸起，密被柔毛，下面明显凸起，被浅褐色绒毛，侧脉每边 4 ~ 7 条，在两面都稍突起；小脉纤细，在两面都稍微凸起，结成疏网状；叶柄长 5 ~ 9 mm，被黄褐色绒毛。花未见。果近球形，直

被子植物（144）崖柿

径约 3 cm，绿带黄色，有光泽，顶端有小尖头，除尖头周围有褐色毛外，余处无毛，种子 4 颗；种子长圆形，长约 1.2 cm，宽约 8 mm，褐色，侧扁；宿存萼外面被黄色绒毛，4 深裂，裂片宽卵形，长约 6 mm，宽约 7 mm，旋转排列；果柄细瘦，长约 4 mm，有黄褐色绒毛。果期翌年 2 月。

【分布与生境】海南特产，仅见于崖县。生于常绿阔叶林中或灌丛中湿润处。

（145）海南柿 *Diospyros hainanensis* Merr.

【形态特征】高大乔木，高达 20 m，胸径达 60 cm，树干端直，树皮灰黑色至黑色，平滑。小枝灰色带黄绿色，稍粗糙，散生纵裂的长圆形或近圆形皮孔；嫩枝稍被深褐色或黑褐色短粗毛；冬芽常为尾状，稍弯曲，长约 1 ~ 1.5 cm，下部直径约 3 ~ 4 mm，密被黑色长粗毛。叶革质，长圆状椭圆形或披针状长圆形，

被子植物（145）海南柿

长 10 ~ 19 cm，宽 3.5 ~ 6 cm，先端钝至渐尖，尖头钝，基部阔楔形至近圆形，边缘微背卷，上面深绿色，有光泽，下面淡绿色，嫩叶有黑褐色短粗毛，很快两面无毛；叶脉在上面不甚明显，中脉在上面稍凹下，下面凸起，侧脉每边约 9 条，下面明显凸起，斜向上生，将近叶缘即向上弯生，并渐渐隐没，小脉纤细，结成疏网状，下面略突起；叶柄粗壮，长 1 ~ 1.5（~ 2）cm，初时有黑褐色短粗毛，

后变无毛。雄花香，生当年生枝上新叶叶腋，单生或集成聚伞花序，有短梗，被黑褐色短粗毛；花萼碗状，直径约 1 ～ 1.2 cm，高约 9 mm，两面都密被黑褐色短粗毛，4 浅裂，裂片三角形，长约 3 mm，宽约 6 mm，急尖或钝；花冠白色，无毛，壶形，长约 9 mm，宽约 10 mm，4 ～ 5 裂，裂片阔卵形，长约 7 mm，宽约 10 mm，向外弯曲；雄蕊 40 枚，长短不一，着生在花冠管的基部，花药线形，花丝短或很短；花梗长约 2 mm，有黑色短粗毛。雌花生当年生枝上，腋生，单生，有短梗；花萼有黑褐色短粗毛，里面有褐色短粗毛，4 裂，裂片两侧向背面反卷，先端钝；子房卵形，密被黑褐色短粗毛，花梗长 2 ～ 7 mm，亦被黑褐色短粗毛。果卵形或近球形，直径 3 ～ 4 cm，高约 3.5 cm，绿色，熟时暗黄褐色，干时黑褐色，嫩时密被黄褐色或黑褐色粗毛，熟时变无毛，通常 8 室，果皮（干时）厚约 4 mm；种子长圆形，长约 2.8 cm，宽约 1 cm，深褐色，侧扁，腹面薄，背面厚，厚约 5 mm；宿存萼厚革质，近方形，宽约 2 ～ 3.5 cm，初时有黑褐色粗毛，成熟时无毛，4 裂，裂片宽卵形或近三角形，长约 1 cm，宽约 1.4 cm，先端钝；果柄粗壮，长约 5 ～ 7 mm，被黑褐色粗毛或无毛。花期 3 ～ 5 月，果期 8 月至翌年 1 月。

【分布与生境】 海南。生于海拔 800 m 以下的山谷、山腹常绿阔叶密林中湿润处或林谷溪畔。

## 四十三、山榄科 Sapotaceae

### 1. 紫荆木属 Madhuca

#### （146）海南紫荆木 Madhuca hainanensis Chun & How

【形态特征】 乔木，高 9 ～ 30 m；树皮暗灰褐色，内皮褐色，分泌大量浅黄白色黏性汁液；幼嫩部分几乎全部被锈红色、发亮的柔毛。托叶钻形，长 3 mm，宽 1 mm，被柔毛，早落。叶聚生于小枝顶端，革质，长圆状倒卵形或长圆状倒披针形，长 6 ～ 12 cm，宽 2.5 ～ 4 cm，顶端圆而常微缺，中部以下渐狭，下延，上面有光泽，无毛，下面幼时被锈红色、紧贴的短绢毛，后变无毛；中脉在上面略凸起，下面凸起，侧脉极纤细，20 ～ 30 对，密集，明显，成 60 度角上升，上面微凹，下面微凸，网脉不明显；叶柄长 1.5 ～ 3 cm，上面具沟或平坦，被灰色绒毛。花 1 ～ 3 朵腋生，下垂；花梗长 2 ～ 3 cm，密被锈红色绢毛；花萼外轮 2 裂片较大，内轮的较小，长椭圆形或卵状三角形，长 1.5 ～ 8（～ 12）mm，宽 5.5 ～ 6.5 mm，先端钝，两面密被锈色毡毛；花冠白色，长 1 ～ 1.2 cm，无毛，花冠管长约 4 mm，裂片 8 ～ 10，卵状长圆形，长约 8 mm，上部短尖；可育雄蕊 28 ～ 30 枚，3 轮排列，花丝丝状，长约 1.5 mm，花药长卵形，长约 3.5 mm；子房卵球形，被锈色绢毛，6 ～ 8 室，长约 2 mm，花柱长约 12 mm，中部以下被绢毛。果绿黄色，卵球形至近球形，长 2.5 ～ 3 cm，宽 2 ～ 2.8 cm，被短柔毛，先端具花柱的残余；果柄粗壮，长 3 ～ 4.5 cm；种子 1 ～ 5，长圆状椭圆形，两侧扁平，长达 2 ～ 2.5 cm，宽 0.8 ～ 1.2 cm，种子褐色，光亮，疤痕椭圆形，无胚乳。花期 6 ～ 9 月，果期 9 ～ 11 月。

被子植物（146）海南紫荆木

【分布与生境】海南。在海拔 1000 m 左右的山地常绿林中最普遍。

## 2. 肉实树属 *Sarcosperma*

（147）肉实树 *Sarcosperma laurinum* (Benth.) Hook.

【形态特征】乔木，高 6 ～ 15（～ 26）m，胸径 6 ～ 20 cm；树皮灰褐色，薄，约 2 ～ 3 mm，近平滑，板根显著。小枝具棱，无毛。托叶钻形，长 2 ～ 3 mm，早落。叶于小枝上不规则排列，大多互生，也有对生，枝顶的则通常轮生，近革质，通常倒卵形或倒披针形，稀狭椭圆形，长 7 ～ 16（～ 19）cm，宽 3 ～ 6 cm，先端通常骤然急尖，有时钝至钝渐尖，基部楔形，上面深绿色，具光泽，下面淡绿色，

被子植物（147）肉实树

两面无毛；中脉在上面平坦，下面凸起，侧脉 6 ～ 9 对，弧曲上升，末端不联结；叶柄长 1 ～ 2 cm，上面具小沟，无叶耳。总状花序或为圆锥花序腋生，长 2 ～ 13 cm，无毛；花芳香，单生或 2 ～ 3 朵簇生于花序轴上，花梗长 1 ～ 5 mm，被黄褐色绒毛；每花具 1 ～ 3 枚小苞片，小苞片卵形，长约 1 mm，被黄褐色绒毛；花萼长 2 ～ 3 mm，裂片阔卵形或近圆形，长 1 ～ 1.5 mm，外面被黄褐色绒毛，内面无毛；花冠绿色转淡黄色，花冠管长约 1 mm，花冠裂片阔倒卵形或近圆形，

长 2～2.5 mm；可育雄蕊着生于花冠管喉部，并与花冠裂片对生，花丝极短，花药卵形，长不到 1 mm；退化雄蕊着生于花冠管喉部，并与花冠裂片互生，钻形，较雄蕊长；子房卵球形，长约 1～1.5 mm，1 室，无毛，花柱粗，长约 1 mm。核果长圆形或椭圆形，长 1.5～2.5 cm，宽 0.8～1 cm，由绿至红至紫红转黑色，基部具外反的宿萼，果皮极薄，种子 1 枚，长约 1.7 cm，宽约 0.8 cm。花期 8～9 月，果期 12 月至翌年 1 月。

【分布与生境】 浙江、福建、海南、广西。生于海拔 400～500 m 的山谷或溪边林中。

## 四十四、紫金牛科 Myrsinaceae

### 1. 紫金牛属 *Ardisia* Swartz

（148）多脉紫金牛 *Ardisia nervosa* Walker

【形态特征】 灌木，高约 2 m 或更高。除侧生特殊花枝外，无分枝，无毛。叶片坚纸质或略厚，椭圆状披针形或倒披针形，罕倒卵形，顶端急尖或渐尖，基部楔形，长 10～17 cm，宽 3～6 cm，边缘通常于上半部具浅波状齿，具边缘腺点，两面无毛；中脉两面隆起，侧脉 20 对或略多，明显，隆起，连成边缘脉，细脉网状，隆起；叶柄长 7～15 mm。单或复伞形花序，着生于侧生特殊花枝顶端，花枝长 8～20 cm，无毛，于上半部或仅花序下面具 2～3 片叶；花梗长约 1 cm，被微柔毛，具腺点；花长 5～6 mm，花萼仅基部连合，长约 4 mm，萼片长圆状卵形，顶端圆形或钝，无毛，具密腺点；花瓣粉红色、浅紫色或白色，长卵形，顶端钝，长 5～6 mm，具密腺点，里面密被乳头状突起，外面无毛；雄蕊较花瓣略短，花药披针形，顶端细尖，背部无腺点或具少数腺点；雌蕊与花瓣等长，子房球形，具腺点；胚珠 9 枚，1 轮。果球形，直径约 9 mm，红色，具密腺点。花期 5～7 月，果期 11 月至翌年 1 月。

被子植物（148）多脉紫金牛

【分布与生境】 海南。海拔约 400 m 以下的山坡、山谷密林下，潮湿的地方或水旁。

（149）郎伞木 *Ardisia elegans* Andr.

【形态特征】灌木，高 1 ～ 3 m。茎粗壮，无毛，除侧生特殊花枝外，无分枝。叶片坚纸质，略厚，椭圆状披针形、倒披针形或稀狭卵形，顶端急尖或渐尖，基部楔形，长 9 ～ 12（～ 15）cm，宽 2.5 ～ 4 cm，边缘通常具明显的圆齿，齿间具边缘腺点，或呈皱波状，或近全缘（海南岛多数标本），两面无毛，无腺点；叶面中脉微凹，背面中脉隆起，有时具细微的小窝点，近边缘具疏且不明显的腺

被子植物（149）郎伞木

点，侧脉 12 ～ 15 对，连成不甚明显的边缘脉；叶柄长 0.8 ～ 1.5 cm，具沟和狭翅。复伞形花序或由伞房花序组成的圆锥花序，着生于侧生特殊花枝顶端，花枝长 30 ～ 50 cm，顶端常下弯，无毛，全部散生叶，稀仅中部以上具叶，小花序梗长 2 ～ 4 cm，无毛；花梗长 1 ～ 2 cm，无毛，罕被疏微柔毛；花长 6 ～ 7 mm，稀 5 或 8 mm；花萼仅基部连合，萼片卵形或长圆状卵形，顶端急尖或钝，长约 2.5 mm，无腺点；花瓣粉红色，稀红色或白色，广卵形，仅基部连合，无腺点，两面无毛，稀里面基部被微柔毛；雄蕊比花瓣略短，花药披针形或卵形，顶端急尖，无腺点；雌蕊与花瓣等长，子房卵珠形，无毛；胚珠 5 枚，1 轮。果球形，直径 8 ～ 10（～ 12）mm，深红色，具明显的腺点。花期 6 ～ 7 月，果期 12 月至翌年 3 ～ 4 月，个别至 7 月，有的植株上部枝条开花，下部枝条果熟。

【分布与生境】广东、广西。海拔达 1300 m 的山谷、山坡疏、密林中，阳处、阴湿处或溪旁。

（150）罗伞树 *Ardisia quinquegona* Bl.

【形态特征】灌木或灌木状小乔木，高约 2 m，可达 6 m 以上。小枝细，无毛，有纵纹，嫩时被锈色鳞片。叶片坚纸质，长圆状披针形、椭圆状披针形至倒披针形，顶端渐尖，基部楔形，长 8 ～ 16 cm，宽 2 ～ 4 cm，全缘，两面无毛，背面多少被鳞片；中脉明显，侧脉极多，不明显，连成近边缘的边缘脉，无腺点；叶柄长 5 ～ 10 mm，幼时被鳞片。聚伞花序或亚伞形花序，腋生，稀着生于侧生特殊花枝顶端，长 3 ～ 5 cm，花枝长达 8 cm，多少被鳞片；花梗长 5 ～ 8 mm，多少被鳞片；花长约 3 mm 或略短，花萼仅基部连合，萼片三角状卵形，顶端急尖，长 1 mm，具疏微缘毛及腺点，无毛；花瓣白色，广椭圆状卵形，顶端急尖或钝，

被子植物（150）罗伞树

长约 3 mm，具腺点，外面无毛，里面近基部被细柔毛；雄蕊与花瓣几等长，花药卵形至肾形，背部多少具腺点；雌蕊常超出花瓣，子房卵珠形，无毛；胚珠多数，数轮。果扁球形，具钝 5 棱，稀棱不明显，直径 5～7 mm，无腺点。花期 5～6 月，果期 12 月或翌年 2～4 月。

【分布与生境】云南、广西、广东、福建、台湾。海拔 200～1000 m 的山坡疏、密林中，或林中溪边阴湿处。

## 2. 酸藤子属 Embelia

（151）白花酸藤果 Embelia ribes Burm.

【形态特征】攀援灌木或藤本，长 3～6 m，有时达 9 m 以上。枝条无毛，老枝有明显的皮孔。叶片坚纸质，倒卵状椭圆形或长圆状椭圆形，顶端钝渐尖，基部楔形或圆形，长 5～8（～10）cm，宽约 3.5 cm，全缘，两面无毛，背面有时被薄粉，腺点不明显；中脉隆起，侧脉不明显；叶柄长 5～10 mm，两侧具狭翅。圆锥花序，顶生，长 5～15 cm，稀达 30 cm，枝条初时斜出，以后呈辐射展开与主轴垂直，被疏乳头状突起或密被微柔毛；花梗长 1.5 mm 以上；小苞片钻形或三角形少长约 1 mm，外面被疏微柔毛，里面无毛；花 5 数，稀 4 数，花萼基部连合达萼长的 1/2，萼片三角形，顶端急尖或钝，外面被柔毛，有时被乳头状突起，里面无毛，具腺点；花瓣淡绿色或白色，分离，椭圆形或长圆形，长 1.5～2 mm，外面被疏微柔毛，边缘和里面被密乳头状突起，具疏腺点；雄蕊在雄花中着生于花瓣中部，与花瓣几等长，花丝较花药长 1 倍，花药卵形或长圆形，背部具腺点，在雌花中较花瓣短；雌蕊在雄花中退化，较花瓣短，柱头呈不明显的 2 裂，在雌花中与花瓣等长或略短，子房卵珠形，无毛，柱头头状或盾状。果球形或卵形，直径 3～4 mm，稀达 5 mm，红色或深紫

被子植物（151）白花酸藤果

色，无毛，干时具皱纹或隆起的腺点。花期1～7月，果期5～12月。

【分布与生境】贵州、云南、广西、广东、福建。海拔50～2000 m的林内、林缘灌木丛中，或路边、坡边灌木丛中。

## 3. 铁仔属 *Myrsine*

（152）柳叶密花树 *Rapanea linearis* (Lour.) Moore

【形态特征】灌木或乔木，高1～8（～30）m。分枝多；幼时密被鳞片，成熟后脱落，无毛，具纵纹。叶通常聚于小枝顶端，叶片坚纸质，稀近革质，倒卵形或倒披针形，稀椭圆状披针形，顶端圆形或广钝，有时急尖且微凹，长3～7 cm，宽1.2～2.5 cm，全缘，两面无毛，干时叶面颜色较深；中脉平整，侧脉及细脉不明显，背面中脉明显，隆起，侧脉（约8～10对）及细脉微隆起，密布腺点，腺点微隆起。花簇生或成伞形花序，有花4～6朵或更多，着生于具覆瓦状排列的苞片的小短枝顶端，小短枝腋生或生于老枝叶痕上；苞片广卵形，顶端钝，边缘具疏乳头状突起；花梗长（2～）4 mm；无毛；花（4～）5数，稀6数，长2～2.5 mm，花萼基部连合，长约1 mm，萼片卵形，顶端钝，多少具腺点，边缘具乳头状突起；花瓣白色或淡绿色，长约2.2 mm，基部连合达全长的1/3，裂片椭圆状卵形，边缘和里面具乳头状突起，具疏腺点，连合部分无毛；雄蕊着生于花冠管喉部，与裂片几等长，花丝极短或无，花药与花冠裂片同形，几等大，顶端具微柔毛；雌蕊不伸出花冠，子房卵珠形，无毛，花柱极短，柱头舌状或微裂。果球形，直径3～4 mm，紫黑色，常具皱纹，多少具腺点。花期12月至翌年1月，果期7～9月或11月。

被子植物（152）柳叶密花树

【分布与生境】贵州、广西、广东。生于山间疏、密林中或荒坡灌丛中，或石灰岩山灌丛中。

（153）密花树 *Myrsine seguinii* H. Léveillé

【形态特征】大灌木或小乔木，高2～7 m，可达12 m。小枝无毛，具皱纹，有时有皮孔。叶片革质，长圆状倒披针形至倒披针形，顶端急尖或钝，稀突然渐尖，基部楔形，多少下延，长 7 ～ 17 cm，宽 1.3 ～ 6 cm，全缘，两面无毛；叶面中脉下凹，侧脉不甚明显，背面中脉隆起，侧脉很多，不明显；叶柄长约 1 cm 或较长。伞形花序或花簇生，着生于具覆瓦状排列的苞片的小短枝上，小短枝腋生或生于无叶老枝叶痕上，有花 3 ～ 10 朵；苞片广卵形，具疏缘毛；花梗长 2 ～ 3 mm 或略长，无毛，粗壮；花长（2 ～）3 ～ 4 mm，花萼仅基部连合，萼片卵形，顶端钝或广急尖，稀圆形，长约 1 mm，具缘毛，有时具腺点；花瓣白色或淡绿色，有时为紫红色，基部连合达全长的 1/4，花时反卷，长（2 ～）3 ～ 4 mm，卵形或椭圆形，顶端急尖或钝，具腺点，外面无毛，里面和边缘密被乳头状突起，中部以下无上述突起；雄蕊在雌花中退化，在雄花中着生于花冠中部，花

丝极短，花药卵形，略小于花瓣，无腺点，顶端常具乳头状突起；雌蕊与花瓣等长或超过花瓣，子房卵形或椭圆形，无毛，花柱极短，柱头伸长，顶端扁平，基部圆柱形，长约为子房的 2 倍。果球形或近卵形，直径 4 ～ 5 mm，灰绿色或紫黑色，有时具纵行线条纹或纵肋，冠以宿存花柱基部，果梗有时长达 7 mm。花期 4 ～ 5 月，果期 10 ～ 12 月。

被子植物（153）密花树

【分布与生境】 我国西南各省至台湾。生于海拔 650 ～ 2400 m 的混交林中或苔藓林中，亦见于林缘、路旁等灌木丛中。

## 四十五、安息香科 Styracaceae

### 赤杨叶属 *Alniphyllum Matsum*

（154）赤杨叶 *Alniphyllum fortunei* (Hemsl.)Makino

【形态特征】 乔木，高 15 ～ 20 m，胸径达 60 cm，树干通直，树皮灰褐色，有不规则细纵皱纹，不开裂。小枝初时被褐色短柔毛，成熟后无毛，暗褐色。叶嫩时膜质，干后纸质，椭圆形、宽椭圆形或倒卵状椭圆形，长 8 ～ 15（～ 20）cm，宽 4 ～ 7（～ 11）cm，顶端急尖至渐尖，少尾尖，基部宽楔形或楔形，边缘具疏离硬质锯齿，两面疏生至密被褐色星状短柔毛或星状绒毛，有时脱落变为无毛，下面褐色或灰白色，有时具白粉；侧脉每边 7 ～ 12 条；叶柄长 1 ～

2 cm，被褐色星状短柔毛至无毛。总状花序或圆锥花序，顶生或腋生，长 8 ～ 15（～ 20）cm，有花 10 ～ 20 朵；花序梗和花梗均密被褐色或灰色星状短柔毛；花白色或粉红色，长 1.5 ～ 2 cm；花梗长 4 ～ 8 mm；小苞片钻形，长约 3 cm，早落；花萼杯状，连齿高 4 ～ 5 mm，外面密被灰黄色星状短柔毛，萼齿卵状披针形，较萼筒长；花冠裂片长椭圆形，长 1 ～ 1.5 cm，宽 5 ～ 7 mm，顶端钝圆，两面均密被灰黄色星状细绒毛；雄蕊 10 枚，其中 5 枚较花冠稍长，花丝膜质，扁平，上部分离，下部联合成长约 8 mm 的管，花药长卵形，长约 3 mm；子房密被黄色长绒毛；花柱较雄蕊长，初被稀疏星状长柔毛，以后被毛脱落。果实长圆形或长椭圆形，长（8 ～）10 ～ 18（～ 25）mm，直径 6 ～ 10 mm，疏被白色星状柔毛或无毛，外果皮肉质，干时黑色，常脱落，内果皮浅褐色，成熟时 5 瓣开裂；种子多数，长 4 ～ 7 mm，两端有不等大的膜质翅。花期 4 ～ 7 月，果期 8 ～ 10 月。

【分布与生境】安徽、江苏、浙江、湖南、湖北、江西、福建、台湾、广东、广西、贵州、四川和云南等。本种分布较广、适应性较强，生长迅速，阳性树种，常与山毛榉科和茶科植物混生；生于海拔 200 ～ 2200 m 的常绿阔叶林中。

被子植物（154）赤杨叶

# 四十六、山矾科 Symplocaceae

## 山矾属 *Symplocos*

（155）腺叶山矾 *Symplocos adenophylla* Wall.ex A.DC.

【形态特征】乔木，高 4 ～ 10 m。小枝红褐色，嫩枝、芽、花序、苞片及花萼均被有红褐色而易碎成秕糠状的微柔毛。叶硬纸质，干后褐紫色，狭椭圆状披针形、狭椭圆形或椭圆形，长 6 ～ 11 cm，宽 1.8 ～ 3 cm，先端具镰刀状的尾状渐尖而尖头钝，基部楔形，边缘具浅圆锯齿，齿缝间有椭圆形半透明的腺点；中脉在叶面凹下，侧脉在叶面微凹下或平坦，每边 4 ～ 6 条，在离叶缘 2.5 ～ 4 mm 处向上弯拱环结；叶柄长 0.5 ～ 1 cm，两侧具与叶缘同样的腺点（有时腺点不明显）。总状花序有 1～3 分枝，长 2～4 cm；苞片三角状卵形，长 1～1.5 mm，小苞片长不到 1 mm；花萼长 2～2.5 mm，5 裂；裂片半圆形，长 0.3～0.5 mm；花冠白色，长约 3 mm，5 深裂几达基部；雄蕊 30～35 枚，花丝基部稍联合；花盘环状，无毛；花柱粗壮，长约 2 mm，柱头头状，子房 3 室。核果椭圆形，栗褐色，长 6～12 mm，顶端宿萼裂片合成圆锥状。花果期 7～8 月，边开花边结果。

被子植物（155）腺叶山矾

【分布与生境】 云南、广西、广东、海南、福建。生于海拔 200～800 m 的路边、水旁、山谷或疏林中。

（156）薄叶山矾 *Symplocos anomala* Brand

【形态特征】 小乔木或灌木。顶芽、嫩枝被褐色柔毛；老枝通常黑褐色。叶薄革质，狭椭圆形、椭圆形或卵形，长 5～7（～11）cm，宽 1.5～3 cm，先端渐尖，基部楔形，全缘或具锐锯齿，叶面有光泽；中脉和侧脉在叶面均凸起，侧脉每边 7～10 条；叶柄长 4～8 mm。总状花序腋生，长 8～15 mm，有时基部有 1～3 分枝，被柔毛，苞片与小苞片同为卵形，长 1～1.2 mm，先端尖，有缘毛；花萼长 2～2.3 mm，被微柔毛，5 裂，裂片半圆形，与

被子植物（156）薄叶山矾

萼筒等长，有缘毛；花冠白色，有桂花香，长 4～5 mm，5 深裂几达基部；雄蕊约 30 枚，花丝基部稍合生；花盘环状，被柔毛；子房 3 室。核果褐色，长圆形，长 7～10 mm，被短柔毛，有明显的纵棱，3 室，顶端宿萼裂片直立或向内伏。花果期 4～12 月，边开花边结果。

【分布与生境】江南各省，东自台湾，西南至西藏。生于海拔 1000～1700 m 的山地杂林中。

（157）密花山矾 *Symplocos congesta* Benth.

【形态特征】 常绿乔木或灌木。幼枝、芽、均被褐色皱曲的柔毛。叶片纸质，两面均无毛，椭圆形或倒卵形，长 8～10（～17）cm，宽 2～6 cm，先

端渐尖或急尖，基部楔形或阔楔形，通常全缘或很少疏生细尖锯齿；中脉和侧脉在叶面均凹下，侧脉每边 5～10 条，与中脉交成 40°～45°角，在近叶缘处向上弯拱近环结；叶柄长 1～1.5 cm。团伞花序腋生于近枝端的叶腋；苞片和小苞片均被褐色柔毛，边缘有 4～5 枚长圆形、透明的腺点；花萼有时红褐色，长 3～4 mm，无毛，有纵条纹，裂片卵形或阔卵形，覆瓦状排列；花冠

被子植物（157）密花山矾

白色，长 5～6 mm，5 深裂几达基部，裂片椭圆形；雄蕊约 50 枚，花丝基部稍联合；子房 3 室；花盘无毛。核果熟时紫蓝色，多汁，圆柱形，长 8～13 mm，顶端宿萼裂片直立；核约有 10 条纵棱。花期 8～11 月，果期翌年 1～2 月。

【分布与生境】云南、广西、广东、海南、香港、湖南、江西、福建、台湾。生于海拔 200～1500 m 的密林中。

（158）羊舌树 *Symplocos glauca* (Thunb.) Koidz.

【形态特征】乔木。芽、嫩枝、花序均密被褐色短绒毛，小枝褐色。叶常簇生于小枝上端，叶片狭椭圆形或倒披针形，长 6～15 cm，宽 2～4 cm，先端急尖或短渐尖，基部楔形，全缘，叶背通常苍白色，干后变褐色；中脉在叶面凹下，侧脉和网脉在叶面凸起，侧脉每边 5～12 条，在近叶缘处分叉网结；叶柄长 1～3 cm。穗状花序基部通常分枝，长 1～1.5 cm，在花蕾时常呈团伞状；苞片阔卵形，长约 2 mm，被褐色短绒毛；花萼长约 3 mm，裂片卵形，被褐色短绒毛，约与萼筒等长，萼筒无毛；花冠长 4～5 mm，5 深裂几达基部，裂片椭圆形，顶端圆；雄蕊 30～40 枚，花丝细长，基部稍合生；花盘环状，无毛；子房 3 室。核果狭卵形，长 1.5～2 cm，近顶端狭，宿萼裂片直立；核具浅纵棱。花期 4～8 月，果期 8～10 月。

【分布与生境】浙江、福建、台湾、广东、广西、云南。生于海拔 600～1600 m 的林间。

被子植物（158）羊舌树

（159）光叶山矾 *Symplocos lancifolia* Sieb.& Zucc.

【形态特征】 小乔木。芽、嫩枝、嫩叶背面脉上，花序均被黄褐色柔毛，小枝细长，黑褐色，无毛。叶纸质或近膜质，干后有时呈红褐色，卵形至阔披针形，长 3～6（～9）cm，宽 1.5～2.5（～3.5）cm，先端尾状渐尖，基部阔楔形或稍圆，边缘具稀疏的浅钝锯齿；中脉在叶面平坦，侧脉纤细，每边 6～9 条；叶柄长约 5 mm。穗状花序长 1～4 cm；苞片椭圆状卵形，长约 2 mm，小苞片三角状阔卵形，长 1.5 mm，宽 2 mm，背面均被短柔毛，有缘毛；花萼长 1.6～2 mm，5 裂，裂片卵形，顶端圆，背面被微柔毛，与萼筒等长或稍长于萼筒，萼筒无毛；花冠淡黄色，5 深裂几达基部，裂片椭圆形，长 2.5～4 mm；雄蕊约 25 枚，花丝基部稍合生；子房 3 室，花盘无毛。核果近球形，直径约 4 mm，顶端宿萼裂片直立。花期 3～11 月，果期 6～12 月，边开花边结果。

被子植物（159）光叶山矾

【分布与生境】 浙江、台湾、福建、海南、广西、江西、湖南、湖北、四川、贵州、云南。生于海拔 1200 m 以下的林中。

（160）单花山矾 *Symplocos ovatilobata* Nooteboom

【形态特征】 小乔木。小枝纤细，嫩枝绿色；芽及幼枝、嫩叶背面、叶柄均被灰黄色长柔毛。叶硬纸质，卵形、椭圆形或倒卵状椭圆形，长 2～（～8）cm，宽 1～3 cm，先端渐尖或短尾状渐尖，基部圆钝或微成耳形，边缘具锐锯齿；中脉通常伸出成短尖，在叶面凹下，侧脉每边 5～6 条，在离叶缘 3～6 mm 处弧曲环结。花单生于叶腋或顶生；苞片和小苞片 3～6 枚，披针形，长 2～3 mm，外面被长柔毛，边缘有 2～3 枚腺点；花萼长约 3.5 mm，被长柔毛，裂片披针形，长约为萼筒的 2 倍；花冠白色，长约 3.5 mm，5 深裂几达基部，裂片椭圆形；雄蕊 25～30 枚，花丝基部稍联合；花盘杯状，被毛。核果狭卵形，长 9～

被子植物（160）单花山矾

10 mm，上部较狭而歪斜，顶端宿萼裂片直立或向内倾；核质薄。花期 10～11 月，果期翌年 1～2 月。

【分布与生境】海南（琼中、保亭）。生于海拔 600～800 m 的密林中。

（161）丛花山矾 *Symplocos poilanei* Guill.

【形态特征】灌木或小乔木。嫩枝通常无毛。叶革质，干后黄绿色，椭圆形、倒卵状椭圆形或卵形，长 6～12 cm，宽 2～3.5（～6）cm，先端急尖、圆钝或短渐尖，基部楔形，通常全缘或有细小的齿，两面均无毛；中脉在叶面凹下，侧脉每边 6～10 条，在近叶缘处网结；叶柄长 0.8～1.5 cm。团伞花序腋生于枝端或生于已落叶的叶痕之上；花白色，有臭味；苞片卵形或近圆形，背面中脉有龙骨状凸起和褐色腺点，边缘有缘毛和褐色腺点；

被子植物（161）丛花山矾

萼长 2.5～3 mm，无毛，裂片卵形或近圆形，稍长于萼筒；花冠长约 4 mm，5 深裂几达基部，有短花冠筒；雄蕊约 30 枚，花丝基部联合成短筒；子房 3 室；花盘环状，无毛；花柱粗壮。核果圆柱形或长圆形，长 6～8 mm，顶端宿萼裂片直立，核具 10 条纵棱。花期 6～9 月，果期 10 月至翌年 2 月。

【分布与生境】海南。生于海拔 300～1800 m 的杂林中。

（162）山矾 *Symplocos sumuntia* Buchanan-Hamilton ex D. Don

被子植物（162）山矾

【形态特征】乔木。嫩枝褐色。叶薄革质，卵形、狭倒卵形、倒披针状椭圆形，长 3.5～8 cm，宽 1.5～3 cm，先端常呈尾状渐尖，基部楔形或圆形，边缘具浅锯齿或波状齿，有时近全缘；中脉在叶面凹下，侧脉和网脉在两面均凸起，侧脉每边 4～6 条；叶柄长 0.5～1 cm。总状花序长 2.5～4 cm，被展开的柔毛；苞片早落，阔卵形至倒卵形，长约 1 mm，密被柔毛，小苞片与苞片同形；花萼长 2～2.5 mm，萼筒倒圆锥形，无毛，裂片三角状卵形，与萼筒等长或稍短于萼筒，背面有微柔毛；花冠白色，5 深裂几达基部，长 4 ～ 4.5 mm，裂片背面有微柔毛；雄蕊 25 ～ 35 枚，花丝基部稍合生；花盘环状，无毛；子房 3 室。核果卵状坛形，长 7 ～ 10 mm，外果皮薄而脆，顶端宿萼裂片直立，有时脱落。花期 2 ～ 3 月，果期 6 ～ 7 月。

【分布与生境】江苏、浙江、福建、台湾、广东、海南、广西、江西、湖南、湖北、四川、贵州，云南。生于海拔 200 ～ 1500 m 的山林间。

（163）绿枝山矾 *Symplocos viridissima* Brand

【形态特征】灌木或小乔木，高 3 ～ 5 m。嫩枝淡绿色，通常有平伏毛。叶膜质，干后两面同为淡黄绿色，长圆状椭圆形，长 7 ～ 10 cm，宽 2.5 ～ 3 cm，先端具尾状长渐尖，尾尖长 1.5 ～ 2 cm，基部楔形，边缘有疏离的腺质细齿；中脉在叶面凹下，侧脉每边 4 ～ 5 条，在离叶缘 3 ～ 6 mm 处弧曲环结；叶柄长 2 ～ 4 mm。总状花序长 8 ～ 12 mm，被平伏细毛，有花 5 ～ 8 朵，有时退化成 1 朵，

小花梗长 1 ～ 2 mm；苞片和小苞片同形，卵形或三角状卵形，膜质，被微柔毛；花萼长 2 ～ 2.5 mm，被平伏毛，裂片长圆形，膜质，短于萼筒；花冠长约 4 mm，5 深裂几达基部；雄蕊 30 ～ 40 枚，花丝基部连生；花柱长约 5 mm，柱头扁圆形；花盘杯状，有微柔毛。核果瓶形，长 7 ～ 10 mm，宽 3 ～ 5 mm，有微柔毛，顶端宿萼裂片直立。花期 3 ～ 5 月，果期 7 月。

被子植物（163）绿枝山矾

【分布与生境】 云南南部、贵州、广西、海南。生于海拔 600 ～ 1500 m 的密林中。

（164）微毛山矾 *Symplocos wikstroemiifolia* Hayata

【形态特征】 灌木或乔木。嫩枝、叶背和叶柄均被紧贴的细毛。叶纸质或薄革质，椭圆形，阔倒披针形或倒卵形，长 4 ～ 12 cm，宽 1.5 ～ 4 cm，先端短渐尖、急尖或圆钝，基部狭楔形，下延至叶柄，全缘或有不明显的波状浅锯齿；中脉在叶面微凸起或平坦，侧脉每边 6 ～ 10 条，在近叶缘处分叉网结；叶柄长 4 ～ 7 mm。总状花序长 1 ～ 2 cm，有分枝，上部的花无柄，花序轴、苞片和小苞片均被短柔毛；苞片长圆形或圆形，长 1.2 ～ 2 mm，有缘毛；花萼长约 2 mm，裂片阔卵形或近圆形，有缘毛，与萼筒等长或稍长于萼筒，萼筒无毛；

花冠长约 3 mm，5 深裂几达基部，裂片倒卵状长圆形；雄蕊 15 ～ 20 枚，花盘环状，被疏柔毛或近无毛，花柱短于花冠。核果卵圆形，长 5 ～ 10 mm，顶端宿萼裂片直立，熟时黑色或黑紫色。

【分布与生境】云南、贵州、湖南、广西、广东、海南、福建、台湾、浙江。生于海拔 900 ～ 2500 m 的密林中。

被子植物（164）微毛山矾

## 四十七、木犀科 Oleaceae

### 1. 木犀榄属 *Olea*

（165）异株木犀榄 *Olea dioica* Roxb.

【形态特征】灌木或小乔木，高 2 ～ 12 m；树皮灰色。枝灰白色或灰色，圆柱形，小枝具圆形皮孔，被微柔毛或变无毛，节处压扁。叶片革质，披针形、倒披针形或长椭圆状披针形，长 5 ～ 10 cm，宽 1.5 ～ 3.7 cm，先端渐尖或钝，稀圆形，基部楔形，全缘或具不规则疏锯齿，叶缘稍反卷，上面深绿色，下面浅绿色，除中脉上面有时被微柔毛外，其余无毛；侧脉 4 ～ 9 对，两面微凹入，常不明显；叶柄长 0.5 ～ 1 cm，被微柔毛或变无毛。聚伞花序圆锥状，有时成总状或伞状，腋生，通常无毛，有时被微柔毛；苞片线形，长 1 ～ 2 mm；花杂性异株。雄花序长 2 ～ 10 cm；花梗纤细，长 1 ～ 3 mm。两性花序较短，长 1 ～ 2.5 cm，稀达 5 cm；花梗较短粗，长 0.5 ～ 1.5 mm；花白色或浅黄色；花梗长 0.2 ～ 0.8 mm，裂片卵状三角形，长为花萼的 2/3，先端盔状，边缘被短睫毛或几无毛；花冠管长 1 ～ 1.5（～ 2）mm，裂片卵圆形，长 0.5 ～ 1 mm；雄蕊几无花丝，花药椭圆形，着生于花冠管中部；子房卵状圆锥形，无毛，柱头头状。果椭圆形或卵形，长 0.9 ～ 1.4 cm，直径 5 ～

被子植物（165）异株木犀榄

8 mm，先端短尖，成熟时黑色或紫黑色。花期 3 ～ 7 月，果期 5 ～ 12 月。

【分布与生境】广东、广西、贵州东南部、云南南部。生于海拔 2300 m 以下的林中、山谷；海边丛林等。

（166）海南木犀榄 *Olea hainanensis* H.L.Li

【形态特征】灌木或小乔木，高 3 ～ 30 m；树皮灰色或灰褐色。枝灰白色、圆柱形，小枝淡褐色或灰褐色，近圆柱形，节处稍扁平。叶片革质或薄革质，长椭圆状披针形或卵状长圆形，长 8 ～ 16 cm，宽 2.5 ～ 5.5 cm，先端渐尖，基部楔形，叶缘具不规则的疏锯齿或近全缘，稍反卷，上面深绿色，光亮，下面淡绿色，两面光滑无毛；中脉在上面凹入，下面凸起，侧脉 7 ～ 9 对，在上面凹入，下面凸起，小脉在上面不明显，下面微凹入；叶柄较粗，具沟，0.5 ～ 1 cm，无毛。圆锥花序顶生或腋生，长 2 ～ 7.5 cm，被短柔毛或毛脱落；花白色或黄色，杂性异株；花梗长 1 ～ 3 mm。雄花序梗及花梗纤细；花萼长 0.5 ～ 1 mm，裂片宽卵状三角形，先端锐尖或钝，边缘具微小睫毛，疏生黄褐色腺点；花冠长 1.5 ～ 2.5 mm，裂片卵圆形，长 0.5 ～ 0.7 mm；花丝极短，花药椭圆形，长约 1 mm。两性花

被子植物（166）海南木犀榄

的花序梗较粗；花萼长 1 ～ 1.5 mm，裂片卵状三角形，先端锐尖或钝，边缘具睫毛；花冠长 2.5 ～ 3.5 mm，具黄褐色腺点，裂片卵圆形，长 1 ～ 1.5 mm，先端盔状；子房卵球形，无毛，花柱几无，柱头头状，2 裂。果长椭圆形，长 1.4 ～ 1.8 cm，直径 7 ～ 9 mm，两端稍钝，呈紫黑色或紫红色，干时有纵沟 8 ～ 10 条；果梗短粗，长 3 ～ 5 mm。花期 10 ～ 11 月，果期 11 月至翌年 4 月。

【分布与生境】海南。生于海拔 700 m 以下的山谷密林中或疏林溪旁。

## 2. 木犀属 *Osmanthus*

（167）双瓣木犀 *Osmanthus didymopetalus* P.S.Green

【形态特征】常绿乔木，高 3 ～ 9 m，最高可达 18 m；树皮灰白色。小枝与幼枝均为灰黄色，无毛，幼枝稀有被短柔毛。叶片厚革质，狭椭圆形，稀椭圆

形或披针形，长 6.5 ～ 10 cm，最长达
16 cm，宽 2 ～ 2.5（～ 4）cm，先端急
尖，基部楔形，全缘，腺点在两面呈小
水泡状突起，稀呈小针孔状凹点；中脉
在上面凹入，下面明显凸起，无毛，稀
在近叶柄处被柔毛，侧脉 5 ～ 8 对，在
上面不明显，仅在下面略凸起；叶柄长
1 ～ 2 cm，无毛，稀有幼时被短柔毛。
花序簇生于叶腋，每腋内有花 6 至多朵；
苞片长 2 ～ 3 mm，被短柔毛或无毛；
花梗长 3 ～ 10 mm；花芳香；花萼仅长

被子植物（167）双瓣木犀

0.5 mm，具大小不等的裂片；花冠白色、奶白色或黄色，裂片成对结合，结合处
仅长 0.5 ～ 0.7 cm，裂片带状，稀披针形，长 3 ～ 4 mm；雄蕊着生于 2 裂片结合
处，花药长约 1.5 mm，宽椭圆形；雌蕊长约 2.5 mm，花柱长约 1 mm，柱头稍 2
裂。果狭卵状椭圆形或椭圆形，长 1.5 ～ 2.5 cm，径 6 ～ 10 mm，先端钝，略弯曲，
基部近截形稍不对称，呈紫色或淡紫色。花期 9 ～ 10 月，果期翌年 2 月。

【分布与生境】海南。生于海拔 700 ～ 1500 m 的杂木林中。

（168）显脉木犀 *Osmanthus hainanensis* P.S.Green

【形态特征】常绿灌木或小乔木，高 5 ～ 6 m；树皮灰黑色。小枝灰褐色，
幼枝无毛。叶片厚革质，椭圆形，长圆形至倒披针形，长 7 ～ 12.5 cm，宽 2.5 ～
4.5 cm，先端渐尖，略呈尾状，具钝头，基部楔形，全缘，腺点在两面均呈小针
尖状突起；中脉在上面平坦或稍凸起，侧脉 9 ～ 12 对，在两面凸起，与小脉连
成不明显网状；叶柄长 1.5 ～ 2 cm，无毛。花序簇生于叶腋，每腋内有花 4 ～ 5
朵；花梗长 5 ～ 7 mm，无毛；苞片长 2 ～ 3.5 mm，无毛；花芳香；花萼长约

1 mm，具浅而不整齐的裂片，与萼
管近等长；花冠白色，长约 5 mm，
花冠管长 2 ～ 2.5 mm，裂片长 2.5 ～
3 mm；雄蕊着生于花冠管下半部，花
丝长约 0.8 mm，花药长约 2 mm，药
隔稍延伸成一极小尖头；退化雌蕊长
2 ～ 3 mm。果椭圆形或卵状椭圆形，
长 1.5 cm，宽 0.8 cm，两端钝，呈绿色。
花期 10 ～ 11 月，果期翌年 5 月。

被子植物（168）显脉木犀

【分布与生境】海南。生于海拔约 1800 m 的山顶林中。

（169）厚边木犀 *Osmanthus marginatus* (Champ.ex Benth.) Hemsl.

被子植物（169）厚边木犀

【形态特征】常绿灌木或乔木，高 5～10 m，最高可达 20 m。小枝灰白色，幼枝黄棕色，无毛。叶片厚革质，宽椭圆形、狭椭圆形或披针状椭圆形，稀倒卵形，长 9～15 cm，宽 2.5～4 cm，先端渐尖，基部宽楔形或楔形，全缘，稀上半部具极稀疏而不明显的锯齿，两面无毛，具小泡状突起腺点；中脉在上面略凹入，下面凸起，侧脉 6～8 对，不明显，在上面略凹入，下面略凸起；叶柄长 1～2.5 cm，无毛。聚伞花序组成短小圆锥花序，腋生，稀顶生，排列紧密，长 1～2 cm，有花 10～20 朵；花序轴无毛或被柔毛；苞片卵形，长 2～2.5 mm，具睫毛，稀背面被毛，常花后凋落，小苞片宽卵形，长 1～1.5 mm，仅边缘具睫毛；花梗长 1～2 mm；花萼长 1.5～2 mm，萼管与裂片几相等，裂片边缘具睫毛；花冠淡黄白色、淡绿白色或淡黄绿色，花冠管长 1.5～2 mm，裂片长圆形，长约 1.5 mm，先端具睫毛，反析；雄蕊着生于花冠管上部，花丝较短，长 0.5～1 mm，花药长约 1 mm；雌蕊长约 4.5 mm，花柱长约 3 mm，纤细，柱头 2 裂。果椭圆形或倒卵形，长 2～2.5 cm，直径 1～1.5 cm，绿色，成熟时黑色。花期 5～6 月，果期 11～12 月。

【分布与生境】安徽南部、浙江、江西、台湾、湖南、广东、广西、贵州、云南。生于海拔 800～1800（～2600）m 的山谷、山坡密林中。

# 四十八、夹竹桃科 Apocynaceae

## 1. 鳝藤属 *Anodendron*

（170）鳝藤 *Anodendron affine* (Hook.& Arn.) Druce

【形态特征】攀援灌木，有乳汁。枝土灰色。叶长圆状披针形，长 3～10 cm，宽 1.2～2.5 cm，端部渐尖，基部楔形；中脉在叶面略为陷入，在叶背略为凸起，侧脉约有 10 对，远距，干时呈皱纹；叶柄长达 1 cm。聚伞花序总状式，顶生，小苞片甚多；花萼裂片经常不等长，长约 3 mm；花冠白色或黄绿色，裂片镰刀状披针形，长约 3 mm，内面有疏柔毛，花冠喉部有疏柔毛；雄蕊短，着生于花冠筒的基部，长约 2 mm；花盘环状，子房有 2 个无毛的心皮，为花盘所包围，柱头圆锥状，端部 2 裂。蓇葖为椭圆形，长约 13 cm，直径 3 cm，基部膨大，向上渐尖；种子棕黑色，有喙，长约 2 cm，宽 6 mm；种毛长约 6 cm。花期 11 月至翌年 4 月，果期翌年 6～8 月。

【分布与生境】四川、贵州、云南、广西、广东、湖南、湖北、浙江、福建和台湾等省区。生于山地稀疏杂木林中。

被子植物（170）鳝藤

## 2. 狗牙花属 *Ervatamia*

### （171）药用狗牙花 *Ervatamia officinalis* Tsiang

【形态特征】灌木，高 2～4 m，除花外无毛。枝和小枝淡灰色，节间长 3～6 cm。叶坚纸质，椭圆状长圆形，稀长圆状披针形，端部通常猝然长尾状渐尖或长突尖，基部近圆形或狭楔形，长 7～15 cm，宽 3～6 cm（最大的 21 × 8 cm），叶面深绿色，中脉凹陷，叶背淡绿色；中脉凸起，侧脉 10～12 条，在叶面扁平，在叶背略为凸起；叶柄长 3～7 mm。假托叶宽三角状卵圆形，长 1.5 mm。聚伞花序腋生，通常 2 枝成对生在小枝顶端，成假二叉式，着花约 9 朵，较叶短；总花梗第一级长 2.5～4.5 cm，第二级长 1～2 cm，第三级长 3～5 mm；苞片与小苞片极小，披针形，长约 1 mm；花蕾圆筒形，端部近圆球形；花萼钟状，基部内面无腺体或仅有 1～2 个，萼片梅花式，卵圆形，钝头，不等长，外面的长 1.5 mm，宽 1 mm，内面的长 1 mm，宽 1.5 mm，边缘无毛，透明；花冠白色，花冠筒长 2.2 cm，近直立或近喉部向右旋转，直径 2 mm，裂片向左覆盖，近垂直，长圆状披针形，近镰刀形，边缘波状，

被子植物（171）药用狗牙花

两面具微柔毛，长 7 mm，宽 2.5 mm；雄蕊着生于近花冠筒喉部膨大之处，花药披针形，长 2.5 mm，端部有薄膜，基部狭耳形；子房无毛，卵球形，花柱丝状，柱头 2 裂，基部棍棒状，具长硬毛。蓇葖双生，或有一个不发育，线状长圆形，近肉质，端部有喙，基部有柄，长 1.5～3 cm，直径 0.6～1 cm，外果皮在干时呈黑色；种子在每个蓇葖内有 1～4 粒，不规则卵圆形，约长 1 cm，直径约 5 mm。花期 5～7 月，果期 8 月至翌年 4 月。

【分布与生境】海南和云南。生于海拔 150～800 m 山地疏林中及山谷中。

### 3. 山橙属 *Melodinus*

（172）山橙 *Melodinus suaveolens* Champ.ex Benth.

被子植物（172）山橙

【形态特征】攀援木质藤本，长达 10 m，具乳汁，除花序被稀疏的柔毛外，其余无毛。小枝褐色。叶近革质，椭圆形或卵圆形，长 5～9.5 cm，宽 1.8～4.5 cm，顶端短渐尖，基部渐尖或圆形，叶面深绿色而有光泽；叶柄长约 8 mm。聚伞花序顶生和腋生；花蕾顶端圆形或钝；花白色；花萼长约 3 mm，被微毛，裂片卵圆形，顶端圆形或钝，边缘膜质；花冠筒长 1～1.4 cm，外披微毛，裂片约为花冠筒的 1/2，或与之等长，基部稍狭，上部向一边扩大而成镰刀状或成斧形，具双齿；副花冠钟状或筒状，顶端成 5 裂片，伸出花冠喉外；雄蕊着生在花冠筒中部。浆果球形，顶端具钝头，直径 5～8 cm，成熟时橙黄色或橙红色；种子多数，犬齿状或两侧扁平，长约 8 mm，干时棕褐色。花期 5～11 月，果期 8 月至翌年 1 月。

【分布与生境】广东、广西等省区。常生于丘陵、山谷，攀援树木或石壁上。

## 四十九、茜草科 Rubiaceae

### 1. 茜树属 *Aidia*

（173）香楠 *Aidia canthioides* (Champion ex Bentham) Masamune

【形态特征】无刺灌木或乔木，高 1～12 m。枝无毛。叶纸质或薄革质，对生，长圆状椭圆形、长圆状披针形或披针形，长 4.5 ～ 18.5 cm，宽 2 ～ 8 cm，顶端渐尖至尾状渐尖，有时短尖，基部阔楔形或有时稍圆，亦有时稍不等侧，两面无毛，下面脉腋内常有小窝孔；侧脉 3 ～ 7 对，在下面明显，在上面平或稍凹下；叶柄长 5 ～ 18 mm；托叶阔三角形，长 3 ～ 8 mm，顶端短或长尖，脱落。聚伞花序腋生，长 2 ～ 3 cm，

被子植物（173）香楠

宽 3 ～ 5 cm，有花数朵至 10 余朵，紧缩成伞形花序状；总花梗极短或近无；苞片和小苞片卵形，基部合生成一小杯状体；花梗柔弱，长 5 ～ 16 mm，无毛；花萼外面被紧贴的锈色疏柔毛，萼管陀螺形，长 4 ～ 6 mm，宽约 4 mm，萼檐稍扩大，顶端 5 裂，裂片三角形，长 1 ～ 2 mm，顶端尖；花冠高脚碟形，白色或黄白色，外面无毛，喉部被长柔毛，花冠管圆筒形，长 8 ～ 10 mm，宽约 2.5 mm，花冠裂片 5，长圆形，长 4 ～ 7 mm，顶端短尖，开放时外反；花丝极短，花药伸出，长约 3.5 mm；子房 2 室，花柱长约 10 mm，柱头纺锤形，长约 3 mm，有槽纹。浆果球形，直径 5 ～ 8 mm，有紧贴的锈色疏毛或无毛，顶端有环状的萼檐残迹，果柄柔弱，长 5 ～ 17 mm；种子 6 ～ 7 颗，扁平，有棱。花期 4 ～ 6 月，果期 5 月至翌年 2 月。

【分布与生境】福建、台湾、广东、香港、广西、海南、云南。生于海拔 50 ～ 1500 m 处的山坡、山谷溪边、丘陵的灌丛中或林中。

## 2. 鱼骨木属 Canthium

（174）鱼骨木 Canthium dicoccum (Gaertn.) Merr.

【形态特征】无刺灌木至中等乔木，高 13 ～ 15 m，全部近无毛。小枝初时呈扁平形或四棱柱形，后变圆柱形，黑褐色。叶革质，卵形，椭圆形至卵状披针形，长 4 ～ 10 cm，宽 1.5 ～ 4 cm，顶端长渐尖、钝或钝急尖，基部楔形，干时两面极光亮，上面深绿，下面浅褐色，边微波状或全缘，微背卷；侧脉每边 3 ～ 5 条，两面略明显，小脉稀疏，不明显；叶柄扁平，长 8 ～ 15 mm；托叶长 3 ～ 5 mm，基部阔，上部收狭成急尖或渐尖。聚伞花序具短总花梗，比叶短，偶被微柔毛；苞片极小或无；萼管倒圆锥形，长 1 ～ 1.2 mm，萼檐顶部截平或为不明显 5 浅裂；花冠绿白色或淡黄色，冠管短，圆筒形，长约

被子植物（174）鱼骨木

3 mm，喉部具绒毛，顶部5裂，偶有4裂，裂片近长圆形，略比花冠管短，顶端急尖，开放后外反；花丝短，花药长圆形，长约1.5 mm；花柱伸出，无毛，柱头全缘，粗厚。核果倒卵形，或倒卵状椭圆形，略扁，多少近孪生，长8～10 mm，直径6～8 mm；小核具皱纹。花期1～8月。

【分布与生境】 广东、香港、海南、广西、云南和西藏的墨脱。常见于低海拔至中海拔疏林或灌丛中。

## （175）大叶鱼骨木 *Canthium simile* Merr.& Chun

【形态特征】直立灌木至小乔木，高4～10 m，有时高达16～18 m，无刺，无毛。小枝初时微扁平，后呈圆柱形。叶纸质，卵状长圆形，长9～13 cm，宽4.5～6.5 cm，顶端短渐尖，基部阔而急尖，两面无毛，微有光泽；侧脉每边6～8条，在上面平坦，下面微凸，小脉不明显；叶柄长5～8 mm；托叶基部阔，上部突然收窄成长约5 mm的急尖头。花序腋生，为不规则的伞房花序式的聚伞花序，长2.5～3 mm，宽约2 mm，具总花梗；总花梗长10 mm；花具极微小的苞片和小苞片或小苞片缺，具极短的花梗或无花梗；萼管倒圆锥形，长1～1.5 mm，萼檐5裂，裂片阔卵状三角形，略长于花冠管，顶端急尖；花药略伸出，近椭圆形；花柱无毛，伸出花冠管外，柱头粗糙而膨大。核果倒卵形，扁平，长10～15（～20）mm，直径9～11（～15）mm，孪生，顶端近截平，具环形萼檐的痕迹，基部钝；小核平凸；果柄长6～10 mm或更长，之字形。花期1～3月，果期6～7月。

被子植物（175）大叶鱼骨木

【分布与生境】广东、海南、广西、云南等省区。生于低海拔至中海拔杂木林内，少见。

### 3. 狗骨柴属 *Diplospora*

（176）狗骨柴 *Diplospora dubia* (Lindley) Masamune

【形态特征】灌木或乔木，高 1 ～ 12 m。叶革质，少为厚纸质，卵状长圆形、长圆形、椭圆形或披针形，长 4 ～ 19.5 cm，宽 1.5 ～ 8 cm，顶端短渐尖、骤然渐尖或短尖，尖端常钝，基部楔形或短尖、全缘而常稍背卷，有时两侧稍偏斜，两面无毛，干时常呈黄绿色而稍有光泽；侧脉纤细，5 ～ 11 对，在两面稍明显或稀在下面稍凸起；叶柄长 4 ～ 15 mm；托叶长 5 ～ 8 mm，下部合生，顶端钻形，内面有白色柔毛。花腋生密集成束或组成具总花梗、稠密的聚伞花序；总花梗短，有短柔毛；花梗长约 3 mm，有短柔毛；萼管长约 1 mm，萼檐稍扩大，顶部 4 裂，有短柔毛；花冠白色或黄色，花冠管长约 3 mm，花冠裂片长圆形，约与花冠管等长，向外反卷；雄蕊 4 枚，花丝长 2 ～ 4 mm，与花药近等长；花柱长约 3 mm，柱头 2 分枝，线形，长约 1 mm。浆果近球形，直径 4 ～ 9 mm，有疏短柔毛或无毛，成熟时红色，顶部有萼檐残迹；果柄纤细，有短柔毛，长 3 ～ 8 mm；种子 4 ～ 8 颗，近卵形，暗红色，直径 3 ～ 4 mm，长 5 ～ 6 mm。花期 4 ～ 8 月，果期 5 月至翌年 2 月。

被子植物（176）狗骨柴

【分布与生境】江苏、安徽、浙江、江西、福建、台湾、湖南、广东、香港、广西、海南、四川、云南。生于海拔 40 ～ 1500 m 处的山坡、山谷沟边、丘陵、旷野的林中或灌丛中。

### 4. 龙船花属 *Ixora*

（177）海南龙船花 *Ixora hainanensis* Merr.

【形态特征】灌木，高达 3 m，除花冠喉部被疏毛外全部无毛。小枝初时稍扁平，有纵条纹，老时圆柱形。叶对生，纸质，通常长圆形，长 5 ～ 10（～ 14）cm，宽 2 ～ 5 cm，顶端微圆形、尖或钝，基部楔形或靠近花序的 1 对叶无叶柄，基部圆形，干后两面苍绿色，略具光泽；侧脉每边8～10条，在叶片两面微凸起，近叶缘处弯拱联结，横脉疏散，明显；叶柄长3～6 mm；托叶卵形，长4～10 mm，顶端长渐尖，渐尖部分长3～4 mm。花序顶生，为三歧伞房式的聚伞花序，长达7 cm；总花梗稍扁，长约4 cm；花具香气，有长1～2 mm的花梗；苞片线状长圆形，长1.5～

被子植物（177）海南龙船花

3.5 mm；小苞片与苞片同型，但较小；萼管长1.3～1.5 mm，萼檐4裂，裂片长卵形，与萼管等长或略短，顶端微钝；花冠白色，盛开时花冠管长2.5～3.5 cm，喉部有疏毛，顶部4裂，裂片长圆形，长6～7 mm，顶端急尖；花丝短，长约1 mm，花药突出，线形，长3 mm；花柱长约4 cm，柱头初时彼此靠合，成熟时叉开。果球形，略扁，长约6 mm，直径6～8 mm，老时红色。花期5～11月。

【分布与生境】广东、海南。生于低海拔砂质土壤的丛林内，多见于密林的溪旁或林谷湿润的土壤上。

## 5. 粗叶木属 Lasianthus

（178）粗叶木 Lasianthus chinensis (Champion ex Bentham) Bentham

【形态特征】灌木，高通常2～4 m，有时为高达8 m的小乔木。枝和小枝均粗壮，被褐色短柔毛。叶薄革质或厚纸质，通常为长圆形或长圆状披针形，很少椭圆形，长12～25 cm，宽2.5～6 cm或稍过之，顶端常骤尖或有时近短尖，基部阔楔形或钝，上面无毛或近无毛，干时变黑色或黑褐色，微有光泽，下面中脉、侧脉和小脉上均被较短的黄色短柔毛；中脉粗大，上面近平坦，下面凸起，侧脉每边9～14条，以大于45°角自中脉开出，斜上升，三级小脉分枝联结成网状，通常两面均微凸起或上面近平坦；叶柄粗壮，长约8～12 mm，被黄色绒毛；

被子植物（178）粗叶木

托叶三角形，长约 2.5 mm，被黄色绒毛。花无梗，常 3 ～ 5 朵簇生叶腋，无苞片；萼管卵圆形或近阔钟形，长 4 ～ 4.5 mm，密被绒毛，萼檐通常 4 裂，裂片卵状三角形，长约 1 mm，很少达 1.5 mm，下弯，边缘内折，里面无毛；花冠通常白色，有时带紫色，近管状，被绒毛，管长 8 ～ 10 mm，喉部密被长柔毛，裂片 6（有时 5），披针状线形，长 4 ～ 5 mm，顶端内弯，有一长约 1 mm 的刺状长喙；雄蕊通常 6，生花冠管喉部，花丝极短，花药线形，长约 1.8 mm；子房通常 6 室，花柱长 6 ～ 7 mm，柱头线形，长 1.5 ～ 2 mm。核果近卵球形，直径约 6 ～ 7 mm，成熟时蓝色或蓝黑色，通常有 6 个分核。花期 5 月，果期 9 ～ 10 月。

【分布与生境】福建中部和南部、台湾、广东中部和南部、香港、广西东部和南部、云南南部（勐腊）。常生于林缘，亦见于林下。

（179）广东粗叶木 *Lasianthus curtisii* King & Gamble

【形态特征】灌木或小乔木，高 1 ～ 3 m。小枝稍粗壮，圆柱状，密被硬毛。叶具等叶性，纸质，长圆状披针形或长圆形，有时近卵形，长 5 ～ 10 cm，宽 1.5 ～ 4 cm，顶端渐尖或尾状渐尖，基部阔楔尖至钝，干时榄绿色或苍白绿色，上面无毛，下面通常密被长柔毛或长硬毛；侧脉每边约 6 条，弧状上升，末端常在近叶缘处彼此联结，下面明显凸起，小脉纤细，近平行；叶柄较粗壮，长通常不超过 10 mm，密被硬毛；托叶小，长三角形，长约 1.5 ～ 2 mm，密被长硬毛。花无梗或具极短梗，常 10 余朵或更多朵簇生叶腋，

被子植物（179）广东粗叶木

通常无苞片或有极小的苞片；萼密被硬毛，萼管小，近倒圆锥状，长约 1.5 mm，萼齿常 5 个，线状披针形或狭披针形，比萼管长很多，通常长 3 ～ 4 mm，有时可达 5 mm；花冠未见，据《台湾植物志》记载：白色，长 7 ～ 8 mm，外面被糙硬毛，里面被长柔毛，檐 5 裂。核果近球形或卵形，长通常 4 ～ 5 mm，有时达 7 mm，成熟时蓝色或蓝黑色，被长柔毛或长硬毛，通常有 5 分核。花期春夏季，果期秋冬季。

【分布与生境】福建南靖、台湾、广东中部、香港、海南、广西东南部和南部。常生低海拔的林中。

（180）鸡屎树 *Lasianthus hirsutus* (Roxb.)Merr.

【形态特征】灌木，高 1～2 m，有时 3 m 或更高。枝和小枝均粗壮，被红棕色或暗褐色多细胞长硬毛，很少近无毛。叶纸质，长圆状椭圆形、长圆状倒卵形、长圆形或有时倒披针形，长 15～25 cm 或过之，宽 4～6 cm，顶端渐尖或近尾尖，基部楔形、阔楔形或钝，上面被长糙毛或近无毛，下面密被暗褐色长硬毛，在中脉和侧脉上的毛很密；侧脉每边 8～12 条，呈锐角斜升，通常和横行小脉均在下面凸起；叶柄长 8～15 mm 或稍过之，粗壮，密被贴伏的硬毛；托叶卵状三角形，长 8～12 mm，密被长硬毛。花无梗，常数朵簇生叶腋；苞片很多，外面的大，卵形或披针形，长 2.5～3 cm 或更长，宽 1～1.5 cm，顶端尾状长尖，里面的较小，线状披针形，均密被暗褐色长硬毛；萼管小，近钟形，长 1.5～2 mm，下部无毛，中部以上密被贴伏的刚毛，裂片 4 或 5，钻形，长约 1.5 mm，被长约 1 mm 的刚毛；花冠白色，漏斗状，管长 1.2～1.3 cm，下部狭窄，上部明显扩大，外面疏被腺毛状柔毛，里面中部以上密被多细胞长柔毛，裂片 4 或 5，长圆形或披针形，长约 3.5 mm，常短尖，边缘被腺毛，毛的顶端明显乳头状，里面被皱曲长柔毛；雄蕊 4～5，生花冠管近中部，花丝很短，花药长约 2 mm；子房 4～5 室，花柱长约 6.5 mm，柱头长约 1 mm，被花药环绕。核果近球形，直径 7～8 mm 或稍过之，成熟时蓝色或紫蓝色，被疏毛或近无毛，通常含 4 个分核。花期秋冬最盛，果期春夏。

被子植物（180）鸡屎树

【分布与生境】台湾、广东、香港、海南、广西（十万大山）。常生密林中。

（181）美脉粗叶木 *Lasianthus lancifolius* J. D. Hooker

【形态特征】灌木，高 2～3 m，有时小乔木状，高达 6 m。枝近圆柱状，微有条纹，灰褐色或灰色，被贴伏的微柔毛，毛稠密或稀疏。叶 2 列，具等叶性，纸质，狭披针形或线状披针形，很少近披针形，长 11～25 cm，有时达 30 cm，宽约 2～4.5 cm 或稍过之，顶端渐尖，基部钝或圆，上面无毛，下面脉上多少被贴伏的微柔毛或柔毛，干时灰褐色；中脉在上面常压入，下面凸起，侧脉纤细，每边约 8～10 条，下面凸起，小脉常分枝呈网状，纤细而雅致；叶柄长 0.7～10 mm，很少达 15 mm，被毛同小枝；托叶小，三角形，长约

2 mm，基部阔，向上骤尖，略被毛。花无梗或具长约 1 mm 的花梗，2 至多朵簇生，腋生或着生在老枝无叶节上；苞片极小或无；萼倒圆锥状，上部扩大呈杯状，多少被贴伏微柔毛，管长约 1.5 mm，裂片 5，三角形，长约 0.5 mm，通常边缘被绒毛；花冠淡红色或白色，狭漏斗形，外面被短硬毛，花冠管长 9～10（～12）mm，狭窄，里面中部以上被长柔毛，裂片 5，三角状卵形，长约 2 mm，顶端内弯，有一长约 0.5 mm 的喙；雄蕊 5，生花冠管喉部，内藏，花丝短，花药长圆形，长约 1 mm；花柱未见。核果近球形，径 6～7 mm，被疏硬毛，成熟时蓝色，含 5 个分核。花期 7～12 月，果期 11 月至翌年春季。

被子植物（181）美脉粗叶木

【分布与生境】广东西部和海南、广西各地、云南南部和东南部。生于海拔 550～1700 m 处的山地林中。

## 6. 九节属 *Psychotria*

### （182）九节 *Psychotria rubra* (Lour.) Poir.

【形态特征】灌木或小乔木，高 0.5～5 m。叶对生，纸质或革质，长圆形、椭圆状长圆形或倒披针状长圆形，稀长圆状倒卵形，有时稍歪斜，长 5～23.5 cm，宽 2～9 cm，顶端渐尖、急渐尖或短尖而尖头常钝，基部楔形，全缘，鲜时稍光亮，干时常暗红色或在下面褐红色而上面淡绿色；中脉和侧脉在上面凹下，在下面凸起，脉腋内常有束毛，侧脉 5～15 对，弯拱向上，近叶缘处不明显联结；叶柄长 0.7～5 cm，无毛或极稀有极短的柔毛；托叶膜质，短鞘状，顶部不裂，长 6～8 mm，宽 6～9 mm，脱落。聚伞花序通常顶生，无毛或极稀有极短的柔毛，

被子植物（182）九节

多花，总花梗常极短，近基部三歧分枝，常成伞房状或圆锥状，长 2 ～ 10 cm，宽 3 ～ 15 cm；花梗长 1 ～ 2.5 mm；萼管杯状，长约 2 mm，宽约 2.5 mm，檐部扩大，近截平或不明显的 5 齿裂；花冠白色，花冠管长 2 ～ 3 mm，宽约 2.5 mm，喉部被白色长柔毛，花冠裂片近三角形，长 2 ～ 2.5 mm，宽约 1.5 mm，开放时反折；雄蕊与花冠裂片互生，花药长圆形，伸出，花丝长 1 ～ 2 mm；柱头 2 裂，伸出或内藏。核果球形或宽椭圆形，长 5 ～ 8 mm，直径 4 ～ 7 mm，有纵棱，红色；果柄长 1.5 ～ 10 mm；小核背面凸起，具纵棱，腹面平而光滑。花果期全年。

【分布与生境】浙江、福建、台湾、湖南、广东、香港、海南、广西、贵州、云南。生于海拔 20 ～ 1500 m 的平地、丘陵、山坡、山谷溪边的灌丛或林中。

（183）蔓九节 *Psychotria serpens* Linnaeus Mant.

【形态特征】多分枝、攀缘或匍匐藤本，常以气根攀附于树干或岩石上，长可达 6 m 或更长。嫩枝稍扁，无毛或有粃糠状短柔毛，有细直纹，老枝圆柱形，近木质，攀附枝有一列短而密的气根。叶对生，纸质或革质，叶形变化很大，年幼植株的叶多呈卵形或倒卵形，年老植株的叶多呈椭圆形、披针形、倒披针形或倒卵状长圆形，长 0.7 ～ 9 cm，宽 0.5 ～ 3.8 cm，顶端短尖、钝或锐渐尖，基部楔形或稍圆，边全缘而有时稍反卷，干时苍绿色或暗红褐色，下面色较淡；侧脉 4 ～ 10 对，纤细，不明显或在下面稍明显；叶柄长 1 ～ 10 mm，无毛或有粃糠状短柔毛；托叶膜质，短鞘状，顶端不裂，长 2 ～ 3 mm，宽 2 ～ 5 mm，脱落。聚伞花序顶生，有时被粃糠状短柔毛，常三歧分枝，圆锥状或伞房状，长 1.5 ～ 5 cm，宽 1 ～ 5.5 cm，总花梗长达 3 cm，少至多花；苞片和小苞片线状披针形，苞片长达 2 mm，小苞片长约 0.7 mm，常对生；花梗长 0.5 ～ 1.5 mm；花萼倒圆锥形，长约 2.5 mm，与花冠外面有时被粃糠状短柔毛，檐部扩大，顶端 5 浅裂，裂片三角形，长约 0.5 mm；花冠白色，冠管与花冠裂片近等长，长 1.5 ～ 3 mm，花冠裂片长圆形，喉部被白色长柔毛；花丝长约 1 mm，花药长圆形，长约 0.8 mm。浆果状核果球形或椭圆形，具纵棱，常呈白色，长 4 ～ 7 mm，直径 2.5 ～ 6 mm；果柄长 1.5 ～ 5 mm；小核背面凸起，具纵棱，腹

被子植物（183）蔓九节

面平而光滑。花期 4～6 月，果期全年。

【分布与生境】 浙江、福建、台湾、广东、香港、海南、广西。生于海拔 70～1360 m 的平地、丘陵、山地、山谷水旁的灌丛或林中。

（184）黄脉九节 *Psychotria straminea* Hutch.

【形态特征】 灌木，高 0.5～3 m，除花冠喉部被毛外全株无毛。嫩枝干时黄绿色。叶对生，纸质或膜质，椭圆状披针形、长圆形、倒卵状长圆形，少为椭圆形或披针形，长 5.5～29 cm，宽 0.8～10.5 cm，顶端渐尖或短尖，基部楔形或稍圆，有时不等侧，全缘，干时黄绿色，稍光亮，在上面较暗淡；中脉在下面凸起，黄色，侧脉 5～10 对，弧状弯拱，在下面凸起，黄色，网脉在下面亦常明显，黄色；叶柄长 0.5～3.5 cm；托叶短鞘状，革质，长 2～4 mm，宽 2.5～4 mm，顶部浅 2 裂，脱落。聚伞花序顶生，少花，长 1～5 cm，宽 1.5～4 cm，总花梗长 1～2.5 cm；苞片和小苞片微小；花梗长 1.5～4 mm；萼管倒圆锥形，长约 2 mm，檐部扩大，萼裂片三角形，长 0.5～1 mm；花冠白色或淡绿色，冠管长约 2 mm，喉部被白色长柔毛，花冠裂片卵状三角形，长 1.5～2.5 mm，宽约 1.5 mm，开放时反

被子植物（184）黄脉九节

折；雄蕊着生在花冠裂片间，伸出，花丝长 1.5～2.5 mm，花药线状长圆形，长 1～1.3 mm；花柱长约 2 mm，顶部 2 裂至中部。浆果状核果近球形或椭圆形，长 0.7～1.3 cm，直径 4～9 mm，成熟时黑色，无明显的纵棱；小核背面凸，腹面凹陷；果柄长约 1 cm。花期 1～7 月，果期 6 月至翌年 1 月。

【分布与生境】 广东（茂名、平远、佛冈）、海南、广西（防城、上思）、云南（西部和南部）。生于海拔 170～2700 m 的山坡或山谷溪边林中。

## 7. 岭罗麦属 *Tarennoidea*

（185）岭罗麦 *Tarennoidea wallichii* (J.D.Hooker) Tirvengadum & Sastre

【形态特征】 无刺乔木，高 3～20 m，很少灌木状。枝粗壮，无毛，节明显，表皮常裂成糠秕状脱落。叶革质，对生，长圆形、倒披针状长圆形或椭圆状披针形，长 7～30 cm，宽 2.2～9 cm，顶端阔短尖或渐尖，尖端常钝，

基部楔形，边缘常反卷，上面光亮，下面稍苍白，仅下面脉腋内的小孔中常有簇毛；侧脉 5 ～ 13 对，通常纤细，在下面凸起，在上面稍凸起或平，或有时在两面稍明显；叶柄长 1 ～ 3 cm，无毛；托叶披针形，无毛，长 8 ～ 10 mm，脱落。聚伞花序排成圆锥花序状，顶生或近枝顶腋生，疏散而多花，长 4 ～ 12 cm，宽 8 ～ 13 cm，分枝开展，互生，被短柔毛；苞片和小苞片披针形或丝状，长 2 ～ 3 mm；花梗长 1 ～ 8 mm，被短柔毛；萼管钟形，基部常被短柔毛，长 1.5 ～ 2.5 mm，檐部稍扩大，顶端浅 5 裂，裂片三角形，长 0.5 ～ 0.7 mm；花冠黄色或白色，花冠管长 3 ～ 4 mm，宽约 1.5 mm，喉部有长柔毛，顶部 5 裂，花冠裂片长圆形，开放时反折，长约 2.5 mm，宽约 1.4 mm；雄蕊 5 枚，花丝极短，花药线状长圆形，长约 1.5 mm；子房 2 室，每室有胚珠 1 ～ 2 颗，花柱长 3.5 ～ 5 mm，柱头纺锤形，不裂，长 1.5 mm。浆果球形，直径 7 ～ 18 mm，无毛，有种子 1 ～ 4 颗。花期 3 ～ 6 月，果期 7 月至翌年 2 月。

被子植物（185）岭罗麦

【分布与生境】广东阳江，广西（隆林、田林、那坡），海南（东方、琼中、崖县、定安、乐东、陵水、昌江、万宁、保亭、临高），贵州（清镇、兴义、惠水），云南（思茅、勐海、龙陵、屏边、马关、景东、瑞丽、沧源、勐腊、镇康、鹤庆、景洪、澜沧、澄江、凤庆、麻栗坡、砚山、富宁、西畴、双江、墨江、泸水、景谷）。生于海拔 400 ～ 2200 m 处的丘陵、山坡、山谷溪边的林中或灌丛中。

## 五十、忍冬科 Caprifoliaceae

### 荚蒾属 *Viburnum*

（186）海南荚蒾 *Viburnum hainanense* Merr.& Chun

【形态特征】 常绿灌木，高达 3 m。小枝、叶下面和花序均有黑色或栗褐色微细腺点；当年生枝四方形，连同叶柄和花序均被由黄褐色簇状毛组成的绒毛，去年小枝紫褐色或灰褐色，圆筒状，无毛。叶亚革质，矩圆形、宽矩圆状披针形或椭圆形，长 3.5 ～ 7 （～ 10）cm，顶端短渐尖或尖，基部宽楔形或有时圆形，全缘或中部以上具 2 ～ 3 对疏离的小齿，上面稍光亮，两面无毛或下面中脉及侧脉被疏或密的簇状毛，有黑色或栗褐色腺点；侧脉 4 ～ 5 对，上面凹陷，弧形，近缘前互相网结，基部一对伸长而作离基三出脉状，小脉近横列，上面显著；叶柄长 3 ～ 6（～ 10）mm。复伞形式聚伞花序顶生，直径 2 ～ 4 cm，总花梗长 4 ～ 10 mm 或几无，第一级辐射枝（3 ～）4 ～ 5 条，长约 1 cm，果时稍伸长，花芳香，生于第二至第三级辐射枝上，有短梗；萼筒长约 1 mm，疏生簇状短毛，萼齿极短，宽卵形，顶钝形，略有缘毛；花冠白色，

被子植物（186）海南荚蒾

辐状，直径约 4 mm，无毛，萼筒长约 1 mm，裂片近圆形，反曲，长约等于萼筒；雄蕊直立，高出花冠，花药宽椭圆形，长约 1 mm，无毛；花柱圆锥状，柱头头状，高出萼齿。果实红色，扁，卵圆形，直径约 6 mm，顶端细尖；核扁圆形，背面凸起，腹面深凹，其形如构，无纵沟。花期 4 ～ 7 月，果期 8 ～ 12 月。

【分布与生境】广东南部、海南和广西南部。生于海拔 600 ～ 1400 m 的灌丛或丛林中。

# 五十一、旋花科 Convolvulaceae

## 丁公藤属 *Erycibe*

### （187）丁公藤 *Erycibe obtusifolia* Benth.

被子植物（187）丁公藤

【形态特征】高大木质藤本，长约 12 m。小枝干后黄褐色，明显有棱，不被毛。叶革质，椭圆形或倒长卵形，长 6.5 ～ 9 cm，宽 2.5 ～ 4 cm，顶端钝或钝圆，基部渐狭成楔形，两面无毛；侧脉 4 ～ 5 对，在叶面不明显，在背面微突起，至边缘以内网结上举；叶柄长 0.8 ～ 1.2 cm，无毛。聚伞花序腋生和顶生，腋生的花少至多数，顶生的排列成总状，长度均不超过叶长的一半，花序轴、花序梗被淡褐色柔毛；花梗长 4 ～ 6 mm；

花萼球形，萼片近圆形，长 3 mm，外面被淡褐色柔毛和有缘毛，毛不分叉；花冠白色，长 1 cm，小裂片长圆形，全缘或浅波状，无齿；雄蕊不等长，花丝长可至 1.5 mm，花药与花丝近等长，顶端渐尖，花丝之间有鳞片，子房圆柱形，柱头圆锥状贴着子房，二者近等长。浆果卵状椭圆形，长约 1.4 cm。

【分布与生境】 广东中部及沿海岛屿。生于山谷湿润密林中或路旁灌丛。

（188）毛叶丁公藤 *Erycibe hainanensis* Merr.

【形态特征】 攀援灌木，高约 10 m。枝圆柱形，直径约 5 mm，密被栗色长柔毛。叶纸质至近革质，椭圆形至长圆状椭圆形，长 15～18 cm，宽 6～8 cm，突尖或渐尖，基部钝或稍圆，两面近于同色，淡橄榄色，光亮，上面无毛，具小凹点；中脉凹陷，背面沿脉密被锈色长柔毛，其余被较疏的柔毛，侧脉约 9 对，网脉稀疏，极不明显；叶柄被极密长柔毛，约长 7 mm。花序圆锥状，多花，腋生及顶生，极密被锈色长柔毛，顶生花序长 4～9 cm，腋生的较短，花序梗短，不及 1 cm；小苞片长约 4 mm，被锈色绒毛，早落；花柄粗壮，长 2～3 mm，

花 3～4 朵密集成簇，黄色，有香气；萼长 3～4 mm，密被锈色绒毛，裂片圆形；花冠长约 12 mm，深 5 裂，裂片宽倒卵形，具脉，3.5～4 mm 长，边缘条裂状；花丝长约 2 mm，基部扩大，花药三角形，长 1 mm 左右，顶端急尖；柱头头状，高约 1.5 mm，有 5 沟槽。浆果椭圆形，高约 2～2.8 cm，干时黑褐色，顶端钝尖，有暗色圈痕，宿存萼片圆肾形，直径约 3～3.5 mm，具缘毛。花期 5～8 月，果期 10～12 月。

被子植物（188）毛叶丁公藤

【分布与生境】 海南，广西东兴、钦州。生于海拔 170～1100 m 的林中，攀援于大树上。

## 五十二、百合科 Liliaceae

### 肖菝葜属 *Heterosmilax*

（189）肖菝葜 *Heterosmilax japonica* Kunth

【形态特征】 攀援灌木，无毛。小枝有钝棱。叶纸质，卵形、卵状披针形

或近心形，长 6 ~ 20 cm，宽 2.5 ~ 12 cm，先端渐尖或短渐尖，有短尖头，基部近心形；主脉 5 ~ 7 条，边缘 2 条到顶端与叶缘汇合，支脉网状，在两面明显；叶柄长 1 ~ 3 cm，在下部 1/3 ~ 1/4 处有卷须和狭鞘。伞形花序有 20 ~ 50 朵花，生于叶腋或生于褐色的苞片内；总花梗扁，长 1 ~ 3 cm；花序托球形，直径 2 ~ 4 mm；花梗纤细，长 2 ~ 7 mm；雄花：花被筒矩圆形或狭倒卵形，长 3.5 ~ 4.5 mm，

被子植物（189）肖菝葜

顶端有 3 枚钝齿；雄蕊 3 枚，长约为花被的 2/3，花丝约一半合生成柱，花药长为花丝的 1/2 强；雌花：花被筒卵形，长 2.5 ~ 3 mm，具 3 枚退化雄蕊，子房卵形，柱头 3 裂。浆果球形而稍扁，长 5 ~ 10 mm，宽 6 ~ 10 mm，熟时黑色。花期 6 ~ 8 月，果期 7 ~ 11 月。

【分布与生境】安徽、浙江、江西、福建、台湾、广东、湖南、四川、云南、陕西秦岭北坡和甘肃南部。生于海拔 500 ~ 1800 m 的山坡密林中或路边杂木林下。

（190）粉背菝葜 *Smilax hypoglauca* Bentham

【形态特征】攀援灌木。茎长 3 ~ 9 m，枝条有时稍带四棱形，无刺。叶革质，卵状矩圆形、卵形至狭椭圆形，长 5 ~ 14 cm，宽 2 ~ 4.5（~ 7）cm，先端短渐尖，基部近圆形，边缘多少下弯，下面苍白色；主脉 5 条，网脉在上面明显；叶柄长 8 ~ 14 mm，脱落点位于近顶端，枝条基部的叶柄一般有卷须，鞘占叶柄全长的一半，并向前（与叶柄近并行的方向）延伸成一对耳，耳披针形，长 2 ~ 4（~ 6）mm。伞形花序腋生，具 10 ~ 20 朵花；总花梗长 1 ~ 5 mm，为叶柄长度的 2/3 或近等长，少有超过叶柄，稍扁；花序托膨大，具多数宿存的小苞片；花绿黄色，花被片直立，不展开；雄花外花被片舟状，长 2.5 ~ 3 mm，宽约 2 mm，内花被片稍短，宽约 1 mm，肥厚，背面稍凹陷；花丝很短，

被子植物（190）粉背菝葜

靠合成柱；雌花与雄花大小相似，但内花被片较薄，具 3 枚退化雄蕊。浆果直径 8 ～ 10 mm，熟时暗红色。花期 7 ～ 8 月，果期 12 月。

【分布与生境】广东（雷州半岛）、海南、广西南部和云南南部至东南部。生于海拔 159 m 以下的林下或灌丛中。

## 五十三、棕榈科 Palmae

### 1. 黄藤属 *Daemonorops*

（191）黄藤 *Daemonorops margaritae* (Hance) Becc.

【形态特征】茎初时直立，后攀援。叶羽状全裂，羽片部分长 1 ～ 2.5 m，顶端延伸为具爪状刺的纤鞭；叶轴下部的上面密生直刺；叶轴背面沿中央具单生的向上部为 2 ～ 5 个合生的刺而在顶端的纤鞭则具半轮生的爪；叶柄背面凸起，具稀疏的刺，上面具密集的常常是合生的短直刺；叶鞘具囊状凸起，被早落的红褐色的鳞秕状物和许多细长、扁平、成轮状排列的长约 2.5 cm 的刺，大刺之间着生许多较小的针状刺。羽片多，等距排列，稍密集，两面绿色，线状剑形，先端极渐尖为钻状和具刚毛状的尖，长 30 ～ 45 cm，宽 1.3 ～ 1.8 cm，具 3（～ 5）条肋脉，上面具刚毛，背面仅中肋具稀疏刚毛，边缘具细密的纤毛。雌雄异株；花序直立，开花前为佛焰苞包着，呈纺锤形，并具短喙，长约 25 ～ 30 cm，外面的佛焰苞舟状，两端几乎均匀地渐狭，上面具长短不一的平扁的、常常是片状的三角形渐尖的直刺，里面的佛焰苞少刺或无刺；开花结果后佛焰苞脱落；花序分枝上的二级佛焰苞及小佛焰苞均为苞片状，阔卵形，渐尖；雄花序上的小穗轴密集，长约 3 cm，花密集，雄花长圆状卵形，长 5 mm，花萼杯状，浅 3 齿，花冠 3 裂，约 2 倍长于花萼，总苞浅杯状；雌花序的小穗轴长 2 ～ 4 cm，明显 "之" 字形曲折，每侧有 4 ～ 7 朵花；总苞托苞片状，包着总苞的基部，总苞为稍深杯状；中性花的小窠稍凹陷，呈明显半圆形；果被平扁；花冠裂片 2 倍长于花萼，披针形，稍急尖。果球形，直径 1.7 ～ 2 cm，顶端具短粗的喙，鳞片 18 ～ 20 纵列，中央有宽的沟槽，具

被子植物（191）黄藤

光泽，暗草黄色，具稍淡的边缘和较暗的内缘线；种子近球形，扁平，胚乳深嚼烂状，胚近基生。花期 5 月，果期 6 ～ 10 月。

【分布与生境】广东东南部、香港、海南及广西西南部，云南西双版纳有栽培。生于海拔 1000 m 以下的低地热带雨林，通常持续存在于受干扰的地区。

## 2. 山槟榔属 *Pinanga*

### （192）变色山槟榔 *Pinanga discolor* Burret

【形态特征】丛生灌木，高 3 m 或更高，直径 1.5 ～ 2 cm，密被深褐色头屑状斑点，间有浅色斑纹。叶鞘、叶柄及叶轴上均被褐色鳞秕。叶羽状，长 65 ～ 100 cm，约有 7 ～ 10 对对生的羽片，顶端 1 对或 2 对羽片较宽，先端截形，具不等的锐齿裂，长约 30 cm，宽 5 ～ 7 cm，具 9 ～ 10 条叶脉，以下的羽片稍"S"形弯曲，向上镰刀状渐尖，向基部变狭，具 4 ～ 5 条叶脉，上面深绿色，背面灰白色，大小叶脉之间及叶脉上具苍白色鳞毛和褐色点状鳞片，叶脉上散布着淡褐色的线状鳞片。花序 2 ～ 4 个分枝，下弯，长约 15 ～ 18 cm，穗轴曲折，扁平，花 2 列。果实近纺锤形，长约 2 ～ 2.2 cm，直径 7 ～ 9 mm，有纵条纹。果期约在 10 月。

被子植物（192）变色山槟榔

【分布与生境】广东南部、海南、广西南部及云南南部等地区。

## 参 考 文 献

黄全，李意德，郑德璋，等，1986. 海南岛尖峰岭地区热带植被生态系列的研究 [J]. 植物生态学与地植物学学报，10(2)：90-105.

贺金生，陈伟烈，1997. 陆地植物群落物种多样性的梯度变化特征 [J]. 生态学报，(1)：93-101.

王茜茜，龙文兴，杨小波，等，2016. 海南岛 3 个林区热带云雾林植物多样性变化 [J]. 植物生态学报，40(5)：469-479.

熊梦辉，龙文兴，杨小波，等，2015. 热带云雾林植物物种多样性与环境关系研究 [J]. 浙江林业科技，35(4)：18-23.

Alcántara O，Luna I，Velázquez A，2002. Altitudinal distribution patterns of Mexican cloud forests based upon preferential characteristic genera[J]. Plant Ecology，161(2)：167-174.

Balslev H，1988. Distribution patterns of Ecuadorean plant species[J]. Taxon，37(3)：567-577.

Bruijnzeel L A，Waterloo M J，Proctor J，et al.，1993. Hydrological observations in montane rain forests on Gunung Silam，Sabah，Malaysia，with special reference to the 'Massenerhebung' effect.[J]. Journal of Ecology，81(1)：145-167.

Butterfield B J，Cavieres L A，Callaway R M，et al.，2013. Alpine cushion plants inhibit the loss of phylogenetic diversity in severe environments[J]. Ecology Letters，16(4)：478-486.

Cadotte M W，Carscadden K，Mirotchnick N，2011. Beyond species：functional diversity and the maintenance of ecological processes and services[J]. Journal of Applied Ecology，48(5)：1079-1087.

Cavelier J，Mejia C A，1990. Climatic factors and tree stature in the elfin cloud forest of Serrania de Macuira，Colombia[J]. Agricultural and Forest Meteorology，53(1-2)：105-123.

Cornelissen J H C，Lavorel S，Garnier E，et al.，2003. A handbook of protocols for standardised and easy measurement of plant functional traits worldwide[J]. Australian Journal of Botany，51(4)：335-380.

de Rzedowski G C，Rzedowski J，1996. Dos novedades en zinnia subgenero diplothrix (compositae：heliantheae) del centro de Mexico[J]. Acta Botanica Mexicana，(36)：77-83.

Mason NWH，de Bello F，2013. Functional diversity：A tool for answering challenging ecological questions[J]. Journal of Vegetation Science，24(5)：777-780.

Mouchet M A，Villéger S，Mason N W H，et al.，2010. Functional diversity measures：An overview of their redundancy and their ability to discriminate community assembly rules[J]. Functional Ecology，24(4)：867-876.

Nadkarni N M，Matelson T J，Haber W A，1995. Structural characteristics and floristic composition of a Neotropical cloud forest，Monteverde，Costa Rica[J]. Journal of Tropical Ecology，11(4)：481-495.

Poorter L，Markesteijn L，2008. Seedling Traits Determine Drought Tolerance of Tropical Tree Species[J]. Biotropica，40(3)：321-331.

Rosauer D，Laffan S W，Crisp M D，et al.，2009. Phylogenetic endemism：A new approach for identifying geographical concentrations of evolutionary history[J]. Molecular Ecology，18(19)：4061-4072.

Rzedowski J，1996. Analisis preliminar de la flora vascular de los bosques mesofilos de montana de Mexico[J]. Acta Botanica Mexicana，35：25-44.

Shi J P，Zhu H，2009. Tree species composition and diversity of tropical mountain cloud forest in the Yunnan，southwestern China[J]. Ecological Research，24(1)：83-92.

Tanner E V J，Vitousek P M，Cuevas E，1998. Expermental investigation of nutrient limitation of forestgrowth on wet tropical mountains[J]. Ecology，79(1)：10-22.

Vazquez G J A，Givnish T J，1998. Altitudinal gradients in tropical forest composition，structure，and diversity in the Sierra de Manantalan[J]. Journal of Ecology，86(6)：999-1020.

Venail P，Gross K，Oakley T H，et al，2015. Species richness，but not phylogenetic diversity，influences community biomass production and temporal stability in a re-examination of 16 grassland biodiversity studies[J]. Functional Ecology，29(5)：615-626.

Weaver T W，Super A B，1973. Ecological consequences of winter cloud seeding[J]. Journal of the Irrigation and Drainage Division，99(3)：387-399.

# 第八章 热带云雾林附生植物多样性

当你走进云雾林时，会发现她如梦幻中的仙境一般美丽：弯弯曲曲的树干上布满了绿色苔藓，苔藓的叶端挂着晶莹透亮的露珠，各种各样的兰科植物在树干上开出形形色色的花朵，嫩绿的天南星科植物调皮地爬在树上，探出机灵的脑袋窥视云雾弥漫的世界。

附生植物脱离了大地的怀抱，攀援或固着在热带云雾林的石头、树干或枝条上，从空气中吸收营养与水分。它们仅从宿主那获得栖息的空间，并不需要从宿主上获得直接营养。

相对于其他陆生植物，附生植物对环境变化表现得特别敏感，是一类特别容易受到环境影响的类群（Hietz，1999；Kreft et al.，2004），其主要原因如下。①附生植物的根系没有与土壤直接相连，也不侵入宿主的维管组织，它们被暴露在空气中，生命活动所需要的全部水分和养分都来自雨水或空气中的凝结水，很容易在干旱的时候缺水（Benzing，1998）。②附生非维管植物如苔藓和地衣多为变水植物，不能有效地保存水分。当空气变得干燥，它们就会很快丧失水分和光合能力，对干旱的环境很敏感（Benzing，1998）。③附生苔藓和地衣类植物通常个体矮小、叶表面积大。如有研究表明：在温带落叶阔叶林中叶面积指数（LAI）一般为 3～6，在针叶林中能达到 20（Waring et al.，1985），而覆盖在热带雨林树上的浓密的苔藓和地衣层的叶面积指数甚至超过 150。这些植物能快速地从空气中吸收更多养分和水分，这也是它们应对缺水环境的一种生存策略（Nadkarn，1984；Coxson，1991；Benzing，1998），但同时，增大的叶面积也使大气中的污染物能更轻易地侵入细胞造成伤害。④大多数附生植物为多年生植物且寿命长，这有助于维持林冠微环境的平衡，但它们也将长期受到大气污染物的影响（崔明昆，2001）。⑤附生植物成员的种类繁多，藤本、草本、灌木等各种生活型有效地占据了热带雨林的有限空间（Bates，1996；Benzing，1998），生态位高度分化，一旦环境发生改变，就必然会影响附生植物的组成和分布（刘文耀等，2006）。⑥附生植物生长速率较慢（Hietz，1999），一旦遭到破坏，将难以恢复（Zotz et al.，2009）。

# 第一节　附生植物类群

## 一、鸟巢状及托状附生植物

鸟巢蕨（*Asplenium nidus*）、海芋（*Alocasia macrorrhiza*）、兰花属（*Cymbidium*）等植物，它们的根部形成致密而交织的块状，形如鸟窝。这种构造便于收集腐殖质和堆积物，并吸引蚂蚁在其根部筑巢，加速木屑和树叶的碎化和分解，从而为附生植物提供水分和矿物质，维持其生长发育。可见，附生植物与其他生物之间也形成了互利共生关系。

托状附生植物的叶呈托状，如鹿角蕨属（*Platycerium*）植物有两种叶：基生叶和生殖叶。基生叶形状如盾牌或托状，紧贴着树干生长，对其根部形成保护作用，许多鹿角蕨属植物的盾形叶边缘向四周伸展，能够收集树林中的凋落物和雨水；生殖叶的叶片下部边缘有孢子囊，基部与根状茎相连，叉状分枝。奇特的大王花状瓜子金（*Dischidia rafflesiana*）的叶呈囊状，口部被一块展开的盖封住，常有蚂蚁在囊中营巢，帮其收集土壤，大王花状瓜子金的根也伸进这些土壤里，并从这里吸收水分和养料，这是托状附生植物适应环境的特殊结构（图 8-1）。

（a）鸟巢蕨

（b）二歧鹿角蕨　　　　　　　　　　　（c）大王花状瓜子金

图 8-1　鸟巢状及托状附生植物

## 二、槽状附生植物

　　凤梨科（Bromeliaceae）植物狭长而坚硬的叶子围成莲座状，叶鞘基部互相折叠形成贮藏器。一些种类所具有的这种贮藏器可盛 5 L 水。球茎狄氏凤梨（*Tillandsia hulbosa*）的叶围成水槽状，内侧叶子在"水槽"上相接，水从叶间的缝隙流入，茎叶各处都可盛水（图 8-2a），茎叶内的水不能倒流，就像打气的阀门只能进气不能出气。叶围成的水槽除了收集腐殖质之外，也可以收集昆虫，昆虫的尸体和排泄物混合在一起，溶解在水槽中可作为凤梨科植物的营养物质。凤梨科植物绳索状的根是非常有效的固着器，主要起机械附着的作用。如果把根切去，它仍能与未受伤的植物体一样保持水分平衡。叶片上的鳞毛是唯一的吸收器官，凤梨科植物的这个特点，大大地摆脱了对宿主树木的依赖，使之能在其他植物不能立足的环境中生长。

## 三、半附生植物

　　半附生植物起初营附生生活，从空气中吸收水分和矿质营养，当气生根到达地面时，能从土壤中吸收养料生活。半附生植物中有的是草本植物，如绿萝

265

（*Epipremnum aureum*）、麒麟尾（*Epipremnum pinnatum*）等，有的是高大乔木，如鹅掌柴，以及分布于海南黎母山、莺歌岭云雾林中的疣果花楸（*Sorbus corymbifera*）（图 8-2b）等。

（a）球茎狄氏凤梨　　　　　　　　　　（b）疣果花楸

图 8-2　半附生植物

## 第二节　热带云雾林附生植物多样性的影响因素

全球范围内约有 10% 的维管植物是附生植物（Kress，1986），在热带地区约有 25% 的维管植物属于附生植物（Nieder et al.，2001）。尽管附生植物对热带云雾林的生物多样性和生态功能有重要影响，但受到的关注仍较少。

不同地区热带云雾林中附生植物多样性有较大差异。海南岛西部霸王岭 0.6 公顷云雾林样地生活有 52 种附生维管植物，而兰科和蕨类植物是最主要的类群，如图 8-3 所示（刘广福，2010）。哥斯达黎加的蒙特韦尔德热带云雾林 4 ha 样地中分布有 56 种附生蕨类植物和 200 种附生被子植物，其中种类最多的是兰科植物，共有 92 种；其次为凤梨科植物，有 22 种；天南星科（Araceae）、杜鹃花科、胡椒科（Piperaceae）、苦苣苔科（Gesneriaceae）附生植物也非常丰富（Ingram et al.，1996）。Gehrig-Downie 等（2011）发现热带低地云雾林中附生蕨类植物种类比被子植物更丰富，分别占物种数的 3% 和 1%；凤梨科植物是低地云雾林中附生被子植物的优势类群。Aceves 等（2012）研究了墨西哥韦拉克鲁斯山地云雾林中的 3 种凤梨科附生植物多度特征，发现 *Tillandsia multicaulis* 多度最高，平均每个宿主有 209 株，其次为 *T. punctulata*，平均每个宿主有 27 株，而 *T. butzii* 在宿主上的平均多度为 18 株。

（a）华石斛

（b）藓叶卷瓣兰

（c）圆顶假瘤蕨

（d）齿瓣石豆兰

（e）马尾杉

（f）黄花马铃苣苔

图 8-3　海南热带雾林中丰富的附生植物

　　经过长期的进化，附生植物已形成各种"本领"来适应热带云雾林的环境（图8-4）。例如，一些附生植物的根系具有叶绿素，能够利用根系进行光合作用；一些则通过形成肉质化的根状茎来储藏水分，或者在叶片表面着生鳞片来减少水分蒸发；还有一些生长在冠层外围，完全暴露于阳光下的附生植物，具有典型的旱生特征。它们能将根系附生在宿主表面，借助根系捕获空气中的水分，以及森林凋落物中的养分。最近科学家发现，生活在哥斯达黎加云雾林中的一些植物拥有通过叶片吸水的能力，如果这些植物"口渴"了，它们不需要浇水，只要向叶片上喷些水雾，它们就可以将水分摄入。

（a）匙萼卷瓣兰

（b）广东石豆兰

（c）橙花球兰

（d）棕鳞瓦韦

图8-4　热带云雾林中的附生植物利用特殊器官储藏水分或光合作用

全球气候变化对热带云雾林环境和其中植物的分布有直接影响。经验和模型研究均表明：即便小幅度的温室气体浓度升高也会使云雾出现的海拔升高；在北半球的冬天，$CO_2$ 浓度升高一倍将会使云雾层上升 200 m，并使先前云雾林分布的地段变得旱化（Benisten et al.，1997；Still et al.，1999）。丰富、频繁的云雾浸润使附生植物免受干旱胁迫，维持热带云雾林中附生植物的多样性。环境升温后导致的云底抬高会增加附生植物的干旱胁迫，导致物种数和生物量的降低。有研究利用移植的方式，把附生植物移植在云浸强度不同的海拔梯度环境中，发现从最高海拔下移到更干旱和温暖的低海拔中的附生植物，比其他海拔之间的移栽表现出更明显的不适症状，而来自低海拔的附生植物在各个海拔都表现出较强的抗旱性（Rapp et al.，2014）。Nadkarni 等（2002）研究了云雾减少对附生植物的影响，通过给附生植物"搬家"，将高海拔分布的附生植物群落移栽到较低海拔、云雾较少的树干上，并在高海拔将附生植物进行水平移栽作为对照，以排除移栽本身对附生植物表现的影响。发现同海拔的附生植物"搬家"不会产生移栽效应，但是移栽到低海拔的附生植物群落死亡率显著增加，而且叶片寿命显著降低。

哥斯达黎加热带云雾林中的许多植物利用树叶吸收雾水以获取水分，然而受气候变化的影响，云雾层上升，使得依靠雾获取水分的树木变得岌岌可危，森林恐怕比人们想象的更脆弱。Goldsmith 等（2013）从云雾林中挑选了 12 种最常见的植物，另在 2 km 外下坡处一个少有云雾的森林里选取 12 种常见的树木。研究人员将能产生电路回流的塑料叶子插在树枝上，来判断叶子多久会潮湿。他们还分别在晴天和雾天给叶子加热，通过测量树枝的温度，来跟踪植物内部的水分移动情况，以了解有多少植物通过叶子吸收水分。研究小组发现，云雾林中的树木都可以通过叶子吸收水分。但叶子脱水水平的分析显示，云雾林中的树木比下坡处树木的吸水能力高，有 20% 以上的水分是通过叶子吸收的。这一发现为应对气候变暖提出一个全新的问题：科学家推断，如果从加勒比海散发出来的水分是温暖的，它需要更长的时间才能冷却并凝结成雾，水分直到被风推到一个比云雾林更高的海拔，雾才会出现。如果植物种群迁移速度跟不上云雾上升的速度，这些树木将面临缺水的问题。

# 第三节　热带云雾林附生植物与宿主的关系

宿主的树皮厚度、粗糙度、弯曲程度都对附生植物的种类、数量和空间分布有直接影响。如 Sanger 等（2014）在巴拿马的云雾林中研究了树蕨、双子叶植物、棕榈科宿主植物对附生植物多样性的影响，发现不同树种间的平均光照水平没有显著差异；但树蕨上附生膜质叶蕨类植物的盖度高于双子叶植物和棕榈类植物（15 %、0.02 % 和 0.2 %），树蕨上其他附生蕨类（7%、0 和 0.5%）及其他维管植物（16%、3% 和 3.4%）的盖度也较高，并且有较高的丰富度（膜质叶蕨类：3、0.4 和 0.5；其他蕨类：2、0.2 和 0；其他维管植物：7、2 和 2）；双子叶植物宿主上的苔类植物盖度（53%）要高于棕榈类（18%）和树蕨类（27%）。因此，在热带云雾林的不同类型的宿主上，附生植物的种类差异可能与宿主树干物理特性有关，而受光照环境的影响较小。

另外，冠层不同部位的微环境也影响附生植物分布。一般而言，从冠层到地表，风速、平均气温、光照、蒸汽压及红 / 远红光的比例都呈下降的趋势，而湿度呈上升趋势（Cardelus et al.，2005）。树干的大小、方位、倾斜程度及附生基质的土壤特性也会影响附生植物的分布。在墨西哥的云雾林中，蕨类植物的分布与环境湿度显著相关。在中等干旱的环境中，膜蕨科植物 *Trichomanes bucinatum* 分布在潮湿树干基部位置；而铁角蕨属植物 *Asplenium cuspidatum* 因为没有适应干旱的能力，喜欢生长在冠层阴湿的环境中，以此来躲避干旱胁迫。但其他蕨类植物都含有独特的干旱适应策略，如革质化的叶片、肉质化的根状茎及良好的细胞壁弹性等，因此具有相对较广的分布区域（Hietz et al.，1998）。

Hietz 等（1995）发现墨西哥韦拉克鲁斯的云雾林 625 $m^2$ 样方有 39 种附生植物，以兰科植物和蕨类植物占优势。他们发现附生植物对宿主的部位有偏好，冠层高度和树皮厚度都是影响附生植物分布的重要因素。其中附生植物的生物量主要与宿主的冠层体积有关，而树干的胸径对附生植物多样性具有指示作用。例如，大部分兰花都偏好中度或偏厚树皮的宿主；一些耐旱的蕨类植物则能够在不同方位和径级的枝干上附生。成年树因为能为附生植物提供较大的表面积和更丰富的生长基质，通常是附生植物生物量和多样性的集中分布地。刘广福等（2010）在海南岛霸王岭热带云雾林发现附生兰科植物的多度及物种丰富度与宿主胸径存在显著正相关，说明较大胸径的宿主有利于附生兰科植物的定居。因此，在热带云雾林中保持充足的较大树木，就能够为更多的兰花或其他附生植物提供生活空间。树干基部与其他部位不同，因光照强度低、湿度大，适合一些喜湿耐阴的附生植物生长。如果森林因为择伐或其他人为活动被破坏，那么这些敏感的附生植物就会被暴露在太阳直射光下，很容易受到伤害；而对于分布在冠层外围的耐旱附生植物，或许可以在低湿度的较低冠层中生长。

## 第四节　热带云雾林附生植物群落演替

云雾林附生植物群落形成的最初阶段与繁殖体的散布和定居有关（图 8-5）。一般地，附生植物的繁殖体（种子或果实）可以由宿主向空中散布，形成"种子雨"；也可以借助风力或者其他媒介，散布到树干、树丫、枝干、树皮裂隙及一些棕榈科植物的叶柄缝隙处的腐殖质中。Sheldon 等（2013）报道了热带云雾林中附生植物和地生植物的"种子雨"的年变化格局，他们在冠层和林下放置种子收集器收集植物的种子或孢子，发现冠层"种子雨"和林下"种子雨"的组成有很大不同。冠层"种子雨"主要来源于附生植物，林下"种子雨"主要来源于大乔木个体，说明附生植物对于冠层"种子雨"有较大贡献。"种子雨"中的种子以鸟类传播的种类占多数，说明鸟类对云雾林植物种子的传播有很大帮助。从林下"种子雨"的季节变异来看，其种类在旱季更多，但冠层"种子雨"的种类没有明显的季节差异。该研究揭示了冠层和林下"种子雨"组成和分布格局的差异性，并发现食果动物对冠层和林下"种子雨"的格局形成具有重要作用。

（a）　　　　　　　　　　　　　　　（c）

图 8-5　海南鹦哥岭山顶云雾林内树干上分布有丰富的附生植物

　　当附生植物繁殖体在宿主表面定居后，便快速萌发生长，发育形成多样的储水组织来适应云雾林环境，最终形成大小、数量不同的附生植物群落。但是，它们的形成过程也绝非一帆风顺，随着附生植物的生物量增大，整个群落可能因"超重"而从宿主表面掉落，最后可能因不能适应地表环境而逐渐死亡；同时，附生植物的重量也会使干枯的宿主枝干不堪重负，导致树干折断而形成林窗。阳光透过新的林窗照射在地表，催动了一些阳性树种的快速萌发生长。可见，附生植物也是间接促进森林循环更新的重要因子。

当宿主表面的附生植物掉落后，这些裸露的区域就会逐渐发生附生植物群落的恢复演替。科学家在墨西哥蒙特韦尔德热带云雾林通过人工清除附生植物的方法，研究了附生植物群落的建立过程（Nadkarni，2000）。研究结果发现，剥落后的树干上附生植物恢复过程相当缓慢：在研究的前 5 年，树干上没有附生植物迁入；在研究的第 6 年，一些树干的背面开始有苔藓植物和藻类迁入；直到第 10 年的时候，才有一些维管植物的幼苗如凤梨科植物、草胡椒属植物和兰科植物开始生活在逐渐累积加厚的基质上。这说明附生植物的演替过程很缓慢，而在物种组成上是沿着一定的演替系列进行的。例如，最先迁入的植物通常是苔藓植物，它们不需要过多养分和土壤即可生长；苔藓植物定居后通过吸水、分泌酸质等作用慢慢分解树皮上的碎屑，并截留空气中的一些灰尘，逐步改善宿主表面的微环境。苔藓植物对环境的改善作用促进了蕨类、被子植物的定居和生长。

另外，Nadkarni 等（2000）发现恢复 10 年后的植物群落与原生群落的组成有很大差距，原生植物群落主要由碎屑物、苔藓植物和维管植物组成，而迁入的植物群落优势组成为壳状地衣和叶状地衣，维管植物只占很小部分（图 8-6）。最后，研究者发现剥落后的附生植物并不是从边缘向中心生长，而是从空缺处的底部向上生长。该项研究还发现，尽管冠层环境条件有助于附生植物的繁育，但大枝干上附着的基质可能对演替早期阶段植物的迁入有负面作用。

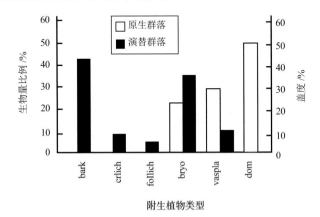

图 8-6　哥斯达黎加蒙特韦尔德成年宿主树干中原生群落中各组分生物量比例
和演替群落各组分盖度

bark 为树皮；crlich 为壳状地衣；follich 为叶状地衣；bryo 为苔藓植物；vaspla 为维管植物；dom 为有机物死物，
包括截留的枯落物、碎屑、冠层腐殖质（引自 Nadkarni et al.，2000）

# 第五节　附生植物的生态功能

附生植物是热带云雾林中的重要组分，在维持物种多样性、固碳、养分循环、水分循环及环境指示等方面有重要意义。附生植物能截留储存在空气中的雾水。例如，Nadkarni（1984）发现附生苔藓储存的水分达到自身干重的 2～5 倍；刘文耀等（2000）研究哀牢山附生植物时发现，苔藓植物密集分布时，吸水量高达自身干重的 20 倍。在干旱季节，附生植物群落可以为森林生态系统提供水分，保持一定的空气湿度；在雨季，它们又对降雨起暂时的阻、缓、蓄的作用，缓解水分因子对森林生态系统的限制（Weathers，1999；徐海清，2005）。因此，附生植物的储水效应还吸引了众多喜湿的和寻求庇护的动物，维系着林冠生物群落中植物、动物和微生物的多样性。Villegas 等（2008）研究了哥伦比亚麦德林市云雾林附生植物储藏雾水的能力，建立了气候因素和雾水截留间的关系，推断液态水含量过高或过低的时候，雾水截留均遭到限制。当液态水含量处于中等水平时，附生植物对雾水的截留作用会随着风速的增加而增加，这是雾水经过液化、凝聚和蒸发的结果，但这一过程又随着风速的持续增加而减少。

附生植物通过吸收大气和空气悬浮物中的矿质营养，经过同化作用储存到组织中参与森林生态系统的养分循环（Nadkarni，1981）。它们能够不断收集空气中的灰尘和凋落物并逐渐形成林冠土，林冠土中的有机质具有涵养水分的功能，在旱季对于维持森林生态系统的过程有很重要的作用（Weaver，1972）。除此之外，增厚的附生植物层能够加速使树干折断，促进林窗的形成，诱导其他植物种子的萌发和幼苗的生长，间接影响森林生态系统的更新。附生植物还为很多鸟类、哺乳动物和无脊椎动物、昆虫等提供栖息场所和食物。

冠层附生植物所储备的生物量也在森林生态系统过程中扮演着重要的角色。Nadkrni 等（1992）调查了哥斯达黎加蒙特韦尔德热带云雾林中附生植物凋落物的现存量、凋落物的输入速率和营养周转速率，发现该地区附生植物凋落物的现存量为 0.5 t·ha$^{-1}$（1988 年），而在 1990 年为 0.3 t·ha$^{-1}$，凋落物的年输入速率为 0.5 t·ha$^{-1}$，约占研究地凋落物总量的 5%～10%。在蒙特韦尔德热带云雾林中，附生植物凋落物的生物量年分解速率为 1.3，高于地生植物的凋落物的分解速率 0.7；除钾之外，其他元素的周转速率是地生植物凋落物 $\frac{1}{6}$～$\frac{1}{4}$ 倍，但钾的周转速率比地生植物凋落物的周转率快 10 倍。

热带低地云雾林附生植物的生物量要高于低地雨林，前者的生物量为58.5 g·m$^{-2}$，后者为 34.5 g·m$^{-2}$，但两种森林类型中附生植物的生物量组成相似，均主要由苔藓植物和地衣组成。从垂直分布来看，两种森林类型中附生植物的分布相似，但含量差距很大（图 8-7），如在低地云雾林中，树干区和冠层区的苔藓和地衣的生物量都超过热带低地雨林；低地云雾林树干区和冠层附生维管植物的总生物量分别是 1.6 g·m$^{-2}$ 和 11.2 g·m$^{-2}$，均显著高于热带低地雨林。整体而言，低地云雾林中附生维管植物的生物量大约是低地雨林的 3 倍之多，说明相比低地雨林而言，低地云雾林附生植物的碳储蓄量更高（Gehrig-Downie et al.，2011）。在研究的不同宿主干区中，附生植物在低地云雾林中的盖度都要高于低地雨林，其中前者的盖度为 70%，而后者的盖度约为 15%。附生植物的盖度主要由苔藓植物组成，而地衣和被子植物都较少；并且被子植物只在低地云雾林中表现出优势（图 8-7 和图 8-8）。

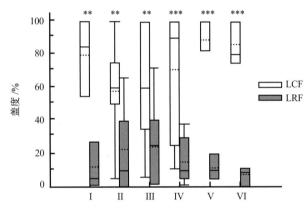

图 8-7　低地云雾林（LCF）（白色）和低地雨林（LRF）（灰色）不同干区和冠区（I–VI）中附生植物的盖度比较

（引自 Gehrig-Downie et al.，2011）

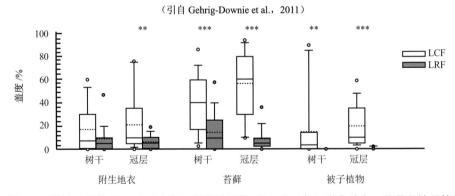

图 8-8　低地云雾林（LCF）（白色）和低地雨林（LRF）（灰）附生地衣、苔藓和被子植物在树干（zones I–III）和冠层（zones IV–VI）上的盖度

（引自 Gehrig-Downie et al.，2011）

对于所有的附生组分而言，它们在冠层的差异性最大，而低地云雾林中的盖

度显著高于低地雨林。

Köhler（2003）在哥斯达黎加对比了原始云雾林与约 30 年林龄的次生云雾林中附生植物生物量的组成，发现原始林中附生植物的生物量（16.2 t·ha$^{-1}$）明显高于次生林（1 t·ha$^{-1}$）。原始林中附生植物的优势组成是苔藓植物，苔藓植物（连同冠层腐殖土）约占附生植物总生物量的 84%；但在次生林中，苔藓植物占附生植物生物量的 92%，并且几乎没有发现腐殖土，说明次生林中附生植物积累的腐殖土含量要远低于原始林。Köhler 的研究还发现，苔藓植物的含水量介于 36% ～ 418%；相比于苔藓植物，冠层腐殖土的含水量的波动范围更小，介于 92% ～ 356%，说明腐殖土的存在有助于维持树栖土的含水量处于稳定水平，从而有助于维持森林附生植物群落中的环境稳定和生物物种生存。在立木水平上，原始林中苔藓植物和冠层树栖土的储水能力分别是为 4.4 mm 和 0.55 mm，而在次生林中苔藓植物的贮水量为 0.36 mm，而冠层腐殖土的储水能力可以忽略（图 8-9，图 8-10）。

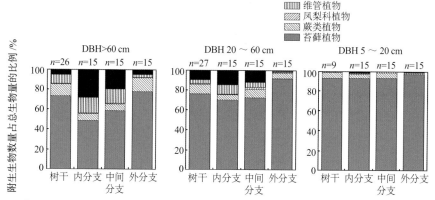

图 8-9　蒙特韦德原始云雾林附生植物生物量在宿主不同位置上的分布（宿主分成 3 个胸径组）

（引自 Köhler，2003）

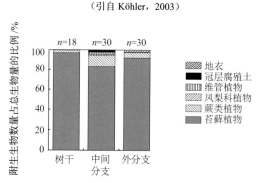

图 8-10　蒙特韦德次生云雾林中附生植物生物量在宿主不同位置上的分布

（引自 Köhler，2003）

# 第六节　热带云雾林附生植物图谱

## 一、石松科 Lycopodiaceae

### 石松属 *Lycopodium*

（1）石松 *Lycopodium japonicum* Thunberg

附生植物（1）石松

【形态特征】　多年生土生植物。匍匐茎地上生，细长横走，2～3回分叉，绿色，被稀疏的叶；侧枝直立，高达40 cm，多回二叉分枝，稀疏，扁平状（幼枝圆柱状），枝连叶直径5～10 mm。叶螺旋状排列，密集，上斜，披针形或线状披针形，长4～8 mm，宽0.3～0.6 mm，基部楔形，下延，无柄，先端渐尖，具透明发丝，边缘全缘，草质，中脉不明显。孢子囊穗（3～）4～8个集生于长达30 cm的总柄，总柄上苞片螺旋状稀疏着生，薄草质，形状如叶片；孢子囊穗不等位着生（即小柄不等长），直立，圆柱形，长2～8 cm，直径5～6 mm，具1～5 cm长的长小柄；孢子叶阔卵形，长2.5～3.0 mm，宽约2 mm，先端急尖，具芒状长尖头，边缘膜质，啮蚀状，纸质；孢子囊生于孢子叶腋，略外露，圆肾形，黄色。

【分布与生境】　全国除东北、华北以外的其他各省区。生于海拔100～3300 m的林下、灌丛下、草坡、路边或岩石上。

## 二、卷柏科 Selaginellaceae

### 卷柏属 *Selaginella*

（2）卷柏 *Selaginella tamariscina* (P. Beauvois) Spring

【形态特征】土生或石生，复苏植物，呈垫状。根托只生于茎的基部，长0.5～3 cm，直径0.3～1.8 mm，根多分叉，密被毛，和茎及分枝密集形成树状主干，有时高达数 10 cm。主茎自中部开始羽状分枝或不等二叉分枝，不呈"之"字形，无关节，禾秆色或棕色，不分枝的主茎高 10～20（～35）cm，茎卵圆柱状，不具沟槽，光滑，维管束 1 条；侧枝 2～5 对，2～3 回羽状分枝，小枝稀疏，规则，分枝无毛，背腹压扁，末回分枝连叶宽 1.4～3.3 mm。叶全部交互排列，二型，叶质厚，表面光滑，边缘不为全

附生植物（2）卷柏

缘，具白边，主茎上的叶较小枝上的略大，覆瓦状排列，绿色或棕色，边缘有细齿，分枝上的腋叶对称，卵形，卵状三角形或椭圆形，（0.8～2.6）mm ×（0.4～1.3）mm，边缘有细齿，黑褐色，中叶不对称，小枝上的椭圆形，（1.5～2.5）mm ×（0.3～0.9）mm，覆瓦状排列，背部不呈龙骨状，先端具芒，外展或与轴平行，基部平截，边缘有细齿（基部有短睫毛），不外卷，不内卷，侧叶不对称，小枝上的侧叶卵形到三角形或距圆状卵形，略斜升，相互重叠，（1.5～2.5）mm ×（0.5～1.2）mm，先端具芒，基部上侧扩大，加宽，覆盖小枝，基部上侧边缘不为全缘，呈撕裂状或具细齿，下侧边近全缘，基部有细齿或具睫毛，反卷，孢子叶穗紧密，四棱柱形，单生于小枝末端，（12～15）mm ×（1.2～2.6）mm；孢子叶一型，卵状三角形，边缘有细齿，具白边（膜质透明），先端有尖头或具芒；大孢子叶在孢子叶穗上下两面不规则排列。大孢子浅黄色；小孢子橘黄色。

【分布与生境】安徽、北京、重庆、福建、贵州、广西、广东、海南、湖北（鹤峰、钧县）、湖南、河北、河南、江苏、江西、吉林、辽宁、内蒙古、青海、陕西、山东、四川、台湾、香港、云南、浙江。常见于海拔（60～）500～1500（～2100）m 的石灰岩上。

## 三、骨碎补科 Davalliaceae

### 阴石蕨属 *Humata*

（3）阴石蕨 *Humata repens* (Linnaeus f.) Small ex Diels

【形态特征】植株高 10～20 cm。根状茎长而横走，粗 2～3 mm，密被鳞片；鳞片披针形，长约 5 mm，宽 1 mm，红棕色，伏生，盾状着生。叶远生；柄

附生植物（3）阴石蕨

长 5～12 cm，棕色或棕禾秆色，疏被鳞片，老则近光滑；叶片三角状卵形，长 5～10 cm，基部宽 3～5 cm，上部伸长，向先端渐尖，二回羽状深裂；羽片 6～10 对，无柄，以狭翅相连，基部一对最大，长 2～4 cm，宽 1～2 cm，近三角形或三角状披针形，钝头，基部楔形，两侧不对称，下延，常略向上弯弓，上部常为钝齿牙状，下部深裂，裂片 3～5 对，基部下侧一片最长，长 1～1.5 cm，椭圆形，圆钝头，略斜向下，全缘或浅裂；从第二对羽片向上渐缩短，椭圆披针形，斜展或斜向上，边缘浅裂或具不明显的疏缺裂。叶脉上面不见，下面粗而明显，褐棕色或深棕色，羽状。叶革质，干后褐色，两面均光滑或下面沿叶轴偶有少数棕色鳞片。孢子囊群沿叶缘着生，通常仅于羽片上部有 3～5 对；囊群盖半圆形，棕色，全缘，质厚，基部着生。

【分布与生境】浙江、江西、福建、台湾、广东、海南、广西、四川、贵州、云南。生于海拔 500～1900 m 的溪边树上或阴处岩石上。

## 四、铁角蕨科 Aspleniaceae

### 巢蕨属 *Neottopteris*

#### （4）巢蕨 *Asplenium nidus* Linnaeus

【形态特征】植株高 1～1.2 m。根状茎直立，粗短，木质，粗 2～3 cm，深棕色，先端密被鳞片；鳞片蓬松，线形，长 1～1.7 cm，先端纤维状并卷曲，边缘有几条卷曲的长纤毛，膜质，深棕色，有光泽。叶簇生；柄长约 5 cm，粗 5～7 mm，浅禾秆色，木质，干后下面为半圆形隆起，上面有阔纵沟，表面平滑而不皱缩，两侧无翅，基部密被线形棕色鳞片，向上光滑；叶片阔披针形，长 90～120 cm，渐尖头或尖头，中部最宽

附生植物（4）巢蕨

处为（8～）9～15 cm，向下逐渐变狭而长下延，叶边全缘并有软骨质的狭边，干后反卷。主脉下面几全部隆起为半圆形，上面下部有阔纵沟，向上部稍隆起，表面平滑不皱缩光滑，暗禾秆色；小脉两面均稍隆起，斜展，分叉或单一，平行，相距约1 mm。叶厚纸质或薄革质，干后灰绿色，两面均无毛。孢子囊群线形，长3～5 cm，生于小脉的上侧，自小脉基部外行约达1/2，彼此接近，叶片下部通常不育；囊群盖线形，浅棕色，厚膜质，全缘，宿存。

【分布与生境】台湾、广东、海南、广西、贵州、云南、西藏。成大丛附生于海拔100～1900 m的雨林中树干上或岩石上。

## 五、水龙骨科 Polypodiaceae

### 骨牌蕨属 Lemmaphyllum

（5）骨牌蕨 Lemmaphyllum rostratum (Beddome) Tagawa

【形态特征】植株高约10 cm。根状茎细长横走，粗约1 mm，绿色，被鳞片；鳞片钻状披针形，边缘有细齿。叶远生，一型；不育叶阔披针形或椭圆形，钝圆头，基部楔形，下延，长6～10 cm，中部以下为最宽2～2.5 cm，全缘，肉质，干后革质，淡棕色，两面近光滑。主脉两面均隆起，小脉稍可见，有单一或分叉的内藏小脉。孢子囊群圆形，通常位于叶片最宽处以上，在主脉两侧各成一行，略靠近主脉，幼时被盾状隔丝覆盖。

附生植物（5）骨牌蕨

【分布与生境】产浙江、广东、海南、广西、贵州和云南。附生林下树干上或岩石上，海拔240～1700 m。

### 瓦韦属 Lepisorus

（6）瓦韦 Lepisorus thunbergianus (Kaulfuss) Ching

【形态特征】植株高约8～20 cm。根状茎横走，密被披针形鳞片；鳞片褐棕色，大部分不透明，仅叶边1～2行网眼透明，具锯齿。叶柄长1～3 cm，禾秆色；叶片线状披针形，或狭披针形，中部最宽0.5～1.3 cm，渐尖头，基部渐变狭并下延，干后黄绿色至淡黄绿色，或淡绿色至褐色，纸质；主脉上下均隆起，

附生植物（6）瓦韦

小脉不见。孢子囊群圆形或椭圆形，彼此相距较近，成熟后扩展几密接，幼时被圆形褐棕色的隔丝覆盖。

【分布与生境】产台湾、福建、江西、浙江、安徽、江苏、湖南、湖北、北京、山西、甘肃、四川、贵州、云南、西藏。附生于海拔 400～3800 m 的山坡林下树干或岩石上。

### 假瘤蕨属 *Phymatopteris*

（7）圆顶假瘤蕨 *Selliguea obtusa* (Ching) S. G. Lu, Hovenkamp & M. G. Gilbert

【形态特征】附生植物。根状茎长而横走，粗约 3 mm，密被鳞片；鳞片披针形，长约 5 mm，锈棕色，顶端渐尖，边缘全缘。叶远生；叶柄长约 6～10 cm，禾秆色至淡棕色，光滑无毛；叶片长圆形或卵圆形，长约 5～15 cm，宽约 2～3 cm，顶端钝圆，基部楔形，边缘全缘或波状，具软骨质边。侧脉粗壮，斜展，两面明显；小脉不明显。叶革质，两面光滑无毛。孢子囊群圆形，在叶片中脉两侧各 1 行，靠近中脉着生。

【分布与生境】产海南、广西、西藏。附生树干上或石上，海拔 1400～1700 m。

附生植物（7）圆顶假瘤蕨

## 六、槲蕨科 Drynariaceae

### 崖姜蕨属 *Pseudodrynaria*

（8）崖姜蕨 *Pseudodrynaria coronans* (Wallich ex Mettenius) Copeland

【形态特征】根状茎横卧，粗大，肉质，密被蓬松的长鳞片，有被毛茸的线状根混生于鳞片间，弯曲的根状茎盘结成为大块的垫状物，由此生出一丛无柄而略开展的叶，形成一个圆而中空的高冠，形体极似巢蕨；鳞片钻状长线形，深锈色，边缘有睫毛。叶一型，长圆状倒披针形，长 80～120 cm 或过之，中部宽 20～30 cm，顶端渐尖，向下渐变狭，至下约 1/4 处狭缩成宽 1～2 cm 的翅，至基部又渐扩张成膨大的圆心脏形，宽 15 ~ 25 cm，有宽缺刻或浅裂的边缘，基部以上叶片为羽状深裂，再向上几乎深裂到叶轴；裂片多数，斜展或略斜向上，被圆形的缺刻所分开，披针形，中部的裂片长达 15 ~ 22 cm，宽 2 ~ 3 cm，急尖头或圆头，为阔圆形的缺刻所分开；叶脉粗而很明显，侧脉斜展，隆起，通直，相距 4 ~ 5 mm，向外达于加厚的边缘，横脉与侧脉直角相交，成一回网眼，再分割一次成 3 个长方形的小网眼，内有顶端成棒状的分叉小脉。叶硬革质，两面均无毛，干后硬而有光泽，裂片往往从关节处脱落。孢子囊群位于小脉交叉处，叶片下半部通常不育，4 ~ 6 个生于侧脉之间，但并不位于正中央，而是略

附生植物（8）崖姜蕨

偏近下脉，每一网眼内有 1 个孢子囊群，在主脉与叶缘间排成一长行，圆球形或长圆形，分离，但成熟后常多少汇合成一连贯的囊群线。

【分布与生境】　福建、台湾、广东、广西、海南、贵州、云南。附生于海拔 100 ~ 1900 m 的雨林或季雨林中生树干上或石上。

# 七、兰科 Orchidaceae

## 1. 蜘蛛兰属 *Arachnis*

### （9）窄唇蜘蛛兰 *Arachnis labrosa* (Lindley & Paxton)

附生植物（9）窄唇蜘蛛兰

【形态特征】　茎伸长，达 50 cm，粗 7 ~ 10 mm，质地硬，具多数节和互生多数二列的叶。叶革质，带状，长 15 ~ 30 cm，宽 1.6 ~ 2.2 cm 或更宽，先端钝且具不等侧 2 裂，基部具抱茎的鞘；叶鞘套叠，宿存。花序斜出，长达 1 m，具分枝；花序柄和花序轴细圆柱形，圆锥花序疏生多数花；花苞片红棕色，宽卵形，长 5 ~ 8 mm，先端钝；花梗和子房棕色，纤细，长约 2 cm；花淡黄色带红棕色斑

点，开展，萼片和花瓣倒披针形；萼片长约 1.8 cm，宽约 3 mm，先端近钝；花瓣比萼片小；唇瓣肉质，长约 1 cm，3 裂；侧裂片小，直立，近三角形，基部宽约 2 mm，先端钝；中裂片厚肉质，舌形，先端锐尖或稍钝且其背面具 1 个圆锥形肉突，基部中央凹陷，而其两侧各具 1 个指向后方的乳突；距位于唇瓣中裂片的中部，圆锥形，厚肉质，长 4 ～ 5 mm，向后弯曲，距口位于唇瓣的两侧裂片之间和中裂片的基部；蕊柱粗壮，长 6 mm，粗 4 mm，具不明显的蕊柱足；蕊喙三角形，先端宽凹缺；黏盘柄近卵状三角形，长 1 mm；黏盘近半圆形，与黏盘柄基部等宽。花期 8 ～ 9 月。

【分布与生境】台湾、海南、广西、云南南部。生于海拔 800 ～ 1200 m 的山地林缘树干上或山谷悬岩上。

## 2. 石豆兰属 *Bulbophyllum*

### （10）乐东石豆兰 *Bulbophyllum ledungense* Tang & F. T. Wang

【形态特征】根状茎匍匐，粗 1 ～ 2 mm，分枝。根出自生有假鳞茎和不生假鳞茎的节上。假鳞茎在根状茎上彼此相距 1 ～ 4 cm，圆柱状或椭圆形，直立或稍弧曲上举，长 8 ～ 13 mm，中部粗 3 ～ 5 mm，顶生 1 枚叶，幼时在基部具 3 枚大小不等的膜质鞘。叶革质，长圆形，长 1.5 ～ 3 cm，中部宽 3 ～ 8 mm，先端圆钝而稍凹入，基部收窄为长 1 ～ 2 mm 的柄。花葶 1 ～ 2 个，从假鳞茎基部或两假鳞茎之间的根状茎上发出，直立，纤细，长 10 ～ 20 mm；总状花序缩短呈伞状，具 2 ～ 5 朵花；花序柄具 3 枚膜质鞘，鞘宽松地围抱花序柄，长约 3 mm，先端渐尖；花苞片小，长圆形，与花梗连同子房等长，长约 2.5 mm，先端渐尖；萼片离生，质地较厚，披针形，长 4 ～ 6 mm，基部上方宽约 1.2 mm，先端渐尖，中部以上两侧边缘稍内卷，具 3 条脉；侧萼片比中萼片稍较长，基部贴生在蕊柱足上；花瓣长圆形，长 2 mm，中部宽 0.8 mm，先端短急尖，基部稍收窄，全缘，具 3 条脉，仅中肋到达先端；唇瓣肉质，狭长圆形，长约 1.2 mm，中部宽 0.4 mm，先端圆钝，基部具凹槽，上面两侧各具一条紧靠边缘而纵走的龙骨脊，下面多少具细乳突；蕊柱粗短，长约 0.8 mm；蕊柱齿钻状，与药帽等高，长约 0.4 mm；蕊柱足长 0.8 mm，其分离部分长约

附生植物（10）乐东石豆兰

0.3 mm；药帽前缘先端具短尖。花期 6～10 月。

【分布与生境】海南（乐东、保亭）。生于山坡林下岩石上。

（11）薜叶卷瓣兰 *Bulbophyllum retusiusculum* H. G. Reichenbach

【形态特征】根状茎匍匐，粗约 2 mm。假鳞茎通常彼此相距 1～3 cm，罕有近聚生，卵状圆锥形或狭卵形，大小变化较大，长 5～25 mm，中部粗 4～13 mm，顶生 1 枚叶，基部有时被鞘腐烂后残存的纤维，干后表面具皱纹或纵条棱。根出自生有假鳞茎的根状茎节上。叶革质，长圆形或卵状披针形，大小变化较大，长 1.6～8 cm，中部宽 4～18 mm，先端钝并且稍凹入，基部收窄为短柄，近先端处边缘常较粗糙。花葶出自生有假鳞茎的根状茎节上，近直立，纤细，常高出叶外，长达 14 cm，伞形花序具多数花；花序柄粗约 1 mm，疏生 3 枚筒状鞘；花苞片狭披针形，舟状，长 3～6 mm，先端渐尖；花梗和子房纤细，长 5～10 mm；中萼片黄色带紫红色脉纹，长圆状卵形或近长方形，长 3～3.5 mm，中部宽 1.5～2 mm，先端近截形并具宽凹缺，边缘全缘或稍粗糙，具 3 条脉，背面中部以下有时疏生乳突；侧萼片黄色，狭披针形或线形，长 11～21 mm，宽 1.5～3 mm，两侧边缘在先端处稍内卷或不内卷，先端渐尖，基部贴生在蕊柱足上，背面有时疏生乳突状毛，基部上方扭转而两侧萼片的上下侧边缘分别彼此黏合并且形成宽椭圆形或长角状的"合萼"；花瓣黄色带紫红色的脉，近似中萼片，几乎方形或卵形，长 2.5～3 mm，中部宽约 1.8 mm，先端圆钝，

基部约 2/5 贴生在蕊柱足上，边缘全缘或稍较粗糙，具 3 条脉；唇瓣肉质，舌形，约从中部向外下弯，长约 3 mm，先端稍钝，基部具凹槽且与蕊柱足末端连接而形成活动关节；蕊柱长 1.5～2 mm；蕊柱翅在蕊柱基部稍扩大；蕊柱足长 2.5 mm，其分离部分长 1 mm，向上弯曲；蕊柱齿近三角形，长约 0.8 mm，先端尖齿状；药帽前端近圆形，上面稍具细乳突。花期 9～12 月。

附生植物（11）薜叶卷瓣兰

【分布与生境】甘肃南部、台湾、海南、湖南南部、四川中部、云南东南部和西北部、西藏东南部和南部。生于海拔 500～2800 m 的山地林中树干上或林下岩石上。

### 3. 贝母兰属 *Coelogyne*

（12）流苏贝母兰 *Coelogyne fimbriata* Lindley Bot

【形态特征】 根状茎较细长，匍匐，粗 1.5 ～ 2.5 mm，节间长 3 ～ 7 mm。假鳞茎在根状茎上相距 2 ～ 4.5（～ 8）cm，狭卵形至近圆柱形，长 2 ～ 3（～ 4.5）cm，粗 5 ～ 15 mm，干后无光泽，顶端生 2 枚叶，基部具 2 ～ 3 枚鞘；鞘卵形，长 1 ～ 2 cm，老时脱落。叶长圆形或长圆状披针形，纸质，长 4 ～ 10 cm，宽 1 ～ 2 cm，急端急尖；叶柄长 1 ～ 1.5（～ 2）cm。花葶从已长成的假鳞茎顶端发出，长 5 ～ 10 cm，基部套叠有数枚圆筒形的鞘；鞘紧密围抱花葶；总状花序通常具 1 ～ 2 朵花，但同一时间只有 1 朵开放；花序轴顶端为数枚白色苞片所覆盖；花苞片早落；花梗和子房长 1 ～ 1.2 cm；花淡黄色或近白色，仅唇瓣上有红色斑纹；萼片长圆状披针形，长 1.6 ～ 2 cm，宽 4 ～ 7 mm；花瓣丝状或狭线形，与萼片近等长，宽 0.7 ～ 1 mm；唇瓣卵形，3 裂，长 1.3 ～ 1.8 cm；侧裂片近卵形，直立，顶端多少具流苏；中裂片近椭圆形，长 5 ～ 7 mm，宽 5 ～ 6 mm，先端钝，边缘具流苏；

附生植物（12）流苏贝母兰

唇盘上通常具 2 条纵褶片，从基部延伸至中裂片上部近顶端处，有时在中裂片外侧还有 2 条短的褶片，唇盘基部还有 1 条短褶片；褶片上均有不规则波状圆齿；蕊柱稍向前倾，长 1 ～ 1.3 cm，两侧具翅，翅自基部向上渐宽，一侧 1 ～ 1.3 mm，顶端略有不规则缺刻或齿。蒴果倒卵形，长 1.8 ～ 2 cm，粗约 1 cm；果梗长 6 ～ 7 mm。花期 8 ～ 10 月，果期翌年 4 ～ 8 月。

【分布与生境】 江西南部、广东、海南、广西、云南、西藏东南部。生于海拔 500 ～ 1200 m 的溪旁岩石上或林中、林缘树干上。

### 4. 牛角兰属 *Ceratostylis*

（13）牛角兰 *Ceratostylis hainanensis* Z. H. Tsi

【形态特征】 附生草本，具粗短的根状茎和许多纤维根。茎丛生，很短，不分枝，长约 1 cm，外被多枚鳞片状鞘；鞘卵状披针形或卵形，红棕色，长 5 ～ 10 mm。叶 1 枚，生于茎顶端，线状倒披针形或线形，长 3 ～ 6 cm，宽 2.5 ～

4（～5）mm，先端为不等的浅 2 圆裂或 2 钝裂，裂口有时不明显，基部逐渐收狭成短柄，有关节。花序生于茎顶端，通常减退为 1 花；花苞片很小，基部抱轴，干膜质，长约 1 mm，宿存；总花梗和花梗长 4～5 mm；花白色，近基部有淡紫色斑纹，有香气；中萼片椭圆状长圆形，长 4～5 mm，宽约 2 mm，先端近急尖；侧萼片近宽长圆形，长 6～7 mm，宽约 3 mm，基部生于蕊柱足上，形成长达

附生植物（13）牛角兰

2 mm 的萼囊；花瓣披针状长圆形，长 3.5～4 mm，宽约 1.5 mm，先端钝；唇瓣生于蕊柱足末端，近宽椭圆状菱形，长 5～6 mm，宽 3.5～4 mm，不明显的 3 裂；侧裂片半椭圆形；中裂片宽心状卵形，肉质；唇盘上有 2 条纵褶片；褶片肉质，基部具长柔毛；蕊柱极短，有蕊柱足。蒴果近椭圆形，长 5～6 mm，粗 2.5～3.5 mm。花果期 6～10 月。

【分布与生境】海南。生于海拔 700～1000 m 的林中树上或溪谷畔岩石上。

### 5. 隔距兰属 *Cleisostoma*

（14）大序隔距兰 *Cleisostoma paniculatum* (Ker Gawler) Garay

【形态特征】茎直立，扁圆柱形，伸长，达 20 余 cm，通常粗 5～8 mm，被叶鞘所包，有时分枝。叶革质，多数，紧靠，二列互生，扁平，狭长圆形或带状，长 10～25 cm，宽 8～20 mm，先端钝并且不等侧 2 裂，有时在两裂片之间具 1

附生植物（14）大序隔距兰

枚短突，基部具"V"字形的叶鞘，与叶鞘相连接处具 1 个关节。花序生于叶腋，远比叶长，多分枝；花序柄粗壮，近直立，圆锥花序具多数花；花苞片小，卵形，长约 2 mm，先端急尖；花梗和子房长约 1 cm；花开展，萼片和花瓣在背面黄绿色，内面紫褐色，边缘和中肋黄色；中萼片近长圆形，凹的，长 4.5 mm，宽 2 mm，先端钝；侧萼片斜长圆形，约等大于中萼片，基部

贴生于蕊柱足；花瓣比萼片稍小；唇瓣黄色，3裂；侧裂片直立，较小、三角形，先端钝，前缘内侧有时呈胼胝体增厚；中裂片肉质，与距交成钝角，先端翘起呈倒喙状，基部两侧向后伸长为钻状裂片，上面中央具纵走的脊突，其前端高高隆起；距黄色，圆筒状，劲直，长约4.5 mm，末端钝，具发达或不甚发达的隔膜，内面背壁上方具长方形的胼胝体；胼胝体上面中央纵向凹陷，基部稍2裂并且密布乳突状毛；蕊柱粗短；药帽前端截形并且具3个缺刻；黏盘柄宽短，近基部曲膝状折叠；黏盘大，新月状或马鞍形。花期5～9月。

【分布与生境】江西东部、福建、台湾、广东南部至北部、香港、海南、广西、四川南部至中部、贵州东部、云南东南部至北部。生于海拔240～1240 m的常绿阔叶林中树干上或沟谷林下岩石上。

## 6. 石斛属 *Dendrobium*

### （15）密花石斛 *Dendrobium densiflorum* Wallich

【形态特征】茎粗壮，通常棒状或纺锤形，长25～40 cm，粗达2 cm，下部常收狭为细圆柱形，不分枝，具数个节和4个纵棱，有时棱不明显，干后淡褐色并且带光泽。叶常3～4枚，近顶生，革质，长圆状披针形，长8～17 cm，宽2.6～6 cm，先端急尖，基部不下延为抱茎的鞘。总状花序从去年或2年生具叶的茎上端发出，下垂，密生许多花，花序柄基部被2～4枚鞘；花苞片纸质，倒卵形，长1.2～1.5 cm，宽6～10 mm，先端钝，具约10条脉，干后多少席卷；花梗和子房白绿色，长2～2.5 cm；花开展，萼片和花瓣淡黄色；中萼片卵形，长1.7～2.1 cm，宽8～12 mm，先端钝，具5条脉，全缘；侧萼片卵状披针形，近等大于中萼片，

先端近急尖，具5～6条脉，全缘；萼囊近球形，宽约5 mm；花瓣近圆形，长1.5～2 cm，宽1.1～1.5 cm，基部收狭为短爪，中部以上边缘具啮齿，具3条主脉和许多支脉；唇瓣金黄色，圆状菱形，长1.7～2.2 cm，宽达2.2 cm，先端圆形，基部具短爪，中部以下两侧围抱蕊柱，上面和下面的中部以上密被短绒毛；蕊柱橘黄色，长约4 mm；药帽橘黄色，前后压扁的半球形或圆锥形，前端边缘截形，并且具细缺刻。花期4～5月。

附生植物（15）密花石斛

【分布与生境】广东北部、海南、广西、西藏东南部。生于海 420 ～ 1000 m 的常绿阔叶林中树干上或山谷岩石上。

（16）华石斛 *Dendrobium sinense* Tang & F. T. Wang

【形态特征】茎直立或弧形弯曲而上举，细圆柱形，偶尔上部膨大呈棒状，长达 21 cm，粗 3 ～ 4 mm，不分枝，具多个节，节间长 1.5 ～ 3 cm。叶数枚，二列，通常互生于茎的上部，卵状长圆形，长 2.5 ～ 4.5 cm，宽 6 ～ 11 mm，先端钝并且不等侧 2 裂，基部下延为抱茎的鞘，幼时两面被黑色毛，老时毛常脱落；叶鞘被黑色粗毛，幼时尤甚。花单生于具叶的茎上端，白色；花苞片卵状披针形，长 6 ～ 7 mm，先端急尖，下面被黑色毛；花梗连同子房长 1.5 ～ 2.5 cm，基部被 2 ～ 3 枚不等长的鞘，子房稍棒状；中萼片卵形，长约 2 cm，宽 7 ～ 9 mm，先端急尖，具 5 条脉；侧萼片斜三角状披针形，上侧边缘与中萼片等长，比中萼片宽，具 7 条脉；萼囊宽圆锥形，长约 1.3 cm；花瓣近椭圆形，比中萼片稍长而较宽，先端稍钝，具 7 条脉；唇瓣的整体轮廓倒卵形，长达 3.5 cm，3 裂；侧裂片近扇形，围抱蕊柱；中裂片扁圆形，小于两侧裂片先端之间的宽，先端紫红色，2 裂，唇盘具 5 条纵贯的褶片；褶片红色，在中部呈小鸡冠状；蕊柱长约 5 mm；蕊柱齿大，三角形；药帽近倒卵形，顶端微 2 裂，被细乳突。花期 8 ～ 12 月。

附生植物（16）华石斛

【分布与生境】海南。生于海拔达 1000 m 的山地疏林中树干上。

（17）黑毛石斛 *Dendrobium williamsonii* J. Day & H. G. Reichenbach

【形态特征】茎圆柱形，有时肿大呈纺锤形，长达 20 cm，粗 4 ～ 6 mm，不分枝，具数节，节间长 2 ～ 3 cm，干后金黄色。叶数枚，通常互生于茎的上部，革质，长圆形，长 7 ～ 9.5 cm，宽 1 ～ 2 cm，先端钝并且不等侧 2 裂，基部下延为抱茎的鞘，密被黑色粗毛，尤其叶鞘。总状花序出自具叶的茎端，具 1 ～ 2 朵花；花序柄长 5 ～ 10 mm，基部被 3 ～ 4 枚短的鞘；花苞片纸质，卵形，长约 5 mm，先端急尖；花开展，萼片和花瓣淡黄色或白色，相似，近等大，狭卵状长圆形，长 2.5 ～ 3.4 cm，宽 6 ～ 9 mm，先端渐尖，具 5 条脉；中

附生植物（17）黑毛石斛

萼片的中肋在背面具矮的狭翅；侧萼片与中萼片近等大，但基部歪斜，具 5 条脉，在背面的中肋具矮的狭翅；萼囊劲直，角状，长 1.5 ～ 2 cm；唇瓣淡黄色或白色，带橘红色的唇盘，长约 2.5 cm，3 裂；侧裂片围抱蕊柱，近倒卵形，前端边缘稍波状；中裂片近圆形或宽椭圆形，先端锐尖，边缘波状；唇盘沿脉纹疏生粗短的流苏；蕊柱长约 6 mm；药帽短圆锥形，前端边缘密生短髯毛。花期 4 ～ 5 月。

【分布与生境】 海南、广西西北部和北部、云南东南部和西部。生于海拔约 1000 m 的林中树干上。

## 7. 毛兰属 *Eria*

（18）长苞毛兰 *Eria obvia* W. W. Smith

【形态特征】 假鳞茎密集，纺锤形，长 4 ～ 6.5 cm，粗 1 ～ 1.4 cm，幼时外面被 5 ～ 6 枚鞘，基部鞘质地较厚且短，上部质地薄且长，随着假鳞茎长大，鞘逐渐脱落。叶 3 ～ 4 枚，着生于假鳞茎顶端，椭圆形或倒卵状披针形，长 5 ～ 20 cm，宽 1.5 ～ 3 cm，先端钝，基部渐狭，具 9 ～ 13 条主脉。花序 1 ～ 3 个，生于近假鳞茎顶端叶的外侧，具多花；花序柄长 3 ～ 4 cm；花序轴具黄褐色毛或近无毛；花苞片披针形，长 1 ～ 2 cm，宽 1 ～ 3 mm，先端长渐尖；花白色；中萼片披针形，长 8 ～ 10 mm，宽 2 ～ 3 mm，先端钝；侧萼片较中萼片稍短，宽 3 ～ 5 mm，先端急尖，基部与蕊柱足合生成萼囊；花瓣较中萼片短，宽 1 ～ 2 mm，先端钝；唇瓣轮廓近长圆形，长 5 ～ 7 mm，宽 3 ～ 5 mm，3 裂；侧裂片与中裂片相交成锐角，近卵形，长 1 ～ 2 mm，先端尖；中裂片长圆形，长 2 ～ 3 mm，宽 1 ～ 2 mm，先端圆；唇盘上面具 3 条褶片，中间褶片延伸到中裂片基部，两侧褶片较短，但较中间褶片高；蕊柱长 2 ～

附生植物（18）长苞毛兰

4 mm；蕊柱足长 2 ～ 4 mm；药帽半球形，前端平截，长约 1.5 mm；花粉团椭圆形，宽大于长，黄色。蒴果倒卵状圆柱形，长 1.5 ～ 2 cm。花期 4 ～ 5 月，果期 9 ～ 10 月。

【分布与生境】 海南、广西西部和云南南部。生于海拔 700 ～ 2000 m 的林中，常附生于树干上。

（19）指叶毛兰 *Eria pannea* Lindl.

【形态特征】 植物体较小，幼时全体被白色绒毛，但除花序及花外，毛易脱落。根状茎明显，具鞘，相距 2 ～ 5 cm 着生假鳞茎；假鳞茎长 1 ～ 2 cm，不膨大，圆柱形，粗约 3 ～ 4 mm，上部近顶端处着生 3 ～ 4 枚叶，基部被 2 ～ 3 枚筒状鞘。叶肉质，圆柱形，稍两侧压扁，长 4 ～ 20 cm，宽约 3 mm，近轴面具槽，槽边缘常残留有稀疏的白色绒毛，顶端钝，基部套叠，叶脉不明显。花序 1 个，着生于假鳞茎顶部，从叶内侧发出，长 3 ～ 5 cm，具 1 ～ 4 朵花，基部具 1 ～ 2 枚膜质不育苞片；花苞片卵状三角形，长约 6 mm，宽 4 mm，先端钝；花梗和子房长 7 ～ 10 mm；花黄色，萼片外面密被白色绒毛，内面黄褐色（干时），疏被绒毛；中萼片长圆状椭圆形，长近 6 mm，宽 3 mm，先端圆钝；侧萼片斜卵状三角形，长约 6 mm，宽近 5 mm，先端圆钝，基部与蕊柱足合生成萼囊；花瓣长圆形，长近 5 mm，宽约 2 mm，先端钝，两面疏被白色绒毛；唇瓣近倒卵状椭圆形，长约 7 mm，宽约 4 mm，不裂，上部稍肉质，深褐色（干时），上面被白色短绒毛，背面基部被稍长的白色绒毛，其余部分被稍短的毛，先端圆钝，基部收窄并具 1 枚线形胼胝体，近端部具 1 枚显著的长椭圆形胼胝体；基部胼胝体长约 2 mm，宽 0.5 mm 左右，近端部胼胝体长约 2 mm，宽约 1 mm；蕊柱极短，长约 1.5 mm，背面疏被白色绒毛；蕊柱足长近 4 mm，宽达 1.5 mm；药帽卵形，高近 1.5 mm；花粉团梨形，扁平，黄色，长约 0.5 mm。花期 4 ～ 5 月。

附生植物（19）指叶毛兰

【分布与生境】海南东南部、广西、贵州西南部、云南西南部和西藏东南部。生于海拔 800 ～ 2200 m 的林中树上或林下岩石上。

（20）五脊毛兰 *Eria quinquelamellosa* T. Tang et F. T. Wang

【形态特征】 假鳞茎紧密着生，长圆状椭圆形，通常两侧压扁，略有皱纹，

附生植物（20）五脊毛兰

长 3.5 cm，中部粗 1.5 cm，顶端具 3 枚叶，被多枚鞘。叶两面具粉状物，狭长圆形，长 13 ～ 17 cm，中部宽 1.4 cm，先端锐尖，基部稍变窄；叶脉两面凸起，无明显叶柄。花序自鞘腋内发出，长达 12 cm，被长柔毛，疏生 20 余朵花；花苞片膜质，披针形，先端渐尖，较花梗和子房长；花梗和子房长 6 ～ 8 mm，纤细，具柔毛；花无毛；中萼片舌状，长 7 mm，基部宽 2 mm，先端渐尖；侧萼片镰状卵形，长 6 mm，宽 3 mm，先端锐尖；花瓣镰刀状狭舌形，长 6 mm，宽 1.5 mm，先端钝；唇瓣近倒卵形，长 6 mm，宽 4 mm，中部 3 裂，基部具爪；爪具槽，向内弯曲；侧裂片半卵状镰形，内侧长 1.3 mm，先端锐尖；中裂片扁圆形，长近 2 mm，宽 2.5 mm，先端钝；唇盘上具 5 条不甚明显的褶片，褶片基部合生；蕊柱长近 3 mm。

【分布与生境】产海南。生于岩石上。

### （21）石豆毛兰 *Eria thao* Gagnep.

【形态特征】根状茎发达，在假鳞茎着生处稍膨大；假鳞茎相距 1 ～ 3 cm，卵球状或球状，粗约 1.2 cm，为 2 枚膜质、鞘状叶所包被，在顶端叶脱落处稍膨大成壶嘴状。叶 1 枚，顶生，椭圆形或长圆状椭圆形，革质，长（3 ～）5 ～ 10 cm，宽（1 ～）1.5 ～ 2 cm，先端钝，基部渐狭成长 1.5 ～ 2 cm 的柄，具 8 ～ 9 条主脉。花序着生于假鳞茎顶端，长约 2 cm，仅具 1 朵花，密被红棕色绵毛，果期略有伸长；花苞片很小，宽三角形，长约 1 mm，宽 2 mm；花梗和子房长约 5 mm，密被红棕色绵毛；花黄色；萼片外面密被红棕色绵毛；中萼片披针状长圆形，长 1.7 cm，宽 6 ～ 8 mm，先端钝；侧萼片三角状卵形，长约 2 cm，宽 6 ～ 9 mm，先端钝，基部与蕊柱足合生成萼囊；花瓣椭圆形，长约 1.5 cm，宽约 5 mm，先端钝；唇瓣桃红色带紫，长约 1.5 cm，宽约 1 cm，3 裂；侧裂片近三角形，长 4 mm，宽 3 mm，与中裂片交成锐角；中裂片近长圆形，长近 1 cm，宽约 6 mm，边缘明显加厚；唇盘上具 3 条纵褶片，中间褶片不明

附生植物（21）石豆毛兰

显，两侧褶片较高；蕊柱长约 6 mm，顶部膨大，两侧有短翅翼；蕊柱足长约 8 mm；药帽近圆形，长约 3 mm，宽约 2.5 mm；花粉团黑褐色（干时），倒卵形，稍扁，长约 1 mm。蒴果椭圆状圆柱形，长约 3.1 cm，粗约 1 cm，疏被红棕色绵毛；果柄长 2 ～ 3.5 cm，密被红棕色绵毛。花期 8 ～ 10 月，果期 12 月至翌年 2 月。

【分布与生境】 产海南南部。生于海拔 600 ～ 1200 m 的林中乔木上或岩石上。

## 8. 厚唇兰属 *Epigeneium*

### （22）厚唇兰 *Epigeneium clemensiae* Gagnepain

【形态特征】 根状茎粗 4 ～ 6 mm，通常分枝，密被多数筒状鞘；鞘栗色、纸质，长约 2 cm，先端钝，具多数明显的脉。假鳞茎在根状茎上疏生，彼此相距 3 ～ 14 cm，卵形或椭圆形，长 2 ～ 5 cm，粗 7 ～ 20 mm，被鳞片状大型的膜质鞘所包，干后金黄色，顶生 2 枚叶。叶倒卵形或倒卵状披针形，长 2.5 ～ 4.7 cm，宽达 1.3 cm，基部楔形并且收狭呈柄。花序顶生于假鳞茎，远比叶短，具 1 朵花；花序柄长 1.5 ～ 2 cm，被 2 枚鞘所包；鞘长圆形，膜质，长约为花序柄的 2 倍，宽达 1.2 cm；花苞片长 1 ～ 1.7 cm；花梗和子房长 4.5 ～ 5 cm；花大，开展，黄绿色带深褐色斑点；中萼片披针形，长约 4.5 cm，中部宽 8 mm，先端急尖，具 14 ～ 15 条脉；侧萼片镰刀状披针形，与中萼片等长，基部较宽，11 ～ 15 mm，先端急渐尖，具 14 ～ 15 条脉；花瓣披针形，等长于萼片，基部宽 6 mm，先端急渐尖，具 7 ～ 8 条脉；

唇瓣基部无爪，长约 26 mm，3 裂；侧裂片短小，直立，先端近圆形，比后唇宽；中裂片近菱形，较长，长约 6 mm，与两侧裂片先端之间（摊平后）的宽几乎相等，先端近急尖；唇盘（在两侧裂片之间）具 3 条褶片，其中央 1 条较长；蕊柱粗壮，长约 15 mm；蕊柱足长约 14 mm。花期 10 ～ 11 月。

【分布与生境】 海南、云南东南部、贵州东北部。海拔 1000 ～ 1300 m 的密林中，生于树干上。

附生植物（22）厚唇兰

## 9. 金石斛属 *Flickingeria Hawkes*

### （23）狭叶金石斛 *Flickingeria angustifolia* (Blume) A. D.

【形态特征】根状茎匍匐，粗 3～4 mm，具长 5～10 mm 的节间，具多分枝，每相距 4～5 个节间发出 1 个茎。茎金黄色，下垂，纤细，通常多分枝；第一级分枝之下的茎长约 6 cm，具 3 个节间。假鳞茎金黄色，稍扁的细纺锤形，长 3～3.5 cm，粗 4～7 mm，具 1 个节间，顶生 1 枚叶。叶革质，狭披针形，长 7～10 cm，宽 8～12 mm，先端锐尖并且微 2 裂。花序通常为单朵花，生于叶基部的背侧（远轴面），基部被覆 2～3 枚簇生的鳞片状鞘；花梗和子房长约 7 mm；花质地薄，仅开放半天，随后凋谢；萼片和花瓣淡黄色带褐紫色条纹；中萼片卵状椭圆形，长 5.5 mm，宽 3 mm，先端钝，具 3 条主脉和少数支脉，侧萼片斜卵状三角形，比中萼片宽而大，先端锐尖，基部很歪斜而较宽，具 5 条主脉和少数支脉；萼囊大，与子房交成锐角，长约 7 mm；花瓣卵状披针形，长 5 mm，宽 2 mm，先端急尖，具 2～3 条主脉和少数支脉；唇瓣长 1 cm，基部具长爪，3 裂，

附生植物（23）狭叶金石斛

侧裂片（后唇）除边缘浅白色外其余紫色，直立，先端近圆形，两侧裂片先端之间的宽约 5 mm；中裂片（前唇）橘黄色，近倒卵形，长 5 mm，边缘平直，全缘，前部深 2 裂，裂口中央具 1 短凸；裂片直立，近倒卵形；唇盘具 2 条从中裂片基部延伸至近先端的高褶片；蕊柱粗短，长约 3 mm；药帽半球形，前端近半圆形，其边缘稍不整齐。花期 6～7 月。

【分布与生境】海南、广西西南部。生于海拔约 1000 m 的山地疏林中树干上。

## 10. 羊耳蒜属 *Liparis*

### （24）小巧羊耳蒜 *Liparis delicatula* J. D. Hooker

【形态特征】附生草本，很小，近丛生。假鳞茎密集，长圆形或近圆柱状梭形，长 5～9 mm，直径 3～5 mm，顶端或近顶端处具 2（～3）枚叶。叶匙状长圆形至长圆状披针形，纸质，长 1.2～3.5（～4.5）cm，宽 5～11 mm，先端急尖并具短尖，基部收狭成短柄，有关节。花葶长 4～10 cm，上部有时具狭翅，

靠近花序下方具少数不育苞片；总状
花序长 2～5 cm，具数朵至 10 余朵花；
花苞片卵状披针形，长 2～3 mm；花
梗和子房长 3～4 mm；花白色；中萼
片卵状长圆形，长 2.5～3 mm，宽 1.5～
1.8 mm，先端钝，背面有龙骨状突起；
侧萼片卵形或卵状椭圆形，稍斜歪，
宽约 2 mm，背面无龙骨状突起；花
瓣狭线披针形，长 2.5～3 mm，宽
约 0.5 mm；唇瓣宽椭圆形或近圆形，

附生植物（24）小巧羊耳蒜

长约 2.5 mm，先端近截形或浑圆并有短尾，中部以下两侧明显皱缩并扭曲，使
上部强烈外折，基部两侧各有 1 个圆形的耳状皱褶，貌似胼胝体，近基部中央有
1 个中央凹陷的胼胝体；蕊柱长约 2.2 mm，直立，前面上部有 2 翅，两侧下部又
有 2 翅。蒴果三棱状倒卵形，长约 4 mm，宽约 2.5 mm；果梗长约 2 mm。花期
10 月，果期翌年 1 月。

【分布与生境】　海南、云南西部至南部和西藏东南部。生于海拔 500～
2900 m 的山坡或河谷林中树上。

## 11. 云叶兰属 *Nephelaphyllum*

### （25）云叶兰 *Nephelaphyllum tenuiflorum* Blume

【形态特征】　植株匍匐状。根状茎肉质，粗 2～5 mm，被长约 1 cm 的膜
质鞘。假鳞茎貌似叶柄状，肉质，细圆柱形，长 1～2 cm，粗 1.5～2 mm，

附生植物（25）云叶兰

顶生 1 枚叶。叶卵状心形，稍肉质，
长 2.2～4（～7）cm，基部宽 1.3～
3.5 cm，先端急尖或近骤尖，基部近心
形，无柄。花葶出自于根状茎末端一
节的假鳞茎基部侧旁，长 9～20 cm；
总状花序疏生 1～3 朵花；花序柄基
部较肥厚；花苞片膜质，披针形，长
4～6 mm；花梗和子房长约 1 cm；
花张开，绿色带紫色条纹；萼片近相
似，倒卵状狭披针形，长约 1 cm，
宽约 2.5 mm，先端短渐尖，具 1 条脉；花瓣匙形，等长于萼片而稍宽，先端近急尖，具 3 条脉；唇瓣近椭圆形，稍凹陷，长约 1 cm，宽 6 ～ 7 mm，不明显 3 裂；中裂片近半圆形并具皱波状的边缘，先端微凹，基部具囊状距；唇盘密布长毛，近先端处簇生流苏状的附属物；距长 3 mm，末端稍凹入；蕊柱稍扁，长约 6 mm。花期 6 月。

【分布与生境】 海南（保亭、乐东、白沙）和香港。生于海拔 900 m 的山坡林下。

## 12. 石仙桃属 *Pholidota*

（26）石仙桃 *Pholidota chinensis* Lindley，J. Hort.

【形态特征】 根状茎通常较粗壮，匍匐，直径 3 ～ 8 mm 或更粗，具较密的节和较多的根，相距 5 ～ 15 mm 或更短距离生假鳞茎；假鳞茎狭卵状长圆形，大小变化甚大，一般长 1.6 ～ 8 cm，宽 5 ～ 23 mm，基部收狭成柄状；柄在老假鳞茎尤为明显，长达 1 ～ 2 cm。叶 2 枚，生于假鳞茎顶端，倒卵状椭圆形、倒披针状椭圆形至近长圆形，长 5 ～ 22 cm，宽 2 ～ 6 cm，先端渐尖、急尖或近短尾状，具 3 条较明显的脉，干后多少带黑色；叶柄长 1 ～ 5 cm。花葶生于幼嫩假鳞茎顶端，发出时其基部连同幼叶均为鞘所包，长 12 ～ 38 cm；总状花序常多少外弯，具数朵至 20 余朵花；花序轴稍左右曲折；花苞片长圆形至宽卵形，常多少对折，长 1 ～ 1.7 cm，宽 6 ～ 8 mm，宿存，至少在花凋谢时不脱落；花梗和子房长 4 ～ 8 mm；花白色或带浅黄色；中萼片椭圆形或卵状椭圆形，长 7 ～ 10 mm，宽 4.5 ～ 6 mm，凹陷成舟状，背面略有龙骨状突起；侧萼片卵状披针形，略狭于中萼片，具较明显的龙骨状突起；花瓣披针形，长 9 ～ 10 mm，宽 1.5 ～ 2 mm，背面略有龙骨状突起；唇瓣轮廓近宽卵形，略 3 裂，下半部凹陷成半球形的囊，囊两侧各有 1 个半圆形的侧裂片，前方的中裂片卵圆形，长、宽各 4 ～ 5 mm，

附生植物（26）石仙桃

先端具短尖，囊内无附属物；蕊柱长 4 ～ 5 mm，中部以上具翅，翅围绕药床；蕊喙宽舌状。蒴果倒卵状椭圆形，长 1.5 ～ 3 cm，宽 1 ～ 1.6 cm，有 6 棱，3 个棱上有狭翅；果梗长 4 ～ 6 mm。花期 4 ～ 5 月，果期 9 月至翌年 1 月。

【分布与生境】 浙江南部、福建、广东、海南、广西、贵州西南部、云南西北部至东南部和西藏东南部。生于林

中或林缘树上、岩壁上或岩石上，海拔通常在 1500 m 以下，少数可达 2500 m。

（27）云南石仙桃 *Pholidota yunnanensis* Rolfe，J. Linn

【形态特征】根状茎匍匐，分枝，粗 4～6 mm，密被箨状鞘，通常相距 1～3 cm 生假鳞茎；假鳞茎近圆柱状，向顶端略收狭，长（1.5～）2～5 cm，宽 6～8 mm，幼嫩时为箨状鞘所包，顶端生 2 叶。叶披针形，坚纸质，长 6～15 cm，宽 7～18（～25）mm，具折扇状脉，先端略钝，基部渐狭成短柄。花葶生于幼嫩假鳞茎顶端，连同幼叶从靠近老假鳞茎基部的根状茎上发出，长 7～9（～12）cm；总状花序具 15～20 朵花；花序轴有时在近基部处略左右曲折；花苞片在花期逐渐脱落，卵状菱形，长 6～8 mm，宽 4.5～5.5 mm；花梗和子房长 3.5～5 mm；花白色或浅肉色，直径 3～4 mm；中萼片宽卵状椭圆形或卵状长圆形，长 3.2～3.8 mm，宽 2～2.5 mm，稍凹陷，背面略有龙骨状突起；侧萼片宽卵状披针形，略狭于中萼片，凹陷成舟状，背面有明显龙骨状突起；花瓣与中萼片相似，但不凹陷，背面无龙骨状突起；唇瓣轮廓为长圆状倒卵形，略长于萼片，宽约 3 mm，先端近截形或钝并常有不明显的凹缺，近基部稍缢缩并凹陷成一个杯状或半球形的囊，无附属物；蕊柱长 2～2.5 mm，顶端有围绕药床的翅，翅的两端各有 1 个不甚明显的小齿；蕊喙宽舌状。蒴果倒卵状椭圆形，长约 1 cm，宽约 6 mm，有 3 棱；果梗长 2～4 mm。花期 5 月，果期 9～10 月。

【分布与生境】广西、湖北西部、湖南西部、四川东北部至南部、贵州和云南东南部。生于海拔 1200～1700 m 的林中或山谷旁的树上或岩石上。

附生植物（27）云南石仙桃

### 13. 匙唇兰属 *Schoenorchis*

（28）匙唇兰 *Schoenorchis gemmata* (Lindley) J. J. Smith

【形态特征】茎质地稍硬，下垂，通常弧曲状下弯，稍扁圆柱形，长 5～20 cm，粗 5～8 mm，不分枝，节间长 7～15 mm，被宿存的叶鞘。叶扁平，伸展，对折呈狭镰刀状或半圆柱状向外下弯，长 4～13 cm，宽 5～13（～17）mm，先端钝并且 2～3 小裂，基部具紧抱于茎的鞘。圆锥花序从叶腋发出，比叶长或多少等长，密生许多小花；花序柄和具肋棱的花序轴紫褐色，纤细；花苞片小，

附生植物（28）匙唇兰

卵状三角形，长约 1 mm，先端急尖；花梗和子房紫红色，长 3 mm，子房膨大，较长；花不甚开展；中萼片紫红色，卵形，长 1.5 ～ 2.2 mm，宽 1 ～ 1.2 mm，先端钝，具 1 条脉；侧萼片紫红色，近唇瓣的一侧边缘白色，稍斜卵形，长 2 ～ 2.5 mm，宽 1.1 ～ 1.4 mm，先端钝，在背面中肋稍隆起呈龙骨状；花瓣紫红色，倒卵状楔形，长 1.1 ～ 1.5 mm，宽约 1 mm，先端截形而其中央凹缺，具 1 条脉；唇瓣匙形，3 裂；侧裂片紫红色，直立，半卵形，长 1.5 mm，宽约 1 mm；中裂片白色，厚肉质，匙形，向前伸展，长 2 ～ 2.5 mm，宽 1.7 ～ 2.1 mm，先端钝，基部具短爪；距紫红色，与子房平行，圆锥形，长约 2 mm，粗 1.5 mm，末端钝；距口前方具 1 个肉质舌状物伸入距内；蕊柱黄褐色，长约 0.8 mm；蕊喙 2 裂，其裂片很短小，先端钝；药帽黄褐色，前端伸长为先端钝并且向上翘起的三角形。蒴果近卵形，长约 6 mm，粗 3 mm。花期 3 ～ 6 月，果期 4 ～ 7 月。

【分布与生境】 福建南部、香港、海南、广西、云南和西藏东南部。生于海拔 250 ～ 2000 m 的山地林中树干上。

# 参 考 文 献

崔明昆，2001. 附生苔藓植物对城市大气环境的生态监测 [J]. 云南师范大学学报（自然科学版），21(3)：54-57.

刘广福，2010. 海南岛热带森林附生维管植物多样性和分布 [D]. 北京：中国林业科学研究院 .

刘广福，臧润国，丁易，等，2010. 海南霸王岭不同森林类型附生兰科植物的多样性和分布 [J]. 植物生态学报，(4)：396-408.

刘文耀，马文章，杨礼攀，2006. 林冠附生植物生态学研究进展 [J]. 植物生态学报，30(3)：522-533.

Bates J W，Mcnee P J，Mcleod A R，1996. Effects of sulphur dioxide and ozone on lichen colonization of conifers in the Liphook Forest Fumigation Project[J]. New Phytologist，132(4)：653-660.

Benisten H，Diaz F，Bradley R S，1997. Climatic change at high elevation sites： An overview[J]. Climatic Change，36：233-251.

Benzing D H，1998. Vulnerabilities of tropical forests to climate change： The significance of resident epiphytes[J] Climate Change，39(2)：519-540.

Cardelus C L，Chazdon R L，2005. Inner-crown microenvironments of two emergent tree species in a lowland wet forest. Biotropica，37(2)：238-244.

Coxson D S，1991. Nutrient releases from epiphytic bryophytes in tropical montane rain forest (Guadeloupe)[J]. Canadian Journal of Botany，69：2122-2129.

Gehrig‐Downie C，Obregón A，Bendix J，et al，2011. Epiphyte biomass and canopy microclimate in the tropical lowland cloud forest of French Guiana[J]. Biotropica，43(5)：591-596.

Goldsmith G R，Matzke N J，Dawson T E，2013. The incidence and implications of clouds for cloud forest plant water relations[J]. Ecology Letters，16(3)：307-314.

Hietz P，1999. Diversity and conservation of epiphytes in a changing environment[EB/OL]. [2010-04-25]. http：//www. iupac. org/symposia/proceedings/phuket97/hietz. html.

Hietz P，Briones O，1998. Correlation between water relations and within-canopy distribution of epiphytic ferns in a Mexican cloud forest[J]. Oecologia，114(3)：305-316.

Hietz P，Hietz-Seifert U，1995. Structure and Ecology of Epiphyte Communities of a Cloud Forest in Central Veracruz，Mexico[J]. Journal of Vegetation Science，6(5)：719-728.

Ingram S W，Ferrell-Ingram K，Nadkarni N M，1996. Floristic composition of vascular epiphytes in an Neotropical montane Forest，Monteverde，Costa Rica[J]. Selbyana，17(1)：88-103.

Köhler L. 2003. Epiphyte biomass and its hydrological properties in old-growth and secondary montane cloud forest，Montevde，Costa Rica[R]. FIESTA Project Working Paper：1-17.

Kreft H，Köster N，Küper W，et al.，2004. Diversity and biogeography of vascular epiphytes in Western Amazonia，Yasuní，Ecuador[J]. Journal of Biogeography，31(9)：1463-1476.

Kress W，1986. The systematic distribution of vascular epiphytes：An update[J]. Selbyana，9(1)：2-22.

Nadkarni N M，1981. Canopy Roots：Convergent evolution in rain forest nutrient cycles[J]. Science，214(4524)：1023-1024.

Nadkarni N M，1984. Biomass and mineral capital of epiphytes in an Acer macrophyllum community of a temperate moist coniferous forest，Olympic Peninsula，Washington State[J]. Canadian Journal of Botany，62：2223-2228.

Nadkarni N M，2000. Colonization of stripped branch surfaces by epiphytes in a lower montane cloud forest，Monteverde，Costa Rica[J]. Biotropica，32(2)：358-363.

Nadkarni N M，Matelson T J，1992. Biomass and nutrient dynamics of fine litter of terrestrially rooted material in an Neotropical montane Forest，Costa Rica[J]. Biotropica，24(2)：113-120.

Nadkarni N M，Solano R，2002. Potential effects of climate change on canopy communities in a tropical cloud forest：an experimental approach[J]. Oecologia，131(4)：580.

Nieder J，Prosperi J，Michaloud G，2001. Epiphytes and their contribution to canopy diversity[J]. Plant Ecology，153：51-63.

Rapp J M，Silman M R，2014. Epiphyte response to drought and experimental warming in an Andean cloud forest[J]. F1000research，3：1-29.

Sanger J C，Kirkpatrick J B，2014. Epiphyte assemblages respond to host life-form independently of variation in microclimate in lower montane cloud forest in Panama[J]. Journal of tropical ecology，30(6)：625-628.

Sheldon K S，Nadkarni N M，2013. Spatial and temporal variation of seed rain in the canopy and on the ground of a tropical cloud Forest[J]. Biotropica，45(5)：549-556.

Still C J Foster P N，Schneider S H，1999. Simulating the effects of climate change on tropical montane cloud forests[J]. Nature，789：608-610.

Toledo-Aceves T，García-Franco J G，Lozada S L，et al.，2012. Germination and seedling survivorship of three Tillandsia species in the cloud-forest canopy[J]. Journal of Tropical Ecology，28 (4)：423-426.

Villegas J C，Tobón C，Breshears D D，2008. Fog interception by non-vascular epiphytes in tropical montane cloud forests：dependencies on gauge type and meteorological conditions[J]. Hydrological Processes，22(14)：2484-2492.

Waring R H，Schlesinger W H，1985. Forest Ecosystems：Concepts and Management[M]. Orlando：Academic Press.

Weathers K C，1999. The importance of cloud and fog in the maintenance of ecosystems[J]. Trends in Ecology & Evolution，14(6)：214.

Weaver P L，1972. Cloud moisture interception in the Luquillo Mountains of Puerto Rico[J]. Caribbean Journal of Science，12 (3)：129-144.

Xu H Q，Liu W Y，2005. Species diversity and distribution of epiphytes in the montane moist evergreen broad-leaved forest in Ailao Mountain，Yunnan[J]. Biodiversity Science，13：137-147.

Zotz G，Bader M Y，2009. Epiphytic Plants in a Changing World-Global：Change Effects on Vascular and Non-Vascular Epiphytes[M]//Lüttge U，Beyschlag W，Büdel B，et al.，Progress in Botany. Berlin：Springer：147-170.

# 附：海南热带云雾林植物名录

## 大 型 真 菌

大型真菌 12 科 27 属 34 种

| | | |
|---|---|---|
| | 一、炭团菌科 | Hypoxylaceae |
| | 炭团菌属 | *Hypoxylon* |
| 1 | 山地炭团菌 | *Hypoxylon monticulosum* |
| | 二、鹅膏科 | Amanitaceae |
| | 鹅膏属 | *Amanita* |
| 2 | 绒毡鹅膏 | *Amanita vestita* |
| | 三、小皮伞科 | Marasmiaceae |
| | 小皮伞属 | *Marasmius* |
| 3 | 靓丽小皮伞 | *Marasmius bellus* |
| 4 | 近刚毛小皮伞 | *Marasmius subsetiger* |
| | 四、小菇科 | Mycenaceae |
| | 胶孔菌属 | *Favolaschia* |
| 5 | 丛伞胶孔菌 | *Favolaschia manipularis* |
| | 小菇属 | *Mycena* |
| 6 | 沟柄小菇 | *Mycena polygramma* |
| 7 | 血色小菇 | *Mycena sanguinolenta* |
| | 五、类脐菇科 | Omphalotaceae |
| | 微香菇属 | *Lentinula* |
| 8 | 香菇 | *Lentinula edodes* |
| | 六、膨瑚菌科 | Physalacriaceae |
| | 金褴伞属 | *Cyptotrama* |
| 9 | 光盖金褴伞 | *Cyptotrama glabra* |
| | 七、木耳科 | Auriculariaceae |
| | 木耳属 | *Auricularia* |
| 10 | 皱木耳 | *Auricularia delicate* |
| | 八、锈革菌科 | Hymenochaetaceae |
| | 褐孔菌属 | *Fuscoporia* |
| 11 | 铁褐孔菌 | *Fuscoporia ferrea* |
| 12 | 黑壳褐孔菌 | *Fuscoporia rhabarbarina* |
| | 纤孔菌属 | *Inonotus* |
| 13 | 三色纤孔菌 | *Inonotus tricolor* |
| | 木层孔菌属 | *Phellinus* |
| 14 | 椭圆孢木层孔菌 | *Phellinus ellipsoideus* |
| | 桑黄属 | *Sanghuangporus* |
| 15 | 环区桑黄 | *Sanghuangporus zonatus* |
| | 九、灵芝科 | Ganodermataceae |
| | 灵芝属 | *Ganoderma* |
| 16 | 树舌灵芝 | *Ganoderma applanatum* |

| 17 | 南方灵芝 | *Ganoderma australe* |
| 18 | 弯柄灵芝 | *Ganoderma flexipes* |
| | 十、多孔菌科 | Polyporaceae |
| | 革孔菌属 | *Coriolopsis* |
| 19 | 褐白革孔菌 | *Coriolopsis brunneoleuca* |
| | 棱孔菌属 | *Favolus* |
| 20 | 丛生棱孔菌 | *Favolus acervatus* |
| | 层架菌属 | *Flabellophora* |
| 21 | 黄层架菌 | *Flabellophora licmophora* |
| | 层孔菌属 | *Fomes* |
| 22 | 木蹄层孔菌 | *Fomes fomentarius* |
| | 粗盖孔菌属 | *Funalia* |
| 23 | 红斑粗毛盖孔菌 | *Funalia sanguinaria* |
| | 香菇属 | *Lentinus* |
| 24 | 翘鳞韧伞 | *Lentinus squarrosulus* |
| | 大孔菌属 | *Megasporia* |
| 25 | 拟囊体大孔菌 | *Megasporia cystidiolophora* |
| | 小孔菌属 | *Microporus* |
| 26 | 近缘小孔菌 | *Microporus affinis* |
| 27 | 褐扇小孔菌 | *Microporus vernicipes* |
| | 新棱孔菌属 | *Neofavolus* |
| 28 | 三河新棱孔菌 | *Neofavolus mikawae* |
| | 多年卧孔菌属 | *Perenniporia* |
| 29 | 白蜡多年卧孔菌 | *Perenniporia fraxinea* |
| | 栓孔菌属 | *Trametes* |
| 30 | 光盖栓孔菌 | *Trametes glabrorigens* |
| 31 | 毛栓孔菌 | *Trametes hirsuta* |
| | 十一、韧革菌科 | Stereaceae |
| | 韧革菌属 | *Stereum* |
| 32 | 粗毛韧革菌 | *Stereum hirsutum* |
| | 趋木革菌属 | *Xylobolus* |
| 33 | 金丝趋木革菌 | *Xylobolus spectabilis* |
| | 十二、齿耳菌科 | Steccherinaceae |
| | 薄盖菌属 | *Trulla* |
| 34 | 柔韧薄盖菌 | *Trulla duracina* |

# 苔 藓 植 物

## 苔藓植物 23 科 31 属 40 种

| | 一、曲尾藓科 | Dicranaceae |
|---|---|---|
| | 锦叶藓属 | *Dicranoloma* |
| 1 | 锦叶藓 | *Dicranoloma dicarpum* |
| | 白锦藓属 | *Leucoloma* |
| 2 | 柔叶白锦藓 | *Leucoloma molle* |
| | 二、白发藓科 | Leucobryaceae |
| | 白发藓属 | *Leucobryum* |
| 3 | 狭叶白发藓 | *Leucobryum bowringii* |
| 4 | 爪哇白发藓 | *Leucobryum javense* |
| 5 | 疣叶白发藓 | *Leucobryum scabrum* |
| | 三、花叶藓科 | Calymperaceae |
| | 花叶藓属 | *Calymperes* |
| 6 | 拟花叶藓海南变种 | *Calymperes levyanum* |
| | 四、凤尾藓科 | Fissidentaceae |
| | 凤尾藓属 | *Fissidens* |
| 7 | 网孔凤尾藓 | *Fissidens polypodioides* |
| 8 | 南京凤尾藓 | *Fissidens teysmannianus* |
| | 五、真藓科 | Bryaceae |
| | 大叶藓属 | *Rhodobryum* |
| 9 | 暖地大叶藓 | *Rhodobryum giganteum* |
| | 六、桧藓科 | Rhizogoniaceae |
| | 桧藓属 | *Pyrrhobryum* |
| 10 | 刺叶桧藓 | *Pyrrhobryum spiniforme* |
| | 七、羽藓科 | Thuidiaceae |
| | 羽藓属 | *Thuidium* |
| 11 | 拟灰羽藓 | *Thuidium glaucinoides* |
| | 八、蔓藓科 | Meteoriaceae |
| | 灰气藓属 | *Aerobryopsis* |
| 12 | 大灰气藓 | *Aerobryopsis subdivergens* |
| | 新丝藓属 | *Neodicladiella* |
| 13 | 鞭枝新丝藓 | *Neodicladiella flagellifera* |
| | 假悬藓属 | *Pseudobarbella* |
| 14 | 短尖假悬藓 | *Pseudobarbella attenuata* |
| | 九、灰藓科 | Hypnaceae |
| | 灰藓属 | *Hypnum* |
| 15 | 尖叶灰藓 | *Hypnum callichroum* |
| 16 | 大灰藓 | *Hypnum plumaeforme* |
| | 拟鳞叶藓属 | *Pseudotaxiphyllum* |
| 17 | 东亚拟鳞叶藓 | *Pseudotaxiphyllum pohliaecarpum* |
| | 十、毛锦藓科 | Pylaisiadelphaceae |
| | 小锦藓属 | *Brotherella* |
| 18 | 南方小锦藓 | *Brotherella henonii* |
| | 十一、锦藓科 | Sematophyllaceae |
| | 顶苞藓属 | *Acroporium* |

| 19 | 顶苞藓 | *Acroporium stramineum* |
|---|---|---|
|  | 十二、蕨藓科 | Pterobryaceae |
|  | 拟蕨藓属 | *Pterobryopsis* |
| 20 | 拟蕨藓 | *Pterobryopsis crassicaulis* |
|  | 十三、带叶苔科 | Pallaviciniaceae |
|  | 带叶苔属 | *Pallavicinia* |
| 21 | 暖地带叶苔 | *Pallavicinia levieri* |
|  | 十四、歧舌苔科 | Schistochilaceae |
|  | 歧舌苔属 | *Schistochila* |
| 22 | 大歧舌苔 | *Schistochila aligera* |
|  | 十五、假苞苔科 | Notoscyphaceae |
|  | 假苞苔属 | *Notoscyphus* |
| 23 | 假苞苔 | *Notoscyphus lutescens* |
|  | 十六、绒苔科 | Trichocoleaceae |
|  | 绒苔属 | *Trichocolea* |
| 24 | 绒苔 | *Trichocolea tomentella* |
|  | 十七、指叶苔科 | Lepidoziaceae |
|  | 鞭苔属 | *Bazzania* |
| 25 | 连生鞭苔 | *Bazzania adnexa* |
| 26 | 三裂鞭苔 | *Bazzania tridens* |
|  | 指叶苔属 | *Lepidozia* |
| 27 | 细指叶苔 | *Lepidozia trichodes* |
| 28 | 硬指叶苔 | *Lepidozia vitrea* |
|  | 新指叶苔属（新拟） | *Neolepidozia* |
| 29 | 瓦氏新指叶苔（新拟） | *Neolepidozia wallichiana* |
|  | 十八、须苔科 | Mastigophoraceae |
|  | 须苔属 | *Mastigophora* |
| 30 | 硬须苔 | *Mastigophora diclados* |
|  | 十九、羽苔科 | Plagiochilaceae |
|  | 羽苔属 | *Plagiochila* |
| 31 | 树形羽苔 | *Plagiochila arbuscula* |
|  | 二十、齿萼苔科 | Lophocoleaceae |
|  | 异萼苔属 | *Heteroscyphus* |
| 32 | 四齿异萼苔 | *Heteroscyphus argutus* |
| 33 | 柔叶异萼苔 | *Heteroscyphus tener* |
|  | 二十一、扁萼苔科 | Radulaceae |
|  | 扁萼苔属 | *Radula* |
| 34 | 台湾扁萼苔 | *Radula formosa* |
| 35 | 曲瓣扁萼苔 | *Radula kurzii* |
|  | 二十二、细鳞苔科 | Lejeuneaceae |
|  | 唇鳞苔属 | *Cheilolejeunea* |
| 36 | 粗茎唇鳞苔 | *Cheilolejeunea trapezia* |
| 37 | 卷边唇鳞苔 | *Cheilolejeunea xanthocarpa* |
|  | 疣鳞苔属 | *Cololejeunea* |
| 38 | 距齿疣鳞苔 | *Cololejeunea macounii* |
|  | 毛鳞苔属 | *Thysananthus* |
| 39 | 棕红毛鳞苔 | *Thysananthus spathulistipus* |
|  | 二十三、绿片苔科 | Aneuraceae |
|  | 片叶苔属 | *Riccardia* |
| 40 | 线枝片叶苔 | *Riccardia diminuta* |

# 蕨 类 植 物

## 蕨类植物 28 科 43 属 56 种

|  |  |  |
|---|---|---|
|  | 一、石杉科 | Huperziaceae |
|  | 马尾杉属 | *Phlegmariurus* |
| 1 | 马尾杉 | *Phlegmariurus phlegmaria* |
|  | 二、石松科 | Lycopodiaceae |
|  | 石松属 | *Lycopodium* |
| 2 | 石松 | *Lycopodium japonicum* |
|  | 三、卷柏科 | *Selaginellaceae* |
|  | 卷柏属 | *Selaginella* |
| 3 | 卷柏 | Selaginella tamariscina. |
| 4 | 深绿卷柏 | *Selaginella doederleinii* |
| 5 | 单子卷柏 | *Selaginella monospora* |
|  | 四、瘤足蕨科 | Plagiogyriaceae |
|  | 瘤足蕨属 | *Plagiogyria* |
| 6 | 镰羽瘤足蕨（倒叶瘤足蕨） | *Plagiogyria falcatadunnii.* |
|  | 五、里白科 | *Gleicheniaceae* |
|  | 芒萁属 | *Dicranopteris* |
| 7 | 芒萁 | *Dicranopteris dichotoma* |
|  | 里白属 | Hicriopteris |
| 8 | 阔片里白 | *Hicriopteris blotiana* |
| 9 | 海南里白 | *Hicriopteris simulans* |
|  | 六、膜蕨科 | *Hymenophyllaceae* |
|  | 假脉蕨属 | *Crepidomanes* |
| 10 | 南洋假脉蕨 | Crepidomanes bipunctatum |
|  | 蕗蕨属 | *Mecodium* |
| 11 | 毛蕗蕨 | *Mecodium exsertum* |
|  | 七、桫椤科 | Cyatheaceae |
|  | 桫椤属 | *Alsophila* |
| 12 | 桫椤 | *Alsophila spinulosa* |
|  | 八、稀子蕨科 | Monachosoraceae |
|  | 稀子蕨属 | *Monachosorum* |
| 13 | 稀子蕨 | *Monachosorum henryi* |
|  | 九、陵齿蕨科 | *Lindsaeaceae* |
|  | 陵齿蕨属 | *Lindsaea* |
| 14 | 华南鳞始蕨（陵齿蕨） | Lindsaea austrosinica |
|  | 乌蕨属 | *Stenoloma* |
| 15 | 乌蕨 | *Stenoloma chusanum* |
|  | 十、蕨科 | Pteridiaceae |
|  | 蕨属 | *Pteridium* |
| 16 | 毛轴蕨 | *Pteridium revolutum* |
|  | 十一、凤尾蕨科 | Pteridaceae |
|  | 凤尾蕨属 | *Pteris* |
| 17 | 栗轴凤尾蕨 | *Pteris wangiana* |
|  | 十二、中国蕨科 | Sinopteridaceae |
|  | 粉背蕨属 | *Aleuritopteris* |
| 18 | 粉背蕨 | *Aleuritopteris pseudofarinosa* |

| | 十三、书带蕨科 | *Vittariaceae* |
|---|---|---|
| | 书带蕨属 | Vittaria |
| 19 | 剑叶书带蕨 | *Vittaria amboinensis* |
| 20 | 书带蕨 | *Vittaria flexuosa* |
| | 十四、蹄盖蕨科 | *Athyriaceae* |
| | 蹄盖蕨属 | *Athyrium* |
| 21 | 海南蹄盖蕨 | *Athyrium hainanense* |
| | 双盖蕨属 | *Diplazium* |
| 22 | 双盖蕨 | Diplazium donianum |
| | 毛轴线盖蕨属 | *Monomelangium* |
| 23 | 毛轴线盖蕨 | *Monomelangium pullingeri* |
| | 十五、肿足蕨科 | Hypodematiaceae |
| | 肿足蕨属 | *Hypodematium* |
| 24 | 肿足蕨 | *Hypodematium crenatum* |
| | 十六、金星蕨科 | *Thelypteridaceae* |
| | 金星蕨属 | *Parathelypteris* |
| 25 | 钝角金星蕨 | Parathelypteris angulariloba |
| | 新月蕨属 | *Pronephrium* |
| 26 | 羽叶新月蕨 | *Pronephrium parishii* |
| | 十七、铁角蕨科 | *Aspleniaceae* |
| | 铁角蕨属 | Asplenium |
| 27 | 倒挂铁角蕨 | *Asplenium normale* |
| 28 | 长叶铁角蕨 | *Asplenium prolongatum* |
| | 巢蕨属 | *Neottopteris* |
| 29 | 巢蕨 | *Asplenium nidus* |
| | 十八、乌毛蕨科 | *Blechnaceae* |
| | 乌毛蕨属 | *Blechnum* |
| 30 | 乌毛蕨 | Blechnum orientale |
| | 苏铁蕨属 | *Brainea* |
| 31 | 苏铁蕨 | *Brainea insignis* |
| | 崇澍蕨属 | *Chieniopteris* |
| 32 | 崇澍蕨 | Chieniopteris harlandii |
| | 十九、球盖蕨科 | *Peranemaceae* |
| | 红腺蕨属 | *Diacalpe* |
| 33 | 圆头红腺蕨 | *Diacalpe annamensis* |
| | 二十、鳞毛蕨科 | *Dryopteridaceae* |
| | 贯众属 | *Cyrtomium* |
| 34 | 镰羽贯众 | *Cyrtomium balansae* |
| | 鳞毛蕨属 | *Dryopteris* |
| 35 | 迷人鳞毛蕨 | *Dryopteris decipiens* |
| 36 | 柄叶鳞毛蕨 | Dryopteris podophylla |
| 37 | 蓝色鳞毛蕨 | *Dryopteris polita* |
| | 耳蕨属 | *Polystichum* |
| 38 | 灰绿耳蕨 | *Polystichum eximium* |
| | 二十一、舌蕨科 | *Elaphoglossaceae* |
| | 舌蕨属 | Elaphoglossum |
| 39 | 舌蕨 | *Elaphoglossum conforme* |
| 40 | 华南舌蕨 | *Elaphoglossum yoshinagae* |
| 41 | 云南舌蕨 | Elaphoglossum yunnanense |
| | 二十二、肾蕨科 | *Nephrolepidaceae* |
| | 肾蕨属 | *Nephrolepis* |

| 42 | 肾蕨 | Nephrolepis auriculata |
|---|---|---|
|  | 二十三、条蕨科 | *Oleandraceae* |
|  | 条蕨属 | *Oleandra* |
| 43 | 光叶条蕨 | Oleandra musifolia |
|  | 二十四、骨碎补科 | *Davalliaceae* |
|  | 阴石蕨属 | *Humata* |
| 44 | 阴石蕨 | *Humata repens* |
|  | 二十五、雨蕨科 | *Gymnogrammitidaceae* |
|  | 雨蕨属 | *Gymnogrammitis* |
| 45 | 雨蕨 | *Gymnogrammitis dareiformis* |
|  | 二十六、水龙骨科 | *Polypodiaceae* |
|  | 骨牌蕨属 | *Lepidogrammitis* |
| 46 | 骨牌蕨 | Lepidogrammitis rostrata |
|  | 瓦韦属 | *Lepisorus* |
| 47 | 长叶瓦韦 | *Lepisorus longus* |
| 48 | 棕鳞瓦韦 | Lepisorus scolopendrium |
| 49 | 瓦韦 | *Lepisorus thunbergianus.* |
|  | 星蕨属 | *Microsorium* |
| 50 | 攀援星蕨 | *Microsorium buergerianum* |
|  | 假瘤蕨属 | *Phymatopteris* |
| 51 | 圆顶假瘤蕨 | *Phymatopteris obtusa* |
| 52 | 三指假瘤蕨 | *Phymatopteris triloba* |
|  | 瘤蕨属 | *Phymatosorus* |
| 53 | 瘤蕨 | *Phymatosorus scolopendria* |
|  | 二十七、槲蕨科 | *Drynariaceae* |
|  | 崖姜蕨属 | *Pseudodrynaria* |
| 54 | 崖姜蕨 | *Pseudodrynaria coronans* |
|  | 二十八、禾叶蕨科 | *Grammitidaceae* |
|  | 荷包蕨属 | *Calymmodon* |
| 55 | 短叶荷包蕨 | *Calymmodon asiaticus* |
|  | 禾叶蕨属 | *Grammitis* |
| 56 | 红毛禾叶蕨 | *Grammitis hirtella* |

# 种 子 植 物

## 种子植物 56 科 125 属 217 种

| | 裸子植物 | |
|---|---|---|
| | 一、松科 | Pinaceae |
| | 松属 | *Pinus* |
| 1 | 海南五针松 | *Pinus fenzeliana* |
| | 二、罗汉松科 | Podocarpaceae |
| | 鸡毛松属 | *Dacrycarpus* |
| 2 | 鸡毛松 | *Podocarpus imbricatus* |
| | 陆均松属 | *Dacrydium* |
| 3 | 陆均松 | *Dacrydium pectinatum* |
| | 竹柏属 | *Nageia* |
| 4 | 竹柏 | *Podocarpus nagi* |
| | 罗汉松属 | *Podocarpus* |
| 5 | 百日青 | *Podocarpus neriifolius* |
| | 被子植物 | |
| | 一、木兰科 | Magnoliaceae |
| | 木莲属 | *Manglietia* |
| 1 | 海南木莲 | *Manglietia hainanensis.* |
| | 含笑属 | *Michelia* |
| 2 | 白花含笑 | *Michelia mediocris* |
| | 拟单性木兰属 | *Parakmeria* |
| 3 | 乐东拟单性木兰 | *Parakmeria lotungensis* |
| | 二、八角科 | Illiciaceae |
| | 八角属 | *Illicium* |
| 4 | 厚皮香八角 | *Illicium ternstroemioides* |
| | 三、番荔枝科 | Annonaceae |
| | 暗罗属 | *Polyalthia* |
| 5 | 斜脉暗罗 | *Polyalthia plagioneura* |
| | 四、樟科 | Lauraceae |
| | 油丹属 | *Alseodaphne* |
| 6 | 油丹 | *Alseodaphne hainanensis* |
| | 琼楠属 | *Beilschmiedia* |
| 7 | 厚叶琼楠 | *Beilschmiedia percoriacea* |
| 8 | 纸叶琼楠 | *Beilschmiedia pergamentacea* |
| 9 | 网脉琼楠 | *Beilschmiedia tsangii* |
| | 樟属 | *Cinnamomum* |
| 10 | 阴香 | *Cinnamomum burmannii* |
| 11 | 黄樟 | *Cinnamomum porrectum* |
| 12 | 平托桂 | *Cinnamomum tsoi* |
| | 厚壳桂属 | *Cryptocarya* |
| 13 | 厚壳桂 | *Cryptocarya chinensis* |
| 14 | 黄果厚壳桂 | *Cryptocarya concinna* |
| 15 | 丛花厚壳桂 | *Cryptocarya densiflora* |
| 16 | 钝叶厚壳桂 | *Cryptocarya impressinervia* |
| | 山胡椒属 | *Lindera* |
| 17 | 海南山胡椒 | *Lindera robusta* |

| | 木姜子属 | Litsea |
|---|---|---|
| 18 | 山鸡椒 | Litsea cubeba |
| 19 | 大果木姜子 | Litsea lancilimba |
| 20 | 豺皮樟 | Litsea rotundifolia |
| | 润楠属 | Machilus |
| 21 | 华润楠 | Machilus chinensis |
| 22 | 刻节润楠 | Machilus cicatricosa |
| 23 | 纳槁润楠 | Machilus nakao |
| 24 | 梨润楠 | Machilus pomifera |
| 25 | 绒毛润楠 | Machilus velutina |
| | 新木姜子属 | Neolitsea |
| 26 | 锈叶新木姜子 | Neolitsea cambodiana |
| 27 | 香港新木姜子 | Neolitsea cambodiana var. glabra |
| 28 | 鸭公树 | Neolitsea chuii |
| 29 | 海南新木姜子 | Neolitsea hainanensis |
| 30 | 长圆叶新木姜子 | Neolitsea oblongifolia |
| 31 | 钝叶新木姜子 | Neolitsea obtusifolia |
| 32 | 卵叶新木姜子 | Neolitsea ovatifolia |
| 33 | 显脉新木姜子 | Neolitsea phanerophlebia |
| | 楠属 | Phoebe |
| 34 | 红毛山楠 | Phoebe hungmaoensis |
| | 五、远志科 | Polygalaceae |
| | 黄叶树属 | Xanthophyllum |
| 35 | 黄叶树 | Xanthophyllum hainanense |
| | 六、瑞香科 | Thymelaeaceae |
| | 沉香属 | Aquilaria |
| 36 | 土沉香 | Aquilaria sinensis |
| | 荛花属 | Wikstroemia |
| 37 | 细轴荛花 | Wikstroemia nutans |
| | 七、海桐花科 | Pittosporaceae |
| | 海桐花属 | Wikstroemia |
| 38 | 聚花海桐 | Pittosporum balansae |
| | 八、大风子科 | Flacourtiaceae |
| | 脚骨脆属 | Casearia |
| 39 | 球花脚骨脆 | Casearia glomerata |
| | 九、山茶科 | Theaceae |
| | 茶梨属 | Anneslea |
| 40 | 茶梨 | Anneslea fragrans |
| | 红淡比属 | Cleyera |
| 41 | 肖柃（凹脉红淡比） | Cleyera incornuta |
| | 柃木属 | Eurya |
| 42 | 海南柃 | Eurya hainanensis |
| | 大头茶属 | Gordonia |
| 43 | 大头茶 | Gordonia axillaris |
| | 木荷属 | Schima |
| 44 | 木荷 | Schima superba |
| | 厚皮香属 | Ternstroemia |
| 45 | 厚皮香 | Ternstroemia gymnanthera |
| | 十、五列木科 | Pentaphylacaceae |
| | 五列木属 | Pentaphylax |
| 46 | 五列木 | Pentaphylax euryoides |

|  | 十一、金莲木科 | Ochnaceae |
|  | 金莲木属 | *Ochna* |
| 47 | 金莲木 | *Ochna integerrima* |
|  | 十二、桃金娘科 | Myrtaceae |
|  | 玫瑰木属 | *Rhodamnia* |
| 48 | 玫瑰木 | *Rhodamnia dumetorum* |
|  | 蒲桃属 | *Syzygium* |
| 49 | 线枝蒲桃 | *Syzygium araiocladum* |
| 50 | 赤楠 | *Syzygium buxifolium* |
| 51 | 子凌蒲桃 | *Syzygium championu* |
| 52 | 红鳞蒲桃 | *Syzygium hancei* |
| 53 | 香蒲桃 | *Syzygium odoratum* |
|  | 十三、野牡丹科 | Melastomataceae |
|  | 野牡丹属 | *Melastoma* |
| 54 | 多花野牡丹 | *Melastoma polyauthum* |
| 55 | 紫毛野牡丹 | *Melastoma genicillatum* |
| 56 | 毛菍 | *Melastoma sanguineum* |
|  | 谷木属 | *Memecylon* |
| 57 | 黑叶谷木 | *Memecylon nigrescens* |
|  | 十四、藤黄科 | Guttiferae |
|  | 红厚壳属 | *Calophyllum* |
| 58 | 薄叶红厚壳 | *Calophyllum membranaceum* |
|  | 藤黄属 | *Garcinia* |
| 59 | 岭南山竹子 | *Garcinia oblongifolia* |
|  | 十五、杜英科 | Elaeocarpaceae |
|  | 杜英属 | *Elaeocarpus* |
| 60 | 锈毛杜英 | *Elaeocarpus howii* |
| 61 | 日本杜英 | *Elaeocarpus japonicus* |
| 62 | 山杜英 | *Elaeocarpus sylvestris* |
|  | 猴欢喜属 | *Sloanea* |
| 63 | 海南猴欢喜 | *Sloanea hainanensis* |
|  | 十六、梧桐科 | Sterculiaceae |
|  | 梭罗树属 | *Reevesia* |
| 64 | 长柄梭罗 | *Reevesia longipetiolata* |
| 65 | 两广梭罗 | *Reevesia thyrsoidess* |
|  | 十七、古柯科 | Erythroxylaceae |
|  | 古柯属 | *Erythroxylum* |
| 66 | 东方古柯 | *Erythroxylum sinensis* |
|  | 十八、大戟科 | Euphorbiaceae |
|  | 五月茶属 | *Antidesma* |
| 67 | 五月茶 | *Antidesma bunius* |
| 68 | 多花五月茶 | *Antidesma maclurei* |
|  | 闭花木属 | *Cleistanthus* |
| 69 | 闭花木 | *Cleistanthus sumatranus* |
|  | 算盘子属 | *Glochidion* |
| 70 | 红算盘子 | *Glochidion coccineum* |
| 71 | 白背算盘子 | *Glochidion wrightii* |
|  | 十九、虎皮楠科 | Daphniphyllaceae |
|  | 虎皮楠属 | *Daphniphyllum* |
| 72 | 海南虎皮楠 | *Daphniphyllum paxianum* |

| | 二十、蔷薇科 | Rosaceae |
|---|---|---|
| | 桂樱属 | *Laurocerasus* |
| 73 | 大叶桂樱 | *Laurocerasus zippeliana* |
| | 石楠属 | *Photinia* |
| 74 | 桃叶石楠 | *Photinia prunifolia* |
| | 李属 | *Prunus* |
| 75 | 海南樱桃 | *Prunus hainanensis* |
| | 臀果木属 | *Pygeum* |
| 76 | 臀果木 | *Pygeum topengii* |
| | 悬钩子属 | *Rubus* |
| 77 | 淡黄悬钩子 | *Rubus gilvus* |
| | 石斑木属 | *Raphiolepis* |
| 78 | 石斑木 | *Raphiolepis indica* |
| | 二十一、豆科 | Leguminosae |
| | 黧豆属 | *Mucuna* |
| 79 | 海南黧豆 | *Mucuna hainanensis* |
| | 猴耳环属 | *Pithecellobium* |
| 80 | 猴耳环 | *Pithecellobium clypearia* |
| 81 | 亮叶猴耳环 | *Pithecellobium lucidum* |
| | 二十二、金缕梅科 | Hamamelidaceae |
| | 蚊母树属 | *Distylium* |
| 82 | 蚊母树 | *Distylium racemosum* |
| | 马蹄荷属 | *Exbucklandia* |
| 83 | 大果马蹄荷 | *Exbucklandia tonkinensis* |
| | 红花荷属 | *Rhodolela* |
| 84 | 红花荷 | *Rhodolela chapnpionii* |
| | 二十三、杨梅科 | Myricaceae |
| | 杨梅属 | *Myrica* |
| 85 | 杨梅 | *Myrica rubra* |
| | 二十四、壳斗科 | Fagaceae |
| | 锥属 | *Castanopsis* |
| 86 | 罗浮锥 | *Castanopsis fabri* |
| 87 | 海南锥（刺锥） | *Castanopsis hainanensis* |
| 88 | 红锥 | *Castanopsis hystrix* |
| 89 | 公孙锥 | *Castanopsis tonkinensis* |
| | 青冈属 | *Cyclobalanopsis* |
| 90 | 岭南青冈 | *Cyclobalanopsis championii* |
| 91 | 碟斗青冈 | *Cyclobalanopsis disciformis* |
| 92 | 华南青冈 | *Cyclobalanopsis edithae* |
| 93 | 饭甑青冈 | *Cyclobalanopsis fleuryi* |
| 94 | 雷公青冈 | *Cyclobalanopsis hui* |
| 95 | 亮叶青冈 | *Cyclobalanopsis phanera* |
| 96 | 黄背青冈 | *Cyclobalanopsis poilanei* |
| 97 | 吊罗椆 | *Cyclobalanopsis tiaoloshanica* |
| | 柯属 | *Lithocarpus* |
| 98 | 琼中柯 | *Lithocarpus chiungchungensis* |
| 99 | 琼崖柯（红柯） | *Lithocarpus fenzelianus* |
| 100 | 硬斗柯 | *Lithocarpus hancei* |
| 101 | 梨果柯 | *Lithocarpus howii* |
| 102 | 柄果柯 | *Lithocarpus longipedicellatus* |
| 103 | 犁耙柯 | *Lithocarpus silvicolarum* |

| | 二十五、榆科 | Ulmaceae |
|---|---|---|
| | 白颜树属 | *Gironniera* |
| 104 | 白颜树 | *Gironniera subaequalis* |
| | 二十六、桑科 | Moraceae |
| | 波罗蜜属 | *Artocarpus* |
| 105 | 二色波罗蜜 | *Artocarpus styracifolius* |
| | 榕属 | *Ficus* |
| 106 | 粗叶榕 | *Ficus hirta* |
| 107 | 保亭榕 | *Ficus tuphapensis* |
| 108 | 变叶榕 | *Ficus variolosa* |
| | 二十七、冬青科 | Aquifoliaceae |
| | 冬青属 | *Ilex* |
| 109 | 棱枝冬青 | *Ilex angulata* |
| 110 | 齿叶冬青 | *Ilex crenata* |
| 111 | 海南冬青 | *Ilex hainanensis* |
| 112 | 凸脉冬青 | *Ilex kobuskiana* |
| 113 | 广东冬青 | *Ilex kwangtungensis* |
| 114 | 剑叶冬青 | *Ilex lancilimba* |
| 115 | 拟榕叶冬青 | *Ilex subficoidea* |
| 116 | 三花冬青 | *Ilex triflora* |
| | 二十八、卫矛科 | Celastraceae |
| | 南蛇藤属 | *Celastrus* |
| 117 | 单籽南蛇藤 | *Celastrus monospermus* |
| | 卫矛属 | *Euonymus* |
| 118 | 疏花卫矛 | *Euonymus laxiflorus* |
| | 假卫矛属 | *Microtropis* |
| 119 | 灵香假卫矛 | *Microtropis submembranacea* |
| | 二十九、茶茱萸科 | Icacinaceae |
| | 粗丝木属 | *Gomphandra* |
| 120 | 粗丝木 | *Gomphandra tetrandra* |
| | 三十、檀香科 | Santalaceae |
| | 寄生藤属 | *Dendrotrophe* |
| 121 | 寄生藤 | *Dendrotrophe frutescens* |
| | 三十一、葡萄科 | Vitaceae |
| | 崖爬藤属 | *Tetrastigma* |
| 122 | 扁担藤 | *Tetrastigma planicaule* |
| | 三十二、芸香科 | Rutaceae |
| | 山油柑属 | *Acronychia* |
| 123 | 贡甲 | *Acronychia oligophlebia* |
| | 吴茱萸属 | *Evodia* |
| 124 | 三桠苦 | *Evodia lepta* |
| | 花椒属 | *Zanthoxylum* |
| 125 | 箭樫花椒 | *Zanthoxylum avicennae* |
| 126 | 疏刺花椒 | *Zanthoxylum nitidum* |
| | 三十三、楝科 | Meliaceae |
| | 鹧鸪花属 | *Trichilia* |
| 127 | 小果鹧鸪花 | *Trichilia connaroides* |
| | 割舌树属 | *Walsura* |
| 128 | 割舌树 | *Walsura robusta* |
| | 三十四、无患子科 | Sapindaceae |
| | 韶子属 | *Nephelium* |

| | | |
|---|---|---|
| 129 | 海南韶子 | *Nephelium topengii* |
| | 三十五、槭树科 | Aceraceae |
| | 槭属 | *Acer* |
| 130 | 十蕊枫 | *Acer decandrum* |
| | 三十六、清风藤科 | Sabiaceae |
| | 泡花树属 | *Meliosma* |
| 131 | 樟叶泡花树 | *Meliosma squamulata* |
| | 三十七、省沽油科 | Staphyleaceae |
| | 山香圆属 | *Turpinia* |
| 132 | 山香圆 | *Turpinia montana* |
| | 三十八、漆树科 | Anacardiaceae |
| | 漆树属 | *Toxicodendron* |
| 133 | 野漆 | *Toxicodendron succedaneum* |
| | 三十九、胡桃科 | Juglandaceae |
| | 黄杞属 | *Engelhardia* |
| 134 | 黄杞 | *Engelhardia roxburghiana* |
| | 四十、五加科 | Araliaceae |
| | 罗伞属 | *Brassaiopsis* |
| 135 | 罗伞 | *Brassaiopsis glomerulata* |
| | 树参属 | *Dendropanax* |
| 136 | 树参 | *Dendropanax dentiger* |
| 137 | 海南树参 | *Dendropanax hainanensis* |
| 138 | 变叶树参 | *Dendropanax proteus* |
| | 鹅掌柴属 | *Schefflera* |
| 139 | 海南鹅掌柴 | *Schefflera hainanensis* |
| 140 | 鹅掌柴 | *Schefflera octophylla* |
| | 四十一、杜鹃花科 | Ericaceae |
| | 珍珠花属 | *Lyonia* |
| 141 | 红脉南烛 | *Lyonia rubrovenia* |
| | 杜鹃属 | *Rhododendron* |
| 142 | 毛棉杜鹃花 | *Rhododendron moulmainense* |
| 143 | 猴头杜鹃 | *Rhododendron simiarum* |
| | 四十二、柿科 | Ebenaceae |
| | 柿属 | *Diospyros Linn* |
| 144 | 崖柿 | *Diospyros chunii* |
| 145 | 海南柿 | *Diospyros hainanensis* |
| | 四十三、山榄科 | Sapotaceae |
| | 紫荆木属 | *Madhuca* |
| 146 | 海南紫荆木 | *Madhuca hainanensis* |
| | 肉实树属 | *Sarcosperma Hook* |
| 147 | 肉实树 | *Sarcosperma laurinum* |
| | 四十四、紫金牛科 | Myrsinaceae |
| | 紫金牛属 | *Ardisia Swartz* |
| 148 | 多脉紫金牛 | *Ardisia nervosa* |
| 149 | 郎伞木 | *Ardisia elegans* |
| 150 | 罗伞树 | *Ardisia quinquegona* |
| | 酸藤子属 | *Embelia* |
| 151 | 白花酸藤果 | *Embelia ribes* |
| | 铁仔属 | *Myrsine* |
| 152 | 柳叶密花树 | *Rapanea linearis* |
| 153 | 密花树 | *Myrsine seguinii* |

| | 四十五、安息香科 | Styracaceae |
|---|---|---|
| | 赤杨叶属 | *Alniphyllum Matsum* |
| 154 | 赤杨叶 | *Alniphyllum fortunei* |
| | 四十六、山矾科 | Symplocaceae |
| | 山矾属 | *Symplocos* |
| 155 | 腺叶山矾 | *Symplocos adenophylla* |
| 156 | 薄叶山矾 | *Symplocos anomala* |
| 157 | 密花山矾 | *Symplocos congesta* |
| 158 | 羊舌树 | *Symplocos glauca* |
| 159 | 光叶山矾 | *Symplocos lancifolia* |
| 160 | 单花山矾 | *Symplocos ovatilobata* |
| 161 | 丛花山矾 | *Symplocos poilanei* |
| 162 | 山矾 | *Symplocos sumuntia* |
| 163 | 绿枝山矾 | *Symplocos viridissima* |
| 164 | 微毛山矾 | *Symplocos wikstroemiifolia* |
| | 四十七、木犀科 | Oleaceae |
| | 木犀榄属 | *Olea* |
| 165 | 异株木犀榄 | *Olea dioica* |
| 166 | 海南木犀榄 | *Olea hainanensis* |
| | 木犀属 | *Osmanthus* |
| 167 | 双瓣木犀 | *Osmanthus didymopetalus* |
| 168 | 显脉木犀 | *Osmanthus hainanensis* |
| 169 | 厚边木犀 | *Osmanthus marginatus* |
| | 四十八、夹竹桃科 | Apocynaceae |
| | 鳝藤属 | *Anodendron* |
| 170 | 鳝藤 | *Anodendron affine* |
| | 狗牙花属 | *Ervatamia* |
| 171 | 药用狗牙花 | *Ervatamia officinalis* |
| | 山橙属 | *Melodinus* |
| 172 | 山橙 | *Melodinus suaveolens* |
| | 四十九、茜草科 | Rubiaceae |
| | 茜树属 | *Aidia* |
| 173 | 香楠 | *Aidia canthioides* |
| | 鱼骨木属 | *Canthium* |
| 174 | 鱼骨木 | *Canthium dicoccum* |
| 175 | 大叶鱼骨木 | *Canthium simile* |
| | 狗骨柴属 | *Diplospora* |
| 176 | 狗骨柴 | *Diplospora dubia* |
| | 龙船花属 | *Ixora* |
| 177 | 海南龙船花 | *Ixora hainanensis* |
| | 粗叶木属 | *Lasianthus* |
| 178 | 粗叶木 | *Lasianthus chinensis* |
| 179 | 广东粗叶木 | *Lasianthus curtisii* |
| 180 | 鸡屎树 | *Lasianthus hirsutus* |
| 181 | 美脉粗叶木 | *Lasianthus lancifolius* |
| | 九节属 | *Psychotria* |
| 182 | 九节 | *Psychotria rubra* |
| 183 | 蔓九节 | *Psychotria serpens* |
| 184 | 黄脉九节 | *Psychotria straminea* |
| | 岭罗麦属 | *Tarennoidea* |
| 185 | 岭罗麦 | *Tarennoidea wallichii* |

续表

| | | |
|---|---|---|
| | 五十、忍冬科 | Caprifoliaceae |
| | 荚蒾属 | *Viburnum* |
| 186 | 海南荚蒾 | *Viburnum hainanense* |
| | 五十一、旋花科 | Convolvulaceae |
| | 丁公藤属 | *Erycibe* |
| 187 | 丁公藤 | *Erycibe obtusifolia* |
| 188 | 毛叶丁公藤 | *Erycibe hainanensis* |
| | 五十二、百合科 | Liliaceae |
| | 肖菝葜属 | *Heterosmilax* |
| 189 | 肖菝葜 | *Heterosmilax gaudichaudiana* |
| 190 | 粉背菝葜 | *Smilax hypoglauca* |
| | 五十三、棕榈科 | Palmae |
| | 黄藤属 | *Daemonorops* |
| 191 | 黄藤 | *Daemonorops margaritae* |
| | 山槟榔属 | *Pinanga* |
| 192 | 变色山槟榔 | *Pinanga discolor* |
| | 五十四、兰科 | Orchidaceae |
| | 蜘蛛兰属 | *Arachnis* |
| 193 | 窄唇蜘蛛兰 | *Arachnis labrosa* |
| | 石豆兰属 | *Bulbophyllum* |
| 194 | 乐东石豆兰 | *Bulbophyllum ledungense* |
| 195 | 藓叶卷瓣兰 | *Bulbophyllum retusiusculum* |
| | 贝母兰属 | *Coelogyne* |
| 196 | 流苏贝母兰 | *Coelogyne fimbriata* |
| | 牛角兰属 | *Ceratostylis* |
| 197 | 牛角兰 | *Ceratostylis hainanensis* |
| | 隔距兰属 | *Cleisostoma* |
| 198 | 大序隔距兰 | *Cleisostoma paniculatum* |
| | 石斛属 | *Dendrobium* |
| 199 | 密花石斛 | *Dendrobium densiflorum* |
| 200 | 华石斛 | *Dendrobium sinense* |
| 201 | 黑毛石斛 | *Dendrobium williamsonii* |
| | 毛兰属 | *Eria* |
| 202 | 长苞毛兰 | *Eria obvia* |
| 203 | 指叶毛兰 | *Eria pannea* |
| 204 | 五脊毛兰 | *Eria quinquelamellosa* |
| 205 | 石豆毛兰 | *Eria thao* |
| | 厚唇兰属 | *Epigeneium* |
| 206 | 厚唇兰 | *Epigeneium clemensiae* |
| | 金石斛属 | *Flickingeria* |
| 207 | 狭叶金石斛 | *Flickingeria angustifolia* |
| | 羊耳蒜属 | *Liparis* |
| 208 | 小巧羊耳蒜 | *Liparis delicatula* |
| | 云叶兰属 | *Nephelaphyllum* |
| 209 | 云叶兰 | *Nephelaphyllum tenuiflorum* |
| | 石仙桃属 | *Pholidota* |
| 210 | 石仙桃 | *Pholidota chinensis* |
| 211 | 云南石仙桃 | *Pholidota yunnanensis* |
| | 匙唇兰属 | *Schoenorchis* |
| 212 | 匙唇兰 | *Schoenorchis gemmate* |

# 附 生 植 物

## 附生植物 31 科 51 属 69 种

|  |  |  |
|---|---|---|
|  | 一、曲尾藓科 | Dicranaceae |
|  | 白锦藓属 | *Leucoloma* |
| 1 | 柔叶白锦藓 | *Leucoloma molle* |
|  | 二、白发藓科 | Leucobryaceae |
|  | 白发藓属 | *Leucobryum* |
| 2 | 狭叶白发藓 | *Leucobryum bowringii* |
| 3 | 爪哇白发藓 | *Leucobryum javense* |
| 4 | 疣叶白发藓 | *Leucobryum scabrum* |
|  | 三、花叶藓科 | Calymperaceae |
|  | 花叶藓属 | *Calymperes* |
| 5 | 拟花叶藓海南变种 | *Calymperes levyanum var. hainanense* |
|  | 四、凤尾藓科 | Fissidentaceae |
|  | 凤尾藓属 | *Fissidens* |
| 6 | 南京凤尾藓 | *Fissidens teysmannianus* |
|  | 五、桧藓科 | Rhizogoniaceae |
|  | 桧藓属 | *Pyrrhobryum* |
| 7 | 刺叶桧藓 | *Pyrrhobryum spiniforme* |
|  | 六、羽藓科 | Thuidiaceae |
|  | 羽藓属 | *Thuidium* |
| 8 | 拟灰羽藓 | *Thuidium glaucinoides* |
|  | 七、蔓藓科 | Meteoriaceae |
|  | 灰气藓属 | *Aerobryopsis* |
| 9 | 大灰气藓 | *Aerobryopsis subdivergens* |
|  | 假悬藓属 | *Pseudobarbella* |
| 10 | 短尖假悬藓 | *Pseudobarbella attenuata* |
|  | 八、灰藓科 | Hypnaceae |
|  | 灰藓属 | *Hypnum* |
| 11 | 尖叶灰藓 | *Hypnum callichroum* |
| 12 | 大灰藓 | *Hypnum plumaeforme* |
|  | 拟鳞叶藓属 | *Pseudotaxiphyllum* |
| 13 | 东亚拟鳞叶藓 | *Pseudotaxiphyllum pohliaecarpum* |
|  | 九、毛锦藓科 | Pylaisiadelphaceae |
|  | 小锦藓属 | *Brotherella* |
| 14 | 南方小锦藓 | *Brotherella henonii* |
|  | 十、锦藓科 | Sematophyllaceae |
|  | 顶苞藓属 | *Acroporium* |
| 15 | 顶苞藓 | *Acroporium stramineum* |
|  | 十一、蕨藓科 | Pterobryaceae |
|  | 拟蕨藓属 | *Pterobryopsis* |
| 16 | 拟蕨藓 | *Pterobryopsis crassicaulis* |
|  | 十二、假苞苔科 | Notoscyphaceae |
|  | 假苞苔属 | *Notoscyphus* |
| 17 | 假苞苔 | *Notoscyphus lutescens* |

| | 十三、指叶苔科 | Lepidoziaceae |
|---|---|---|
| | 鞭苔属 | *Bazzania* |
| 18 | 连生鞭苔 | *Bazzania adnexa* |
| 19 | 三裂鞭苔 | *Bazzania tridens* |
| | 十四、须苔科 | Mastigophoraceae |
| | 须苔属 | *Mastigophora* |
| 20 | 硬须苔 | *Mastigophora diclados* |
| | 十五、羽苔科 | Plagiochilaceae |
| | 羽苔属 | *Plagiochila* |
| 21 | 树形羽苔 | *Plagiochila flexuosa* |
| | 十六、齿萼苔科 | Lophocoleaceae |
| | 异萼苔属 | *Heteroscyphus* |
| 22 | 四齿异萼苔 | *Heteroscyphus argutus* |
| 23 | 柔叶异萼苔 | *Heteroscyphus tener* |
| | 十七、扁萼苔科 | Radulaceae |
| | 扁萼苔属 | *Radula* |
| 24 | 台湾扁萼苔 | *Radula formosa* |
| 25 | 曲瓣扁萼苔 | *Radula kurzii* |
| | 十八、细鳞苔科 | Lejeuneaceae |
| | 唇鳞苔属 | *Cheilolejeunea* |
| 26 | 粗茎唇鳞苔 | *Cheilolejeunea trapezia* |
| 27 | 卷边唇鳞苔 | *Cheilolejeunea xanthocarpa* |
| | 疣鳞苔属 | *Cololejeunea* |
| 28 | 距齿疣鳞苔 | *Cololejeunea macounii* |
| | 毛鳞苔属 | *Thysananthus* |
| 29 | 棕红毛鳞苔 | *Thysananthus spathulistipus* |
| | 十九、石杉科 | Huperziaceae |
| | 马尾杉属 | *Phlegmariurus* |
| 30 | 马尾杉 | *Phlegmariurus phlegmaria* |
| | 二十、石松科 | Lycopodiaceae |
| | 石松属 | *Lycopodium* |
| 31 | 石松 | *Lycopodium japonicum* |
| | 二十一、卷柏科 | Selaginellaceae |
| | 卷柏属 | *Selaginella* |
| 32 | 卷柏 | *Selaginella tamariscina.* |
| | 二十二、膜蕨科 | Hymenophyllaceae |
| | 蓝蕨属 | *Mecodium* |
| 33 | 毛蓝蕨 | *Mecodium exsertum* |
| | 二十三、书带蕨科 | Vittariaceae |
| | 书带蕨属 | *Vittaria* |
| 34 | 剑叶书带蕨 | *Vittaria amboinensis* |
| 35 | 书带蕨 | *Vittaria flexuosa* |
| | 二十四、铁角蕨科 | Aspleniaceae |
| | 铁角蕨属 | *Asplenium* |
| 36 | 长叶铁角蕨 | *Asplenium prolongatum* |
| | 巢蕨属 | *Neottopteris* |
| 37 | 巢蕨 | *Asplenium nidus* |
| | 二十五、舌蕨科 | Elaphoglossaceae |
| | 舌蕨属 | *Elaphoglossum* |
| 38 | 舌蕨 | *Elaphoglossum conforme* |
| 39 | 华南舌蕨 | *Elaphoglossum yoshinagae* |

| | 二十六、骨碎补科 | Davalliaceae |
|---|---|---|
| | 阴石蕨属 | *Humata* |
| 40 | 阴石蕨 | *Humata repens* |
| | 二十七、雨蕨科 | Gymnogrammitidaceae |
| | 雨蕨属 | *Gymnogrammitis* |
| 41 | 雨蕨 | *Gymnogrammitis dareiformis* |
| | 二十八、水龙骨科 | Polypodiaceae |
| | 骨牌蕨属 | *Lepidogrammitis* |
| 42 | 骨牌蕨 | *Lepidogrammitis rostrata* |
| | 瓦韦属 | *Lepisorus* |
| 43 | 长叶瓦韦 | *Lepisorus longus* |
| 44 | 棕鳞瓦韦 | *Lepisorus scolopendrium* |
| 45 | 瓦韦 | *Lepisorus thunbergianus.* |
| | 假瘤蕨属 | *Phymatopteris* |
| 46 | 圆顶假瘤蕨 | *Phymatopteris obtusa* |
| | 瘤蕨属 | *Phymatosorus* |
| 47 | 瘤蕨 | *Phymatosorus scolopendria* |
| | 二十九、槲蕨科 | Drynariaceae |
| | 崖姜蕨属 | *Pseudodrynaria* |
| 48 | 崖姜蕨 | *Pseudodrynaria coronans* |
| | 三十、禾叶蕨科 | Grammitidaceae |
| | 荷包蕨属 | *Calymmodon* |
| 49 | 短叶荷包蕨 | *Calymmodon asiaticus* |
| | 三十一、兰科 | Orchidaceae |
| | 蜘蛛兰属 | *Arachnis* |
| 50 | 窄唇蜘蛛兰 | *Arachnis labrosa* |
| | 石豆兰属 | *Bulbophyllum* |
| 51 | 乐东石豆兰 | *Bulbophyllum ledungense* |
| 52 | 藓叶卷瓣兰 | *Bulbophyllum retusiusculum* |
| | 贝母兰属 | *Coelogyne* |
| 53 | 流苏贝母兰 | *Coelogyne fimbriata* |
| | 牛角兰属 | *Ceratostylis* |
| 54 | 牛角兰 | *Ceratostylis hainanensis* |
| | 隔距兰属 | *Cleisostoma* |
| 55 | 大序隔距兰 | *Cleisostoma paniculatum* |
| | 石斛属 | *Dendrobium* |
| 56 | 密花石斛 | *Dendrobium densiflorum* |
| 57 | 华石斛 | *Dendrobium sinense* |
| 58 | 黑毛石斛 | *Dendrobium williamsonii* |
| | 毛兰属 | *Eria* |
| 59 | 长苞毛兰 | *Eria obvia* |
| 60 | 指叶毛兰 | *Eria pannea* |
| 61 | 五脊毛兰 | *Eria quinquelamellosa* |
| 62 | 石豆毛兰 | *Eria thao* |
| | 厚唇兰属 | *Epigeneium* |
| 63 | 厚唇兰 | *Epigeneium clemensiae* |
| | 金石斛属 | *Flickingeria* |
| 64 | 狭叶金石斛 | *Flickingeria angustifolia* |
| | 羊耳蒜属 | *Liparis* |
| 65 | 小巧羊耳蒜 | *Liparis delicatula* |

| | 云叶兰属 | *Nephelaphyllum* |
|---|---|---|
| 66 | 云叶兰 | *Nephelaphyllum tenuiflorum* |
| | 石仙桃属 | *Pholidota* |
| 67 | 石仙桃 | *Pholidota chinensis* |
| 68 | 云南石仙桃 | *Pholidota yunnanensis* |
| | 匙唇兰属 | *Schoenorchis* |
| 69 | 匙唇兰 | *Schoenorchis gemmate* |

# 中文名索引

# 拉丁名索引

*Garcinia* 165

*Gironniera subaequalis* 196

*Gironniera* 196

Gleicheniaceae 79

*Glochidion coccineum* 173

*Glochidion wrightii* 173

*Glochidion* 173

*Gomphandra tetrandra* 209

*Gomphandra* 209

*Gordonia axillaris* 155

Grammitidaceae 112

*Grammitis hirtella* 113

*Grammitis* 113

Guttiferae 165

Gymnogrammitidaceae 108

*Gymnogrammitis dareiformis* 108

*Gymnogrammitis* 108

## H

Hamamelidaceae 181

*Heteroscyphus argutus* 63

*Heteroscyphus tener* 64

*Heteroscyphus* 63

*Heterosmilax gaudichaudiana* 258

*Heterosmilax* 258

*Hicriopteris blotiana* 80

*Hicriopteris simulans* 80

*Hicriopteris* 80

*Humata repens* 277

*Humata* 277

Huperziaceae 75

Hymenochaetaceae 33

Hymenophyllaceae 81

Hypnaceae 54

*Hypnum callichroum* 54

*Hypnum plumaeforme* 54

*Hypnum* 54

Hypodematiaceae 92

*Hypodematium* 92

*Hypodematium crenatum* 92

Hypoxylaceae 28

*Hypoxylon monticulosum* 28

*Hypoxylon* 28

## I

Icacinaceae 209

*Ilex angulata* 199

*Ilex crenata* 200

*Ilex hainanensis* 201

*Ilex kobuskiana* 202

*Ilex kwangtungensis* 203

*Ilex lancilimba* 204

*Ilex subficoidea* 205

*Ilex triflora* 206

*Ilex* 199

Illiciaceae 127

*Illicium ternstroemioides* 127

*Illicium* 127

*Inonotus tricolor* 34

*Inonotus* 34

*Ixora hainanensis* 249

*Ixora* 249

## J

Juglandaceae 219

## L

*Lasianthus chinensis* 250

*Lasianthus curtisii* 251

*Lasianthus hirsutus* 252

*Lasianthus lancifolius* 252

*Lasianthus* 250

Lauraceae 128

*Laurocerasus zippeliana* 175

*Laurocerasus* 175

Leguminosae 179

Lejeuneaceae 66

*Lentinula edodes* 31

*Lentinula* 31

*Lentinus squarrosulus* 39

*Lentinus* 39

*Lepidogrammitis rostrata* 279

*Lepidogrammitis* 279

*Lepidozia trichodes* 60

*Lepidozia vitrea* 61

*Lepidozia wallichiana* 61

*Lepidozia* 60

Lepidoziaceae 59

*Lepisorus longus* 109

*Lepisorus scolopendrium* 109

*Lepisorus thunbergianus.* 279

*Lepisorus* 109，279

Leucobryaceae 48

*Leucobryum bowringii* 48